D1664649

Schaefer
Erkenntnisse und
Bekenntnisse
eines Wissenschaftlers

Erkenntnisse und Bekenntnisse eines Wissenschaftlers

Von
Prof. Dr. Dr. h. c. Hans Schaefer

Verlag für Medizin Dr. Ewald Fischer

CIP-Kurztitelaufnahme der Deutschen Bibliothek

Schaefer, Hans:
Erkenntnisse und Bekenntnisse eines Wissenschaftlers / von Hans Schaefer. – Heidelberg : Verlag für Medizin
Fischer, 1986.
ISBN 3-88463-085-7

Herstellerische Betreuung: Axel Treiber

Verlags-Nr. 8685 · ISBN 3-88463-085-7

Gesamtherstellung: Konkordia Druck GmbH, 7580 Bühl/Baden

Inhalt

Niemand wird sich selber kennen,
Sich von seinem Selbst-Ich trennen;
Doch probier er jeden Tag
Was nach außen endlich, klar,
Was er ist und was er war,
Was er kann und was er mag.

Goethe. Zahme Xenien

1. Rechtfertigung

In jedem Jahr werden in unserem Lande fast hunderttausend neue Buchtitel verlegt. Die Chance ist klein, bei solchem Angebot auch nur einige Leser zu finden. Was also soll ein Buch über langweilige, rechthaberische Gelehrte, die überdies noch meist Mediziner sind? Die Wissenschaft ist fragwürdig, denn sie hat letztlich die Atombomben, die ganze Technik mit ihrer Umweltverschmutzung, die Hast unseres oft so qualvollen Lebens verschuldet. So sagt man uns. Ich sage dazu überdies, daß in unserer Zeit sich gerade bei Gelehrten eine hohe, oft eine überragende Intelligenz mit mystischen Gedanken verbunden findet, die man in meiner Jugend als unverzeihliche Entgleisungen gelehrter Männer verurteilt hätte.

Die Wandlung von der Welt festgefügter Begriffe in eine solche der Unschärfe, der Relativität, der Komplikation und damit der Unverständlichkeit, diese Wandlung habe ich miterlebt. Man sagt, daß sich in der Wissenschaft alles gewandelt habe. Ich bin altmodisch genug, dieses nicht zu glauben, aber einsichtig genug zu sehen, daß sich die Vorstellungen in den Gehirnen der Gelehrten gewandelt haben, mit denen sie die Welt und insbesondere die wissenschaftliche Welt betrachten. Aber ist das nicht dasselbe? Ein Wandel der Wissenschaften, ihrer Paradigmata, wie man mit *Thomas Kuhn* sagt, und ein Wandel, der sich eben nur in den Gehirnen der Gelehrten abspielt?

Nicht ganz, so meine ich, und diese meine Meinung kann ich mit meiner Lebenserfahrung begründen. Diese Begründung wird das Ergebnis der Zeilen sein, die ich nun zu schreiben beginne. Mein Leben ist ein Testobjekt, es ist das Leben eines zwar nicht erfolglosen, aber eben auch nicht eines besonders hochdekorierten Wissenschaftlers. Vielleicht verstellen hohe Dekors den Sinn für das Banale und Reale, für das ja auch die übliche Publizistik kein Organ mehr hat. Berühmt wird man nur noch entweder durch hohe Ehrungen (und selbst das in bescheidenen Grenzen) oder durch die Äußerung ungewöhnlich unsinniger Hypothesen, für die z. B. *Däniken* ein treffendes Beispiel ist. Die Chance meines Ruhms ist also gering.

Aber das Leben eines Menschen, der für die Mentalität des Durchschnitts leidlich typisch ist, mag denjenigen zur Lektüre verlocken, der sich sympathisch – mitleidend – zu einem solchen Autor verhalten kann.

Das Thema des Gelehrtenlebens heute ist aufregend genug. *Archimedes,* so wird erzählt, soll bei der kriegerischen Besetzung seiner Heimatstadt, als Soldaten in sein Zimmer drangen, diese mit dem berühmten Spruch abgewehrt haben: störe mir meine Kreise nicht, noli turbare circulos meos. Er hat seine Gelassenheit mit dem Tode bezahlt: ein römischer Soldat durchbohrte ihn mit einer Lanze. Auch heute kann der Gelehrte nicht mehr ungestraft in dem verbleiben, was man den „elfenbeinernen Turm" nennt, und radikale Studenten haben 1969 zwar nicht mit Lanzenstichen, aber mit Psychoterror einige akademische Lehrer zu Tode gebracht.

Unsere Welt ändert sich mit einer von Tag zu Tag merklich wachsenden Geschwindigkeit. Nichts Bestehendes ist ewig, das wissen wir alle. Aber uns wird noch zu unseren Lebzeiten fast alles an Erinnerung, Sicherheit, Gewohnheit entrissen, auf das man sich früher doch wenigstens ein halbes Jahrhundert lang verlassen konnte. Dieser Wandel scheint sogar die Wissenschaft in ihren Fundamenten ergriffen zu haben, wenn wir manchen geistreichen Schreibern glauben. Es entsteht eine Anti-Wissenschaft in Theorie und Praxis, die insbesondere ihr Zentrum aus dem Erkennen weg ins Wollen, ins Planen legt. Das hat man offenbar von *Karl Marx* gelernt, der bekanntlich meinte, die Philosophen hätten bislang die Welt interpretiert, aber nun gelte es, sie zu verändern. Das hat er freilich – so verstehe ich ihn – nicht so gemeint, daß Wissenschaft, und erst recht nicht Naturwissenschaft, solches zu leisten habe. Er meinte es so, daß nun der wissenschaftlich geschulte Verstand seine Wissenschaft dazu benutzen soll, das Verändern zu entwerfen und die Möglichkeiten und Folgen von Alternativen zu bedenken. Eben dies aber leisten wir nur, wenn wir dem altbackenen Begriff des Wissens treu sind. Mystische Kommunikation mit dem Kosmos, wie *Capra,* einer der intelligenten Spinner, es meint, wird uns da wenig helfen. Aber den elfenbeinernen Turm müssen wir verlassen, wir müssen selber darüber nachsinnen, wozu unser Handwerk nütze ist und was wir unserer Gesellschaft schulden.

Nun habe ich, ach, Philosophie, Medizin und Juristerei (sehr wenig), leider aber auch die Theologie mit heißer Müh studiert, wie *Faust* es gleich zu Beginn im Urfaust gesteht. Vor nunmehr 60 Jahren begann mein wissenschaftliches Leben als Student in München, im Jahr 1925. Ein so altes Gehirn sieht mit seiner Erfahrung besser den Gang der

Veränderung und mag also auch das Kommende leichter ahnen und exakter voraussagen. Denn Voraussage ist nebst Ahnung eine Sache auch der Erfahrung, die uns zum Extrapolieren anleitet.

Ich sagte schon – es sind spektakuläre Dinge, welche dem Menschen Eindruck machen. Deshalb bemüht man sich, ein erschreckendes Bild von der Zukunft zu malen, die schon begonnen hat. (Wer kennt übrigens eine Zukunft, die es fertig bringt, nicht gerade jetzt, in dieser meiner Gegenwart, schon zu beginnen? Wie töricht sind schon die Titel solcher Konzepte!) Ist diese Welt so hoffnungslos, wie es scheint? Der Gang der Weltgeschichte bislang war wirklich nicht allzu trostreich für den, der annimmt, daß es so weitergeht. Aber Holocausts wurden bislang niemals für einen selber geplant, allenfalls für eine kleine Gruppe, die man für Weltverderber hielt, gleich ob es Christen, Juden Sunniten oder Khmer waren. Heute ist ein Holocaust, der nur die anderen trifft, nicht mehr möglich. Er wird also in „totaler" Form nicht stattfinden. *Goebbels* hat heute keine Chance mehr.

Dennoch zerfällt die Kultur, in der wir leben, zusehends, und zwar nicht, weil wir eine falsche Wissenschaft treiben, sondern weil unser Verständnis von uns selbst und dem, wozu wir auf der Welt sind, eine Veränderung erfahren hat, die mit der Existenz einer Kultur nicht mehr vereinbar ist. Was wird also bestehen bleiben, was wird untergehen? Sicher ist die Weltgeschichte nicht am Ende, und die Menschheit stirbt auch nicht aus. Aber es hat ein Wandel in uns eingesetzt, von dem es nur noch nicht feststeht, ob er alle Völker oder nur unser Abendland ergriffen hat. Angesichts dieses Wandels möchte ich die Welt der letzten 80 Jahre vor unser inneres Auge bringen, und zwar vorwiegend dort, wo ich sie selbst erlebt habe.

2. Der Anfang

Wir beginnen mit der tiefsinnigen Betrachtung des Grafen *Bobby*, eines der bedeutendsten aristokratischen Genies, welches das geliebte Österreich hervorgebracht hat. Angesichts des – unbestreitbaren – Elends dieser Welt hat er gemeint, das beste wäre, man wäre nie nimmer nicht geboren worden. Aber wem geschieht das schon? Unter Tausenden kaum einem.

Mir ist solches Glück nicht widerfahren. Aber wissenschaftlich geschult, wie ich inzwischen bin, habe ich gleich zwei Einwände gegen den genialen Grafen bereit: Mein Leben war so elend nicht, daß ich den Spruch voll inhaltlich auf mich beziehen könnte. Im übrigen aber hat – zweitens – der Graf heutzutage nicht mehr recht, weil fast die Hälfte aller zur Geburt anstehenden Persönlichkeiten in unserem Vaterland schon in den ersten Wochen ihres jungen Lebens zum Tode befördert wird – ungeboren, weil ungeliebt, dem Elend dieser Welt freilich entweichend. So traurige Statistik gab es damals nicht, als ich, unbedroht von der sozialen Indikation und ihrer Realisierung auf Krankenschein, am 13. August 1906 das Licht dieser elenden Welt erblickte.

Wir übergehen die väterlichen und mütterlichen Lobeshymnen und Erwartungsrituale, welche dem lustvoll wachsenden Knaben gewidmet wurden.

Es steht fest, daß zwar noch nicht von einem Gelehrten, doch von einem Reichstagsabgeordneten die Rede war, als Großmutter *Busch* bei den mittäglichen Zwiegesprächen nach Tisch mit dem hoffnungsvollen Enkel gemeinsam bedachte, was wohl von seiner Zukunft zu halten sei. Mit der Gabe der freien Rede früh bedacht, entwickelte ich vor der Großmama – und nur vor ihr – kühne Gedanken, die zu der Rolle eines Volksvertreters zu passen schienen.

Welch eine Welt war das! Das große stille Haus in dem kleinen Orte Grefrath bei Krefeld; die Hausfrau, stets ein wenig schäbig angezogen, weil sie den Hausstand selbst besorgte, wenn auch auf den Briefköpfen der Firma des Ehegatten „Leinengroßhandlung" verzeichnet war; die riesigen Lager, die ich in Wirklichkeit, und Jahre später noch immer im Traum, durchschritt, und die von köstlichem weißen Linnen gefüllt waren; von hohen Stühlen des Kontors, die vor Stehpulten standen, sah man auf die Welt von oben herab, verächtlich von der aufkommenden Baumwolle sprechend! Diese Stühle zu erklimmen, war ein lustvolles Geschäft; von dort wurde eine neue Welt greifbar: Bleistifte, Tinte und Papier, Papier zumal, das darauf zu warten schien, es mit eben erlernten Zeichen zu füllen. Das alte Haus, an Geburtstagen, Kirmessen und hohen Feiertagen von den Gesprächen der Besucher brausend, umschloß manchen geheimnisvollen Winkel, die kleine Kammer z. B., in der *Hendrik* wohnte, der ausgediente Packer, der mit 70 Jahren sein Altenteil bei seinem Prinzipal verzehrte, weil damals von einer Rentenversicherung noch nicht durchwegs Gebrauch gemacht wurde, obgleich sie schon über ein Vierteljahrhundert Gesetz war. Von *Hendrik* erfuhr ich so manche Lebensweisheit, z. B. wie man ein Paket schnürt, wie man es auf seine weite Reise schickt, mit der Post, die es in die Eisenbahn lud, die an dem kleinen Bahnhof zu bewundern ich nicht müde wurde. Daß ich, ein Greis geworden, mehr als 10 Jahre lang eine Netzkarte haben sollte, mit der das ganze Vaterland zu bereisen mein gutes Recht ist, von solchen Exzessen war nicht die Rede. Vielmehr fuhr ich als Knabe in allen Ferien, erst von der Mutter begleitet und bald schon allein, die 120 Kilometer von meinem Wohnort in dieses Märchenhaus, vierter Klasse übrigens, in der es nur bei glücklichen Umständen einen Sitzplatz gab, sonst aber gestanden werden mußte, in einer „Stehklasse" also, die offiziell und ohne soziale Bedenken so bezeichnet wurde, und in der man dennoch unbeschädigt ans Ziel kam.

Der Erste Weltkrieg war inzwischen ausgebrochen. Mein Vater wurde Soldat, meine Mutter und ich, ihr einziges Kind, wohnten am Rande der kleinen Stadt Monschau, neben einer Fabrik, die kurz vor Kriegsausbruch abgebrannt war und deren Ruinen ein Gruseln auslösten, wie es den Menschen überkommt, wenn die Zerstörung nahe an seine eigene Existenz heranreicht. In den Trümmern wohnte eine unbestimmbare Gefahr, die das Kind verspürte. Als dann nach Kriegsbeginn das falsche Gerücht aufkam, belgische Franc-Tireurs hätten im benachbarten Hohen Venn Greueltaten verübt, zog meine Mutter mit mir allabendlich eine Strecke von 3 Kilometern, die wichtigsten Habseligkeiten jedesmal in einem Köfferchen mitnehmend, in die Apotheke der Stadt, die heute noch unverändert in ihrer ehrwürdig-gemütlichen Bauweise steht. Der Apotheker *Ziel* und seine schöne junge Frau boten uns Asyl. Nach einigen Wochen zogen wir dann doch nach Uerdingen bei Krefeld zu meiner Tante, in eine zwar große, aber nur notdürftig möblierte Wohnung, in der ich fast jede Nacht von dem Briefmarkenalbum träumte, das ich in Monschau zurückgelassen hatte, und in dem festen Glauben, wenn es mir einmal gelänge, dieses Album beim Erwachen fest in der Hand zu halten, müsse es am Morgen auch tatsächlich in meinem Bett sein. Aber die Traumzensur, die *Freud* inzwischen längst entdeckt hatte, arbeitete nach ihrem gesetzten Plan: vor dem Erwachen legte ich im Traume das Album zur Seite und erwachte, ohne den kostbaren Besitz in der Hand zu haben. Es wurde mir endlich klar, daß dieses Versagen meiner Traumphantasie Folge eines Konfliktes mit der Wirklichkeit war. Ich habe ähnliches nie mehr versucht. Die rationale Kontrolle hatte erstmals über die Welt der Emotion gesiegt.

Mein Vater wurde zu dringenden Vermessungsarbeiten (er war Leiter eines Katasteramtes) aus dem Krieg reklamiert und nach Velbert versetzt, wo eine Eisenbahn rasch erbaut werden sollte, der man eine strategische Bedeutung zuschrieb. So kam ich in eine Stadt des Ruhrgebiets, voller Fabriken, wenn auch in eine herrliche Landschaft eingebettet, und hier wuchs ich zum jungen Mann heran. Der Geist dieser Kleinstadt hat mich geprägt. Er repräsentierte sich für mich vor allem in einer Schule, die nur etwa 300 Schüler hatte, obgleich sie ein neunklassiges Realgymnasium mit einer Realschule war. Dieser Schule verdanke ich fast alles, was später aus mir geworden ist.

3. Die Schule

Nun ist die Schule heute der wohl beliebteste Gegenstand des politischen Experiments geworden, und es lohnt sich daher, über damalige Erfahrungen nachzudenken. Ich habe sie am eigenen Leibe gespürt. Die verhältnismäßig kleine Zahl der jungen Menschen, welche eine „höhere" Bildung anstrebten, ließ die Zahl der Schüler in der Klasse niedrig bleiben. Bis zur sogenannten Untersekunda (heute das 10. Schuljahr) zählten wir knapp 30 Schüler, aufgeteilt in zwei Zweige, den realen und den gymnasialen Teil. Der reale Teil, der planmäßig am Ende der Untersekunda mit dem „Einjährigen"abschloß, umfaßte jene Klassenkameraden, die aus einfachen Elternhäusern stammten, darunter auch Kinder von gelernten Arbeitern, nicht aber Sprößlinge dessen, was man damals das „Proletariat" nannte, und gegen das sich die Schicht, aus der die Realschüler kamen, mit einigem Selbstbewußtsein absetzte. Diese soziale Grenze drückte sich auch in dem Begriff des „Einjährigen" aus: Wer den Anschluß nach 6 Realschuljahren schaffte, hatte nur ein Jahr Militärdienst zu leisten, der Rest der Jünglinge diente zwei volle Jahre. Ich hatte nie den Eindruck, daß im realen Teil weniger intelligente Schüler waren, wenn auch wohl die Schlechtesten der Klasse sich in ihm befanden. Aber der gymnasiale Teil war ohnedies schwach besetzt: im Abitur waren wir nur zu dritt! In so kleinen Klassen, die in der Oberstufe sogar in den meisten Fächern zu je zwei Jahrgängen zusammengelegt, also Unter- und Oberprima gemeinsam unterrichtet wurden, ließ sich ein Lehrer-Schüler-Verhältnis ausbilden, das heute undenkbar ist.

Nicht als ob wir unsere Lehrer nicht weidlich geärgert hätten, wenn einmal der Klassengeist sich pädagogischen Maßnahmen widersetzte. Aber in der Regel waren wir aufmerksame Adepten, wenn nicht solche Aufmerksamkeit durch die Lässigkeit einiger weniger Lehrer ohnehin zur Farce wurde. Einer unserer Lehrer blickte zum Beispiel, in tiefes Sinnen versunken, meist zum Fenster hinaus, gelegentlich mit einem Zwischenruf seine Präsenz andeutend, wenn wir der Reihe nach aus dem Französischen übersetzen mußten. Er gab auch Englisch, mit betont eigenwilliger Aussprache, und das war neben seiner altmodisch betulichen Art der Grund, warum wir ihn „Fathöh" nannten, mit einem langgezogenen „öh" in der Aussprache des Wortes father seine artikulatorische Besonderheit imitierend.

Ich war immer der Jüngste in meiner Klasse, ein Schicksal, das mich auch später verfolgte: durch fast 15 Jahre war ich und blieb ich der jüngste Ordinarius meiner Heidelberger Medizinischen Fakultät. Ich gönne selbst einem Feinde dieses Schicksal nicht. Die allgemeine, wenn auch nicht immer bösartige Despektierlichkeit meiner Kameraden drückte sich mindestens darin aus, daß man mich hänselte, nicht ernst nahm und nicht einmal meine schulischen Leistungen, die in den ersten Schuljahren freilich auch nicht sonderlich hervorragten, anerkannte. Dem Ordinarius ging es später nicht viel besser. Ein äußerst dramatisches Ereignis ist mir in lebhafter Erinnerung, das, wenngleich beschämend für mich, doch so typisch für jede Gesellschaft ist, daß ich es nicht verschweige.

Es war in der Obertertia. Ich war noch keine 13 Jahre alt. Mein Hintermann hatte offenbar viel Spaß daran, mir im Unterricht den Nacken mit einer Feder zu kitzeln, was natürlich bewirkte, daß ich unruhig wurde und Tadel empfing. Die Ursache meines Verhaltens zu „verpetzen" wäre tödlich gewesen. Ich fraß also meinen Grimm in mich hinein und wurde weiter gekitzelt und getadelt. Ernsthafte Ermahnungen an die Adresse meines Peinigers, mit denen ich mein Schicksal zu bessern hoffte, führten zu keinem Erfolg. Ich entschloß mich, zum Äußersten empört und entschlossen, zur Gewalt. In der Pause nahm ich, als mir mein Gegner den Rücken zukehrte, einen Anlauf von etwa 10 Metern und trat, von erheblicher kinetischer Energie getrieben, in den hierzu nicht ungeeigneten Körperteil. Der Betroffene sank zusammen, ermannte sich zwar bald; da aber der Schulhof von Gelächter dröhnte, und ich mit einer Anerkennung über mein „mannhaftes" Verhalten überschüttet wurde, wagte er keinen Gegenangriff, wäre mir auch kaum körperlich überlegen gewesen. Es ist bezeichnend und nicht nur für mich beschämend, daß ich von Stund an als ein vollwertiges Mitglied der Klasse akzeptiert war. Ein jahrelanges Martyrium war beendet. Der Fall ist wohl nicht unbesehen in die Welt der großen Politik übertragbar, aber er enthüllt ein wesentliches Prinzip gesellschaftlicher Geltungsmechanismen.

Die kleine Schule und der enge Kontakt mit Kindern aller Gesellschaftsschichten leisteten mühelos weit Besseres als es nun mit der Gesamtschule angestrebt wird.

Zwei Dinge sind für den Schüler vorrangig wichtig: Die Weckung des Interesses am Unterrichtsstoff und die Kameradschaft in einer Gruppe, die in der Regel von den Kameraden der Schulklasse gestellt wird. Das erste geht heute oft durch zu spezialisierte Unterrichtspläne verloren, auch dadurch, daß (wie es die ministeriellen Anweisungen ausgedruckt sagen) der Schüler zu „wissenschaftlichem" Denken erzogen werden soll. Solch eine einseitige Auffassung vom Unterricht war in meiner Jugend nirgends zu finden. Der tüchtige Direktor unserer Schule, mehr gefürchtet als geliebt, aber hochgeachtet von allen, war ein Pädagoge durch und durch: er erzog uns zu Menschen, die sich im Leben richtig verhalten, aber nicht zu solchen, die etwas wissen. Das Wissen kam gleichsam nebenher in unseren Interessenkreis. Ebenso wichtig wie das Interesse am Unterricht war der Zusammenhalt der Klasse, die Freundschaften, die entstanden und die in einer modernen Gesamtschule mindestens schwerer entstehen. Mein bester Freund, *Helmut Egelhoff*, ging mit mir durch dick und dünn. Es war für mich ein Schicksalsschlag, als ihn später, während seines Studiums, eine Encephalitis lethargica befiel, eine „Gehirngrippe", wie man es vulgo nannte, die aus einem lustigen und treuen Kumpel ein geistiges Wrack machte, das noch Jahrzehnte überlebt hat, ungebessert trotz aller Versuche mit bulgarischer Belladonna und homöopathischen Kuren. Vor der zerebralen Katastrophe war die Medizin immer machtlos und ist es bis heute geblieben.

Erziehung, dieser Begriff ist von sogenannten Wissenschaftlern, die alles andere als informiert sind, derzeit heftig kritisiert worden. Einer der modernen Antipädagogen versteigt sich dazu, Erziehung als ein Verbrechen am Kind zu bezeichnen. Antipädagogik macht sich breit, ungeachtet der jedem Physiologen geläufigen Tatsache, daß Kultur mit einem Optimum an konformem Verhalten einhergeht, ohne das sie nicht blühen kann, daß aber Verhalten im Menschenkind sorgfältig herangebildet werden muß, und zwar durch den Prozeß, den wir Erziehung nennen. In den ersten drei Lebensjahren wird das Grundvertrauen in die Seele gelegt, indem das Kind die Sicherung seiner Existenz durch den immer gleichen Betreuer erfährt. Diese Zeit habe ich mit meiner Mutter in voller Glückseligkeit durchlebt. Mein Elternhaus war befriedet, und trotz der Not der Zeit, trotz des Hungers, den wir im Ersten Weltkrieg alle erlitten, als unsere einzige regelmäßige Nahrung Steckrüben waren und Kartoffeln als Delikatesse galten, trotz all dieser

Not und Unsicherheit wartete mittags, wenn ich aus der Schule kam, ein Heim und eine Mutter auf mich und nahm all meine kleinen Sorgen in ihre Hand. Ein Strich übers Haar, und alles war gut.

Was Erziehung ist, das haben mich insbesondere zwei meiner Lehrer gelehrt: die Studienräte *August Schmahl* und Dr. *Nikolaus Ehlen*. Insbesondere *Ehlen*, ein noch heute in der älteren Generation unvergessener Mann, ein Mensch, von dem ich das unbedingte Empfinden habe, er sei ein Heiliger gewesen, dieser Dr. *Ehlen* brachte uns zwar Mathematik und Chemie nur mangelhaft, weil mit recht hapernder Didaktik, bei. Aber er zeigte uns die Weite der Welt, die moralischen Gesetze, die inneren Zusammenhänge. Er hatte die Großdeutsche Jugend gegründet, eine wandernde Jugendbewegung, in der man die alten Volkslieder singen lernte, in der man aber insbesondere lernte, daß alle unsere Mitmenschen unsere Brüder sind, daß das Brüderliche alle trennenden Klassenvorurteile überwindet.

Solche Pädagogik war auch damals nicht ohne tiefe Konflikte zu praktizieren. Die Freundschaft mit jungen Arbeitern war für uns alle ein wesentliches prägendes Element. *Josef Brang* und *Paul Frank*, beide Arbeiterkinder, waren Menschen wie ich, waren intelligent und für die Probleme der aufgeregten Zeit so aufgeschlossen wie wir selbst. Die Räterepublik wurde 1920 in Velbert ausgerufen, zwar rasch von der Reichswehr hinweggefegt, aber die kleinen Scharmützel waren doch aufregend genug, um uns in lebhafte Diskussionen zu verstricken. Neugierig wie wir waren, stiegen wir auf den Speicher, von wo aus man das „Schlachtfeld" dieses kurzen Kampfes beobachten konnte, und erst die um das Haus pfeifenden Gewehrkugeln veranlaßten uns, wieder in die sichere untere Etage zu flüchten. Was wir besprachen, war aber nicht die große Politik. Meine Arbeiterfreunde fühlten sich bei mir zu Hause, wenngleich ich selbst mich nicht erinnern kann, im Haus meiner Freunde gewesen zu sein. Es war das Schicksal der großen Politik, die Inflation, die das Gehalt meines Vaters schon 5 Tage nach der Auszahlung praktisch wertlos machte, es war die wirtschaftliche Not, in der wir alle steckten, die uns das Gefühl einer unzerbrechlichen Gemeinschaft erleben ließ.

Dr. *Ehlen* gab uns diese „soziale" Einstellung mit auf den Lebensweg, er gab uns aber weit mehr durch seine tägliche Lebensführung. Von ihm weiß ich, daß man sein Wissen gerade auch auf die Fragen des menschlichen Miteinander anwenden kann, eine Einsicht, die ich später als

Hochschullehrer dadurch in die Praxis umsetzte, daß ich nicht eine hochgestochene Physiologie lehrte, sondern zeigte, daß Leib und Seele in innigem Zusammenhang stehen. Unsere Gefühle greifen so tief in unsere Leiblichkeit ein, daß ich immer den Verdacht gehabt habe, daß die seelischen Wurzeln einer jeden Krankheit aufdeckbar und mächtig sind, daß eine Infektionskrankheit zwar gesetzmäßig durch die Einwirkung von Erregern entsteht, daß aber selbst hier, in der klassischen Domäne einer naturwissenschaftlichen Medizin, das Seelische in einem merklichen Umfang wirksam bleibt: schließlich wissen wir, daß selbst die Tuberkulose durch seelische Konflikte beschleunigt wird, und daß der feste Glaube an die Unwirksamkeit von Cholera-Vibrionen den Münchner Hygiene-Professor *Max Pettenkofer* vor dem Tode bewahrt hat: er ließ sich Cholerabazillen von ihrem Entdecker, *Robert Koch* in Berlin, kommen, verschluckte den Inhalt des ganzen Reagenzglases und blieb gesund.

Ehlen lehrte uns, daß die Wirklichkeit des menschlichen Lebens sich nicht in seinen leiblichen Funktionen erschöpft. Er tat das aber nicht durch gelehrte Vorträge, wie wir sie so oft von geistreichen Theologen hören können. Er belehrte uns, indem er uns ein geistig bestimmtes Dasein vorlebte. Das begann mit dem Alltag der Schule. Ein besonders typisches pädagogisches Ereignis mit hoher Leitbildfunktion verdeutlicht am ehesten, was hier gemeint ist. Einer meiner Klassenkameraden, ein besonderes Zeichentalent, verschaffte sich einen Nachschlüssel zum Schulgebäude und zeichnete nachts einen unserer kauzigsten Lehrer, unseren Geschichtslehrer *Sentius*, in Überlebensgröße an die Wand der Eingangshalle, wo wir ihn anderentags dann staunend belachten. Dieser Lehrer war ein kleines, buckliges Männlein, das sich seiner komischen Wirkung auf seine Schüler offenbar bewußt war. Er ertrug unseren Spott demütig und behauptete sich durch die Darbietung erlesener Histörchen von großen Männern und Geschehnissen, die das Seltsame und meist auch das Lächerliche der Großen in der Weltgeschichte demonstrierten. Es war wohl – nach *Freud* interpretiert – seine Rache, des vom Schicksal Mitgenommenen, an den unnahbar da oben Thronenden. Der Gang der Weltgeschichte hat mich später gelehrt, dieses Mannes mit Achtung zu gedenken, denn in der Tat, die Mächtigen sind seltsame Figuren, wenn man sie nahe betrachten kann. Also prangte nun unser Historiker in seiner liebenswürdigen Erbärmlichkeit an der weißen Wand der Halle. Der Direktor war empört. Strengste

Strafen wurden angedroht.

Der Skandal war groß, er traf den Abgebildeten wohl am stärksten. Doch das Prestige der Schule stand auf dem Spiel. Dr. *Ehlen* erbot sich, nach einem Tag erfolgloser Kriminalistik, den Verbrecher ausfindig zu machen. Er stellte zwei Bedingungen: er allein würde den Namen kennen, er allein auch die Strafe festsetzen. Man ging nolens volens auf diesen Vorschlag ein. *Ehlen* war unser Klassenlehrer, und er wußte wohl von vornherein, wer der Täter war. Die Genialität der Ausführung des Porträts verriet ihn. Er hielt uns einen Vortrag des Inhalts, daß das Gemälde großartig sei und höchsten Respekt als Kunstwerk erheische, doch mahnte er uns, die Auswirkungen dieses Kunstwerks zu bedenken, insbesondere den Schmerz, den der Konterfeite selber zu tragen hatte. Die Bedingungen waren klar. Der Täter meldete sich privat, unter Ausschluß der Öffentlichkeit sozusagen. *Ehlen* verpflichtete ihn, die nächste Nacht, mit Malerhandwerk bewaffnet, das Kunstwerk zu übertünchen. Die verhängte Strafe erfuhren wir nie. Aber der Künstler, sein Name war *Herbert Müller,* blieb unbehelligt und wurde ein Mensch von tiefer seelischer Kraft. Er starb einen ungewöhnlichen Heldentod: er wurde bei dem Versuch, Menschen aus einem brennenden Haus zu retten, von den zusammenstürzenden Mauern erschlagen. Er hatte bewiesen, daß er ein Menschenfreund war und nicht ein Spötter. *Ehlens* Geist war in ihm lebendig geworden.

Unsere Lehrer sind es, die uns zu Menschen machen. *Ehlen* war wie ich katholisch, die Stadt, in der er lebte, war katholische „Diaspora", d. h. unsere Glaubensbrüder waren damals weit in der Minderzahl. *Ehlen* lehrte uns auch nicht etwa, daß der Katholizismus die allein seligmachende Religion sei. Er lehrte uns vielmehr, daß es neben der sichtbaren Kirche eine unsichtbare gebe, in der alle vereint seien, die sich bemühten, gute Menschen zu werden. „Gut" zu sein hieß aber: Gutes zu tun, den Mitmenschen zu lieben und im Geringsten den Bruder zu sehen. Seine „Verbrüderung" mit uns geschah nicht, wie es einige wirre Pädagogen heute tun, indem er uns duzte oder sich von uns duzen ließ. Er wahrte in der tiefsten seelischen Gemeinschaft den Abstand. Auch der fanatischste Dissident unter seinen Schülern achtete ihn, mehr als die Honoratioren der Stadt, die einen „Sozi" oder gar Schlimmeres hinter ihm vermuteten, und besonders kam diese politische Animosität ans Licht, als *Ehlen* uns im Jahre 1923 schon klarmachte, daß die Polen Menschen wie wir sind, feine und fleißige Kerle, denen man mehrmals ihr Vaterland genommen habe und die aus nackter Not gezwungen waren, ins Ruhrgebiet umzusiedeln, wo sie als Bergarbeiter ihr Brot verdienten. Die Polen sind strenge Katholiken, wie heute jeder weiß. Aber bei der besseren Gesellschaft meiner Heimatstadt war längst eine Assoziation von Polnisch und Katholisch entstanden, so sehr, daß mein evangelischer Klassenlehrer, als wir in der Quarta unsere Personalien am ersten Schultag für das Klassenbuch angeben mußten, verwundert stutzte, als ich mich als katholisch bezeichnete. Wieso, fragte er: Du katholisch? Du bist doch ein guter Schüler?

Ich erzähle das nur, um die geistige Luft zu beschreiben, die damals um unsere Nase wehte. Wer für die Polen eintrat, trat für die Niedrigsten ein, die uns überdies die Provinzen Westpreußen, Posen und Teile von Oberschlesien abgenommen hatten. *Ehlens* Methode war, die Geschichte Polens wahrheitsgemäß zu berichten. Da lernten wir (so nebenbei, im Zweifelsfall gar im Chemieunterricht oder in der Mathematik), daß es ein Königreich Polen gegeben hatte, das noch weit westlicher sich erstreckte als die damalige deutsche Grenze. Wir lernten, daß historische Gerechtigkeit und politischer Chauvinismus nichts gemeinsam haben, daß man aber alle Dinge auch mit den Augen der anderen zu sehen lernen müsse. In einer Zeit wachsenden nationalen Bewußtseins trug das dem Doktor *Ehlen* nicht gerade die Sympathie seiner Velberter Mitbürger ein, und er hatte manche persönlichen Angriffe zu erdulden, insbesondere im Dritten Reich. Heute trägt unsere alte Schule seinen Namen.

Was ich als Person, als Charakter heute bin, verdanke ich *Ehlen.* Sicher ist meine Nachfolge sehr unvollkommen, aber der Anspruch dieses Mannes leuchtet mir vor. Er baute die erste Arbeitersiedlung, die in Selbsthilfe entstand. Er wußte, daß nur Eigentum die Menschen verantwortlich macht.

Was die Leute, die man als „asozial" ansah, weil sie nichts besaßen als ihre Arbeitskraft, und die sicher nicht ordentlich mit ihren Mietwohnungen umgingen, was diese Leute empfanden, sprach eine einfache Arbeiterfrau aus. Sie dankte *Ehlen,* weil er sich mit ihnen, diesem „Gesocks", abgegeben und aus ihnen ordentliche Menschen gemacht habe. Gesocks: das war der Name derer, die verächtlich waren. Das Wort ist verballhornt aus Socius und sozial. Sozialismus war links, und links war, politisch gesehen, ein Schimpfwort. *Ehlen* zeigte, daß die gesellschaftliche Einstellung der Menschen, insbesondere ihre Asozialität, das Resultat ihrer Lebensgeschichte war. Der Kommunismus ist auf christ-katholischem Boden gewachsen, in Mexiko z. B., weil die Katholiken keine Christen waren. Dies ist mein Glaubensbekenntnis bis heute. Es war *Ehlens* Bekenntnis. Die Befreiungstheologie spricht es wieder aus, und die allzu Besonnenen wollen es nicht wahrhaben. *Giambattista Vico* aber hat es vor 250 Jahren gesagt: Die gesellschaftlichen Verhältnisse der Menschen sind das Resultat menschlichen Geistes. Wir verstehen sie, wenn wir den Menschen verstanden haben. Ihn zu verstehen ist schwer. Ich habe die ersten Gehversuche hierzu bei *Nikolaus Ehlen* gelernt.

4. Wissen und Kunst im Widerstreit

Der zweite Lehrer, der mein späteres Leben in seiner beruflichen Richtung bestimmte, war *August Schmahl*, der uns in Mathematik und Physik unterrichtete. Bei ihm lernten wir, daß man die Welt mit Hilfe physikalischer Gesetze verstehen kann. Im Physiksaal zeigte uns das Experiment, daß die Phänomene, die offenbar vor unseren Augen aufscheinen, der Ausdruck eines durchschaubaren und beschreibbaren Hintergrunds sind, der die „wahre" Wirklichkeit darstellt. Die Kraft, mit der unsere Muskeln die materiellen Gegenstände bewegen, ist nichts als Masse mal Beschleunigung. Die elementarste Kraft ist die der Erdanziehung. Im Fall und an der schrägen Ebene wurde diese Kraft meßbar, so unsichtbar sie hinter den Phänomenen verborgen blieb. Die Gravitation hat mich dann Jahre später wieder beschäftigt, bei dem ersten Zwischenspiel meines Lebens, das den Namen Naturphilosophie verdiente. Aber auch dieser Lehrer war weit davon entfernt, uns nur durch Einsicht in Tatsachen zu bilden. Er machte uns klar, daß Fleiß der Vater des Erfolgs ist. Wer unvorbereitet zum Unterricht kam, erhielt die apodiktische Abfuhr, wenn er nicht lernen wolle, solle er der Schule fernbleiben und einen „praktischen Beruf" ergreifen. Das war natürlich ein Rat, der in der Oberstufe gegeben wurde.

Ich habe ein Ereignis nachzutragen, das mein Leben ebenfalls eindringlich bestimmt hat. Im Jahr 1920, ich war eben in die sogenannte Untersekunda versetzt worden, fegte eine der ersten großen Infektionswellen, die man damals die „Asiatische Grippe" nannte, über Deutschland hinweg. Ich erkältete mich bei einem Bad in der Ruhr, in Werden, denn damals war das Wasser noch sauber genug zum Baden. Der Zustand wuchs sich zu einer lebensbedrohenden Erkrankung aus. Eine Bronchopneunomie entstand. Der Tod drohte. In der Schule wurde für mein Leben gebetet. Doch der Kelch ging an mir vorüber, ich genas, wurde, weil mein Hausarzt die vermutlich falsche Diagnose einer Tuberkulose stellte, in den Schwarzwald geschickt, in eine kleine Pension in Badenweiler, wo noch ein Table d'hôte gepflegt wurde: alle Gäste saßen, dem Rang und insbesondere der Zeit ihres Kuraufenthaltes entsprechend, aufgereiht am langen Tisch. Ich war der zuletzt Gekommene und zudem der Jüngste, noch keine 14 Jahre alt. Die

Schüsseln gingen vom Kopf zum Ende des Tisches. Was unten ankam, war das Ergebnis der Einteilungskunst und der Eigensucht derer, die höher am Tisch saßen. Ich bekam meist nur noch Kartoffeln und Sauce, und den Nachtisch nur in fast symbolisch zu nennenden Resten. Eine Palastrevolution unter der Plebs unten am Tisch führte übrigens zu keiner Änderung des Zustandes. Niemand wiederholte die Szene, die ich vom Schulhof beschrieb.

Sechs Wochen blieb ich allein in Badenweiler, und täglich ging ich im Kurpark an jene Brüstung, von der aus man ins Rheintal gegen Müllheim schaut. Die Schnellzüge sah man, soweit ich mich erinnere, noch gerade in der Ebene fahren. Dort saß ich, lange Tage, das Land der Heimat mit der Seele suchend, und gegen meine Seufzer bringt das ferne Tal nichts als das Rauschen der aus der Heimat kommenden Züge mir herüber. Ich habe damals gelernt, wie *Iphigenie* auf Tauris zumute war.

Die Zeit verstrich, ich konnte die Schule wieder besuchen, doch schon nach wenigen Wochen brach ein Fieber erneut aus. An einen ordentlichen Unterricht war nicht zu denken. Nach den großen Ferien stellte sich eine doppelseitige, wässerige Pleuritis ein, die nicht diagnostiziert wurde. Je zwei Liter Exsudat auf jeder Seite bedrückten das Herz. Nach Monaten bekam ich einen Kreislaufkollaps, und mein Arzt vermutete eine Herztuberkulose, ein übrigens extrem seltenes Ereignis. Wiederum war ich dem Tode nahe, eigentlich nur aufgrund einer falschen Diagnose. Röntgenapparate gab es nicht in meiner Heimatstadt, oder mindestens wurde ich nicht vor sie gestellt. Meine bekümmerte Mutter empörte sich endlich gegen den Arzt, mit dessen Tochter mich übrigens zarte Fäden verbanden. Mein Onkel, der jüngere Bruder meiner Mutter, der, nach Frontdienst und Gefangenschaft, sein Medizinstudium beendet hatte, wurde zu Hilfe gerufen. Er hatte als Austauschgefangener einige Semester in der Schweiz studiert und fand mit der uralten Methode der Auskultation, die *René Laënnec* 1818 der Vergessenheit entriß, und der Perkussion, die *Leopold Auenbrugger* schon 1761 bekannt gab, die Ursache meines deletären Zustandes, den doppelseitigen Erguß. Eine Punktion, ohne jede Betäubung, im Bette sitzend, von meinem archaischen Hausarzt vorgenommen, förderte die vier Liter Wasser zutage, die mein Herz gequält hatten, aber die rasche Entleerung, ohne Einsicht in die Schwierigkeiten einer Kreislaufbelastung vorgenommen, endete in einem Kreislaufkollaps, der aber ebenfalls mein zähes Leben nicht zu beenden vermochte. Doch nun erst, nach über 18 Monaten Krankenlager, brachte man mich in die Städtischen Krankenanstalten nach Essen, die zu bezahlen (in der Inflation 1921 [!]) meine Eltern fast all ihre Schmucksachen verkaufen mußten. Prof. *Pfeiffer,* ein lieber, würdiger und sehr gründlicher Arzt, diagnostizierte meinen Zustand exakt, schloß eine Tuberkulose aus, sorgte für korrekte Behandlung, und nach 6 Wochen Kur in Salzuflen konnte ich, nach fast zwei Jahren Unterbrechung, wieder zur Schule gehen; freilich kam ich nun eine Klasse zurück.

Dies alles berichte ich als ein Zeugnis für den Stand der Medizin vor, wo ich dies schreibe, genau 65 Jahren. Wir sind als kurzlebige Menschen unfähig, uns diesen Wandel gegenwärtig zu machen. Ich berichte von dieser Krankheit zweitens, um die Sinnlosigkeit der damaligen Rehabilitation zu kennzeichnen. Man verbot jede körperliche Tätigkeit wie Sport, und so wurde ich ein Schreibtischmensch par excellence, habe aber auch das überlebt. Und endlich sind diese zwei Jahre Isolation im Krankenzimmer auch an meiner geistigen Entwicklung nicht spurlos vorübergegangen. Als ich wieder zur Schule gehen durfte (erst nur 2 Stunden täglich, doch ich betrog Eltern und Lehrer und war 3–4 Stunden dort) mußte ich vieles nachlernen, aber ich war gereifter als zuvor, wenn auch mit einer beträchtlichen metaphysischen Schlagseite.

So kam es, daß einer der ersten Hausaufsätze, den ich begeistert schrieb, bombastisch und mit dichterischen Floskeln angereichert war. Ich war sehr stolz auf dieses Kunstwerk. Bei der Rückgabe der Hefte war ich der letzte. Der Lehrer, Dr. *Paulussen,* erklärte mir kurz und bündig, unter diesen Aufsatz hätte er sehr wohl eine „Eins“ als Note setzen können. Er habe sich aber nach reiflicher Überlegung für eine „Fünf“ entschieden. Dieser Stil sei aufgeblasen, meiner nicht würdig. Ich hätte einen klaren Kopf, den solle ich gebrauchen. Die Lehre saß, sie war bitter, aber äußerst heilsame Medizin, auf die sofortige Besserung folgte.

Mit der richtigen Medizin hatte ich durch meine jahrelange Krankheit und vor allem durch den mehrmonatigen Krankenhausaufenthalt innige Berührung gehabt. Der Gedanke, Arzt zu werden, kam immer klarer zum Vorschein. Meine behandelnden Ärzte hatten zwar meiner Mutter gesagt, das anstrengende Studium der Medizin würde ich vermutlich nicht bewältigen. So blieb die Alternative Literaturstudium, Laufbahn eines Dramaturgen, Regisseurs und vielleicht dann sogar eines Intendanten, der das eine oder andere Drama selber verfaßt haben würde, eine weiterhin mich beseelende Vorstellung. In der Tat schrieb ich Dramen. Sie sind fürchterlich – bis auf ein Werk, das ich erst 1945 in unfreiwilliger Muße schrieb und das ganz originell ist. Begabung aber habe ich nicht für die Dichtung. Was ich habe, ist eine flotte Feder. Da meine Mutter mir, trotz höchst gelungener Laienspieldebüts, und trotz aller ärztlich-professoralen Warnungen, die Medizin als Beruf anriet, meinend, bei vorhandener Begabung könne ich immer noch Dichter werden, bin ich den „vernünftigen" Weg gegangen. Ich habe es ja auch nicht einmal zum Dichter-Arzt gebracht. Wie klug hat meine Mutter geurteilt!

Im Frühjahr 1925 machte ich ein leidlich gutes Abitur, wurde von der Schule gelobt, mit einem Preis bedacht, doch leider war die „Studienstiftung des Deutschen Volkes" noch nicht gegründet. Ich wäre wohl in ihr gelandet und habe es so nur zu ihrem Vertrauensdozenten gebracht. Im Sommer 1925 immatrikulierte ich mich in München für Medizin.

5. Medizin 1925 und ihre Naturphilosophie

München war immer mehr eine Stadt der Künste als der Wissenschaften, so wie Heidelberg, einem Spruch von *Karl Jaspers* entsprechend, mehr eine Pflanzstätte des Geistes als des Fleißes war. Von der Kunst über den Geist zum Fleiß, das wäre der Abstieg gewesen, der mir allenfalls gedroht hätte, den ich aber in meinem Studium immer habe vermeiden können. Daß ich nach München ging, hatte also gewiß andere Gründe als die, eine wissenschaftlich hoch angesehene Fakultät zu besuchen. Es war der lockende Ruf der Ferne, des Südens und der Kunst, der mich aus dem Ruhrpott dorthin zog. Mein Vater war als Student im Sonderhäuser Verband Deutscher Sängerverbindungen aktiv geworden. Die größte Verbindung dieses Verbandes, mit damals 250 Aktiven, war der Akademische Gesangverein München, dem ich beitrat, und der eben eine durch und durch künstlerische Vereinigung war. Daß mich an der Universität so berühmte Lehrer erwarteten, wie die Anatomen *Siegfried Mollier* oder *Wilhelm Vogt*, war mir nicht bewußt.

Auch von *Otto Frank*, dem weltbekannten Physiologen, hatte ich nichts gehört und habe sein Kolleg auch nicht besucht. Meine Physiklehrer hätten *Arthur Sommerfeld* und *Wilhelm Wien* sein können, beide Nobel-Laureaten. Aber ich hörte Physik bei *Leo Graetz*, dessen Kolleg wesentlich leerer war und an dessen Experimentalvorlesung in Elektrizitätslehre ich dunkle, aber sehr positiv getönte Erinnerungen habe. Chemie hätte ich bei *Heinrich Wieland* lernen sollen, der 1927 den Nobelpreis erhielt. Aber ich war nur selten in seiner Vorlesung, da mich Chemie, zum Teil wohl auch dank der schlechten Einführung durch Dr. *Ehlen*, niemals interessiert hat. Als alter Mann, als die Chemie schon halb Physik geworden war, habe ich einiges von ihr begriffen. Aber der Zoologe *von Frisch* zog mich ganz in seinen Bann, während ich Botanik auf später verschob, weil das Botanische Institut damals wie heute ganz außerhalb der Stadt lag.

Die Tatsache, daß die Physik von *Graetz* in dem Hauptgebäude der Universität in der Ludwig-Straße gelesen wurde, ließ sie mir beinahe als ein den Geisteswissenschaften verwandtes Fach erscheinen; aus der Physikstunde wanderte ich in literarische Vorlesungen, doch den Tag begann ich mit Logik und Erkenntnistheorie bei *Josef Geyser.* Ich habe noch heute das sorgfältig geführte Kollegheft.

Die wissenschaftliche Atmosphäre, in die ich eintauchte, war mindestens dort, wo ich als Anfänger mit ihr in Berührung kam, eine traditionelle, von keinerlei Krisen und Revolutionen erschüttert. Die Physik, die mir mein Gymnasiallehrer *August Schmahl* beigebracht hatte, ging nahtlos in die nur etwas detailliertere Physik von *Leo Graetz* über. Es gab damals noch nicht jene Metaphysiker der Wissenschaft, die sich gerne Wissenschaftstheoretiker nennen und zu erforschen vorgeben, wie Wissenschaft entsteht. Wissenschaft wuchs damals noch völlig unreflektiert, um nicht zu sagen gedankenlos, doch jedenfalls bar eines jeden Gedankens daran, wie sie entsteht und wieviel sie gilt. Wir waren alle noch, Studenten und Professoren, von jener grenzenlosen Naivität erfüllt, welche weder sich noch die eigene Sache „in Frage stellt", und von „Hinterfragungen" dieser Sache waren wir durch Welten – und durch fast noch ein halbes Jahrhundert – getrennt.

Ich habe keine Erinnerung daran, ob zur Zeit meines Studiums die Quantenphysik, die damals ja längst entdeckt worden war, eine besondere Rolle in unseren Diskussionen gespielt hatte. Schließlich waren wir ja keine Physiker. *Nils Bohr* hatte sein Atommodell entwickelt, und die Diskussionen über die Frage nach der Natur des Atoms und über das Problem, daß sich Licht bald als Wellenbewegung, bald als ein Bombardement kleinster Geschosse der Lichtquanten, darstellt, waren in vollem Gang. In die Medizin der damaligen Zeit drang aber fast nichts vom Lärm der Waffengänge, die innerhalb der Physik mit hohem Engagement geführt wurden. Wir sprachen über diese neuen Ansichten wohl, wenn wir mit Kommilitonen der naturwissenschaftlichen Fächer zusammensaßen. Aber eine geistige Erschütterung ging, jedenfalls bei uns, nicht von der Quantentheorie aus, im Gegensatz zu den aufgeregten Diskussionen, welche die Relativitätstheorie bei allen Gebildeten auslöste.

Vielleicht ist diese Darstellung durch meine eigenen Interessengebiete gefärbt. Doch meine ich, eine gute Erklärung dafür zu haben, daß von diesen beiden Theorien nur die Relativitätstheorie so viel beachtet wurde, was im nachhinein ziemlich paradox erscheint.

Tatsächlich ist es nämlich so, daß die Quantenphysik für das menschliche Leben eine unvergleichlich größere Bedeutung hat als die Relativitätstheorie. Diese „Mikrophysik", wie sie der Nobelpreisträger *Louis de*

Broglie später genannt hat, bestimmt mindestens die Entstehung des Lebens, wenn auch wohl nur zu einem kleinen Teil. Auch muß des (freilich abwegigen) Versuchs von *Pascual Jordan* gedacht werden, die menschliche Willensfreiheit als eine Art Analogon zu den indeterminierten Quantensprüngen im Atom zu betrachten. Wir werden dieses Problem noch erörtern. Es wird hier nur zitiert um zu zeigen, daß die Dimensionen des Kleinsten in der Natur etwas mit dem menschlichen Leben zu tun haben, denn alles was die Physiologie des Menschen bestimmt, spielt sich im Mikrobereich der Natur ab. Dagegen geht uns weder die spezielle noch die allgemeine Relativitätstheorie existentiell etwas an. Erfahrungen mit ihr zu machen, gelingt allenfalls in den ausgeklügeltsten Experimenten, wie z. B. dem, die „Raumkrümmung", welche von der Theorie angenommen wird, dadurch nachzuweisen, daß ein Lichtstrahl von fernen Sternen, wenn er nahe an einem Himmelskörper wie der Sonne vorbeiläuft, eine leichte Krümmung seines Weges erfährt, der Stern also, der z. B. am Rand der in einer Finsternis verdunkelten Sonne erscheint, seinen scheinbaren Platz etwas näher hin zu der Sonne hat als das ohne die Raumkrümmung um die Sonne herum der Fall wäre. Das Experiment ist, so extrem schwierig es auch ist, erfolgreich durchgeführt worden, und zwar schon 1919.

Was an dieser Theorie für uns faszinierend war, das war ihre Bedeutung (oder besser: ihre uns damals so erscheinende Bedeutung) für die Erkenntnistheorie. Was Raum und Zeit für den erkennenden Menschen sind, darüber haben die Philosophen seit den ältesten Zeiten menschlicher Kultur nachgedacht, und es finden sich z. B. bei den Vorsokratikern sehr modern anmutende Gedanken hierzu. Aber die Absolutheit, mit der wir über Raum und Zeit zu denken pflegen, gestattet uns nicht, die Relativität der Größe von Raum und Zeit zu denken. Ich erinnere mich eines Aufsatzes von *O. Kraus,* der nachweisen wollte, daß *Einstein* Beschreibungsmittel (die mit der Raumkrümmung erklärbaren Phänomene) mit dem Beschreibungsobjekt Raum verwechselt habe. Soviel ich das heute beurteilen kann, ließe sich eine solche Hypothese sogar mit Mitteln einer Modelltheorie als praktikabel erweisen. Die Theorie des Raumes und die Theorie der mittels Raumkrümmung wegzudisputierenden Gravitationskraft, für die es kein Modell gibt und auch wohl nie geben kann, diese Theorie griff tief in die klassischen Denkformen ein. *R. Carnap* hatte 1922 eine logische Theorie des Raumes entwickelt, in welcher ein formaler Raum streng vom Anschauungsraum unterschieden wurde: nur letzterer folgte den Erfahrungen, welche in unserem Denken zur Euklidischen Geometrie geronnen sind.

Für mich wurde diese erkenntnistheoretische Diskussion beherrschend. Ich schrieb einige philosophische Abhandlungen, die gottlob nie publiziert wurden, und hielt 1933, als Folge eines mehr als fünfjährigen Dilettierens mit diesen Problemen, meine Antrittsvorlesung über das Thema: „Die Wahrnehmung von Raum und Zeit", worin ich das Physiologische, das in diesen Begriffen steckt, zur allgemeinen Beachtung zu bringen versuchte.

Mein Urteil heute über diese Zeit aber lautet so, daß sich durch die Vorherrschaft der Relativitätstheorie in allen naturphilosophischen Überlegungen, die meine Kameraden und ich damals machten, die verhängnisvolle Vorliebe des Abendländers für Erkenntnistheorie zu erkennen gibt. Wie nimmt man die Welt wahr? Was steckt hinter der Wahrnehmung? Diese Fragen hat bekanntlich *Kant* in einer für die meisten Naturforscher unüberbietbaren Klarheit beantwortet. Diese Vorherrschaft der Erkenntnistheorie ist selbst noch 1950 in *Nicolai Hartmanns* großartiger „Philosophie der Natur" spürbar, einem Werk, das die Probleme der Quantenphysik nur am Rande und vorwiegend unter erkenntnistheoretischen Gesichtspunkten betrachtet.

Daß es neben dem Problem des Erkennens, das wohl immer das eigentliche Anliegen der Wissenschaft sein wird, auch etwas anderes gab, eine Problematik, die sich mit den Schwierigkeiten der menschlichen Existenz befaßt, das war kein Thema unserer damaligen Reflexion.

Vielleicht wird die Geschichte der Medizin etwas zu simpel ausgelegt, wenn mir dazu folgendes einfällt. Auch die damalige Medizin war ganz und gar erkenntnistheoretisch angelegt. Ihr wissenschaftlicher Kern war die experimentelle Physiologie. Krankheit war das Versagen bestimmter, physiologisch klar definierbarer Mechanismen. Als Beispiel pflege ich die Entstehung der Blutzuckerkrankheit zu wählen: Es war gerade eben, 1921, von *Banting* und *Best* das „Insulin" aus den Langerhansschen Inseln des Pankreas isoliert und gereinigt worden, nachdem schon seit 1889 durch *Mehring* und *Minkowsky* das Pankreas als Sitz der Störung der Blutzuckerkrankheit erkannt worden war. Diese fundamentale Entdeckung, die inzwischen Millionen von Menschen das Leben rettete, hat dennoch im Bunde mit ähnlichen Entdeckungen unsere medizinische Erkenntnistheorie auf einen einseitigen Weg festgelegt. Man wußte, was bei der Krankheit defekt geworden war, und also, so glaubte man, habe man die Krankheit verstanden. Das Experiment, dem ja bekanntlich vorwiegend rasch einsetzende Wirkungen zur Analyse zugänglich sind, dieses Experiment kann naturgemäß nur künstliche Defekte setzen und deren Folgen registrieren. Es liefert damit ein die Erkenntnistheorie durch und durch befriedigendes Verfahren. Zwar entstand schon damals das Nachdenken unter den experimentierenden Medizinern, wieweit aus einigen Erfahrungen im Experiment auf die ganze Wirklichkeit, d. h. also auch auf Naturgesetze von allgemeiner Geltung, geschlossen werden kann. Der Anatom und Naturphilosoph *Hans Driesch* hatte eine kleine Schrift über die Methode der Induktion schon 1915 veröffentlicht, die ich bald nach Beginn meines Studiums las. Aber in der Praxis der medizinischen Forschung kam man ohne alle philosophischen Skrupel aus (was auch noch für die Gegenwart gilt), und die Erfolge gaben der Wissenschaft recht: Krankheit war ein Defekt genau einsehbarer Mechanismen. Therapie bestand in der Reparatur dieser Mechanismen, im Zweifel im Ersatz der ausgefallenen natürlichen Wirkstoffe durch künstlich produzierte.

In dieser Naturphilosophie der damaligen Medizin wurde das menschliche Leben nirgends bedeutsam. Die Frage nämlich, woher die Defekte eigentlich kommen, wurde buchstäblich nie gestellt. Sie trat im Zusammenhang einer mechanisch denkenden Naturphilosophie nicht auf. Wir beginnen in der Tat erst seit etwa 20 Jahren dieses Problem als solches zu erkennen. Die menschliche Existenz in ihrer Totalität geht uns langsam als eine auch ärztlich erscheinende Größe auf. Wir fragen uns, inwieweit menschliches Handeln und menschliches Schicksal die Defekte bestimmen, welche der Krankheit zugrunde liegen. Beim Insulinmangel ist es z. B. eine lang dauernde Überlastung unserer Regelorgane mit erhöhtem Zuckerkonsum, wenn nicht gar die Erbanlagen bereits defekt sind und dann auf Exzesse im Zuckerverzehr mit Krankheit antworten. Diese Sachlage habe ich wohl als erster in ihrer allgemeinen Bedeutung gesehen und in meinem Buch „Plädoyer für eine neue Medizin“ 1979 geschildert.

Es scheint mir kein Zweifel, daß diese Entwicklung mit einem tiefen Wandel auch der naturphilosophischen Grundinteressen zusammenfällt. Die Relativitätstheorie findet wenig Interesse mehr, obwohl ihre philosophischen Probleme so ungelöst sind wie eh und je. Aber die Quantenphysik, oder besser die Mikrophysik nach *de Broglie,* wird das

Leitthema der Naturphilosophie, und die Existenzphilosophie findet gerade bei Naturforschern steigende Beachtung. Das paßt dann gut zu der Bemerkung des 27jährigen *Marx*, „die Philosophen haben die Welt nur verschieden interpretiert, es kommt darauf an, sie zu verändern" (Werke II, 4).

Wenden wir diesen politisch so oft zitierten Spruch auf die Medizin an, so lautet er so, daß die Pathophysiologie lange genug darüber nachgedacht habe, wie Krankheit naturwissenschaftlich interpretierbar sei, nun aber gelte es, Krankheit zu verhüten. Das aber ist, ebenso wie die Weltveränderung, kein rein naturwissenschaftliches Problem mehr, es ist ein Problem der „Intervention".

Dies also ist der große Rahmen, in den mein wissenschaftlicher Lebenslauf eingefaßt ist.

6. Nach Ostland wollen wir reiten

Die soeben geschilderte Allegorie der naturwissenschaftlichen und medizinischen Entwicklung ist sicher höchst vereinfacht und daher im Detail vielleicht gar falsch. Sie bildet aber den Generalnenner, unter dem mir selbst ein totaler Wandel im Stil des wissenschaftlichen Denkens seit 1925 erschienen ist. Da die Hochschulmedizin ihren klassischen, pathophysiologischen Denkstil, bis zur Stunde kaum durch einige Einbrüche verändert, bewahrt hat, läßt sich ermessen, welche Änderungen der Medizinischen Welt nun vor unserer Tür stehen.

Die Medizin zur Zeit meines Studiums (1925–1930) war aber nicht nur traditionell pathophysiologisch orientiert – sie war in einem, vom heutigen Standpunkt aus, bemerkenswert stabilen Zustand. Mein Onkel *Hermann Busch,* der mir das Leben mit einer richtigen Diagnose gerettet hatte, starb selbst an den Folgen einer Tuberkulose, die er im Ersten Weltkrieg erworben hatte. Ein intelligenter und gewissenhafter Arzt, das Opfer einer Seuche, die heute dieses Opfer sicher nicht mehr für sich fordern könnte. Er hinterließ mir seine medizinischen Bücher, darunter ein Physiologie-Buch von *Landois-Rosemann* von 1915, mit dem sich aufs Physikum 1927 vorzubereiten keinerlei Schwierigkeiten bot und das mir bis zu meiner wissenschaftlichen Tätigkeit im Bonner Physiologischen Institut als Lehrbuch genügen konnte. Der rasende Wandel, der heute Neuauflagen in wenigen Jahren erfordert, hatte noch nicht eingesetzt.

Ich ging im Sommer 1926 zum Studium nach Bonn, um meinen Eltern näher zu sein und mich ganz dem Fleiß hingeben zu können, der in Münchner Luft nicht recht gedieh. Mein Lehrer in Physiologie war *Ulrich Ebbecke,*der auch mein späterer wissenschaftlicher Lehrer wurde, und der sich von allen anderen Medizinprofessoren dadurch unterschied, daß ihm seine Wissenschaft dauernd problematisch blieb: er stieß sich, wie es das griechische Wort Problema meint, an Ecken und Vorsprüngen des Tatsachengefüges, fragte nach der Gültigkeit des Erkennens, vor allem wenn er in der Sinnesphysiologie die völlig unüberbrückbare Kluft zwischen dem, was in unseren Sinnesorganen vor sich geht, und dem, was das Bewußtsein daraus macht, betonte. Diese Art ständig praktizierter Naturphilosophie war freilich auch, im

Geist der Zeit, erkenntnistheoretisch getönt, und so war auch sein bis dahin einziges Buch „Die kortikalen Erregungen“, das 1919 erschienen war. Es war aber die Art, die Selbstverständlichkeiten der Welt in Frage zu stellen, die den intelligenteren Teil von *Ebbeckes* Hörern begeisterte, wenngleich die Plebs, die immer die Mehrzahl darstellt, maulte, man lerne nicht genug Tatsachen, und das geistreiche Gerede lasse sich in Prüfungen nicht verwerten. Die Welt hat sich seitdem nicht verändert.

Die ärztliche Vorprüfung (das „Physikum“) bestand ich zwar mit sehr gut, aber die Note war nicht wirklich verdient. Ich hatte mich nur notdürftig angestrengt und lieber Literatur oder Philosophie gelesen. (So die erstaunte Frage eines Jahrgangskameraden während der Prüfungstage, als ich mit *Dostojewski* in der Hand dasaß: Was, Sie lesen noch nebenher?) Im Besitze dieses Examensergebnisses erlaubte mein Vater mir nach Königsberg zu gehen, in das Sommersemester 1927, wo ich dann freilich weder ordentlich studierte noch viel las: ich genoß das Leben im Wandern und Reisen. Die pathologische Vorlesung von *Kaiserling* hörte ich nur gelegentlich, leider auch die Innere Medizin, die der alte *Max Matthes* las, dessen „Differentialdiagnose“-Buch noch völlig über meinen Horizont hinausging. Ich hatte seine Vorlesung nicht einmal belegt. Mit seinem Sohn sollte mich später eine gute Freundschaft verbinden. Man führte damals übrigens noch „Anmeldebücher“, in die man die Vorlesungen eintrug, die man hören wollte und dann auch bezahlen mußte, und der Dozent hatte ein Anmeldetestat in dieses Buch einzutragen. Nur München leistete sich den Luxus dieses Testates nicht, wohl weil es zuviel Studenten hatte.

Ostpreußen besitzt einen landschaftlichen Reiz wie wenige Gebiete der Erde. Das Wesentliche ist die enge Bindung von Land und Meer und die absolute Einsamkeit im Landesinnern, sobald man die Verkehrswege verläßt. Die Masurischen Seen sind glitzernde Edelsteine, in Wald gefaßt, umgekehrt wie in England, diesem „precious stone set in the silver sea“. Wir wanderten an Sonntagen (Wochenenden wie heute gab es noch nicht!) nach einer Anfahrt mit der Eisenbahn ins Land, oder badeten an den Nehrungen. Daß Königsberg als Studienort gewählt worden war, hatte natürlich zunächst politische Gründe. Das Land war durch den Verlust Westpreußens an Polen 1919 isoliert, vom „Reich“ getrennt und schon deshalb schien es uns, daß es intensive Kontakte mit uns, den „Reichsdeutschen“ erfahren sollte. Danzig war Freistaat, zwar leicht erreichbar und betretbar: die meisten Fernzüge gingen von Berlin über Danziger Gebiet nach Königsberg. Aber das Fragile, Provisorische dieser politischen Lösungen glaubten wir zu fühlen. Die Trennung, hieß es, war Unrecht, und jeder Deutsche wurde im Gewissen verpflichtet, an die Wiedervereinigung Ostpreußens mit dem Mutterland zu glauben und darauf hinzuwirken. Es gab also schon damals eine, wenn auch völlig anders gelagerte Ideologie der Wiedervereinigung, die damals dann für kurze Zeit durch die kriegerischen Erfolge der Nationalsozialisten verwirklicht schien, aber um den Preis des letztlich endgültigen Verlustes. Mir, dem Schüler von *Nikolaus Ehlen*, war zwar eine andere Einstellung zu Polen anerzogen worden als man sie damals hatte. Der „Korridor"war eine Verbindung, die es deutschen Zügen (und den wenigen damals verkehrenden Automobilen) gestattete, nach Ostpreußen ohne Paß- und Zollformalitäten zu reisen. Dieser Korridor glich also dem heute geltenden Zugang zu West-Berlin, war aber nach meiner Erinnerung wesentlich freizügiger. Wer keine Animosität gegen Polen hatte, konnte diesen Transit ohne große Gefühlswallungen benutzen. Die meisten Deutschen fühlten sich freilich tief verletzt.

Die „Korridor-Mentalität" hat die Einstellung der Deutschen zu den späteren politischen Ereignissen stark geprägt.

Ein zweites Motiv für meine Wahl Königsbergs als Studienort war weit mystischer. Durch die Entstehung des kommunistischen Rußland ist ein der Deutschen Seele fast angeborener Traum vom Osten als dem Land der Sehnsucht verlorengegangen. Als Jugendbewegte hatten wir, in den Scharen um *Nikolaus Ehlen,* das herrliche Lied gelernt: Nach Ostland wollen wir reiten, und mich hatte als Student eine tiefe Verehrung für die russiche Literatur erfaßt: ich las *Dostojewski* wo immer es ging, führte einen seiner Romane fast immer bei mir und war sogar von *Gorkij* begeistert, obgleich er uns als „systemtreu" geschildert wurde. Die älteren Russen aber, vor allem *Gogol* und *Turgenjew,* erregten mich in einer Weise, die fast einer Veränderung meines Wesens gleichkam. Ich war in München immer in Versuchung, mir einen russischen Sprachlehrgang zu erwerben, doch er war mir zu teuer. Erst 1931 habe ich ihn erstanden. Aber russisches Wesen, russische Lieder waren herz- und sinnbewegend. Während die asiatischen Steppenvölker aus ihrer kalten Einöde nach Westen drängten, hatte sich, und nicht nur in mir, dieser Wandertrieb nach Osten pervertiert. Man hatte Schilderungen der endlosen Landschaften hinter unserer Ostgrenze gelesen, und selbst heute kenne ich nichts Hinreißenderes als die große Apotheose der russischen Ferne, den Schluß des ersten Teil von *Gogols* Toten Seelen, wo der Dichter sein Vaterland im Bilde einer Troika sieht: „Rußland, wohin fliegst du? Gib Antwort! Es gibt keine Antwort. Wunderbar klingen die Schellen; und alle anderen Völker und Staaten treten zur Seite und weichen ihr aus.“

Als ich diese Zeilen zum ersten Mal las, es war im Winter 1926/27, ahnte ich nicht, welch gewaltige Hellsicht *Gogol* erleuchtet hatte. Denn damals hatte Rußland nicht diese beherrschende politische Dimension des Alles-Erschreckenden, des Dämons, der uns zu verschlingen droht. Das Land war arm, es lebte am Rande seiner politischen Existenz. Der Gürtel freier Nationen im Baltikum und in Polen lag zwischen ihm und uns, und der Balkan bestand aus zwar kümmerlich, aber doch nach demokratischen Gesetzen lebenden, selbständigen Nationen. Es war ungefährlich, sich an *Gogols* Visionen von Mütterchen Rußland zu ergötzen, die von so bezwingender Geistigkeit, von jener ewig grüblerischen Selbstanalyse geprägt sind, von der man sich nur ein Quäntchen als Ferment in der behäbigen Masse des Deutschen Spießbürgertums hätte wünschen können.

Nach Ostland ritt ich also. Ich fand dort andere Menschen als zu Hause oder gar in München. Schwerblütig, dem heißen Drängen ihrer Triebe hingegeben, mit aller Fähigkeit zu großartigen Leidenschaften ausgestattet, so wie sie *Bergengruen* dann im „Tod von Reval“ geschildert hat.

Selbst die harmlosen Studentenlieben waren von dieser Schwerblütigkeit geprägt. Ich erinnere mich eines heißen Abends irgendwo auf dem Land. Wir hatten „Koppskegel-Wein“ getrunken, Beerenwein, der rasch berauscht und (wie sein Name meint) aus Köpfen rollende Kegel macht. Der Wald lag schweigend und tief hinter uns. Wir sangen alte Wanderlieder. Die Mädchen schmiegten sich heißblütig an uns, und nur der allzu hohe Blutspiegel an Alkohol und die nahende Abfahrtszeit haben ernsthaftere Verwicklungen verhindert.

Es ist mir noch heute so, als spiegele sich in den ruhigen, im Sonnenglast leise glitzernden Seen der Ostländer ein Abglanz des verlorenen Paradieses wider, und mit der gleichen tiefen Bewegung habe ich im hohen Alter noch einmal Finnland durchfahren – von Nord bis Süd, und auf der weiten Fläche seiner Seen diesen Abglanz eines ewigen Friedens gespürt. Unsere Ostsehnsucht ist das Verlangen nach der Ruhe des Paradieses, die uns von der Hektik unseres westlichen Lebens erlöst.

Wie sehr das so ist, das soll gleich mit einer kleinen Liebesgeschichte verdeutlicht werden.

Aber noch bin ich in Königsberg, wo kurz vor Semesterende ein für mein Leben sehr wichtiges Ereignis eintrat: ich erhielt von meiner Münchner Verbindung, dem Akademischen Gesangverein, die Anfrage, ob ich bereit sei, das Präsidium dieser großen Verbindung im Winter 1927/28 zu übernehmen. Ich sagte zu, überrascht von dieser Wahl, denn ich hatte in dieser Verbindung bislang nur zwei Semester als „Fuchs" zugebracht, war dann drei Semester im „Ausland", wie man Bonn und Königsberg von München aus verstand, und sah nun, daß ich offenbar auch als „krummer Fuchs" einen positiven Eindruck hinterlassen hatte.

Bevor dieses anstrengende Präsidialsemester anhob, kam aber eine große Reise, die erste „große Fahrt" meines Lebens. Ein energischer Bundesbruder, er hieß, so glaube ich, *Schmidt* organisierte eine Reise ins Baltikum nach Litauen, Lettland, Estland für 200 Mark, die mir meine Eltern bewilligten. Wir fuhren zu viert, alle recht unternehmungslustige Burschen, ins Ostland, ins Reich meiner Träume. Der Abschiedsabend sei nur als Warnung für diejenigen erwähnt, welche der heutigen Jugend besondere Lasterhaftigkeit bescheinigen. Er wurde im Königsberger „Blutgericht" gefeiert, einem Restaurant, dem Ratskeller anderer Städte vergleichbar, nur in den Kellern des alten Schlosses, dort, wo nach alter Sage in Vorzeiten die Mörder hingerichtet wurden. Wir probierten, im Kreis unserer Bundesbrüder als Weltenbummler gefeiert, die Weinkarte von Nr. 1 bis Nr. x. Wo x lag, entzieht sich meiner Erinnerung mit gutem Grund. Die Karte war nicht sonderlich geordnet. Die Ordnung war wohl durch den Preis festgelegt, aber wir beharrten auf dieser ökonomischen Reihenfolge, so Weißwein, Rotwein und Süßwein durcheinander trinkend. Ich erwachte am anderen Morgen mit dumpfem Bewußtsein um 7 Uhr. Um 9 Uhr verließ unser Zug den freilich nahegelegenen Hauptbahnhof. Gepackt war noch nicht. Der Wiederherstellung der Geschäftsfähigkeit half eine reichliche Magenentleerung. Die Wirtin stand besorgt in der Tür. Ein Geldschein hellte ihre Miene auf, auch war ich bislang ein „anständiger" Mieter gewesen. Alles wurde rasch verstaut, der Kaffee (den mir in meiner Studentenzeit alle Wirtinnen serviert haben!) verbesserte die innere Lage weiter. Kurz vor 9 Uhr sprang ich in den Zug, der sich, kaum daß ich saß, in Bewegung setzte. Bis Memel habe ich dann noch tief geschlafen.

Daß eine solche Reise planbar war, verdankten wir der Existenz der „Baltendeutschen", also einer dünnen Schicht volksdeutscher Bürger ihrer neuen Heimatländer, die ehemals zur herrschenden Kaste gehört hatten, nun aber durchwegs machtlos, wenn nicht gar wirklich arm geworden waren. Wir wurden als Boten aus dem „Reich" herzlich begrüßt und wanderten von Freundschaft zu Freundschaft, die Reise durchwegs mit dem Zug zweiter Klasse bewältigend, was damals eine der heutigen „Erster" entsprechende Polsterklasse war. Die Polster erwiesen sich freilich als herrliche Asyle für kleine bissige Tiere, die mir die Haut derart zerstachen, daß ich, in Helsingfors angekommen und fortan flohfrei lebend, an einem einzigen Bein 60 Flohstiche zählte. Leider hatte ich mein Flohpulver bei dem eiligen Aufbruch am Reisemorgen liegen lassen. Das war die schlimmste Strafe, die Gott meiner alkoholischen Unmäßigkeit zudachte.

Deutsch, das war ein Mythos von einer Gewalt, die ich in dieser Form nie mehr erlebt habe, für die, die im Baltikum unter fremder Herrschaft lebten. Man darf dabei nicht vergessen, daß noch zehn Jahre zuvor diese deutschen Menschen in dem noch existierenden Zarenreich alle Privilegien einer Herrschaftsschicht besaßen. Entmachtet, enteignet lebten sie von der Sehnsucht, wieder ohne Beschwernis deutsch sein zu können. Wir erreichten das Baltikum hinter Tilsit, die große Memelbrücke befahrend, in Klaipeda, wie nunmehr Memel hieß. Wir waren bei einer kleinen Gruppe Deutscher angemeldet, an die ich mich nicht mehr erinnere. Ins Innere Litauens konnten wir nicht reisen – die litauische Regierung mißtraute allen diesen Besuchen und verbot die Einreise. Also fuhren wir nach Libau durch, einer kleinen Hafenstadt mit vielen deutschen Familien. Schon der erste Abend war ein Fest, mit überströmender Gastlichkeit bot man uns das Wenige, das man hatte. Ich lernte Piroggen kennen (Wurst in einem Brötchen gebacken) und Kissél, eine Art rote Grütze. Es wurde getanzt, denn viele junge Mädchen waren gekommen, die „reichsdeutschen" Studenten zu bestaunen, und bald hatte ich mich in eine derselben verliebt, *Erna Hill* oder wie wir sie mit einem Scherznamen nannten, *Hull.* Ich vergesse nie die Abende am Strand, wo wir bis in die Nacht hinein spazierten und philosophierten. *Hull* war Lehrerin und also gebildet, gebildeter wahrscheinlich als es heute der Durchschnitt einer Lehrerin ist. Geistiges war die einzige Nahrung, die diese Menschen aufrecht hielt, so wie heute noch in der DDR. Der Zauber der kleinen, verträumten Stadt, die Stimmung am nächtlichen Strand, die endlose Weite des Landes vor uns, das alles verband sich zu einem Strauß der Gefühle von großer Mächtigkeit. Wir fuhren einige Tage darauf über Hasenpoth nach Riga und trafen hier einige der Mädchen wieder, darunter *Hull*. Im Woermannpark in Riga feierte ich meinen 21. Geburtstag – damals der Tag der Mündigkeit. Es änderte sich in meinen Leben nichts durch dieses Datum, denn meine Eltern hatten mir immer Mündigkeit zugetraut. Die alte Stadt Riga, Hansestadt einst, atmete immer noch den deutschen Geist in ihren alten Kirchtürmen und Schlössern, obgleich überall das lettische Idiom auf der Straße erklang.

Als wir abreisten, war es Trennung auf unabsehbar ferne Zeit. Wir verabredeten, *Hull* und ich, sie solle mich in München besuchen, wohin ich im kommenden Semester als Präside übersiedeln würde. Sie tat es, fast 9 Monate später, nach sich in Sehnsucht steigerndem Briefwechsel. Sie kam dann. Die ersten Schritte waren schon grausam in der Stadt mit einem Verkehr, der uns damals brausend vorkam, nach heutigem Maßstab bescheiden war. Sie wagte kaum die Straße zu überqueren, fand sich in dieser tosenden Welt nirgends zurecht. Zum erstenmal glaubte ich zu sehen, daß sie unendlich langsam war. Sie würde sich nie an diese, meine Welt gewöhnen. Ich konnte nicht mehr die alte Leidenschaft empfinden, es trat das Empfinden einer beklemmenden Fremdheit an ihre Stelle. Nichts von allem geschah, was wir uns vorgenommen hatten. Wir trennten uns, sie war tief enttäuscht. Sie kehrte nach Libau zurück. Ich habe nie mehr von ihr gehört.

Dieses Erlebnis lehrte mich eines: daß Menschen nicht nur zueinander passen müssen. Sie müssen auch gemeinsam in dieselbe soziale Umwelt passen. Keine Leidenschaft kann das Gefühl des Unpassenden überwinden, das sich zwischen so ungleichen, zivilisatorisch so verschiedenen Partnern entwickeln muß. Ich habe eine tiefe Skepsis gegenüber allen Versuchen, welche zivilisatorische oder gar kulturelle Grenzen überbrücken wollen, behalten. Damals gab es solche Versuche kaum. Sie wurden Mode erst nach dem Ende des letzten Krieges, nachdem sich zwischen Nationen und Rassen in unserem Land eine solche Promiskuität entwickelte, daß man derzeit fast auf jeder Straße einen Mischling herumlaufen sieht. Ich vertrete gewiß nicht die Rassentheorie der Nazis. In ihr wurde die eine Rasse zur herrschenden ausgerufen, und es entstand moderne Sklaverei. Aber die Mischung des kulturell Verschiedenen bringt seelische Spannungen hervor, welche eine persönliche Harmonie mindestens gefährden.

Doch zurück zu unserer Ostland-Fahrt: Es gab 1927 im Baltikum recht extreme Zustände sozialer Art bei der deutschen Minderheit. In Hasenpoth waren wir auf einem schon halb verfallenen Schloß eines alten Rittergutes zu Gast, wo das alt gewordene Ehepaar aus früheren Zeiten außer dem Haus wirklich gar nichts in die Gegenwart gerettet hatte. Die beiden Alten freuten sich wie die Kinder, als wir kamen. Sie hatten kaum genügend für sich, geschweige denn für uns vier zu essen. Wir bekämpften unseren Hunger mannhaft, waren aber glücklich, nach einer herrlichen Wanderung durch Wälder und vorbei an Seen in Riga anzukommen, wo der Tisch reicher gedeckt war. Wir kamen später nach Wesendonk, einem Stiftungsgut, das wegen der in Estland etwas anderen Rechtslage aufgrund seiner Stiftungseigenschaft nicht enteignet war. Die Herren auf Wesendonk wirtschafteten also im alten Glanz. Freifrau *von Harpe* gab dem Hause eine geistige Kraft, die uns alle bezauberte. Nur über der Politik waren wir bald zerstritten, denn die *Harpes* waren national, wie es eben im deutschen Adel dort oben Brauch war. Ich aber war Demokrat, nicht gerade Sozialist, aber die Menschenliebe hatte mir *Nikolaus Ehlen* so tief ins Herz gelegt, daß auch Freifrau *von Harpe* mich nicht zu ihrer Abneigung gegen die Esten verführen konnte.

Vor einigen Jahren, rund 50 Jahre später, erreichte mich in Heidelberg ein Brief, mit einer so typischen Handschrift, daß ich Freifrau *von Harpe* sofort vor mir sah. Sie war es wirklich, die Briefschreiberin, hatte im Radio meine Stimme wiederzuerkennen geglaubt und den Kontakt wieder aufgenommen. Wir haben uns leider nicht mehr getroffen. Ich war zu sehr mit täglichen Pflichten überlastet. Das Menschliche, das uns zu geistigen Verwandten macht, überdauert lange Zeit und viele Schicksale.

Auf dem Wege von Riga nach Wesendonk besuchten wir Dorpat und die alte deutsch-baltische Universität. Eingeladen waren wir von einem emeritierten baltischen Professor, *von Kennel,* einem kleinen Mann mit Graubart und etwas wirrem Haar und einer immer etwas hastigen, aber durchaus liebenswürdigen Natur. Die Universität war für die Baltendeutschen noch offen, wenngleich auch Esten auf ihr studieren konnten. Doch war das Professorenkollegium arg dezimiert durch Abwanderung der Deutschstämmigen ins „Reich", wie es auch dort hieß. Die kleine Stadt, die wie ein schlafendes Dornröschen wirkte, das auch von dem neuen Heros Estland nicht zum Leben wachgeküßt worden war, durchstreiften wir gründlich. Der Dom wurde umgebaut. Man baute die Universitätsbibliothek in seine Mauern ein, als Gotteshaus war er längst aufgelassen. Bei Ausschachtungen kamen die Skelette der einstmals unter den Fliesen des Kirchenschiffes Bestatteten ans Licht. Dem Mediziner erschien ein wunderschön erhaltener Schädel begehrenswert. In der Nacht machten wir also eine kleine Expedition, holten den Schädel aus der Baustelle heraus, reinigten ihn von Schutt und stellten ihm zum Trocknen aufs Fenstersims, was dann doch den Zorn unseres Gastgebers erregte, der mit Recht fürchtete, in eine unangenehme Sache verwickelt zu werden. Ich trug meine Beute brav durch Estland und Finnland nach Hause.

Es war offenbar ein baltisches Edelfräulein, das wir in seinen sterblichen Resten erobert hatten: wer im Dome bestattet wurde, mußte wohl edler Abkunft sein, und den Schädel einer jungen Frau zuzuschreiben war Sache simpler anatomischer Kenntnisse. Der Schädel hat mich bis in mein Heidelberger Ordinariat begleitet. Dort hat ihn dann ein Student gestohlen. R. i. P. (Requiescat in pace; möge sie in Frieden ruhen, auf dem Sims eines ärztlichen Arbeitszimmers, dessen Inhaber nicht ahnt, welch edle Reste er beherbergt.)

7. Theorie oder Klinik?

Die Ostlandreise ist lange in meinem Denken nachgeklungen, nicht nur durch meinen Briefwechsel mit *Hull.* Es war, als sei ich in eine alte stabile Welt eingetaucht, obgleich diese Welt in raschem Zerfall war und schon 12 Jahre später endgültig erlosch. Was war es, das diesen trügerischen Zauber des Beständigen in mir hervorrief? Die Begegnung mit einer Tradition, die noch gelebt und verteidigt wird, wirkte wohl zusammen mit der archaischen Lebensweise, die sich in diesen Ländern vermutlich bis heute noch nicht geändert hat. Einen Hauch dieser Welt erfährt man selbst bei einem Besuch in der DDR. Alles ist bedächtiger, alles verharrt länger in seinen alten Formen, auch wenn sie nur als die Formen der Armut erscheinen, einer Armut, die kein Geld hat, sich mit modernem Flitter zu schmücken.

Ich erwähne das, weil mir in dieser traditionsträchtigen Armut eine große Chance zu liegen scheint, die weder das hektische Europa noch gar das umgetriebene Amerika besitzen. Kultur in dem Sinn, wie sie in Europa seit dem Mittelalter entstand, ist bei uns kaum mehr konservierbar, in den Ostländern wohl. So heftig auch der Kommunismus diese Kultur in seinem Sinne zu modifizieren sucht, er dringt nicht zu den Seelen der Menschen vor. In diesen aber schlummert der Keim einer kommenden Welt.

Die Rückreise war übrigens dramatisch. Wir waren in Finnland nach Hangö eingeladen, ins Haus eines deutschen Obristen, der die junge finnische Armee aufzubauen geholfen hatte. Die Familie des Hausherrn war verreist. Der Schlüssel zum Haus lag vor der Tür, dürftig versteckt. Man schrieb uns, wo er lag, wir sollten es uns gemütlich machen. Das taten wir auch. In einem Restaurant in Helsingfors (wie Helsinki damals noch offiziell hieß) hatten wir uns an einem Smorgåsbord erst einmal satt gegessen, ich fürchte unter grober Verletzung der gesellschaftlichen Regeln, die bei dieser Selbstbedienung gelten und vom Gast Mäßigkeit erwarten. Der letzte Floh hüpfte aus dem Fenster in den finnischen Regen hinaus. Unser Gastgeber, der nach einem Tag heimkehrte, kannte den Kapitän unseres Schiffes, das von Hangö nach Kiel ging. Wir durften 1. Klasse speisen und wohnen, nur die Kabinen konnten nicht aus der 3. in die 1. Klasse getauscht werden. Der Fahrpreis: jeden Abend mit den Damen zu tanzen. Der Preis ist voll entrichtet worden.

In Kiel gelandet, ging ich zur Post, um das Fahrgeld zu holen, das ich von meinen Eltern nach dort postlagernd erbeten hatte. Es war nicht da, da wegen der langsamen Post eine Nachricht nicht angekommen war. Da stand ich, etwas verzweifelt. Ein Herr hinter mir fragte, was mir fehle. Ich nannte 14 Mark, für eine Fahrkarte 4. Klasse. Er meinte, er gebe mir gerne das Doppelte für eine Fahrkarte 3. Klasse, der niedrigsten, welche in Schnellzügen gefahren wurde. Ich bedankte mich, überströmend vor Glück. Er aber meinte, ich hätte an Bord so nett mit seiner Tochter getanzt, er leihe mir die Summe gern. Ich hatte den alten Herrn nicht wiedererkannt. Der Lohn der guten Tat läßt manchmal nicht auf sich warten.

In München umfing mich rasch die Betriebsamkeit des Präsiden dieser großen Verbindung. Ich mußte disponieren, Reden halten, Honoratioren empfangen, Festbälle vorbereiten. Das Studium bestand also zunächst nur aus Formalität. Ich habe wenige Vorlesungen besuchen können. Der Sommer darauf, 1928, sah mich im ehrenvollen Status des Past-Präsiden, wie man es heute nennt, und solch ein Status verführt zum geselligen, aber nicht zum wissenschaftlichen Leben. Nur *Dostojewski* begleitete mich nach wie vor. Noch hatte ich nicht die Medizin als eine Lebensaufgabe entdeckt.

Mit dem Winter 1928/29 brach dann die Zeitspanne eines vom Ernst der Wissenschaft geprägten Lebens an. Auf der Medizinischen Akademie Düsseldorf versuchte ich alle Wissenslücken aufzuholen, entdeckte durch den genialen Unterricht des Pathologen *Hübschmann* den Rang der Morphologie des Krankhaften, drang ins Innere der Klinik vor, erlebte die Welt der Geisteskrankheiten bei *Sioli,* aber all das geschah in den Räumen einer völlig traditionellen, durch keinerlei wissenschaftliche Revolution erschütterten Medizin. Die letzten beiden klinischen Semester wurden in Bonn absolviert. Im Sommer 1930 machte ich das Staatsexamen, nur mit gut. Diese Note freilich verdanke ich, nach wohlerwogenem eigenem Urteil, der Gedankenlosigkeit der Prüfer. Die Geschichte mag den Auftakt zur Schilderung meines wissenschaftlichen Lebens geben, denn sie ist typisch und wirkt sich noch heute in der medizinischen Prüfungsordnung aus, die ich in den letzten Jahren meines Amtes wesentlich mitgestaltet habe.

Ich gestehe, daß der ursächliche Anlaß dieser Sache meine Ungeschicklichkeit war: Ich hatte mich zu spät zum Examen gemeldet und fand als ersten wählbaren Prüfungstermin nur die Prüfung in topographischer Anatomie bei *Sobotta,* dem immer etwas gestrengen, diabolisch aussehenden Mann, dessen schwarze Augen unter ebenso schwarzen Brauen einen förmlich zu durchbohren schienen. Nun gestehe ich weiter, daß mich Anatomie immer gelangweilt hat. Kenner der Sache wissen, welche Kämpfe ich später bestand, als ich in den fünfziger Jahren versuchte, die Curricula der medizinischen Ausbildung zu reformieren und den Umfang des anatomischen Unterrichts, der die Hälfte aller Stunden in den ersten zwei Jahren des Studiums beschlagnahmte, zu reduzieren. Anatomie muß man natürlich können, aber nur soviel als man braucht. Die Ansatzpunkte der Halsmuskeln oder der Armbeuger genau zu kennen, ist offenbar nur für Orthopäden oder Chirurgen wichtig. Ich habe sie nie gelernt und diesen Mangel nie störend empfunden. Einige Professoren scheinen nicht zu wissen, daß es Lehrbücher und Atlanten gibt, in denen man nachschlagen kann, wenn es einmal nötig ist.

Also, ich war kein guter Anatomiekenner, und die Note war – völlig korrekt – genügend (3). Ins nächste Fach, Ohrenheilkunde, ging ich wohl präpariert, stellte alle Diagnosen richtig; der Prüfer, *Grünberg,* schaute auf meinen Prüfungsbogen, auf dem das Ergebnis der ersten Prüfung sichtbar war und wiederholte, was dort stand. Er befand, meine Leistung sei genügend. Mein Protest, meine Versicherung, ich wisse viel, wurde ärgerlich abgewiesen. Mit den beiden nächsten Prüfungen, gottlob in Nebenfächern, ging es ebenso. Meine „Eins" war damit endgültig vertan. Erst im fünften Prüfungsfach gelang es mir, den Prüfer der Inneren Medizin, *Slauck,* zu überzeugen. Er blickte am Schluß ungläubig auf die bisherigen Noten. Sie sind der beste Student, den ich seit langem geprüft habe, sagte er dann; ich verstehe diese Noten nicht. Ich erklärte die Sache so, wie sie meines Erachtens entstanden war. Ich bekam „sehr gut" und ein Stellenangebot.

Im Juli 1930 hatte ich in Bonn die ärztliche Prüfung insgesamt mit „gut" bestanden. Ein Jahr als „Medizinalassistent" sollte die praktischen Fähigkeiten vertiefen. Die Hälfte dieser Zeit konnte man theoretisch arbeiten. Ich wählte die Physiologie und arbeitete zunächst an meiner Doktorarbeit. Es war eine sehr weit hergeholte Thematik, die Rhythmik, mit der eine optische Täuschung spontan in eine andere umspringt, wenn man eine doppelsinnig zu deutende Zeichnung betrachtet. Es gibt mehrere Phänomene dieser Art, darunter eines, das als „Wettstreit der Sehfelder“ bekannt ist. Man bietet seinen beiden Augen verschiedene Bilder an, am einfachsten mit einem Stereobetrachter. Man sieht nun immer nur eins dieser beiden Bilder, aber sie wechseln sich ab. Unser Gehirn wählt von den zwei verschiedenen Botschaften, die es von den Augen her erreichen, immer nur eine aus. Die andere wird verdrängt. Es gelang mir, diese Verdrängung als eine Leistung des Großhirns nachzuweisen und, ich konnte die allgemeine Einsicht daraus ableiten, daß unser Gehirn Rhythmen aufweist, mit denen es widerstreitende Bewußtseinsinhalte abwechselnd gegeneinander austauscht. Mit diesem Ergebnis hatte ich einer sehr speziellen Fragestellung doch etwas Allgemeines an Ergebnis abgerungen.

So friedlich auch die Arbeit im Sinnesphysiologischen Laboratorium war, ich hatte die wesentlichste Entscheidung meines Lebens zu treffen: Sollte ich in der Theorie bleiben oder in die Klinik und also später in die praktische ärztliche Tätigkeit gehen? Ich hatte zwei Stellenangebote, beide so gut wie nicht bezahlt, aber schon einen unbesoldeten Ausbildungsplatz zu ergattern, wurde als glückhafte Fügung empfunden. In dem praktischen Jahr war ich zur Hälfte Hilfsassistent der medizinischen Poliklinik und als solcher auch Armenarzt, d. h. ich hatte mich um die Patienten der öffentlichen Fürsorge zu kümmern. Was ich sah, war namenloses Elend, Kranke und Sterbende in Buden, in denen kaum Möbel standen. Hilflose Menschen, denen auch mein Rat nicht weiterhalf, wobei es der Rat eines im praktischen Leben völlig Unerfahrenen war. Ich tat mein Bestes, aber die Verantwortlichen hätten mit dieser Aufgabe nicht einen blutigen Anfänger betrauen sollen.

Wie es damals um uns junge Ärzte und um die Medizin bestellt war, das lehrt mich heute ein Dokument, dessen Lektüre – nach Jahrzehnten – mich tief bewegt: eine Zuschrift, die ich mit meinem gleichaltrigen Freunde *H. Nedden* auf eine Klage des Freiburger Psychiaters *Hoche* schrieb, desselben Mannes übrigens, der später politische Schwierigkeiten wegen nazistischen Verhaltens haben sollte.

In dieser Zuschrift wird die Klage von *Hoche,* daß das Bildungsniveau absinke, sowohl bestätigt als auch zurückgewiesen. Bestätigt wird sie, was das Phänomen anlangt: Allgemeinbildung sinkt, Spezialistentum nimmt zu. Die Zurückweisung bezog sich auf *Hoches* Schuldzuweisung. Schulbildung, superspezialistische akademische Lehrer und die Mentalität der Zeit werden von mir als Erklärung herangezogen. Es sind die gleichen Probleme wie heute. Man sieht, wie zäh die Medizin in ihren eingefahrenen Bahnen läuft, wie wenig sich in den 55 Jahren, die seit 1930 vergingen, gewandelt hat.

Es war dennoch nicht mein Unbehagen an der klinischen Medizin, es war wirtschaftlicher Zwang und eine mir immer eigentümlich gewesene Abneigung zum Wagnis, was meine Berufswahl bestimmt hat. In der Klinik konnte ich kaum etwas verdienen. Der Theoretiker *Ulrich Ebbekke* bot mir eine Planstelle. Ich wollte heiraten, ein Mädchen aus Velbert, das in derselben Straße wohnte wie ich, der Offerstraße, eine Straße, die für eine Reihe von Menschen einen bleibenden Freundschaftsbund, für mich aber den Ehebund gestiftet hat. Die Entscheidung, zur Theorie zu gehen, fiel um so leichter, als mir *Richard Siebeck,* bei dem ich eine Stelle ohne Gehalt in Aussicht hatte, ohnedies erklärte, eine solide theoretische Ausbildung sei für ihn ausschlaggebend bei der Wahl seiner Assistenten. *Siebeck* ging bald nach Heidelberg. Ich blieb in Bonn. Daß ich nicht endlich doch in die Klinik ging, war das Resultat wachsender äußerer Schwierigkeiten durch die dann ausbrechende Revolution.

8. Aller Anfang ist schwer

Die beiden ersten Lehrjahre der Physiologie, 1931 und 1932, waren Sinnesphysiologie und kein Ende. Ich war von *Ebbecke* beauftragt worden, die Natur der Nachbilder zu untersuchen. Jeder kennt sie: Ein langer Blick auf einen leuchtenden Gegenstand, und schon sehen wir ihn bei geschlossenen Augen weiter. Selbst ein nur mäßig beleuchtetes Blatt Papier hinterläßt, wenn wir das Auge auf eine andere Stelle der Umwelt richten, einen dunklen Schatten, ein „negatives“ Nachbild, im Gegensatz zu dem leuchtenden Scheibchen der Sonne, das wir nach einem flüchtigen Blick auf unseren Lebensspender dann im geschlossenen Auge als positives Nachbild sehen. Diese Art Sinnesphysiologie, für die es damals sogar eine eigene Zeitschrift gab, ist buchstäblich ausgestorben. Vielleicht ist das eine der für die Entwicklung der Wissenschaft kennzeichnendsten Tatsachen.

Der Gegenstand der Sinnesphysiologie ist natürlich das Subjektive: Z. B. Nachbilder, Rhythmen beim Umschlag einer Sinnestäuschung in eine andere, oder die Welt der Farben, welche *Goethe* so sehr begeisterte, daß er seine Schriften zur Farbtheorie mit für das Beste hielt was er je geschaffen hatte.

Natürlich liegen diesen subjektiven Eindrücken objektive Ereignisse zugrunde. Doch müssen wir, insbesondere angesichts der Entwicklungen, die anschließend zu schildern sind, einen Grundgedanken erläutern, der die Philosophen am meisten erregt hat. Alles, was wir wahrnehmen, ist zunächst ein Gebilde unserer eigenen Phantasie. Der Gegenstand der Sinnesphysiologie ist zwar das Subjektive, und auf solche Dinge, die nur in unserer „Einbildung“ existieren, pflegen wir heutzutage verächtlich herabzusehen. Dennoch ist dieses Subjektive das einzige, was unserer Einsicht unmittelbar zugänglich ist.

Ein Nachbild erleben wir unmittelbar, obgleich ihm nichts in der „Außenwelt“ entspricht. Das Bild der Außenwelt, das wir in unserem Bewußtsein vorfinden, ist aber ebenfalls nur das Ergebnis von chemischen Umsätzen, welche das Licht, das auf unsere Netzhaut fällt, in ihr erzeugt. Daß diesem Bild der Welt eine „wirkliche“ Welt entspricht, ist eine Annahme, mit der wir uns die Art unserer subjektiven Erfahrungen mit dieser Umwelt verständlich machen. Wir sollten aber niemals vergessen, daß dieses Bild der Welt das Ergebnis eines sehr komplizierten Übersetzungsprozesses ist. Die Sprache, in der unsere Erlebnisse geschrieben sind, hat mit der Sprache, in der die Welt objektiv ausgedrückt werden müßte, nichts gemein. Der Übersetzungscode ist ein versuchsweise von uns entwickelter Schlüssel, von der Art, wie man im Spionagedienst den verschlüsselten Code des Gegners in die eigene Sprache übersetzt und „decodiert". Selbst dieser Vergleich ist allzu optimistisch. Wir haben für die Beschreibung unserer Umwelt ein Decodierungs-System erfunden, ohne je die wahre Sprache, in der die Umwelt geschrieben ist, kennengelernt zu haben. Die Decodierung, die wir „Erfahrung" oder „Erlebnis" nennen, ist der Versuch, unbekannte Eigenschaften von unbekannten Objekten so zu beschreiben, daß wir sie wiedererkennen, wenn wir ihnen wiederbegegnen. *Kant* hat diesen Gedanken am konsequentesten ausgedrückt, wenn er von dem „Ding an sich" sprach, das uns nur in der Übersetzung in unsere Erlebnissprache bekannt wird. Diese dem Philosophen wohlbekannte Problematik erläutere ich hier nur deshalb, um zu verdeutlichen, daß es die Sinnesphysiologie mit dem einzigen zu tun hat, das uns unmittelbar gegeben ist, zu dem wir einen direkten Zugang, nämlich den des eigenen Erlebens, haben. Am farbigen „Abglanz", wie es *Goethe* meint, nähern wir uns zwar der Wirklichkeit, ohne sie jedoch jemals zu erreichen.

Da die moderne Physiologie auf die Objektivierung ihrer Beobachtungen aus ist, hat man die Sinnesphysiologie durch eine „objektive" Methode zu ersetzen versucht: man registriert die in den Sinnesnerven zum Gehirn laufenden Botschaften, die sogenannten Aktionspotentiale. Mein erster Habilitand, der geniale und leider früh verstorbene *Herbert Hensel*, hat dann später eine großartige Kombination zwischen Sinnesphysiologie und „objektivierender" Physiologie erarbeitet: Er hat bei sich selbst und einigen heroischen Assistenten am Unterarm die eigenen Nerven, die nahe der Haut liegen, durch einen Hautschnitt freigelegt, Elektroden untergeschoben und die in den Nerven laufenden elektrischen Signale abgeleitet, während peripher von der Ableitungsstelle Reize auf die Haut einwirkten: Berührung, Temperatur oder schmerzauslösende Reize. Die Versuchsperson gab ihre Empfindungen an, während der Experimentator gleichzeitig die zu diesen Empfindungen gehörenden Nervenaktionspotentiale registrierte. Das „Subjektive" konnte dem „Objektiven" direkt zugeordnet werden. Wir werden gleich noch die philosophischen Probleme erörtern, die hier entstehen. Auch mit dieser genialen Untersuchungsmethode hat sich das psychophysische Geheimnis aber nicht lüften lassen. *John Eccles,* ein australischer Physiologe, dessen Entwicklung der meinen ziemlich parallel lief, hat Jahrzehnte später einen ähnlich vergeblichen Versuch gemacht, hinter die Natur des Seelischen zu kommen, indem er die Aktionspotentiale der Ganglienzellen des Gehirns mit größter Akribie analysierte. Das psychophysische Geheimnis blieb. Es ist seit geraumer Zeit in der These des psychophysischen Parallelismus formuliert worden, eine These, die meines Wissens erstmals von *Leibniz* formuliert wurde, von ihm freilich in einer heute nicht mehr akzeptablen Form, wonach zwischen dem Geistigen und dem Materiellen eine von Gott gesetzte prästabilierte Harmonie herrscht. Wir würden heute sagen, daß allem Geistigen ein materieller Vorgang zugrunde liegt, ohne daß wir uns neue Gedanken über zwei unvermischbare Naturen, die des Seelischen und die des Körperlichen, machen, oder gar die faktische Identität von Seele und Leib annehmen, wie es die heutige Psychosomatik bevorzugt und wie es der idealistische Parallelismus *Fechners* behauptete, der das Wesentliche dieser Einheitssubstanz freilich im Geistigen sah, während der klassische Materialismus, wie ihn z. B. *Lenin* formulierte, die Materie als das tragende Element ansah. Diese Hypothesen schwirrten mir damals im Kopf, ich wußte auch keine bessere Lösung als das Problem in suspenso zu lassen und dem Reich der Unlösbarkeiten zuzuweisen, als das ich (etwas zu einseitig informiert) damals die Metaphysik ansah. Bedenke ich dies alles heute, so scheint mir in der Tat, daß mein Lehrer *Ebbecke* in seinem späteren Büchlein über das Bewußtsein keinesfalls das schlechteste gesagt hat.

Meine sinnesphysiologischen Arbeiten waren streng monolithisch, der Methode nach: Ich beachtete nur das mir im Bewußtsein unmittelbar Gegebene, dasjenige nämlich, dessen Struktur wir letztlich in allem wiederfinden, selbst wenn wir Ausflüge in die weiten Gestade der Astrophysik unternehmen. Das war eine Einsicht, die mir der große Physiker und Astronom *A. S. Eddington* damals vermittelte. Diese Art Sinnesphysiologie lag in der Tat in ihren letzten Zügen; im Ausland war sie längst tot, und nur einige deutsche Idealisten beschäftigten sich noch mit ihr. Es zog mit Macht ein neues Zeitalter herauf. Das bedeutete freilich keinesfalls, daß die Probleme dieser Sinnesphysiologie erschöpft waren. *Herbert Hensel* hatte in den Jahren um 1950 eine großartige Arbeit vorgelegt, welche sich mit der Metrik der subjektiven

Erscheinungen befaßte und die, ganz wie meine sinnesphysiologischen Arbeiten, absolut monolithisch konzipiert war. In Finnland lebte und dachte ein Physiologe, *Renquist* oder *Reenpää*, wie er sich später selber auf finnisch nannte, der ganz dieselben Ziele verfolgte. Bei *Hensel* war auch ein Einfluß der Anthroposophie unübersehbar, der diese Forschungsrichtung mitbestimmt hat. Aber *Hensel* blieb wie *Reenpää* unbeachtet mit diesen Arbeiten streng subjektiv-analytischer Art. Die Zeit ist über sie hinweggegangen, nicht weil sie unrecht hatten oder ihre Betrachtungen nicht wesentliche Probleme betrafen. Diese Art, die Tätigkeit unseres Erkenntnisvermögens zu betrachten, war nicht mehr „in", um einen heutigen Jugendjargon zu benutzen. Auch die Wissenschaft ist Moden unterworfen. Dabei ist dieser Niedergang sinnesphysiologischen Denkens, was die weitere Entwicklung der Naturwissenschaft und insbesondere der Medizin anlangt, wahrhaft paradox. Das Subjektive ist uns in einem Augenblick in der Physiologie aus dem Blickfeld entschwunden, in dem es in anderen Sektoren der Medizin mühsam wieder hereingeholt worden ist. *Victor von Weizsäcker* hatte bekanntlich das Ziel vor Augen, das Subjekt wieder in die klinische Medizin einzuführen, ein Vorhaben, das bis heute nur in bescheidenem Ausmaß verwirklicht ist, obgleich man mindestens in avantgardistischen Kreisen erkannt hat, daß diese Einholung der Seele in die Medizin zum Notwendigsten gehört, was diese Medizin derzeit zu leisten hat. Nicht genug damit: selbst die Physiker entwickeln Gedanken in diese Richtung hinein, und unter ihnen kein Geringerer als *C. F. von Weizsäcker,* der ein Neffe unseres Mediziners *Victor* ist. Psychosomatik ist das Schlagwort geworden, ein Begriff, der weder methodisch eindeutig noch gegen Mißbrauch geschützt ist, der aber ein Programm bedeutet, dessen Brisanz uns noch beschäftigen wird.

Nun meine ich keinesfalls, daß die physikalische Erweiterung, welche die Sinnesphysiologie erfuhr, wissenschaftlich unfruchtbar sei. Nur meine ich wohl, daß auch die klassische Weise, die Sinne zu erforschen, nach wie vor betrieben werden muß. Was da z. B. auf uns zukommen kann, mag mit Untersuchungen verdeutlicht werden, die einer meiner Mitarbeiter aus jüngster Zeit, *J. Silny* am Helmholtz-Institut in Aachen, unternahm. Man weiß seit Jahrzehnten, daß starke Magnetfelder in der Größe von einigen Hundert Gauss im menschlichen Auge Lichtempfindungen auslösen, die wir magnetische Phosphene nennen. *Silny* hat eng gebündelte Magnetfelder auf verschiedene Teile des Kopfes einwirken lassen und festgestellt, daß nur das Auge auf den Einfluß des Magnetfeldes reagiert, womit also, im Sinne unserer schon bei den Nachbildern erörterten Problematik, der „Sitz“ dieser Reaktion auf das Magnetfeld eindeutig geklärt wurde. Man hätte vor *Silny* sehr wohl auch vermuten können, der Sitz dieser Reaktion sei das Gehirn oder die in es hineinführenden Nerven.

Was uns aber die Sinnesphysiologie in ihrer modernen elektrophysiologischen Ergänzung liefern kann, kann recht erstaunlich sein. Es ist z. B. leicht festzustellen, daß ein Hai im Wasser elektrische Felder empfindet, die extrem schwach sind. Sinnesorgane an seiner Seitenlinie, die sogenannten *Lorenzini*schen Ampullen, senden in die von ihnen ins Gehirn führenden Nervenfasern Impulse, wenn solch schwache Felder auf den Hai einwirken. Der Hai kann mit Hilfe dieses Elektrosinns auch im Sand versteckte Beutetiere orten und fangen, denn diese Tiere erzeugen ein solches, schwaches, von ihm aber wahrnehmbares Feld. Würden wir Menschen ähnliche Sinnesorgane haben wie der Hai, wir würden auch in der Luft, in der wir atmen, die Felder spüren können, die ein Gewitter auslösen, und unter einer Überlandleitung hätten wir Gefühle, deren Natur wir uns natürlich nicht vorstellen können. Das Magnetfeld der Erde kann von vielen Tiere wahrgenommen werden und zur Orientierung bei ihren Wanderungen benutzt werden. Von Vögeln wissen wir das schon seit einigen Jahren. Von Säugetieren ist erst kürzlich entdeckt worden, daß auch sie gegen Magnetfelder empfindlich sind, und ein junger Engländer, *Baker,* hat kürzlich in noch recht umstrittenen Versuchen nachzuweisen geglaubt, daß auch Menschen einen magnetischen Orientierungssinn besitzen, dessen Existenz sich bei uns nur leider mit objektiven Methoden nicht nachweisen läßt, weil die Methoden des Nachweises eingreifende chirurgische Operationen verlangen. Aber dem Geheimnis der Orientierung kommt man vielleicht jetzt etwas näher. Ich erinnere mich, daß der Tierpsychologe *Bastian Schmid* vor dem letzten Krieg Versuche mit Hunden gemacht und dabei nachgewiesen hat, daß diese Tiere über ein direktes Orientierungsvermögen verfügen. *Schmid* setzte Hunde (es mußten Rassehunde sein!) in einer ihnen unbekannten Gegend im Alpenvorland aus, und auch die Begleitpersonen waren den Tieren unbekannt. Alle Tiere fanden den Heimathof. Von dieser Fähigkeit künden viele Geschichten, und auch ein Hund, den wir später in meinem Direktorzimmer hielten, vollbrachte solche Leistungen, als wir ihn ferienhalber in einem Tierheim, viele Kilometer entfernt, in Pension gegeben hatten. Er riß von dort aus und saß eines Morgens, recht zerzaust, vor der Institutstür.

Man vergegenwärtige sich, wie wir mit unseren Theorien über die Erkenntnis physikalischer Felder neue Wege erkenntnistheoretischer Art zu gehen imstande wären, wenn wir selbst solche Felder wahrnehmen könnten. Die Existenz dieser Felder ist uns so nur über komplizierte Apparate erfahrbar. Mit derartigen Sinnesorganen würden Felder für uns so einsichtig sein wie das Licht oder die mechanische Krafteinwirkung. Freilich, auch vom Licht wissen wir über seine Natur nicht, ob es ein Bombardement mit Quantenkugeln oder eine Welle ist, die wie die Tonwellen einer Symphonie uns die Harmonie des Weltraumes erschließen könnte. Hinter das Wesen der Dinge schauen wir mit keinem Sinnesorgan.

Sinnesphysiologie und kein Ende, das war meine eigene höchst subjektive Empfindung meiner Lage. Ich sah keine Spalten mehr, in die den Fuß zu setzen vielleicht eine neue Tür ins Unbekannte hätte öffnen können, obgleich, wie *H. Hensel* dann gezeigt hat, große Probleme noch unbeackert brach lagen. Von keinem einzigen Sinnesorgan gab es damals eine wirklich befriedigende metrische Theorie. Aber der Gang der medizinischen Forschung insgesamt nahm eine neue Richtung, die von der immer mehr sich verfeinernden elektrischen Methodik ermöglicht wurde. Es gibt heute, chemische Prozesse ausgenommen, nur wenige Gebiete in der Physiologie, die ohne elektrische Messungen auskommen.

Mein Ingenium reichte nicht aus, die offenen sinnesphysiologischen Probleme zu erkennen. Mein Chef hatte ebenfalls keine Einfälle in dieser Richtung. Fragen, die er mir zu erklären auftrug, waren allzu dürftig, um mich zu begeistern. Ich verzweifelte an mir und meinen Fähigkeiten und griff meine alten naturphilosophischen Neigungen auf. Ich las, was zu haben und für mich zu verstehen war, von *Eddingtons* Naturphilosophie angefangen bis zu den Problemen der relativen Räume und Zeiten. In diese Phase der Gärung hinein fiel eine zufällige Bekanntschaft. Ich lernte den Physiker *Wilhelm Schmitz* kennen, damals Privatdozent am Bonner Röntgenforschungsinstitut. Er besaß eine Vorrichtung, schwache und schnelle elektrische Vorgänge zu messen, wußte aber nicht, was er messen sollte. Ich brütete über dem Problem der Messung rasch verlaufender Ladungsvorgänge an der Haut und wußte nicht, wie man das macht.

Schmitz zeigte mir, wie man ein Röhrenvoltmeter baut. Ich konstruierte mir ein solches Instrument selbst und brachte meine Arbeit rasch zu Ende, mit Ergebnissen, die keiner vor mir hätte messen können. Dann bot *Schmitz* mir an, die Methode der Kathodenstrahl-Oszillographie auf biologische Probleme anzuwenden.

Ein Kathodenstrahl ist ein Instrument, das dem Prinzip des Fernsehers zugrunde liegt: ein Strahl von praktisch massefreien Elektronen erzeugt auf einem Bildschirm einen hellen Fleck. Dieser Fleck wird von elektrischen Ladungen aus seiner geraden Richtung abgelenkt. Solche Ladungen erzeugt man durch eine mehrtausendfache Verstärkung der schwachen elektrischen Spannungen, welche ein Nerv, ein Muskel oder eine Gehirnzelle bei ihrer Tätigkeit erzeugen. Alle Lebensvorgänge, welche mit Information, also mit Erregungen, Befehlen, Wahrnehmungen oder Denken zu tun haben, sind von solch schwachen elektrischen Vorgängen begleitet, deren Spannung etwa 100 Millivolt oder $^1/_{10}$ Volt beträgt, also $^1/_{2200}$ der Spannung unserer Lichtnetze.

Elektrische Veränderungen bei Lebensvorgängen kannte man sehr wohl schon aus früheren Jahrzehnten. Schon Mitte des vorigen Jahrhunderts war ein Lehrbuch der „tierischen Elektrizität" von *E. Du Bois-Reymond* erschienen, das noch auf höchst primitiven Methoden fußte. Etwas fortschrittlicher war *Biedermanns* Elektrophysiologie von 1895. Aber beiden Büchern standen nur sehr träge und unempfindliche Methoden zur Messung der biologischen Elektrizität zur Verfügung. Der erste große Schritt in die neue Zeit war die Erfindung des sogenannten Saitengalvanometers. Das ist ein Meßinstrument, welches aus einer sehr dünnen Metallsaite besteht, die zwischen den Polen eines starken Magneten ausgespannt ist und sich, wenn ein Strom durch sie hindurchgeht, in diesem Magnetfeld bewegt. Diese Bewegung kann photographisch registriert werden und diente dem Erfinder des Instruments, dem holländischen Physiologen *Willem Einthoven* dazu, das heute jedermann bekannte Elektrokardiogramm (EKG) erstmals zu registrieren. Er hatte für diese Pionierleistung 1924 den Nobelpreis erhalten.

Es ist für die Laien unter meinen Lesern wichtig, das Prinzip kennenzulernen, ohne das die Entwicklung meiner wissenschaftlichen Tätigkeit bis heute schwer verständlich ist. Bei allen Registrierinstrumenten für elektrische Ströme und Spannungen schließen sich Empfindlichkeit und Schnelligkeit aus. Empfindliche Instrumente sind träge, schnell registrierende Instrumente sind sehr unempfindlich. Schon für das EKG, erst recht für die Lebenserscheinungen unserer Nerven und unseres Gehirns, gilt nun aber, daß die elektrischen Grundprozesse, ohne die kein Muskel bewegt, kein Gedanke gefaßt werden kann, zugleich extrem schwach und sehr schnell sind.

Ableitungen der Gehirnströme, die erstmals dem Deutschen Psychiater *Hans Berger* 1923 gelangen, hatten an der Kopfhaut nur eine Spannung von weniger als $^1/_{10}$ Millivolt und zeigten eine Eigenfrequenz von bis zu 20/sec. *Berger* registrierte diese Impulse auch zuerst mit dem Saitengalvanometer.

Nun ist das eben erwähnte Prinzip auch für das Saitengalvanometer gültig. Es ist relativ schnell, weil bei einer dünnen Saite die Masse sehr klein gehalten werden kann. Aber es ist deshalb unempfindlich. Die geniale Idee *Einthovens,* der von Hause aus Physiker war, bestand darin, die sehr kleinen Bewegungen der Saite im Magnetfeld mit einem Mikroskop zu vergrößern. Der Beginn meiner Laufbahn als Elektrophysiologe bestand darin, extrem dünne Metallsaiten, die schon beim Anhauchen zerrissen, mit geschickten Händen und einem kleinen Apparat hinter einem Mikroskop zwischen die Pole eines Magneten zu bringen. Jede Saite kostete etwa 10 Mark. Ich habe deren sicher einige Dutzend zerrissen, bei dem Versuch, eine Saite korrekt einzuspannen, als mir eine neue Anwendung unseres alten Prinzips aufging. Ich versuchte, eine dicke und daher besonders unempfindliche Saite zu nehmen, die aber, da sie relativ weniger Luftwiderstand bei ihrer Bewegung fand, relativ schnell reagierte. Die Unempfindlichkeit mußte mit einem vorgeschalteten Verstärker wettgemacht werden. Hierzu genügte ein einstufiger Verstärker mit einer einzigen Elektronenröhre. Dies war der Stand der deutschen (und durchwegs der europäischen) Elektrophysiologie im Jahre 1932.

Wilhelm Schmitz besaß, wie gesagt, einen Kathodenstrahloszillographen, der zwar enorm trägheitsarm, also sehr geschwind, aber dafür eben extrem unempfindlich war. Um mit ihm die schwachen Biosignale messen zu können, bedurfte es eines mehrstufigen Verstärkers. *Schmitz* entwickelte einen solchen mit 4 Stufen, und es war nun möglich, Spannungen von minimal etwa 0,1 Millivolt praktisch ohne jede Trägheit zu registrieren. Diese Methode war damals nur in den Vereinigten Staaten bekannt, und *Josef Erlanger* und *Herbert Spencer Gasser,* beide Physiologen, hatten 1924 die Methode der Kathodenstrahl-Oszillographie Schritt für Schritt, freilich mit Hilfe eines Physikers, *G. H. Bishop,* auf die Erforschung der Nervenströme angewandt. Diese Untersuchungen waren knapp acht Jahre alt, als wir mit ähnlichem in Bonn begannen. Nur an einer Stelle, in Brüssel bei *P. Rijlant,* befand sich eine gleiche Apparatur in den Händen eines Physiologen.

Die Einzigartigkeit dieser Methode wird am besten durch die Tatsache beleuchtet, daß es seit *Erlanger* und *Gasser* keine neue und bessere Methode mehr gegeben hat, um elektrische Biosignale zu erforschen. Verbessert wurden nur die Verstärker, mit denen heute mühelos ein Mikrovolt zu erfassen ist. Mit Hilfe dieser Methode war alles auf das genaueste darzustellen, was mit dem Problem „Information" in Lebewesen zu tun hat. Es entwickelte sich sehr bald in den Jahren bis Kriegsbeginn eine so weitgespannte Literatur, daß ich, 1938 mit einem Buch über „Elektrophysiologie" beginnend, 6000 wissenschaftliche Veröffentlichungen zu erfassen hatte, von denen gut ein Drittel die Methode der Kathodenstrahl-Oszillographie benutzte. Ich war aber unter den „Pionieren". Man brauchte damals nur igendeinem erregbaren Organ zwei Elektroden aufzulegen und diese zu einem Verstärker zu leiten, und eine wissenschaftliche Arbeit war fertig.

9. Der Hochschullehrer und der Nationalsozialismus

Die Arbeiten im Laboratorium des Physikers *W. Schmitz* wurden im Laufe des Sommers 1932 aufgenommen. Die erste Veröffentlichung lag schon im November 1932 bei der Redaktion. Anfang 1933 waren sechs weitere Arbeiten in Druck, und ich wagte es, um die Habilitation nachzusuchen. *Ebbecke* war einverstanden, wenn ich eine gute Habilitationsschrift vorlegen würde. Nun war ich, wie gesagt, durch die Anwendung der Kathodenstrahl-Oszillographie mit einem Schlag in die vorderste Front der internationalen Physiologie gekommen. Ich stellte die Literatur, welche ich über das Aktionspotential des Nerven in anderthalb Jahren gesammelt hatte, zu einer kleinen Monographie über den „Nervenaktionsstrom" zusammen, einen Begriff benutzend („Aktionsstrom"), der später zugunsten des Begriffs „Aktionspotential" aufgegeben wurde. Es waren insgesamt über 400 Publikationen, die ich alle mehr oder weniger gründlich gelesen hatte. Die Fakultät stimmte zu, und Ende des Jahres 1933 wurde mir die Würde eines Dr. med. habil. verliehen, die man politischer Gründe wegen soeben eingeführt hatte. Meine Antrittsvorlesung freilich konnte ich erst am 26. Juni 1935 halten, und zwar aus folgendem Grund:

Die braune Revolution war im Frühjahr 1933 ausgebrochen. Es ist schwer, sich der genauen Ereignisse dieser Zeit heute zu erinnern, und wohlgefällige Gedächtnistäuschungen sind gleichsam das physiologisch Normale. Ich will versuchen, ehrlich zu sein.

Seit dem finanziellen Desaster des „Black Friday" in den USA im November 1929 war die Welt tief beunruhigt. Die Arbeitslosenziffern stiegen mit den Konkursen um die Wette. Die bürgerliche Welt war ratlos, und ratlos war im Grunde auch der Reichskanzler *Brüning*, der 1930 die Regierung übernahm und mir mit seinen Notverordnungen just in der Woche unserer Rückkehr von der Hochzeitsreise eine drastische Gehaltskürzung angedeihen ließ. Ich glaube, ich erhielt 290 Mark monatlich. Im Jahre 1932 wurde der Reichstag neu gewählt. Die Nationalsozialisten gewannen 196 von 583 Sitzen, *Papen* wurde Reichskanzler, doch die Regierung blieb handlungsunfähig. *Hitler* wird am 30. Januar 1933 zum Reichskanzler berufen, ein neuer Reichstag gewählt, in dem die Nazis nur 288 von 647 Sitzen erringen, also keineswegs eine absolute Mehrheit. Erst als *Hitler* die 81 Kommunisten aus dem Reichstag verbannt, hat er 288 von 566 Stimmen und damit gerade eben eine Mehrheit von fünf Stimmen.

Es ist zum Verständnis der Vorgänge an den Hochschulen wichtig, folgende Tatsache im Auge zu behalten: Die wirtschaftliche Lage des Reiches war katastrophal. Insbesondere die Wissenschaft wurde ziemlich gedrosselt. Im Reichstag gab es außer den Sozialisten, wozu ich diesmal SPD und Kommunisten rechne, buchstäblich keine einzige Gruppe von einiger politischer Bedeutung. Das katholische Zentrum hatte 70, die rechte deutschnationale Volkspartei 54 Sitze. Das Bürgertum hatte den Kampf um politische Eigenständigkeit aufgegeben. Wenn also die Mehrzahl der Hochschullehrer nazistisch wählte, dann folgte sie dem allgemeinen bürgerlichen Verhalten.

Ich selbst litt unter dem wirtschaftlichen Chaos zwar nicht so sehr persönlich, aber ich war politisch hinreichend motiviert, um zu sehen, daß es nur zwei Alternativen gab: den Sozialismus und die Nationalsozialisten. Letztere waren auch „Sozialisten", wenn man den Begriff ein wenig dehnt, und jedenfalls war ihnen alle bürgerliche Tradition tief verhaßt. Ein junger Mensch wie ich war hilflos vor diesen Entscheidungen. Ich hatte Reden von Naziführern gehört. Sie waren entsetzlich: logisch unhaltbar, demagogisch und brutal, aber sie versprachen eine Wende der Not. Gewählt habe ich bei allen Wahlen bis 1933 Zentrum, schon weil mein Vater Vorsitzender unseres heimatlichen Ortsverbandes des Zentrums in Velbert war. 1933 wählte ich die Braunen, mit schlechtem Gewissen, und meine Frau folgte mir nicht: Sie sah besser als ich das Desaster kommen.

Die Würfel waren endlich am 21. März 1933 gefallen, als das Reichstagsgebäude abgebrannt war, und der Reichstag in Potsdam in der Garnisonskirche zusammentrat.

Hitler wurde bestätigt. Der „Führer" begann sein Werk, das anfangs, was man heute so gerne verdrängt, zahlreiche gute Seiten hatte, zum Beispiel die Beseitigung der Arbeitslosigkeit (wenn auch mit dem Trick eines Arbeitsdienstes) und die wirtschaftlichen Pleiten stoppte.

Damit begann gleichsam meine eigene Fehlentscheidung. Ich sah nach wie vor die neue Herrschaft mit kritischen Augen an. Mein neuer Lehrmeister, *Wilhelm Schmitz,* der Physiker, versuchte mir klarzumachen, daß man falsche Entscheidungen nur durch aktive Mitarbeit werde korrigieren können. Der Monat April, ein Ferienmonat, in dem wir täglich von früh bis spät unsere Experimente machten, sah uns in tägliche politische Diskussion verwickelt. Schließlich war ich bereit, mit einer starken „reservatio mentalis" den Schritt in die Partei zu tun. Ich wurde, übrigens kurz vor Toresschluß, denn die Partei sperrte den unerwarteten Zulauf, als Parteimitglied oder – wie man allgemein sagte – als PG am 1. Mai 1933 aufgenommen. Meine Parteinummer lag über drei Millionen; an dieser späten Reaktion mag man ablesen, welche Kämpfe ich mit mir selber ausfocht.

Ich erinnere mich gut, daß dem Entschluß, PG zu werden, ziemlich energische Mahnungen derart vorausgingen, daß man auf der Hochschule ohne Beitritt zur Partei nicht weiterkommen werde. Doch im eigentlichen Wortsinn beruhte mein Entschluß auf Freiwilligkeit. Meinem Vater, der seine Zentrumspartei nie aufgegeben hatte, versuchte ich erfolglos die historische Notwendigkeit eines politischen Wandels klarzumachen. Er blieb skeptisch.

Bis hierher also wurde ich von eigenen Entschlüssen geleitet. Diese Zeit der Unabhängigkeit erwies sich aber bald als endgültig abgelaufen. Als Arzt wurde ich, unter Berufung auf meine Eigenschaft als PG, verpflichtet, der sogenannten „Sanitäts-SA" beizutreten, was insofern verständlich erschien, als die rasch sich erweiternde SA Ärzte für ihre Betreuung brauchte, da sie so etwas wie ein paramilitärischer Verband war. Trotz meiner Dekoration mit einem Hakenkreuz wurde aber meine Habilitation noch nicht anerkannt. Ich mußte, um den neu geschaffenen Titel des „Dozenten" (der eben nicht mehr wie bisher ein „Privatdozent" war) zu erhalten, Wehrsportlager und Dozentenakademie besuchen. Das erste Wehrsportlager fand zwei Wochen lang in Rieneck statt, nahe bei Würzburg, wo eine schöne alte Burg für diese Zwecke ausgebaut worden war. In diesem Kurs traf ich mit älteren Dozenten zusammen, deren Eigenschaft als Hochschullehrer nur nachträglich bestätigt werden sollte. Der Kurs wurde wegen seiner Kürze als für eine Neuzulassung zur Dozentur nicht ausreichend angesehen. Im Jahre 1934 erhielt ich eine Einberufung zu einem zweieinhalbmonatigen „Dozentenlehrgang" nach Rieneck, zugleich jedoch die Aufforderung zu einem dreiwöchigen Lehrgang einer „Dozentenakademie", die in Rittmarshausen bei Göttingen stattfand und gleichzeitig begann. Die „Akademie" hatte eine geistig-politische Durchmusterung der Kandidaten zum Ziel, der Dozentenlehrgang in Rieneck war eine Art Grundausbildung zum Infanteristen mit einigen politischen Kursen zwischendurch, bei denen man natürlich vorwiegend auf politische Zuverlässigkeit hin betrachtet und später begutachtet wurde. In beiden Kursen lernte ich junge Kollegen aller Fakultäten kennen, die wie ich Dozent werden wollten, und ich konnte dabei Freundschaften schließen, welche die ganze Nazizeit überdauerten, und zwar mit Leidensgenossen, deren politische Haltung als kritisch und antinazistisch deutlich wurde. Unter den Teilnehmern der Dozentenakademie Rittmarshausen befanden sich der Jurist *Ernst Friesenhahn*, der Pharmakologe *Werner Koll*, der Chemiker *Goubeau* und die Mediziner *Engel* (der später nach USA ging), *Haymer*, *Hildebrand* und *Hans Erhard Bock*.

Man konnte in der Dozentenakademie seine Pappenheimer schon an den Vortragsthemen erkennen, die sie selber setzten. Man referierte zum Beispiel über „Die Rechtswissenschaft im nationalsozialistischen Staat“ oder über „Die Geisteswissenschaft und der neue Staat“. Auch „Mathematiker und Physiker im neuen Staat“ wurden „thematisiert“ (wie man heute sagt), aber ich redete über „Metaphysik und Naturwissenschaft“, und meine kessen Bemerkungen zur Politik hätten mich beinahe die Dozentur gekostet. Die Mehrzahl der Dozentenanwärter war leicht angepaßt, doch keineswegs politisch sehr willfährig. Es herrschte eine ziemlich offene Atmosphäre, die der Tagungsleiter, der Pathologe *Leipold*, auch keineswegs einengte. Die Nazis ließen ihrer geistigen Elite eine gewisse Freiheit. Es ist daher umso erstaunlicher, wie bereitwillig sich ein politischer Konformismus entwickelte, ohne den wahrscheinlich die spätere Entwicklung zum politischen Verbrechertum nicht möglich gewesen wäre. Ich besitze noch die Kurzfassungen der 1935 gehaltenen Vorträge. Da steht zum Beispiel, daß die Jurisprudenz „von Grund auf ihre bisherigen Systeme einer Überprüfung und einer Neugestaltung unterziehen muß“. Die Jurisprudenz kommt so „zu einem offenen Bekenntnis zur nationalsozialistischen Führung und völkischer Bindung“. In *Friesenhahns* Vortrag findet sich nichts dergleichen. Der Theologe spricht von „volkhafter Bereitschaft“ seiner Wissenschaft. Der Psychologe faselte davon, daß das Gewicht, das der Staat den Einzelwissenschaften zulegt, in erster Linie von der Volkstum-Verbundenheit abhänge. Den Geschichtswissenschaftlern fehle es an politischer Leidenschaft. So geht das fort. Überall Akklamation, Konsens. In meinem Vortrag steht nichts dergleichen. Dort liest man: „... alle großen Männer waren religiös, ethisch, von weltweitem Blick“. „Der Arzt als Tröster muß religiös sein, sonst bringt er sich um seine tiefsten Wirkungsmöglichkeiten." „Eine Ehegesetzgebung, die eine Ehescheidung deshalb allein zuläßt, weil ein Partner keine Kinder gebiert, geht am Sinn der Ehe achtlos vorüber." – Kein Wort vom neuen Staat.

Solches war also möglich, denn ich sprach so als einer von ganz wenigen. Hätten alle so gesprochen, es wäre keinem von ihnen etwas passiert, denn auch ich hatte, obgleich Einzelgänger, keine erheblichen Schwierigkeiten.

Wenn ich schon etwas vorausdenken darf: Ich schrieb 1939 ein zweibändiges Lehrbuch der Elektrophysiologie. Es enthielt 6000 Zitate; es fanden sich alle jüdischen Autoren darunter, die sachlich zu nennen waren. Das Vorwort enthält nicht einen einzigen politisch deutbaren Satz, in keinem der beiden Bände, obschon diese Vorworte 1940 und 1942 geschrieben wurden. Es ist nicht wahr, wenn gelegentlich behauptet wird, ein jeder Wissenschaftler habe dem Dritten Reich seinen Tribut entrichten müssen. Das wird durch mein Leben bewiesen, denn die politischen Schwierigkeiten, die ich später haben sollte, sind sicher durch andere Gründe entstanden.

Nun war freilich bis zum Jahre 1935 einiges geschehen, das meine politische Überzeugung wesentlich verändert hatte: der Röhm-Putsch 1934 und die bei dieser Gelegenheit erfolgte Ermordung einiger führender Persönlichkeiten, insbesondere des katholischen Lebens, vor allem von *Dr. Klausener.* Vor unserem Radio sitzend verfolgten *Ernst Friesenhahn* und ich in meiner Wohnung die Ereignisse, die gerade auch für uns, die wir beide der SA angehörten, sehr bedeutsam waren: Der oberste SA-Führer *Röhm* war erschossen worden. Nun band uns wahrhaft nichts an diesen SA-General, aber die Art und Weise, wie in einer Nacht- und Nebelaktion Menschen beseitigt wurden, ließ uns Schlimmes für die Zukunft befürchten. Von diesem Tag des sogenannten Röhm-Putsches (der gar nicht stattgefunden hatte) datiert meine bedingungslose Gegnerschaft gegen das „Dritte Reich". Diese Gegnerschaft konnte freilich nicht allzu offen praktiziert werden. Ich war Physiologe, hatte keine klinische Fachausbildung, hätte mich also nicht in einer freien Praxis niederlassen können, wenn man mich aus der Universität entfernt hätte. Mein Freund *Friesenhahn* konnte mutiger sein: Er wurde entlassen und trat in ein gutgehendes Rechtsanwaltsbüro in Köln ein.

10. Nach 1933, zugleich ein Kapitel Wissenschaftstheorie

Zurück zum verhängnisvollen Jahr 1933. Mein eigenes Schicksal wurde in einem positiven Sinne beeinflußt: Durch die Massenentlassungen jüdischer Hochschullehrer mußten zahlreiche Lehrstühle und Dozenturen neu besetzt werden. Von Bonn wurde der Privat-Dozent *Matthaei* auf den vakanten Lehrstuhl Erlangens berufen. Ein anderer älterer Dozent, *Thörner*, der wie *Matthaei* aus der großen Zeit *Verworns* in Bonn stammte, hatte den Breslauer Lehrstuhl zu vertreten, von dem man den großartigen *Hans Winterstein* vertrieben hatte. Mein Chef *Ebbecke* stand allein mit mir, der ich nicht einmal habilitiert war. Ich erhielt also einen Lehrauftrag, las alle Nebenvorlesungen der Physiologie für Zahnmediziner und Sportstudenten und übernahm das halbe Praktikum, insgesamt mehr als zwanzig Stunden pro Woche. So kommt es, daß viele längst emeritierte Medizinprofessoren noch meine „Schüler"waren, zum Beispiel der spätere Sportmediziner und Kardiologe *Reindell*, der jetzt in Freiburg lebt. Für mich war das alles eine große Chance: Ich übte mich im Dozieren, bekam für meine Begriffe unvorstellbar hohe Kolleggeldbeträge, im ersten Semester gleich über 1000 Mark – für einen armen Schlucker damals ein Vermögen. Mein eigenes Wohlergehen täuschte mich aber nicht darüber hinweg, daß ein großes Unrecht geschehen war, wenngleich man den ganzen Umfang der Katastrophe noch nicht vorhersehen konnte. Es hatte aber der große Ausverkauf deutscher Intelligenz begonnen, denn nicht nur Juden verließen das Land, auch solche, die man sogar flehentlich zu bleiben bat, gingen, von Ekel an einer solchen Politik erfüllt, darunter *Otto Krayer*, ein Pharmakologe, mit dem ich nach Ende des Krieges wieder Kontakt aufnehmen konnte.

Die Geschäftigkeit, in die das Leben an unseren Hochschulen sehr bald ausartete – mit politischen Kursen, Wehrdienst, Engagement in den Kadern der Partei –, diese Geschäftigkeit hat uns zunächst so in ihren Strudel gezogen, daß die geistige Verarmung nicht offenbar wurde. Da es auch im Lande selbst überall wirtschaftlich aufwärts ging, die trüben Tage der Regression sich mit einem Schlag mit dem Licht der Hoffnung erhellten, die Arbeitslosigkeit verschwand und – was in meiner Erinnerung noch besonders wesentlich ist – der Glaube der

Deutschen an sich selbst wieder zu Kräften kam –, da das alles so herrlich gelang, übersah der Durchschnittsbürger die Opfer, mit denen dieser Wohlstand schon längst hatte bezahlt werden müssen. Innerhalb der Physiologie schien der Aufschwung dominierend. Das ans Ausland verlorene geistige Potential schien vorerst ersetzt worden zu sein. Daß wir hier einem Irrtum unterlagen, wurde uns in Deutschland erst nach dem Kriege völlig klar. Die meisten von uns lebten in einem Traumland, in dem von Jahr zu Jahr freilich die Alpträume immer dominierender wurden.

Über die Entwicklung der deutschen Wissenschaft insgesamt in den dreißiger Jahren wage ich kein fundiertes Urteil abzugeben. In der Physiologie ging eine Entwicklung langsam und stetig weiter, die von wissenschaftlichen Revolutionen und Paradigmen-Wechseln, die uns heute durch *Thomas Kuhn* so nahe gebracht worden sind, nichts ahnen ließ. Solche Wechsel sind in meinem Fachgebiet bis heute nicht erkennbar.

Nun mag es den Leser, sofern er selbst der Experimentalforschung fern steht, interessieren, wie eigentlich der Fortschritt der Wissenschaft in Physiologie und Medizin vonstatten ging. Ich darf das am Beispiel meiner eigenen Arbeiten verdeutlichen. Es gibt vermutlich in allen Fachgebieten, gewiß aber in der Biologie des Menschen, zu der die Physiologie gerechnet werden muß, zwei Gruppen von Experimenten, denen erst neuerdings eine dritte anzufügen ist. Die erste Gruppe ist vorwiegend beschreibender Natur. Damit will gesagt sein, daß Phänomene möglichst genau registriert werden, welche als Folge bestimmter Eingriffe in ein lebendes System zu beobachten sind. In der Regel (aber keineswegs immer) handelt es sich darum, an einem solchen System irgendetwas Bestimmtes, Umgrenztes zu verändern, zum Beispiel einen Reiz von außen durch Elektrizität oder mechanische Einflüsse einwirken zu lassen und eine bestimmte Eigenschaft des Systems, zum Beispiel die elektrischen Spannungen an den Zellgrenzen, zu messen. Eine gesetzmäßige Variation des Reizes führt zu ebenso gesetzmäßigen Reaktionen der Zellen und Organe, wobei die Beziehungen zwischen Reiz und Reizerfolg keineswegs linear zu sein brauchen und es in der Regel nur in einem kleinen Bereich sind, falls überhaupt eine Beziehung besteht. Diese Art von Forschung stellt ungewöhnlich wichtige Tatsachen fest, zum Beispiel daß alle Sinnesorgane auf Reize mit der Entsendung weitgehend ähnlicher elektrischer Botensignale antworten, welche über die Sinnesnerven ins Gehirn laufen und dort an ganz bestimmten Stellen eine ebenfalls elektrische Reaktion auslösen. Mir ist diese Tatsache immer als ein unmittelbar vorzeigbares Symbol der alten These der Erkenntnistheoretiker – und insbesondere *Kants* – erschienen, daß zwischen der sogenannten „realen Außenwelt" und unserer subjektiven Vorstellung von ihr schlechterdings keinerlei Identität bestehen kann. Die „reale Außenwelt" wird nämlich durch unsere Sinnesorgane in elektrische Impulse der ableitenden Sinnesnerven übersetzt und diese nochmals in die bunte Welt unserer Vorstellungen: Bei diesem doppelten Übersetzungsvorgang kann von dem, was man das „Qualitative" der Außenwelt nennen könnte, schlechterdings nichts übrig geblieben sein.

Analoge Forschungsergebnisse finden sich auf dem Gebiet der Biochemie, der Hormone und der Pharmakologie: Die Entdeckung des Insulins war ein derartiger beschreibender Prozeß: Fortnahme der sogenannten *Langerhans*schen Inseln in der Bauchspeicheldrüse verursacht eine Zuckerkrankheit; in diesen Inseln fand sich ein Stoff, das heute sogenannte Insulin; die Injektion des Insulins heilt eine Zuckerkrankheit. Das waren drei Schritte, nacheinander vollzogen, und jeder Schritt beschrieb nichts anderes als die unmittelbare Folge eines klar definierten Eingriffs. Bei derartigen Forschungen gibt es zunächst nur zwei Probleme. Das erste, wichtigste Problem ist nicht einmal ein experimentalwissenschaftliches, vielmehr ein psychologisches, welches die Phantasie des Gelehrten betrifft: Derjenige, der die Forschung betreibt, muß zwischen Eingriff und Folge eine Beziehung vermuten, welche ihrerseits nicht experimentell prüfbar ist: Man mußte zum Beispiel beim Blutzucker vermuten, daß die *Langerhans*schen Inseln durch einen chemischen Stoff wirken, ein später sogenanntes Hormon. Ohne diese Vermutung wäre niemand auf die Idee gekommen, das Material, aus dem diese Inseln bestehen, im Reagenzglas zu verarbeiten und nach einem Stoff zu suchen, den man dann anderen Tieren oder dem Menschen einspritzen kann. Diese Vermutung entspringt vermutlich immer einer stark vereinfachenden Phantasie, welche sich zum Beispiel einen Weg vorzustellen versucht, wie diese Zellen wirken. Wir mögen diese Phantasie „intuitiv" nennen. Jedenfalls ist sie etwas, das sich durch kein anderes Forschungsprinzip ersetzen läßt, auch heute noch nicht. In der damaligen Zeit nannte man dieses seelische Ereignis der Intuition sehr abstrakt und wenig realistisch eine „Hypothesenbildung", so als wären Hypothesen im Kaufhaus zu erwerben. Dieser Begriff „Hypothese" war sozusagen erkenntnistheoretisch hoffähig. Der Begriff „Intuition" war der damaligen wissenschaftlichen Welt dagegen höchst unsympathisch. Er schien das hehre Ethos der objektiven Wissenschaftlichkeit in die Niederungen einer plebejischen Alltagswelt hinabzuziehen.

Der weitaus größte Teil biologischer Forschung wurde in jener Zeit mit solchen intuitiven Stufenexperimenten durchgeführt, wobei die Hypothesenbildung nicht selten lange auf sich warten ließ. Ehe es nämlich zu Hypothesen kommt, bedarf es einer Beschreibung aller Phänomene, mit denen es die spätere Hypothese zu tun hat. *Erlanger* und *Gasser* hatten lediglich die elektrischen Wanderwellen beschrieben, welche über eine Nervenfaser hinweglaufen. Deren Existenz war aus früheren Zeiten schon bekannt. *Erlanger* und *Gasser* hatten festgestellt, daß die Wanderungsgeschwindigkeit um so größer war, je dicker die Faser war, in der die elektrische Welle lief. Zur Erklärung des Zustandekommens einer solchen Welle, die das Signal darstellt, das teils Sinneserfahrung zum Gehirn, teils Befehle aus dem Gehirn in die Muskeln oder Eingeweide leitet, zu dieser Erklärung konnte man sich auf eine Hypothese stützen, die längst aus anderen Beobachtungen erschlossen worden war: Daß die Wände einer jeden Nervenfaser extrem komplizierte elektrische Maschinen enthalten, deren Wesen bis zur Stunde noch nicht restlos geklärt ist.

Meine Aufgabe war es, solche Aktionspotentiale unter abnormen Bedingungen zu untersuchen, in der Hoffnung, durch derart extreme Beobachtungen mehr über die Maschinerie in der Nervenwand (der sogenannten „Membran") zu erfahren. Doch trog diese Erwartung zunächst.

Natürlich kann man Einwirkung und Folge auch in einer exakten mathematischen Sprache miteinander verbinden, indem zum Beispiel die Änderungen des Sauerstoffs in der Atemluft auf mögliche Auswirkungen des Stoffwechsels hin untersucht werden und beide daraufhin geprüft werden, in welcher Form sie voneinander abhängen. Derartige Abhängigkeiten werden meist in Form einer Kurve dargestellt, wobei die Abszisse die Einwirkungsgröße, die Ordinate die Größe der Folge angibt. Man kann ebenso eine Einwirkung auf ihre Folgen hin derart untersuchen, daß man die zeitlichen Änderungen untersucht, welche ein System als Folge einer meist kurzen Einwirkung erleidet. Diese Art von Abhängigkeits-Forschung stellt den Großteil physiologischer Forschung in den dreißiger Jahren dar, und jedenfalls war es der Weg, den der damals führende Physiologe, *Hermann Rein,* in den meisten seiner Arbeiten ging. Ich habe den Eindruck, daß sich das nicht grundsätzlich gewandelt hat.

Die klinische experimentelle Forschung geht zum Beispiel auch heute noch vorwiegend diesen Weg, indem sie, in der klinischen Pharmakologie zum Beispiel, mißt, welche Änderungen am Patienten oder an seinen Krankheitserscheinungen beobachtet werden, wann man ein Heilmittel gibt oder einen anderen therapeutischen Eingriff, zum Beispiel eine Operation, vornimmt.

Es gibt eine zweite Art von Forschung. Sie ist eine Umkehr dieser Ursituation wissenschaftlicher Beobachtung: Man prüft entweder an einem Objekt, das den Forscher interessiert, ob eine Theorie, die aus früheren Beobachtungen abgeleitet wurde, auch auf dieses Objekt zutrifft oder ob eine Modellvorstellung, die man ganz unabhängig von biologischen Objekten ersann, sich durch eine systematische Änderung von Einwirkungen bestätigen läßt. Ich selbst habe mich mit einer derartigen Forschungsform jahrelang, wenn auch ziemlich erfolglos, beschäftigt. Die Sache war so entstanden: Mein Chef *Ebbecke* hatte die Idee gehabt, daß alle elektrischen Einwirkungen auf lebende Zellen so erfolgen, daß eine bestimmte elektrische Ladung die Membran der erregbaren Zelle, also eine Sinneszelle, eine Nervenfaser oder eine Muskelfaser, um einen bestimmten Betrag auflädt oder entlädt; daß dann – als Folge einer Entladung der Membran – diese in einen neuen Zustand, eben den des Erregtseins, überwechselt. Diese Idee hat sich soeben glänzend bestätigt. Es handelte sich also um eine Modelltheorie, die sich insofern experimentell prüfen ließ, als mit der neuen Methode der Kathodenstrahl-Oszillographie die Ladungsänderung an der Nervenmembran sich unmittelbar messen ließ: Die Membran verhielt sich in der Tat wie ein aufladbarer Kondensator, also wie ein technisches Konstruktionselement, wie es alle unsere Verstärker, Radio- und Fernsehgeräte enthalten. Es mußte aber außerdem gemessen werden, ob von außen zugeführte elektrische Ströme, die als „Reiz" dienen, in der Tat diesen Kondensator der Nervenmembran immer um einen bestimmten Spannungsbetrag, die „Schwellenspannung", aufladen. Das war nur in Annäherung der Fall, doch ließen sich gute Entschuldigungen finden, warum beide Messungen nicht zu genau demselben Resultat führten.

Ich erwähne diese meine Experimente nur, um daran eine Reihe höchst bedeutsamer Tatsachen zu veranschaulichen, Tatsachen, welche auf zahlreiche Forschungsbemühungen zutreffen und gerade heute wieder zu engagierten Diskussionen geführt haben.

Die erste dieser Schlußfolgerungen betrifft das Sprachenproblem. Die Arbeit war in Deutsch geschrieben, 1936 erschienen. Deutsch wurde schon damals kaum noch im Ausland gelesen. Zwei Engländer, *Hodgkin* und *Huxley,* veröffentlichten kurze Zeit darauf mit erheblich verbesserter Methode Arbeiten, die dann mit dem Nobel-Preis gekrönt wurden, in denen sie eine ähnliche Theorie aufstellten, die aber mit einer völlig anderen Methode geprüft wurde. Zudem hatte ein anderer Engländer und späterer Nobel-Laureat, *A. W. Hill,* fast gleichzeitig mit mir eine formale Theorie der Nervenerregung aufgestellt, welche der meinen fast völlig glich, aber in einem bestimmten Punkte (der sogenannten Akkomodation) umfassender war als meine, dafür aber den erheblichen Nachteil hatte, in ihren Grundannahmen experimentell nicht prüfbar zu sein. Dieser Sachverhalt bedarf einer Erläuterung. Bei jeder mathematischen Beschreibung eines Naturvorganges muß der Mathematiker Konstanten in seine Gleichung einsetzen, welche den Naturvorgang rechnerisch nachzubilden gestatten. Diese Konstanten (man nennt sie auch wohl „Parameter") sollten sich in ihrer zahlenmäßigen Größe messen lassen. Nimmt man sich nämlich die Freiheit, in eine passende Gleichung auch nur drei Konstanten einzusetzen, so kann man praktisch alle Naturvorgänge mathematisch beschreiben. In meiner Gleichung trat aber nur eine Konstante auf – und diese eine Konstante war meßbar. Die Form der Gleichung war ferner durch ein Modell (eines Kondensators) vorgeschrieben, das sich bei direkter oszillographischer Beobachtung als akzeptabel bestätigt hatte. Trotz der Vorzüge dieser Theorie ist sie totaler Vergessenheit anheimgefallen. Die Theorie von *Hodgkin* und *Huxley* erwies sich dadurch als überzeugender, daß ihre Erfinder es verstanden, die Ströme, die durch die Nervenmembran fließen, direkt zu messen –, ein Verfahren, das die ganze spätere Nervenphysiologie beherrschte und ihre Grundlagen in der Tat völlig verwandelt hat. Das Thema wurde bald uninteressant.

Die zweite Lehre, die man aus meinen damaligen und der Mehrzahl der heute durchgeführten Forschungen ziehen kann, ist folgende: Die Wissenschaftstheorie von *Popper,* mit der wir uns noch auseinanderzusetzen haben, sagt u. a., daß man Theorien nur widerlegen, niemals aber beweisen kann. Diese Annahme trifft auf die Experimente erster Art (die „beschreibenden" Experimente) nicht zu. In solchen Versuchen geht vielmehr der Forscher so vor, daß er die Folgen eines Eingriffs feststellt. Solche Feststellungen sind zwar gelegentlich als Irrtum entlarvt worden, aber die Kritik betraf dann nicht die aus den Experimenten gefolgerten „Gesetze", sondern die Methode der Naturbeschreibung, die um so anfälliger gegen Kritik wird, je mehr sich die Methode verfeinert oder gar nur indirekte Indikatoren für die Feststellung von „Folgen"eines Eingriffs verwendet. Daß aber zum Beispiel die Gasgesetze, welche die Abhängigkeit zwischen Volumen, Druck und Temperatur eines Gases beschreiben, einer „Falsifikation"unterworfen werden könnten, ist absurd. Falsifizierbar sind nur Theorien, welche nicht ausschließlich Beschreibungen von Folgen bestimmter Eingriffe sind. Die so völlig andere Lage der Forschung in der Mikrophysik hat erst *Poppers* Gedanken in Grenzen gerechtfertigt, ihn wohl auch zu ihnen erst hingeleitet.

Eine Zwischenbemerkung muß hier hinsichtlich der dritten Art der Forschung gemacht werden, die uns später eingehend beschäftigen wird: die statistische Naturbeschreibung. Wenn es nicht mehr möglich ist, einen definierten Begriff auf seine Folgen hin zu untersuchen, bleibt uns nur noch der Weg, Zusammenhänge zwischen zwei Vorgängen festzustellen –, Vorgänge, von denen man vermutet (oder zu wissen glaubt), daß der eine die Folge des anderen ist. So kann man zum Beispiel vermuten, ein erhöhter Gehalt des Blutes an Blutfett, insbesondere an einer bestimmten Art von Cholesterin, sei die Ursache des Herzinfarkts, das heißt: der Infarkt die Folge einer Erhöhung der Cholesterinkonzentration. Diese Behauptung, die immer wieder zu lesen ist, ist in dieser Form sicher falsch: Cholesterin bestimmt die *Wahrscheinlichkeit,* mit der ein Mensch einen Infarkt erleiden kann –, mehr nicht. Dieser Zusammenhang und alle ähnlichen Zusammenhänge, die mit Wahrscheinlichkeit zu tun haben, sind den Theoremen *Poppers* voll unterworfen. Das haben die Epidemiologen übrigens schon vor *Popper* und jedenfalls völlig unabhängig von ihm festgestellt.

Eine dritte Lehre aus meinen damaligen Tätigkeiten ist folgende: Ich versuchte (wie auch *A. V. Hill*), einen freilich für unsere Existenz sehr wesentlichen Prozeß, die Auslösung einer „Erregung" in mathematische Formeln zu fassen. Solche Mathematisierungen biologischer Fragen sind ziemlich unfruchtbar. Ich habe das zwar schon damals erkannt, denn ich habe immer wieder betont, daß alle Konstanten in solchen Gleichungen meßbar, das heißt: beobachtbar und damit beschreibbar, sein müßten. An diese Forderungen haben sich aber die meisten sogenannten „Biomathematiker" nicht gehalten. Besonders krasse Fehlleistungen dieser Art hat sich ein in USA lebender Russe, *N. Rajewski,* zuschulden kommen lassen. Er hat ein dickes Buch über Biomathematik geschrieben, in welchem er die abstrusesten Scheinbeweise aufstellte, zum Beispiel nachwies, daß sich Zellen, wenn sie eine bestimmte Größe erreicht haben, aus formalen, mathematisch faßbaren Gründen teilen müssen. Daß zu diesem Beweis vorerst passende Hypothesen, in Konstanten verpackt, in die Mathematik eingeschleust werden müssen, hat er nicht bemerkt. Doch gibt es auch derzeit immer wieder Versuche, Mathematik als einzige Lösung biologischer Probleme zu empfehlen. Solche Versuche sind immer vergeblich gewesen und werden es ewig bleiben.

11. Zwischenspiel

Die Zeit von 1935 bis zum Beginn des Krieges – am 1. September 1939 – empfinde ich, in der Rückschau betrachtet, als ein Zwischenspiel auf dem Welttheater, bei dem man noch nicht sicher war, ob das Drama als Komödie oder Tragödie enden würde. Es geschahen Zeichen, die fast an Wunder grenzten. Arbeitslosigkeit und Armut verschwanden, und es war keineswegs so, wie ein von uns damals verehrter Kritiker des Dritten Reiches, *Huizinga,* schrieb, daß die Straßen in Ordnung waren, und das eben schon genügte, die Deutschen zu begeistern. Nicht nur die „Kriegsschuldlüge"(bezüglich des Ersten Weltkrieges) wurde für erledigt erklärt und damit das deutsche Volk moralisch entlastet, ein Vorgang, der jetzt sogar eine Art wissenschaftlicher Rechtfertigung erfahren hat. Es wurde aufgerüstet, die Wehrpflicht eingeführt, die „Wehrmacht" zu einem geheiligten Symbol des deutschen Willens zu Freiheit und Selbstachtung erhoben. In der internationalen Welt wurde all das jetzt hingenommen, was man einem so feinsinnigen Politiker wie dem Reichskanzler *Brüning* verweigert hatte. Am Siegeszug des Nazismus trägt meines Erachtens die Europäische Staatsgemeinschaft ein erhebliches Maß an Mitschuld. Wer nur ein wenig „national" dachte, mußte von diesen Erfolgen begeistert sein, zumal diese Begeisterung durch keine Tatsachen beeinträchtigt zu werden schien –, Tatsachen, die doch längst eingetreten waren, aber eben zu niemandes Kenntnis kamen.

Die Entwicklung politischer Gewalttätigkeit im Nazi-Reich bahnte sich fraglos an, als *Hitler* entgegen den Bestimmungen des immer noch geltenden Versailler Vertrages das Berufsheer in eine große deutsche Wehrmacht mit allgemeiner Dienstpflicht umrüstete. Eben diese Entwicklung sah aber niemand voraus. Es war also nur zu verständlich, daß der Stolz auf eine wiedergewonnene internationale Geltung, die durch die Aufrüstung fraglos eintrat, die Gefühle der Deutschen bestimmte. Konzentrationslager waren zu jener Zeit in dem von später bekannten Perfektionismus noch nicht angelegt worden, und es stieß und stößt heute noch auf Ungläubigkeit, wenn ich sage, daß ich von der Existenz solcher Lager erst 1941 erfuhr, auch nur gerüchtsweise, aber doch so glaubhaft, daß ich mein Wissen weitergab und dabei damals auf zahlreiche ungläubige Gemüter stieß, darunter sogar kirchentreue Katholiken, die dem größten Führer aller Zeiten, *Gröfaz* genannt, noch völlig vertrauten. Dieses – wie man jetzt weiß – ganz unberechtigte Vertrauen bekräftigten die Mitglieder der SA ausdrücklich durch einen Eid, der dadurch leicht fiel, daß der Eid die Formel enthielt, daß dieses Vertrauen bestand, „weil ich weiß, daß der Führer nichts Unrechtes von mir fordert". Es war überall eine Pseudolegalität in diese Machtverhältnisse eingewoben, deren Brüchigkeit ich selbst relativ spät erkannte, minder kritische Seelen erst beim totalen Zusammenbruch.

Dieses Vertrauen zeigte aber sonnenklar, daß 1935 von einer verbrecherischen Gewalt noch nirgends die Rede war, sie auch (noch) nicht praktiziert wurde. Die Morde bei der Röhm-Revolte, die mich selbst zu absoluter innerer Opposition brachten, erschienen nach außen als gerechte Strafe für Putschisten, und der Umfang des Massakers blieb geheim. Als uns dann die Gewaltverbrechen der Nazis im Kriege bekannt wurden, waren wir entsetzt. Dieses Entsetzen hat inzwischen die zivilisierte Welt ergriffen, so sehr, daß nicht nur wir selbst uns heute fragen, wie deutsche Menschen zu solcher Brutalität kommen konnten. Unmittelbar nach dem Krieg war eine allgemeine Verurteilung des deutschen Charakters üblich. Noch im Jahre 1985 haben Psychoanalytiker darüber nachgedacht, wie bei den Angehörigen des Volkes der Dichter und Denker eine solche Mentalität der Gewalttätigkeit möglich war.

Diese Urteile fremder Nationen sind ebenso pharisäisch wie die psychoanalytischen Eskapaden naiv sind. Ein Blick in die Welt von heute lehrt, daß Brutalitäten, die denen der Nazis nur quantitativ, nicht aber in der Mentalität unterlegen sind, zum alltäglichen Repertoire menschlichen Verhaltens gehören. Wie man in Indien z. B. die *Sikhs* nach dem Mord an *Indira Ghandi* verfolgt hat und in einer „Bartholomäus-Nacht", wie es die Frankfurter Allgemeine ausdrückte, unter offenbarer Billigung der Behörden abschlachtete; wie im Iran mit politischen Gegnern umgesprungen wird, wie die Roten Khmer in Kambodscha hausten; wie Christen in der Türkei behandelt werden; ja selbst in Israel, dessen Einwohner eigentlich genug gelernt haben sollten, in der „Kach"-Bewegung des Rabbiners *Meir Kahane* Gewalt gepredigt und praktiziert wird, all das ist ein Zeichen für die Anfälligkeit des Menschen für Gewalt. Die Nazis hatten, wenn man so will, das Pech, als erste im Besitz technisch und zugleich politisch durchsetzbarer

Massenvernichtungsmittel zu sein und hatten daneben ein Gewaltobjekt in Gestalt der Juden geschaffen, an dem man diese Mittel gefahrlos anwenden konnte. Sicher ist die Praxis der Konzentrationslager, wie sie uns heute vor Augen liegt und wie sie *E. Kogon* („Der SS-Staat") und *A. Mitscherlich* geschildert haben, von fast unvorstellbarer Widerwärtigkeit. Aber ich bin mir sicher, daß ähnlich Widerwärtiges in jedem Volk passieren kann, wenn man ihm nur die geeigneten Chancen zur Entwicklung brutaler Instinkte schafft. Als ich nach dem Krieg erstmals ins Ausland reisen konnte, einer Einladung der schwedischen Regierung folgend, habe ich diese Gedanken bei einer kleinen Ansprache ausgedrückt, die ich bei einem wissenschaftlichen Kongreß schwedischer Kardiologen in Stockholm zu halten gebeten wurde. Ich fand (es war im Jahre 1949!) nicht nur volle Zustimmung, sondern eine mich tief bewegende freundschaftliche Zuwendung. Um es klar zu sagen: Die Verbrechen, an denen wir Deutsche alle irgendwie einen Anteil haben – und sei es nur durch Unterlassen einer frühen Reaktion –, diese Verbrechen waren unsagbar grausam und höchst verwerflich. Aber sie entstammen einer Schicht der menschlichen Seele, die sich bestimmt nicht nur bei den Deutschen findet. Sie ist das bedrückende Erbteil der menschlichen Natur. Dies nachgewiesen zu haben, ist in der Tat das Verdienst der Verhaltensforschung. Die menschliche Aggressivität war in den Jahren um 1970 dann eines der beliebtesten Themen einer populärwissenschaftlich ausgerichteten Serie von Büchern, und es waren gerade Emigranten wie *Friedrich Hacker,* welche hier für die Welt aufklärend gewirkt haben. Wir verdanken freilich *Hacker* den Hinweis, daß nicht alle Aggression Gewalt ist, Gewalt wohl immer der Ausdruck von Aggression.

Zurückblickend auf die Jahre von 1930 bis heute, gewahre ich einen langsam und stetig ansteigenden Pegel der Gewalt, für den der Nationalsozialismus eine Art Vorreiter ist. Gründe für die Gewaltanwendung hat es immer gegeben: Es sind – soweit ich das beurteilen kann – vorwiegend Kämpfe um eine politische Unabhängigkeit, deren Konzept freilich sehr variabel erscheint, und ein Kampf gegen bestehende Ordnungen, der völlig losgelöst von politischen Forderungen und exekutiver Macht nur aus dem Wunsch genährt wird, ein bestimmtes verhaßtes gesellschaftliches System zu beseitigen und als Vorbereitung dazu seine Repräsentanten zu verunsichern. Beispiele der Befreiungskämpfe finden sich überall in der Welt. Sie reichen in graue Vorzeiten der Geschichte zurück, sind uns heute noch in den revolutionären Bewegungen Frankreichs von 1789 und in der so bescheidenen deutschen Revolution von 1848 gegenwärtig. Gewalt bedrängt uns heute aber durch die Massivität, mit der sie große Menschenmengen ins Spiel bringt und ihre technischen Möglichkeiten, die Mengen Pulver, mit denen man sein Unbehagen artikuliert, wachsen von Jahr zu Jahr. Die Massivität ist die Folge der Aufhebung aller geographischen Grenzen für solche Bewegungen, die wir vor allem der Verkehrstechnik und der Informationstechnik verdanken. Nichts ist mehr isoliert, was allgemeines revolutionäres Interesse erregt. Vor hundert Jahren spielten sich solche Bewegungen auf engstem Raum ab und waren obrigkeitlich beherrschbar, allein schon durch die Polizei. Erst wenn der soziale Druck die große Mehrheit einer Bevölkerung ergriff, entstand früher eine flächenhaft ausgedehnte Revolution, wie in Frankreich vor 200 Jahren oder wie in Rußland 1917.

Mir steht es nicht zu, Theorien der Evolution von Gewalt zu entwerfen. Sie würden ohnehin nur aus einer „Anatomie" der menschlichen Destruktivität *(E. Fromm)* oder besser: aus einer Physiologie der menschlichen Aggressivität, zu entwickeln sein. Hierbei spielen zahlreiche, biologisch wie psychologisch komplizierte Mechanismen eine Rolle, nicht zuletzt der wachsende Anteil einer übervölkerten Welt, wie das mein Namensvetter *Wilhelm Schäfer* beschrieben hat. Ich kann nur über meine eigenen Eindrücke und Meinungen berichten. Sie lehren mich, daß sich während meiner Lebenszeit die friedlichen Regionen der Welt, in die man zum Beispiel ohne Gefahr reisen könnte, ständig vermindern. Mein Großvater und Großonkel, Leinenhändler in Grefrath, konnten durch die ganze Welt reisen, ohne mehr als einen Paß zu besitzen. Es herrschte, der pax romana nicht unähnlich, eine pax europaea, oder genauer: eine pax britannica, allüberall. Frieden hat mit Unterwerfung, mit Anerkennung von Herrschaft zu tun, ein Leitsatz, der in unserer Welt Empörung auslöst und doch unbestreitbar gilt. Die „Befreiung" wird mit zahllosen Menschenopfern bezahlt. Sie kann in Grenzfällen mit Frieden einhergehen, so wie das im Prinzip mit den baltischen Staaten nach 1918 geschah. Was sich zwischen den Weltkriegen entwikkelte, war eine erste Stufe nationaler Befreiungen, vor allem durch Zerschlagung der Donaumonarchie. Was heute geschieht, ist eine Atomisierung der Welt dadurch, daß immer kleinere Gruppen ethnischer und sprachlicher Sonderheit ein Freiheitsbewußtsein entwickeln, dessen anthropologische Grundlagen ebenso wenig geklärt sind wie seine historische Entstehung, für die das führend sein dürfte, was *Marx* den „Bewußtseinswandel“ genannt hat. Die Entstehung solcher Sonderbewußtheiten wird nur durch Rückkopplungskreise erklärbar. Es ist für mich auffällig, daß dieses Prinzip einer kybernetischen Erklärung politischer Bewußtseinsformung zwischen den Kriegen ebenso wenig bekannt war wie es eine Mentalität gab, die man mit diesem Prinzip erklären kann. Auch die politische Welt zeigte Züge einer Stabilität, wie sie uns in der Physiologie und Medizin der damaligen Zeit begegnen und über die wir noch hören werden. Die Brisanz der derzeitigen politischen Befreiungsbestrebungen ist bedingt durch eine Befreiungspsychologie, der ein Befreiungsbewußtsein nachfolgt, das nun seinerseits sogar durch eine Befreiungstheologie ins Recht gesetzt wird. Gerade dieser moderne theologische Entwicklungszug zeigt dabei, daß die politischen Ideen durchaus reale Grundlagen haben. Die faktische Entwicklung der Befreiungspsychologie ist freilich nicht ohne die moderne Technik zu verstehen.

Diese Technik stellt heute weitreichende Kampfmittel zur Verfügung, die überall in den Grundsubstanzen käuflich sind. Eine meiner Hilfsassistentinnen in Heidelberg hat während der Studentenrevolte 1969 im Keller unseres Physiologischen Instituts Sprengstoff hergestellt, was niemand von uns bemerkt hat. Soweit mich meine physikalischen Freunde belehrt haben, ist die Herstellung einer Atombombe auch kein unerreichbares Kunststück mehr. Niemand hat sich bislang überlegt, welche Ausmaße eine revolutionäre Strategie annimmt, wenn Atombomben in der Hand revolutionärer oder terroristischer Kämpfer sind. Das Problem ist nur gemildert durch die Schwierigkeit, beim Entzünden solcher Bomben selbst heil davonzukommen. Gegen die Kamikazementalität eines politischen Selbstmörders wäre die Gesellschaft aber wehrlos.

Solange politisch realisierbare Ziele angestrebt werden, wie derzeit in Südafrika, sind politische Lösungen möglich. Extrem kompliziert wird die Sachlage, wenn eine einzige Minorität ein gesamtes Gesellschaftssystem angreift. Nun muß man dazu die historische Tatsache bedenken, daß eine destruktive Form des Terrorismus sich erst seit dem Ende des letzten Weltkrieges allmählich entwickelt hat und dieser Terrorismus nur solange lebt, als junge Menschen eine Untergrundexistenz einem bürgerlichen Normalleben vorziehen. Der Terrorismus ist zu einem guten Teil ein Problem der gesellschaftlichen Integration junger Menschen. Was das bedeutet, wird uns später in anderem Zusammenhang beschäftigen. An dieser Stelle kann nur die Feststellung stehen, daß diese Integration bei einer von Jahr zu Jahr wachsenden Zahl junger Menschen versagt. Da der junge Mensch ganz und gar nur das Resultat seiner Erbanlagen und seiner Erziehung ist, zwingt uns also der wachsende Terrorismus vor allem zu einer Gewissenserforschung über unsere Erziehungsmethoden oder (wenn dieses Wort historisch zu belastet ist) zu einer Revision der heute üblichen Methoden der „Sozialisation". Da man sicher eine weitere Zunahme aller Gewaltprozesse voraussagen kann, ist es auch vorauszusagen, daß wir vor der Atomisierung zahlreicher politischer Einheiten (Staaten, Gesellschaftsschichten) stehen, unter Bildung immer kleinerer Einheiten, bis sich die Einsicht durchsetzt, daß politische Existenz nur in großen Verbänden gesichert werden kann. Der Terrorismus aber zwingt uns zu weit mehr: Er nötigt uns eine Selbstkritik ab, der wir auch aus anderen Gründen immer stärker bedürfen.

In diesen Jahren 1933–1939 gab es für uns nicht allzuviel zu lachen, es sei denn man lachte über die in steigender Zahl auftauchenden Volkswitze. Ein kleiner Lichtblick war es, wenn man ins Ausland reisen konnte, was freilich selbst nach Österreich nicht ohne Sichtvermerk möglich war. Die mitgenommenen Geldbeträge wurden in den Paß eingetragen, was einer heiteren Begebenheit Anlaß bot. Ich hatte auf der Reise nach Italien Schweizer Franken bei mir, die ich erst auf der Rückreise verbrauchen wollte. Um den italienischen Zoll zur Bescheinigung dieser Devisen zu veranlassen, hatte ich, des Italienischen nicht mächtig, einen Satz auswendig gelernt, von einem Bankfreund formuliert, den ich an der Grenze fließend hervorsprudelte: „Io ho con me settanta franchi svizzeri. Voglia inscriverli nel mio passaporto." Mein Entsetzen war groß, als dem so perfekt Italienisch Sprechenden ein langer Vortrag vom Zolldienst gehalten wurde, von dem ich kein Wort verstand. Zum Glück hatte ich auch noch gelernt „Non parla italiano", was ich dann vorbrachte. Die Reaktion des Zöllners auf dieses Geständnis war ein fassungsloses Staunen, erst Mißtrauen, aber dann doch eine lässige Handbewegung und der erwünschte Eintrag.

Italien war damals ein Land geworden, in das zu reisen ungeschmälertes Vergnügen bedeutete. Daß der Deutsche das Land, „wo die Zitronen blüh'n" als Ziel seiner Sehnsucht empfindet, wissen wir seit

Goethe, und daran hat sich bis heute nichts geändert. In jener Zwischenzeit konnte man aber unbekümmert, vor Dieben und Mördern sicher, die blühenden Zitronen bewundern. *Mussolini* hatte einen Musterstaat aus dem vorher so unruhigen Land gemacht, und es ist mir unverständlich, daß Politiker sich nicht mehr Gedanken darüber machen, woher heute die zur Blüte kommende Kriminalität stammt. Nur die kriminellen Lazzaroni anzuschuldigen, ist etwas zu primitiv gedacht. Ich erinnere mich eines Erlebnisses in Finnland. Am Bahnhof der Kleinstadt Tavastehus wollte ich 1927 einen Koffer zur Aufbewahrung geben, fand aber keine entsprechende Dienststelle. Ein freundlicher Mitreisender meinte, ich möge doch den Koffer stehen lassen, wo er stünde. Meine Angst vor Diebstahl wies er lächelnd zurück: hier werde nicht gestohlen. Diebe sind nach Meinung mittelalterlicher Richter besonders gemeine Menschen; man hackte ihnen, falls man sie erwischte, damals eine Hand ab. Solche Strafen waren in Finnland 1927 offenbar nicht nötig. Doch auch bei uns ging es ehrlich zu: Mein Schwiegervater hatte in Gmund am Tegernsee einen Koffer versehentlich auf der Straße stehen lassen, beim Umsteigen Richtung Wiessee. Er fand ihn einige Tage später am selben Orte vor. Das Phänomen Diebstahl, eines der unsere Gegenwart besonders drastisch kennzeichnenden Phänomene, ist tiefer Nachgedanken bedürftig.

Die wissenschaftliche Arbeit schritt rasch voran. Die Resonanz im Ausland meldete sich. Ein lebhafter Austausch unserer wissenschaftlichen Arbeiten setzte ein – trotz unseres politischen Klimas. Die späteren Nobelpreisträger *Hodgkin* und *Eccles* sandten mir ihre Arbeiten in Form von „Sonderdrucken", und ich sandte die meinigen im Austausch. Die große wissenschaftliche Kommunität, die ich so erstmals erlebte, war nicht so leicht aus dem Gleichgewicht zu bringen. Sie ist auch durch den Zweiten Weltkrieg nicht ernsthaft gefährdet worden. Die Produktion schöner Entdeckungen war leicht. Ich war der erste Physiologe, der das Tätigkeitspotential eines Muskels ohne Verzerrung registriert hat, und 1937 gelang mir die, wie ich glaube, wichtigste Entdeckung meines Lebens. Ich war nach den oben schon geschilderten Theorien meines Lehrers *Ebbecke* fest davon überzeugt, daß die Übertragung einer Erregung vom Nerven auf den Muskel, und wohl auch auf jedes andere „Erfolgsorgan", durch elektrische Potentiale erfolgen müsse. Dieses Problem ist einigermaßen erregend, denn es rührt an die Wurzel aller Lebensvorgänge. Leben heißt Reagieren. Alle Tätigkeit, die wir entfalten, entsteht im Gehirn. Von dort werden elektrisch arbeitende Befehle durch die Nerven in die Muskeln geschickt. Wenn also der Muskel zu arbeiten beginnt, tut er das, weil er einen elektrischen Befehl erhält.

Durch eine Beobachtung, die zu machen meine Augen durch die Theorie geschärft waren, erkannte ich diese elektrischen Vorgänge bei der Erregungsüberleitung auf den Muskel. Ich hatte Muskeln von Fröschen mit Curare, dem Pfeilgift der Indianer, vergiftet und fand, daß zwar die Muskeln sich auf einen Nervenreiz hin nicht mehr bewegten, daß auch ihr übliches Erregungspotential verschwand, daß aber ein elektrischer Vorgang dort registrierbar blieb, wo der Nerv in den Muskel mündet: der von uns so bezeichnete „Endplattenstrom". Diese Entdeckung machte ich zusammen mit meinem ältesten Schüler und Freund, *Herbert Göpfert,* der als fertiger Physiker und Medizinstudent schon 1936 in mein Laboratorium kam, und ohne den ich die immer schwieriger werdende Technik nicht hätte bewältigen können. Ein Chinese, *Y. C. Mou,* und ein stolzer Spanier, *R. E. de Salamanca y Yanvila,* Sproß alten Adels, belebten dieses Laboratorium zusätzlich, nahmen aber nicht mehr an dieser Entdeckung teil, die am 25. Oktober 1937 der Zeitschrift „Pflügers Archiv"vorlag. Die Arbeit trug den Titel „Über den direkt und indirekt erregten Aktionsstrom und die Funktion der motorischen Endplatte". Der Australier *John Eccles* hat dieselbe Entdeckung kurz darauf gemacht, wie er mir später erzählte, aber erst 1939 veröffentlicht.

Der damalige Stand der Forschung verleitet zu einer grundsätzlichen Abschweifung. Elektrisch, wie ich nun einmal durch *Wilhelm Schmitz* orientiert war, stellte ich mir vor, ein Muskel werde auf natürliche Weise, das heißt: durch unseren Willen, mit denselben Mechanismen in Tätigkeit versetzt, wie sie der Physiologe im Experiment verwendet: durch elektrische Ströme. Diese Ströme liefen sichtbar im Nerven abwärts, eindeutig meßbar, und mußten also an jener Endplatte, die jede Nervenfaser an ihrer zugehörigen Muskelfaser ausbildet, ebenfalls eine elektrische Ladung freisetzen, welche einen Kondensator aufzuladen und die Faser dadurch zur Kontraktion zu bringen, fähig sein müßte. Die quantitativen Daten in diesem Übertragungsprozeß hatten wir in Bonn gemessen und mit der Theorie im Einklang befunden. Nun hatten freilich englische Forscher, vor allem *G. L. Brown,* schon Jahre vorher entdeckt, daß ein chemischer Stoff, Azetylcholin, sobald man ihn an die Endplatte zwischen Nerv und Muskel heranbringt, den

Muskel ebenfalls erregt. Ist nun unser wichtigster Lebensvorgang, unsere Bewegung durch Muskeln, ein primär elektrisch oder ein primär chemisch gesteuerter Prozeß? Unglücklicherweise nahmen die Elektriker und die Chemiker – wenn ich sie so abkürzend nennen darf –, wechselseitig nur wenig Notiz von ihren Arbeiten. Jeder glaubte an eine rein elektrische oder rein chemische Hypothese. Hier lag ein Fall vor, der nach den Grundsätzen *Poppers* hätte entschieden werden können und der sich dennoch auf ganz andere Weise gelöst hat. Die elektrische Hypothese beschrieb die Erregungsübertragung vom Nerven auf den Muskel quantitativ exakt. Das konnte die chemische Hypothese deshalb nicht, weil man bis heute chemische Vorgänge, wenn sie (wie hier beim Azetylcholin) zeitlich sehr schnell ablaufen, nicht in einer entsprechend schnellen zeitlichen Auflösung registrieren kann. Die chemische Messung ist ihrem Wesen nach träge, und erst neuerdings kann man durch Übersetzung chemischer Vorgänge in elektrische, zum Beispiel durch die Polarografie, diese Schwierigkeit zu einem Teil überwinden.

Nur die chemische Hypothese erklärte aber das simple Phänomen, das in einem typischen beschreibenden Experiment entdeckt worden war, daß der chemische Stoff Azetylcholin Muskeln und Ganglienzellen erregt, wenn man ihn auf eine Nervenendung aufbringt.

Was mir damals noch nicht aufgegangen war, das war die logisch zwingende Annahme, daß es in der Natur keine primär elektrischen Prozesse geben kann, wenn man von sicher streng anorganischen Vorgängen, bei denen nur feste Metalle eine Rolle spielen, absieht. Hätte ich mir damals die Frage gestellt, woher die elektrische Energie des Endplattenpotentials stammt, ich hätte die Lösung richtig beschreiben können. Diese Potentiale entstehen durch chemische Umwandlungen von Molekülen, welche die Zellmembranen aufbauen. Dabei wirkt an der Endplatte Azetylcholin mit. Erst 1939 habe ich diese Verhältnisse in einem Handbuch der Elektrophysiologie leidlich richtig dargestellt. Das fundamentale Ergebnis derartiger Überlegungen läßt sich in den Satz zusammenfassen, daß alle endgültigen Theorien, welche Lebensvorgänge beschreiben, chemische Theorien sein müssen, daß sich mithin jede physikalische Analyse von Lebensvorgängen, wie sie die Physiologie nun einmal betreibt, immer nur in den Vorhöfen der Problemlösungen aufhalten kann. Der Siegeszug der Biochemie in der Medizin ist durch diese Tatsache bestimmt worden.

12. Der Krieg wirft seine Schatten voraus

Das Jahr 1938 hatte im Zeichen wachsender politischer Unruhe angefangen. *Hitler* nach Rom; der Kriegsminister entlassen; *Guderian* stellt eine Panzertruppe auf; *von Ribbentrop* wird Außenminister; Österreich wird Deutschland einverleibt.

Ich werde zu einem Ausbildungskurs zur Infanterie eingezogen und komme in das berühmt-berüchtigte Sennelager nach Paderborn. Wir alle spüren, daß eine Katastrophe naht. Mein Reservistenkurs soll drei Monate dauern, wird aber wegen der Krise in der Tschechoslowakei und der Besetzung der dortigen deutschsprachigen Gebiete um drei Wochen verlängert, doch stimmen England, Frankreich und natürlich auch *Mussolinis* Italien der Abtretung der sudetendeutschen Gebiete an Deutschland zu. *Chamberlain* vermittelt. Ein Krieg wird abgewehrt.

Während meiner Dienstzeit in Paderborn findet der 16. internationale Physiologen-Kongreß in Zürich statt, zu dem ich mich schon vor Erhalt meiner Einberufung zur Wehrmacht angemeldet hatte. Ich beantrage Auslandsurlaub, obgleich mein Kompaniechef meint, derartiges habe es noch nie gegeben. Wider alle Erwartung wird meine Reise nach Zürich genehmigt, was mein Prestige bei meinen militärischen Vorgesetzten weiter erhöht. Es war schon zu Beginn meines Kurses hoch, denn ich war der Älteste der Kompanie, zudem Gelehrter, wenn auch im minderen Rang des Dozenten. Den Ausschlag für meine Stellung in der Kompanie gab freilich mein persönliches Verhalten. Ich erkannte meine Vorgesetzten in ihrer Würde an, meldete mich bei allen Aufgaben, zu denen Freiwillige aufgefordert wurden, und brauchte vom dritten Tage an eigentlich nur, wenn wieder der Ruf nach freiwilliger Arbeit laut wurde, den Anschein des Tätigwerdens zu erwecken, und schon erhielt ich den barschen Befehl, sitzen zu bleiben. Immer die Alten, hieß es, die faulen Jungen sollen heran. Ich habe von diesen ersten Tagen an eigentlich nur Hilfe von meinen militärischen Vorgesetzten erfahren. Sie fühlten sich selbst nicht wohl in ihrer Haut und waren dankbar, wenn Menschen, denen eine gewisse Achtung im Zivilleben zustand, sich freundlich und „menschlich“ verhielten. Ich vermute, so ist es überall in der Welt.

Der Kongreß in Zürich war eine herrliche Unterbrechung der körperlich recht anstrengenden Militärzeit. Ich durfte (mußte!) in Zivilkleidern reisen und kam zum ersten Mal mit der *internationalen* Welt der Wissenschaft in Berührung. Diese Kongresse finden nur alle vier Jahre statt. Der Kongreß 1934 hatte in Moskau stattgefunden. Ich war zu dieser Zeit noch nicht offiziell Dozent, hatte viele politische Sorgen und blieb zu Hause. Jetzt aber traf ich die meisten der Männer (Frauen gab es damals in der Wissenschaft kaum), mit denen ich bislang nur korrespondiert hatte, aber deren Namen ich aus der Literatur kannte. Es ist mir noch heute ein seltsam beglückendes Gefühl, plötzlich ein Gesicht in Natur zu erblicken, dessen Träger einem vorher nur durch seine Schriften bekannt war.

Ich erinnere mich, dem deutschen, jüdischen Emigranten *Bernhard Katz* begegnet zu sein. *Katz* hat im Kriege meine Entdeckung des Endplattenpotentials aufgegriffen und weitergeführt, eine Tatsache, die mich nach Ende des Krieges tief entmutigte. Ich ging in Zürich auf *Katz* zu und schüttelte seine Hände. Er war etwas ängstlich und sagte, ich solle vorsichtig sein, einige deutsche Kollegen sähen uns zu, wie wir plauderten. Ich meinte, daß mir das gleichgültig sei und habe auch nie mehr ein Wort der Kritik seitens politisch fanatischer Deutscher darüber gehört.

Auf diesem Kongreß breitete *G. L. Brown* aus London seine Theorie der chemischen Erregung aus, und ich erfuhr, daß auch die chemischen Prozesse sehr schnell ablaufen können. In einer tausendstel Sekunde ist Azetylcholin aus festen Bindungen (das heißt: aus einem bläschenartigen Behälter) ausgetreten und auch schon wieder in wirkungslose Bestandteile gespalten. Die Nachweise waren indirekt. Es dauerte noch über zwanzig Jahre, bis *Manfred Eigen* Methoden erfand, chemische Prozesse sehr kurzer Reaktionszeiten exakt zu analysieren. Die Themen des Kongresses spiegelten den Forschungsstand der Medizin wider. *A. Butenandt* berichtete über seine Forschungen an Steroidhormonen, die ihm kurze Zeit später auch den Nobelpreis eintrugen. *H. Rein* referierte über die Kopplung von Kreislauf und Stoffwechsel, ein Gebiet beschreibender Physiologie, das keinerlei Wissenschaftstheorie sinnvoll erscheinen läßt. Einige Themen der Biochemie waren noch in der Physiologie zu Hause: die Abspaltung der sogenannten physiologischen Chemie war keineswegs beendet. Die Elektrophysiologie spielte eine bedeutende Rolle, insbesondere durch scharfsinnige Ausführungen von *H. Lullies,* der mich – selbst schon Ordinarius in Köln –, im benachbarten Bonn als eigenständigen Forscher durchaus respektierte. Die Hormone der Hypophyse wurden vom späteren Nobelpreisträger *B. A. Houssay* aus Buenos Aires erörtert. Insgesamt gab es Fortschritte überall, aber nirgends auch nur eine Andeutung von Brüchen in der Entwicklung, von Paradigmenwechseln, von Vorgängen also, welche zwanzig Jahre später die sogenannten Wissenschaftstheoretiker in Atem hielten.

Daß diese Zeit auch versöhnliche Aspekte bot, mag eine kleine Anekdote vom Züricher Kongreß bezeugen. Beim Begrüßungsabend des Kongresses, am 14. August 1938, in der schönen Aula der Universität, kam ich zufällig neben den Sanitätsinspekteur der Deutschen Luftwaffe, Generalarzt *Hippke*, zu sitzen. Wir waren beide in Zivil; ich konnte es mir aber nicht verkneifen, dem Herrn General klarzumachen, daß er neben dem „Schützen Schaefer" sitze, was zu Heiterkeit und zu einem sehr vergnügten Abend führte. Deutsche Generale (und keineswegs nur Generalärzte) haben meist den geistigen Rang höher gestellt als den militärischen. Das habe ich dutzendfach erfahren. Auch darüber wird noch zu berichten sein, wie mir diese Mentalität später in desolaten Situationen geholfen hat – und gerade auch Generalarzt *Hippke* auf besondere Weise.

13. Eine vorläufige Bilanz

Der Krieg, der nun ausbrechen sollte, war die entscheidende Zäsur im Leben des deutschen Volkes, in meinem Leben und ebenso in der Entwicklung der Medizin in Deutschland. Während des Krieges konnten die meisten Spitzenlaboratorien der Welt ungestört weiterarbeiten. Ich sah zum Beispiel nach dem Ende des Krieges, daß alle meine wissenschaftlichen Pläne, welche an die letzten elektrophysiologischen Daten anknüpften, im Ausland aufgegriffen und zu einer nicht mehr einholbaren Höhe realisiert worden waren. Ich war tief entmutigt und habe auch tatsächlich die Elektrophysiologie als Spezialgebiet meiner Forschung aufgegeben. Bis zum Beginn des Krieges freilich arbeiteten wir mit Hochdruck. Es scheint mir daher berechtigt, an dieser Stelle eine Art Zwischenbilanz der deutschen Medizin und insbesondere ihrer eigentlichen wissenschaftlichen Grundlage, der Physiologie, aufzumachen.

Man kann diese Entwicklung nicht besser kennzeichnen als mit der Bemerkung im Vorwort zu einem Büchlein, das sich „Grundzüge der Physiologie“ nannte, von einem Wiener, *C. Schwarz-Wendl*, herausgegeben, in dem im Sommer 1947 gesagt wird, in der vorgelegten Neuauflage des Büchleins haben nur die Abschnitte über die Nierensekretion und über Vitamin D neugefaßt werden müssen. Die übrigen Abschnitte seien, wenige Ergänzungen nicht gerechnet, unverändert geblieben. Was die Nierenphysiologie anlangt, so hat der sie zeitgemäß referierende Text noch bis vor kurzem alle paar Jahre neu geschrieben werden müssen. Die Steroidhormone und ihr wichtigstes Derivat, Vitamin D, waren in lebhafter Entwicklung durch eine weltweite Forschung, deren Stimulierung wir nicht zuletzt *Butenandt* verdanken. Die Physiologie hatte insgesamt viele Details neu entdeckt, von denen aber kaum eines dazu nötigte, die Grundsätze der Physiologie in den großen Regelsystemen zu ändern, wobei ich mich insofern korrigieren muß, als die Begriffe „Regelung“, „Regelkreis“ oder „Rückkoppelung“ noch nirgendwo in deutschen Lehrbüchern auftraten, auch in den ersten Nachkriegsauflagen noch nicht. Alles, was wir heute als „geregelt“ betrachten, wurde als durch „Reflexe“ bewirkt gedacht. Diese Physiologie ist also noch „statisch“, wenngleich sie natürlich Bewegung und Veränderung beschreibt. Sie benutzt aber als Mittel der Beschreibung ein System vorgegebener Maschinen, deren jede auf jede beliebige Reizung eine feste, vorgegebene Antwort kennt. Im Bereich der Reflexe des Nervensystems, die bekanntlich durch *Pawlow* eine völlig neue Systematisierung erfuhren, sah das dann so aus, daß die Dehnung eines Muskels seine Kontraktion „reflektorisch" zur Folge hatte. Dabei war es dem Engländer *Charles Sherrington* schon vor dem Ersten Weltkrieg geglückt, die Verschaltungen der Motorik dahin zu erklären, daß jede Kontraktion eines Muskels eine Hemmung seines Gegenspielers (Antagonisten) hervorruft, durch Kabelverbindungen im Rückenmark, welche derartige Hemmungen bewirken. *Sherrington* erhielt für diese Arbeiten 1932 den Nobelpreis. In den dreißiger Jahren hatte *John Eccles* die elektrischen Grundlagen solcher Hemmungen gefunden, immer aber blieb das Prinzip derart konzipiert, daß ein ein für allemal verlegtes Netz von Nervenfasern – einem Telefonnetz vergleichbar – unveränderbare Reaktionen hervorrief, die in ihrem Ablauf nur durch Signale aus der Außenwelt auslösbar und auch nur durch sie in ihrem Ablauf zu steuern waren.

Es muß freilich gesagt werden, daß der geniale deutsche Physiologe *Albrecht Bethe*, Vater des späteren Nobelpreisträgers und Physikers *Hans Bethe*, zu jener Zeit in Frankfurt tätig, dort 1938 wegen seiner „nichtarischen" Ehefrau pensioniert, daß dieser Mann schon 1925 den Begriff der „Plastizität" des Nervensystems erfunden hatte. Er bezeichnete damit die Tatsache, daß sich Funktionen des Nervensystems ändern können, in Anpassung an eine veränderte Umwelt. Sein klassischer Versuch: Wenn man einem Krebs ein Bein nach dem anderen amputiert, so lernt er es, mit den restlichen Beinen genauso zu laufen wie mit der gesamten Ausstattung an Beinen vorher auch. Das sieht sich dann – im Bilde des fest verlegten Netzes von Telefonkabeln – so an, als habe die Natur im Gehirn oder Rückenmark Kabel verlegt, die ein Tier nur in dem (extrem unwahrscheinlichen) Fall des Verlustes eines oder mehrerer Gliedmaßen in Benutzung nähme. *Bethe* bemerkte, daß diese Schlußfolgerung kaum glaubhaft sei. Er meinte aber, daß Nervensysteme „plastische" Eigenschaften haben, mit denen sie ihre Funktion nach Maßgabe der Anforderungen aus der Umwelt verändern könnten. Wie das geschehe, blieb dunkel. Erst die Kybernetik von *Norbert Wiener* hat nach dem Zweiten Weltkrieg eine Lösung des Problems gebracht, das aber *Bethe* als erster in seinem ganzen Umfang erkannt hatte.

Auch *Bethes* großartige Idee von einem plastischen Nervensystem hatte die Physiologie nicht aus ihrer Statik befreien können. Daß diese Statik in festen Vorurteilen des klassischen Materialismus begründet war, würde man sofort erkennen, wenn man den Einfluß *Pawlows* bedenkt, der in einer bewundernswerten Kleinarbeit seit den achtziger Jahren des vorigen Jahrhunderts der damaligen gebildeten Welt klarzumachen suchte, daß alle geistigen Funktionen mechanistisch zu deuten sind, daß die „höhere Nerventätigkeit" des Gehirns sich im Stoffwechsel und in gesetzmäßig ablaufenden Erregungen von Nervennetzen abspielt, daß sich diese Gehirne zwar durch die Umwelt verändern lassen, aber doch immer so, daß sich „Reflexe" ausbilden, die ein fest verdrahtetes Gehirn mit ebenso unveränderlich festliegenden Zentren bei ihrer Entstehung voraussetzen. Die alte kartesische Idee einer biologischen Maschine, als welche *Descartes* bekanntlich das Tier ansah, wurde auf den Menschen übertragen. *Pawlow* erhielt für diese seine Arbeiten schon 1904 den Nobelpreis. Es kann schwerlich bezweifelt werden, daß *Pawlow* die Philosophie des russischen Kommunismus wesentlich mitentwickelt hat, daß also jene Phase eines klassischen Materialismus, dem um die Jahrhundertwende fast die ganze naturwissenschaftliche Elite huldigte, Konsequenzen hatte, die diese Elite sicher weder wünschte noch voraussah.

Bethe hat als erster versucht, diese materialistische Metaphysik (denn als solche hat sie sich längst auch durch das Experiment erwiesen) zu bekämpfen. Eine der Auswirkungen seiner Plastizitätslehre war die Kritik der Theorie fester Zentren des Gehirns, und es ist typisch für die Zähigkeit medizinischer Mythen, daß diese Zentrenlehre erst jetzt langsam auf ihren gültigen Kern reduziert wird. Die Ideen, die *Bethe* entwickelte, sind freilich auch dem gewaltigen Strom experimenteller Forschung zum Opfer gefallen. Diese neue Forschung hat bestätigt, daß sich zentrale Funktionen in erstaunlichem Ausmaße wandeln können, und daß einer der wesentlichsten Mechanismen solcher Wandlungen der Vorgang der Rückkoppelung ist. Man kann diese moderne Theorie leidlich allgemeinverständlich so ausdrücken, daß zwar entsprechend den menschlichen Erbanlagen bestimmte Teile des Gehirns immer bestimmte Funktionen hauptamtlich übernehmen, daß aber diese Funktionsfestlegung sehr stark von dem Faktor „Übung" abhängt, der mit der Geburt einsetzt und lebenslang andauert. Es gibt also nach wie vor „bedingte Reflexe" und „Zentren", aber letztere sind variabler als man dachte, und die Reflexe sind eben nicht so etwas wie Moleküle, aus denen sich das Gewebe des Geistes zusammensetzt.

Bethes persönliches Schicksal war nicht allzu düster. Er wurde 1938 zwar von seiner Professur suspendiert, arbeitete aber weiter, und als sein Frankfurter Institut durch Bomben schwer beschädigt wurde, war er oft Gast an dem später von mir geleiteten Kerckhoff-Institut in Bad Nauheim. Dort habe ich den alten Herrn in seiner Geistigkeit und Vitalität bewundern können. Weder ihm noch seiner Frau widerfuhr etwas Ernsthaftes. Nach dem Kriege wurde er wieder in sein Amt eingesetzt und hat es – trotz hohen Alters –, noch wenige Jahre verwaltet. Wie gnadenlos es aber im Dritten Reich zuging, lernt man aus einem Blick in *Kürschners* Gelehrten-Lexikon von 1940, wo *Bethes* Name nicht mehr erscheint. Er war zur Unperson degradiert worden.

Was an Erfolgen der wissenschaftlichen Medizin in jenen Jahren zu verzeichnen ist, lag in der Erweiterung unserer Kenntnis durch zahllose „beschreibende" Experimente und deren Resultate. Es war ein Detail, das uns nicht gezwungen hat, das Prinzipielle der Naturerklärung zu verändern. Es zeichneten sich freilich einige Gewitter schon am Horizont ab, Gewitter, welche die wissenschaftliche Landschaft von angesammeltem Dunst reinigen sollten. Typisch für diese gewittrige Stimmung ist die Eröffnungsansprache, welche der Münchner Internist *Wilhelm Stepp* 1939 auf dem traditionellen Kongreß in Wiesbaden hielt. Sie spiegelt deutlich die Ausweitung aller Kenntnisse wider, die zum Beispiel dazu geführt hatte, innerhalb der klassischen Inneren Medizin ein neues Spezialgebiet – „Neurologie" – zu entwickeln, dessen unbedingte Zugehörigkeit zur Inneren Medizin *Stepp* in seiner Rede postulierte. Mit anderen Spezialgebieten, zum Beispiel der Röntgenologie, ging es ähnlich. Eine Abspaltung formierte sich, aber noch wurde die klassische Fächereinteilung verteidigt. In der Physiologie hatte sich das Drama einer Verselbständigung der Biochemie (damals noch „Physiologische Chemie" genannt) in den dreißiger Jahren bereits weitgehend vollzogen, wenngleich bis in die Kriegszeit hinein an einigen Universitäten die „Physiologische Chemie" eine Abteilung der Physiologie blieb. Der Internationale Kongreß in Zürich 1938 versammelte zahlreiche Biochemiker und Physiologen unter einem Dach – mit gemeinsam durchdachten Problemen. Eine totale Spaltung vieler klassischer Medizinfächer erfolgte erst nach 1945. In Bonn spielte sich der Kampf um die Verselbständigung der Biochemie unter meinen Augen ab. Als ich 1930 ans Physiologische Institut kam, vertrat *P. Junkersdorf* die chemische Seite der Physiologie, von der übrigens mein Lehrer *Ebbecke* nichts verstand und für die ich selbst mich, unter dem Defekt meiner Schulbildung leidend, niemals interessiert habe. Niemand wäre damals bereit gewesen anzuerkennen, daß fast alle endgültigen Lösungen physiologischer Probleme biochemischer Forschung zu verdanken sind, und *Ebbecke* wachte eifersüchtig darüber, daß nach *Junkersdorfs* vorzeitigem Tod im Jahre 1934 sein Nachfolger, *Hans Joachim Deuticke*, in abhängiger Stellung verblieb, die dieser dann verständlicherweise bald (1939) verließ, einem Ruf auf ein beamtetes Extraordinariat in Göttingen folgend. *Deuticke* und ich – wir wuchsen zu engen Freunden allein schon dadurch zusammen, daß wir uns gegenseitig in den Bedrängnissen trösteten, die uns durch den schwierigen *Ebbecke* bereitet wurden, abgesehen davon, daß gleiche politische Ansichten uns fest verbanden.

Zurück zu *Stepp* und zur Entwicklung der Medizin! Neben der drohenden Zersplitterung zuckt noch ein Blitz aus einem anderen Wetterwinkel durch *Stepps* nachdenkliche Rede. Er berichtet von einem Erlebnis, das er vor fünfzehn Jahren in den USA gehabt habe, wo ihm zum ersten Mal der Begriff der „Präventivmedizin" begegnet sei, ein Begriff, der offenbar mehr meine als das, was sich in dem klassischen medizinischen Fach der „Hygiene" verankert finde. *Stepp* meint, es handle sich vielmehr um eine „persönliche Prophylaxe", die er in den Gegensatz zu einer allgemeinen Gesundheitslehre stellt. Sie sei eine „Anwendung allgemeiner Gesundheitsregeln auf das Einzelindividuum", und selbst das Stichwort „Umweltfaktor" fällt bereits, damals in der Gestalt der Ernährung. Gesundheit wird als Begriff reflektiert, nach dem großen, chemisch orientierten Physiologen *Szent-Györgyi* definiert, der gemeint habe, Gesundheit sei ein Zustand, in welchem der Körper allen äußeren schädlichen Einflüssen Widerstand entgegensetzen könne. Diese Definition, welche in dieser Form niemals wieder aufgegriffen worden ist, mutet sehr modern an, wenngleich sie völlig somatisch ausgerichtet ist. Die erstaunlichen Daten der Häufigkeit von Magen-Darmstörungen und des Todes an Kreislaufkrankheiten werden registriert, und *Stepp* sagt, er wolle es zwar noch nicht ohne Vorbehalt glauben, aber es werde gesagt, jeder dritte Mensch sterbe an Erkrankungen der Zirkulationsorgane. Die Ziffer war richtig und hat sich inzwischen dahin verändert, daß heute jeder zweite Mensch daran stirbt. Die „unrichtige Lebensführung" wird von *Stepp* als Krankheitsursache angeführt. Die chronische Krankheit als deren Folge tritt in den klinischen Gesichtskreis.

Es sollte noch lange dauern, bis solche revolutionären Ansichten Allgemeingut der etablierten Mediziner wurden. Erst in den sechziger Jahren ist dieser Durchbruch erfolgt, mit einer Latenz von mehr als zwanzig Jahren. Die Ideen *Stepps* widersprechen dem noch überall geltenden Prinzip einer einfädigen Verursachungstheorie, bei der Ursache und Wirkung, wenn nicht auf dem Fuße, so doch in deutlichem optischen Zusammenhang aufeinander folgen. Diese Ätiologienlehre war im Grunde nur geeignet, akute Krankheiten zu erklären, die Infektionskrankheiten zum Beispiel, bei denen nur rätselhaft blieb, warum eine Exposition nicht immer zur Infektion führt. *Stepp* erwähnt als mögliche Erklärung hierzu die Existenz einer „stillen Feiung", sprich einer natürlichen Immunität, welche durch eine latente Einwirkung des Infektionserregers erzeugt wird, ohne daß der Immunisierte manifest erkrankt.

Dennoch hatte schon vor Jahren (1912) der damalige Bonner Physiologe *Max Verworn*, der Vor-Vorgänger *Ebbeckes*, in einem unscheinbaren kleinen Büchlein „Über kausale und konditionale Weltanschauung" die Ansicht vertreten, alle Verursachung erfolge durch das Zusammenwirken mehrerer Bedingungen, weswegen der Begriff der (einen) Kausalität durch den Begriff der (multiplen) Konditionen zu ersetzen sei. Diese These, die sich inzwischen in der gesamten Naturwissenschaft durchgesetzt hat und (fälschlicherweise) den Begriff Kausalität in Mißkredit brachte, diese These ist der direkte Vorläufer des uns heute so geläufigen Begriffs der „multifaktoriellen Genese", der erst der epidemiologischen Studie *Framinghams* in den USA entsprang.

Im Jahre 1940 hat dann bereits *Hans Reiter*, der Präsident des Reichsgesundheitsamtes Berlin, das Eröffnungsreferat des Wiesbadener Internisten-Kongresses mit dem Thema „Soziale Pathologie der Krankheitsanfänge" gehalten, damit den Gedanken *Stepps* konsequent weiterführend, leider freilich unter Berufung auf die „biologische Volksgemeinschaft" und den Kern des Themas noch völlig verfehlend, obgleich ihm der geniale *J. Grotjahn* den rechten Weg hätte gewiesen haben können. Es war eben keine Sozialmedizin, sondern eine Nationalsozialmedizin, wenn ich das so sagen darf; aber es keimte doch schon ein erster Sproß der neuen Welt, zumal das nachfolgende Referat von *R. Siebeck* die heutigen Ideen in genialer Weise vorwegnahm.

Der Nazismus warf auch seine Schatten auf die deutsche Wissenschaft, wie man sieht. Die Tagungsleiter sandten Ergebenheitstelegramme an den „Führer“, die dieser auch prompt erwiderte, und neben die „Deutsche Physik“, die der Nobelpreisträger von 1905, *Lenard*, als solche (und das heißt: ohne Juden und ohne Relativitätstheorie) definiert hatte, trat eine „Deutsche Medizin“, wie *Brauchle*, der Naturheilkundler, 1936 sagte: „Naturheilkunde im Rahmen der Deutschen Heilkunde“. Daß auch die Homöopathie eine starke politische Förderung erfuhr, ist wohl noch allen erinnerlich. *Stiegele* machte sie 1937 mit einem Referat vor dem Internistenkongreß „hoffähig“, aber weder die nazistische noch die politische Intervention von höchster Stelle in jüngster Zeit haben es vermocht, ihr die Tore zu wissenschaftlicher Anerkennung zu öffnen.

Versuchen wir, die Zeit bis 1940 in wenigen Schlagworten hinsichtlich ihrer wissenschaftlichen Problematik zu kennzeichnen, so ist es die enorme Ausweitung der Detailkenntnis einerseits, die vorwiegend der Biochemie zuzuschreibenden Erfolge in der Aufklärung hormonaler Vorgänge andererseits und drittens der Fortschritt in der Chemotherapie, vorwiegend durch die Entdeckung der Sulfonamide durch *G. Domagk* bedingt, die ihm 1939 den Nobelpreis einbrachte. Das Cortikosteron wurde entdeckt, die Hormone der Hypophyse reihenweise identifiziert, die Sexualhormone, der Rhesusfaktor (der viele Fehlgeburten verursacht) wurden beschrieben, Vitamine erforscht. Der Nobelpreis fiel in auffallender Häufigkeit auf Forscher, welche auf diesen Gebieten tätig waren. Die Elektrophysiologie spielte dagegen eine vergleichsweise bescheidene Rolle.

14. Das Chaos entwickelt sich

In meiner Erinnerung nimmt die wissenschaftliche Welt einen seltsam isolierten Platz ein, der sich gegen die Turbulenz der Welt da draußen abhebt als ein Bereich trügerischen Friedens. Wie oft kam mir jetzt *Archimedes* in den Sinn. Wie deutlich wurde uns allen, die wir im Laboratorium standen, die absolute Ohnmacht, in der die Wissenschaft trotz all ihrer rauschenden Erfolge verbleibt. Ja, es werden ihr jetzt sogar ihre Erfolge bestritten, ihr Wert relativiert, und er sinkt in dieser Relativierung niedriger ab von Jahr zu Jahr.

Das Chaos begann für mich an jenem Tag, an dem unser Hauptmann – *Kurz* war sein Name – unserer Truppe mit höhnischem Grinsen den Befehl vorlas, daß der Kurs, zu dem wir eingezogen waren, um drei Wochen wegen der brisanten internationalen Lage verlängert würde. Ich habe mich weniger über die Verlängerung des Militärdienstes als über die Form aufgeregt, mit der sie uns unser Hauptmann bekanntgab. Ein ernstes Gesicht, ein paar Worte der Anteilnahme, ein Hinweis auf das Gebot der Stunde, und die Truppe wäre mit Freuden dabei gewesen. In diesem Moment wußte ich eines: Daß der Krieg unvermeidbar kommen mußte und daß das deutsche Offizierskorps die Kunst der Menschenführung nicht gerade in all seinen Vertretern beherrschte. Ich fühlte einen gewissen Antimilitarismus, dem ich damals huldigte, nur zu sehr bestätigt; er wurde erst später – und auch nur zu einem Teil –, korrigiert.

Mein Leutnant merkte meine Verstimmung, wollte ihren Grund erfahren, doch ich machte Ausflüchte, leider. Vielleicht hätte ich ihn durch meine Meinung zum Nachdenken gebracht.

Ein Zwischenfall: Ich stehe mittags auf Wache vor dem Kasernentor, als ich meine Frau auftauchen sehe. Sie war voller Sorge angereist. Man hatte ihr zugeredet, sie solle noch einmal versuchen, mich wiederzusehen, ehe ich zur Front entschwände. Ich bekam etwas Urlaub. Wir trösteten uns bei einem herrlichen Abendessen in der Stadt Paderborn, lauschten einer Rede *Hitlers* zur Lage. Sie klang einlenkend. Es schien, als wolle der Kelch an uns vorübergehen. Nach drei Tagen trennten wir uns. „München“ war eingetreten: die Zusammenkunft *Hitlers* mit *Daladier* und *Chamberlain*. Alles schien gut.

Wir ließen uns nicht völlig täuschen. Die Devisen, die wir für einen längeren Urlaub in Italien besorgt hatten, verbrauchten wir auf einer kurzen Reise nach Florenz, weil wir dem kommenden Jahr mißtrauten. Sofort nach Ende der Militärzeit, die ich als „Gefreiter" verließ, reisten wir ab. Es war Oktober. Am 1. November begann mein letztes Semester in Bonn.

Ich hatte, vermutlich schon im Sommer 1938, von der Rockefeller-Stiftung in New York das Angebot erhalten, für längere Zeit ins Ausland zu gehen. Ich hatte als meine Lehrer die beiden Nobelpreisträger *E. D. Adrian* und *A. W. Hill* in England gewählt. Eigentlich hätte ein Aufenthalt in den USA bei *Erlanger* besser zu meinen Plänen gepaßt. Aber Amerika schien mir zu weit entfernt, angesichts der drohenden Weltpolitik. Ich hätte meine Zeit im Ausland im Frühjahr 1939 antreten sollen. Es kam im Spätherbst 1938 zu jener brutalen „Kristallnacht", wie sie der Volksmund bald bezeichnete, in der Horden aus SA, SS und Parteimitgliedern in den Großstädten „spontan"(wie sie sagten) jüdische Geschäfte plünderten, Synagogen niederbrannten und Juden prügelten. Die Systematik der Aktion bewies sorgfältige Vorbereitung. Als wir von der letzten Vorkriegsreise nach Hause zurückkehrten, war eine präzisere Verabredung mit meinem englischen Gastgeber fällig. Ich zögerte noch und gab nach der „Kristallnacht" den Plan endgültig auf. Ich schämte mich. Für mich wäre nur eine Emigration im Zuge der Englandreise in Frage gekommen. Aber Eltern und Schwiegereltern lebten noch, ich hatte eine Frau und ein Kind. Wir beschlossen, in der Heimat zu bleiben, was auch immer geschehe. Ich habe dann nichts mehr von mir hören lassen, und das haben meine Partner im Ausland offenbar auch verstanden.

Im Jahre 1938 war ich von meinen medizinischen Kollegen, den Universitätslehrern, die nicht ordentliche Professoren waren, zu ihrem Vertreter in der Medizinischen Fakultät gewählt worden. Ich weiß nicht mehr sicher, ob ich der einzige Vertreter der „Nicht-Ordinarien" war. Zumindest sind es sehr wenige gewesen, doch erinnere ich mich noch deutlich, die Belange einiger klinischer Dozenten vertreten zu haben. Das Wintersemester 1938/39 brachte jedenfalls viel Unruhe mit sich. Was in meiner Erinnerung deutlich haften geblieben ist, das ist das Reisefieber, das damals herrschte und alle Züge der Reichsbahn überfüllt sein ließ. Es waren nicht die Zivil- und Urlaubsreisen allein, die sicher auch zunahmen, weil viele Menschen fürchteten, es könne bald zu spät zum Reisen sein. Offenbar hatte auch der dienstliche Reiseverkehr der Beamten und Funktionäre gewaltig zugenommen, als Ausdruck eines wachsenden Bürokratismus, wie er für alle Diktaturen üblich ist. Die allgemeine Hektik – so schien es fast – entlud sich unmittelbar in den Krieg hinein.

In den ersten Monaten des Jahres 1939 erkrankte mein Vater. Er hatte, wie sich später herausstellte, ein kleines, blutendes Karzinom im Darm, er wurde anämisch. Die Kliniker taten ihr Bestes; der Sitz der Krankheit war nicht zu finden. Endlich faßte der sehr tüchtige Röntgenologe *Janker,* dem wir die Technik der Röntgenreihenuntersuchung mit der Leica verdanken, den Verdacht, eine kleine Nische im Röntgenbild könnte die Quelle der Blutung sein. Mein Vater wohnte wochenlang bei uns, solange eben die Untersuchungen liefen, und freute sich an seinem ersten Enkelkind *Annette.* Er besuchte meine Vorlesungen und genoß die Welt, die sich sein Sohn erobert hatte. Nachdem die Diagnose wenigstens verdachtsweise gestellt war, entschloß sich der Chirurg, Professor von *Redwitz,* zur Operation. Sie verlief reibungslos. Die Entfernung des Gewächses war radikal möglich. Am dritten Tage trat ein Kreislaufkollaps ein. Der Haustheologe der Klinik und Professor der Universität, *J. Schöllgen,* berichtete abends noch von einer flammenden Rede, die ich, ich glaube im Senat, gehalten hatte. Kurz danach wurde mein Vater bewußtlos. Ich wurde um Mitternacht gerufen. Der diensthabende Arzt und ich beschlossen, dem Kreislauf durch Adrenalin aufzuhelfen. Wir wußten damals beide nicht, daß in solchen Krisen dieses Hormon streng kontraindiziert ist. Der Tod trat alsbald ein. Er wäre durch eine Bluttransfusion wohl zu vermeiden gewesen. Wir folgten einem falschen theoretischen Konzept.

Mein Verhältnis zu meinem Vater war immer sehr gut gewesen. Er hat mir viele Wege nicht nur zur Wissenschaft, sondern auch zur Allgemeinbildung gewiesen. Seine große Bibliothek enthielt viele geschichtswissenschaftliche und philosophische Werke, die ich früh studierte. Er war vor allen Dingen ein Mensch, der durch seine menschenfreundliche Umgangsart bestach, zwar jähzornig war (wie ich auch), aber rasch zur Versöhnung bereit. Ich war das einzige Kind meiner Eltern und stand nach seinem Tod also allein da mit der Verantwortung des nunmehr einzigen Mannes in der Familie.

Dieser Tod ging mir sehr nah. Er hat meine wissenschaftliche Phantasie nie mehr losgelassen. Er ist mit eine der Ursachen für spätere

Forschungen, die sich die Aufklärung der Kreislaufregulation zum Ziel nahmen.

Im April 1939 erhielt ich – völlig überraschend –, die Anfrage, ob ich bereit sei, die experimentelle Abteilung des Kerckhoff-Instituts in Bad Nauheim, eines Kreislauf-Forschungs-Instituts, zu übernehmen. Ich war reiner Elektrophysiologe. Die einzigen für dieses Institut einschlägigen Arbeiten betrafen einige methodische Untersuchungen zum Elektrokardiogramm und zur Herzdynamik. Ich hatte aber inzwischen erfahren, daß eine Berufung an eine Universität für mich nicht wahrscheinlich sei, da meine politische Einstellung den Anforderungen eines solchen Amtes nicht genüge. Auch spürte ich den wachsenden politischen Druck im Alltag der Universität. So trat ich also in Verhandlungen mit der das Institut tragenden Stiftung ein, die privatrechtlich organisiert war und den Nazis offenbar keine unmittelbare Zugriffsmöglichkeit bot. Zudem war der Direktor ein Jude, *F. Groedel*, der in der Emigration in den USA lebte, aber damals nicht und nicht bis zum Ende des Krieges abgesetzt worden war – eine wirklich einmalige, fast unglaubhafte Tatsache.

Das Institut stand unter einem Leiter, der zugleich die mir angebotene Abteilung leitete, aber auf ein Ordinariat nach Gießen berufen worden war. Er machte zur Bedingung meiner Berufung, daß ich ihn im Sommer 1939 in Gießen vertreten sollte, was ich mit Freuden annahm. So kam ich in den Genuß eines Ordinariats auf Zeit, hatte das relativ kleine und einseitig ausgestattete Institut zu leiten, wohnte die Woche über im Institut und lebte an den Wochenenden zu Hause in Bonn bei meiner Familie.

Die internationale Lage war so gespannt geworden, insbesondere nach dem Einmarsch *Hitlers* in die Tschechoslowakei, daß uns ein Krieg nunmehr unvermeidbar schien. Ich schickte Frau und Kind an den Tegernsee, absolvierte mein Semester, kehrte bei Beginn der Sommerferien nach Bonn zurück, weil mein Sohn *Wolfgang* am 7. August geboren wurde, doch war ich bereit, im Oktober endgültig nach Bad Nauheim überzusiedeln.

15. Die Idylle

Das Sommersemester 1939 in Gießen war in der Tat eine Idylle in einer chaotischen Welt. Die kleine, alte Universitätsstadt stellte noch allen Zauber ihrer langen Geschichte aus. Alte Häuser in engen Straßen, ein gut erhaltenes Schloß, schöne Hotels, in denen man die besten Mahlzeiten erhalten konnte –, dieser Charme der Umwelt verband sich mit der Seelenlage, in die ein 32jähriger junger Wissenschaftler gerät, dem zum ersten Mal eine Lehrkanzel anvertraut ist. Wir lebten damals in einer autoritär strukturierten Welt, und diese Struktur beeinflußte naturgemäß das Verhältnis des Lehrers zum Schüler und noch mehr die Haltung der Schüler zu ihrem Lehrer. Ich erinnere mich zwar nicht an sonderlich autoritäre Riten; vielmehr war ich, nicht zuletzt wegen meiner Jugend, ganz von Begeisterung für meine Studenten und für mein Lehramt erfüllt, und die Hochstimmung, die mich ergriff, war stark von dem Wertgefühl geprägt, das ich meiner neuen Stellung gegenüber empfand. Ich erfuhr zwar nicht zum ersten Mal, aber nun in besonders deutlicher Form, in welch hohem Maße das Glück der Menschen von ihrer gesellschaftlichen Stellung abhängt. Diese Tatsache – in allen soziologischen Erhebungen immer wieder bestätigt – dringt offenbar nur schwer in die Handlungsweisen der etablierten Welt ein, denn man kann die Seele eines Mitarbeiters mit nichts besser für sich gewinnen als durch Bestätigung des Wertes seiner Leistung.

Die Studenten beflügelten mich durch ihre Begeisterung und ihren Fleiß. Es herrschte im Hörsaal das, was man in der Arbeitsmedizin ein gutes „Betriebsklima" nennt, und es ist mir immer unverständlich geblieben, wie Studenten so dumm sein konnten, in den Jahren nach 1969, in der „Studentenrevolte", ihre Hochschullehrer, die doch größtenteils ihr Bestes hergaben, so zu behandeln. Ich muß freilich gestehen, daß man mich selbst auch zu dieser Zeit respektiert hat. Aber der Geist der alten Zeit war später verflogen, stellte sich allenfalls noch bei wenigen Professoren her, doch diese Ausnahmen bestätigten die Regel. Erst in den letzten Jahren, in denen ich nicht mehr im Amt war, scheint sich dieses „Klima" wieder gebessert zu haben.

Inmitten einer dem Chaos zutreibenden Welt erlebte ich also eine Zeit seelischer Hochstimmung, wie ich sie seither nie mehr erfahren konnte. Nur aus ihr sind die Dinge erklärbar, die sich anschließend entwickelten und die mich beinahe das Leben gekostet hätten. Im Hochgefühl meiner geistigen Kompetenz flocht ich in meinem Vortrag nicht nur, wie ich das auch in Bonn getan hatte, Abschweifungen ins Land der Allgemeinbildung ein und machte deutlich, zu was eigentlich Physiologie zu gebrauchen ist. Ich übte eine oft recht scharfe und – soweit ich mich erinnere –, recht witzige Kritik an den braunen Machthabern. Der damalige Reichsminister für das Bildungswesen, *Rust*, mußte zum Beispiel zu folgendem herhalten: Die Zeiten waren turbulent, zugegebenermaßen, aber von seiten dieses Ministeriums jagten sich die Erlasse, bei denen nicht selten ein zweiter schon nach kurzer Zeit den voraufgegangenen Erlaß aufhob. Ich definierte eine neue Zeiteinheit, 1 Rust, als die Zeit, welche zwischen einem Erlaß und seiner Aufhebung verstreicht. Der jubelnde Beifall, der solchen Eskapaden zu folgen pflegte, zeigte, daß die deutsche Jugend keineswegs treu hinter ihrem „Führer"stand. Er stachelte mich aber an, immer frecher zu werden. Was ich nicht ahnte, war, daß mein Vorlesungsassistent, den ich von meinem biederen, rechtschaffenen Vorgänger, Professor *Bürker*, übernommen hatte, ein PG und dazu ein „alter Kämpfer" war, also ein Parteigenosse, der schon vor 1933 seinen Weg zu *Hitler* gefunden hatte. Dieser Mann legte, wie sich später herausstellen sollte, ein Dossier mit meinen markantesten Aussprüchen an. Dieses Dossier war, wie ich mir später eingestehen mußte, sorgfältig und gleichsam mit wissenschaftlicher Akribie angefertigt worden. Er hatte, wie er mir später gestand, aus Angst vor einer ablehnenden Haltung meinerseits, dieses Dossier dann nach Ende meiner Gießener Tätigkeit dem dann endgültig den Lehrstuhl übernehmenden Ordinarius überreicht, der es zunächst in seiner Schublade verschwinden ließ, das Heft dann aber 1940, als sich meine Tragödie langsam entwickelte, dem örtlichen Dozentenführer der Partei übergab. Dieser ließ es freilich – das muß zu seiner Ehre gesagt sein – auch in seiner Schublade ruhen, bis er durch andere Umstände doch gezwungen wurde, es den zuständigen Instanzen vorzulegen.

Die Idylle wäre unvollständig beschrieben, wollte ich nicht des emeritierten Vorgängers, des alten *Karl Bürker* und seiner Sekretärin, Fräulein *Mühlberger*, gedenken, zwei alter Menschen, die an Vornehmheit der Gesinnung und Menschenfreundlichkeit kaum übertroffen werden können. *Bürker*, damals erst 66 Jahre alt, war längst der große alte Mann der hämatologischen Meßtechnik. Ihm verdanken wir die Zählkammern für Blutkörperchen und die kolorimetrischen Methoden der Hämoglobinbestimmung. Diese Methoden wurden mit einer Sorgfalt, die ihresgleichen suchte, entwickelt und – in Zusammenarbeit mit den Leitz-Werken in Wetzlar – ständig kontrolliert. Ich habe einige Gelehrte der alten Zeit kennengelernt, auf welche der Begriff „Gentleman" ohne jeden Abstrich paßt: Männer von gleicher Korrektheit in Kleidung und Denken, sozusagen das kontradiktorische Gegenteil der Bohème, Männer, auf die man sich in jeder Hinsicht verlassen konnte. Das Element des absolut Verläßlichen findet sich heute merklich seltener, wenn es auch nicht völlig ausgestorben ist. Solche Verläßlichkeit hat, und das liegt in ihrem Wesen, ihre Umständlichkeiten. Heute geht man gleichsam rascher „zur Tagesordnung" über. Die Gespräche mit *Bürker* waren für mich immer ein Erlebnis, trotz der Enge, in der manche seiner Vorstellungen verblieben. Mir, dem jungen Kollegen, war er ein Freund, und ihm verdanke ich den Blick für den Nutzen der Akribie, eine Eigenschaft, die mir selber leider weitgehend fehlt.

Das Semester ging zu Ende. Es war, trotz der Bedrohung von außen, das glücklichste Semester meiner akademischen Laufbahn. Zwar war ich bis zum 30. September mit der Verwaltung des Gießener Instituts betraut, blieb aber nach Ende Juli vorwiegend in Bonn bei meiner Familie. Am 2. September kam der Mobilmachungsbefehl und es wurde mit meinem neuen Dienstherrn vereinbart, die Übersiedlung nach Bad Nauheim bis zum Ende des Krieges, das schon bald erwartet wurde, aufzuschieben. Ich stellte mich in Bonn als Arzt zur Ausbildung von Ersthelfern zur Verfügung, hielt Kurse, die offenbar Anklang fanden und redigierte die letzten Seiten meines Erstlingswerks, der „Elektrophysiologie", dessen erster Band 1940 erschien. Ich werde davon noch berichten. Einige kurze Fahrten von Bonn nach Gießen verliefen noch ziemlich normal, nur war der Fahrplan erheblich reduziert. Von Gießen bis Koblenz brauchte man mit dem Zug bei besten Verbindungen etwa dreieinhalb Stunden. Ich besitze noch die Notizen des Fahrplans.

Mein alter Chef *Ebbecke* war nicht sehr beglückt über meine kriegsbedingte Rückkehr. Daß ich die Verhältnisse nicht ändern konnte, änderte nichts an seinem Ärger. Da sich im Laufe des Herbstes die Erwartung eines raschen Waffenstillstandes nicht erfüllte, die persönliche Lage in Bonn auch nicht sehr freundlich war und Arbeitsmöglichkeiten für mich nicht mehr bestanden, vereinbarte ich dann, daß ich meine Stellung in Bad Nauheim doch am 1. Januar 1940 übernehmen sollte.

Nun war der Abschied von Gießen, der mir offen gestanden sehr schwerfiel, mit einem Menetekel belastet, dessen drohenden Sinn ich zunächst nicht begriff. Ende September hatte ich in Gießen noch Prüfungen abzunehmen. Ich fand alles in Aufbruchstimmung. Meinem Assistenten, dem alten Kämpfer, der vom Krieg begeistert ist, sage ich meine Meinung: Der Krieg wäre zu vermeiden gewesen, das Volk wolle den Krieg nicht (was deutlich zu spüren war), der Krieg sei nicht zu gewinnen und also ein Verbrechen. Als ich auf harten Widerstand stoße, werde ich zwar vorsichtiger. Aber es ist zu spät. Der junge Mann tobt. Ob ich meine, die Arbeiter stünden nicht hinter *Hitler?* Ob ich selbst etwa gegen ihn stehe? Ob ich bezweifle, daß England in sechs bis acht Wochen besiegt sei? Jetzt komme die große Abrechnung. – Ich hatte mich verrannt und verraten. All das wurde dem bewußten Dossier angefügt und sollte bald zum Vorschein kommen. Mein Gesprächspartner war eisig. Er gehörte zu den Menschen, die nicht belehrbar sind, auch durch Tatsachen nicht. Da sie sich in moralischem Recht glauben, sind sie gemeingefährlich. Der Mechanismus weltanschaulicher und religiöser Verfolgung begann mir langsam klarer zu werden.

16. Kriegsforschung

Der Krieg war 1939 von den Alliierten erklärt worden. Ich habe an dieser Stelle eines Propheten zu gedenken: des Theologen *Arnold Rademacher,* eines der feinsinnigsten Theologen, die mir je begegnet sind, eines Menschenfreundes, dem ich viel verdanke. Als ich ihm einmal gestand, daß ich Schwierigkeiten mit unserer katholischen Dogmatik hätte, fragte er, welche Dogmatik ich denn zu Rate gezogen habe. Ich nannte ein damals „führendes" Werk. Er lachte. Sein Rat: Keine Dogmatik lesen und seinem Herzen folgen. Dieser Mann sagte noch vor Kriegsbeginn, daß auch er den Ausbruch des Krieges fürchte. Das aber sei dann „finis Germaniae". So schwarz kam es dann freilich nicht, aber wenn man das *ganze* Deutschland im Auge hat, war seine Prophetie nicht falsch. Meine Meinung zu Beginn des Krieges, die ich insbesondere mit unseren Freunden Professor *Friedrich Becker,* dem Astronomen, und seiner Frau besprach, lautete anfangs so, daß Rußland am Ende in den Krieg gegen uns eintreten würde, daß Italien wenig verläßlich sei, daß die Kriegsentscheidung im Osten fallen werde und daß schließlich England und Frankreich zusammen mit Deutschland gegen Rußland kämpfen werden, wenn *Hitler* verschwunden sei. Diese Prognose entsprach ziemlich dem, was *Churchill* am Ende des Krieges gerne gesehen hätte: wenn nicht eine Front, so doch eine Abgrenzung gegen Rußland. Ich erwähne solche Vorhersagen nur, um zu zeigen, daß Menschen, die vorurteilslos denken, wie das unser Bonner Freundeskreis tat, Prognosen zu stellen vermögen, die der Politiker sich offenbar nicht stellt.

Diese Unfähigkeit der Politiker, sich anbahnende Ereignisse zu erkennen, hängt wohl mit ihrer Eitelkeit zusammen: Sie gestatten es sich selber nicht, gegen früheren Optimismus unrecht zu haben. Diese seltsame Kurzsichtigkeit gilt übrigens genauso für die Verhältnisse nach Kriegsende und bis heute.

Kriegsbegeisterung gab es 1939 nicht. Ich habe noch den Jubel in Erinnerung, mit dem 1914 Soldaten ins Feld zogen. Ich marschierte als 8jähriger Bub zum Bahnhof unseres damaligen Wohnortes Montjoie, der dann im Kriege in Monschau umgetauft wurde, im Zuge der Ausmerzung alles Französischen. Von meinen paar Groschen Taschengeld zog ich Zigaretten am Automaten. Zehn Pfennige zauberten schon eine kleine Packung hervor. Ich lief dann am Zug entlang und bot meine „Liebesgaben“ an. Ich sehe noch die blumengeschmückten Helme vor mir. „Siegreich wollen wir Frankreich schlagen“ war der Sang des Tages. Nichts von alledem 1940. Vielleicht ist es zuviel gesagt, wenn man die Stimmung „gedrückt“ nennt. Aber sie war nicht überschwenglich. Ich vergesse nicht das Gesicht eines SA-Mannes, der einberufen wurde. Weihnachten sind wir zu Hause, meinte er, seine Kinderaugen voll Vertrauen auf mich gerichtet. Als ich nicht zustimmte, war er enttäuscht. Die Arbeiterschaft blieb ruhig. Nur einige Demonstrationen im Ruhrgebiet. Niemand war sich freilich der Tragik der Stunde bewußt. Ich selbst habe im August 1940 vor Zeugen gesagt, und kam später auch deswegen vor Gericht, daß dieser Krieg lange dauern und schließlich verloren werde, daß alle deutschen Städte durch Luftangriffe zerstört werden würden. Mein Gesprächspartner, ein Professor der Medizin, widersprach mir keineswegs, was ihn nicht hinderte, diese Bemerkungen bei der Parteileitung zur Anzeige zu bringen.

Der Spätherbst 1939 brachte bereits nach dem Ende des Polenfeldzugs, dessen rasche Erfolge bekanntlich dem nazistischen Optimismus reichlich Nahrung gaben, die Notwendigkeit, mein dickes Manuskript des Buches „Elektrophysiologie“ nach Wien zu transportieren, zu meinem Verleger *Deuticke*. Der Post wollte ich es in so unsicherer Zeit nicht anvertrauen. Der Text existierte nur in meiner Handschrift. Kopien gab es nicht. Die Kopiergeräte von heute waren noch nicht erfunden. Also machte ich mich Anfang Dezember auf die Reise und sah Wien zum ersten Mal im vorweihnachtlichen Glanz, freilich auch mit nächtlicher Verdunkelung. Der Setzer sollte den Text nach der Handschrift absetzen. Er schaffte das auch mühelos. Damals hatten Buchsetzer noch Bildung und Ausdauer, Eigenschaften, die übrigens wieder modern werden.

Am 1. Januar 1940 wurde ich zwar zur Wehrmacht eingezogen, aber zur wissenschaftlichen Arbeit freigestellt (u. k. war der Fachausdruck: unabkömmlich). Mit diesen Tagen beginnt nun ein Leidensweg, wie er vielen Gelehrten zu gehen beschieden war. Ich will die Dinge chronologisch entwickeln. Noch im Herbst 1939 hatte ich einen Ruf auf das prominenteste Extraordinariat Deutschlands, an der Berliner Humboldt-Universität, erhalten. Der dortige Physiologe, *W. Trendelenburg*, hatte sich für mich ungeachtet aller parteipolitischen Schwierigkeiten entschieden, und die Position war nicht prominent genug, um von der Partei beherrscht zu werden.

Ich sah die Chance zwar, die mir meine wissenschaftlichen Freunde eindringlich schilderten. Ich sagte dennoch ab, weil ich Berlin bereits zerstört und von den Russen bedroht sah. Zuvor aber verhandelte ich mit den Verantwortlichen der Kerckhoff-Stiftung, vor allem mit ihrem großartigen Vorsitzenden, Professor *Otto Eger.* Er, ein alter Gentleman wie *Bürker,* Jurist, war zwar kein besonders prominenter Wissenschaftler, aber um so mehr eine Leuchte menschlicher Korrektheit und Anteilnahme. Meine Forderung war klar: Ich könne Berlin nur ausschlagen, wenn man mir die Nachfolge im Direktorat des Kerckhoff-Instituts für einen absehbar nahen Zeitpunkt zusichere. Der Direktor war, wie schon gesagt, auf das Gießener Ordinariat berufen worden, wollte aber, wie sich herausstellte, gerne bis auf weiteres auch Direktor des Kerckhoff-Instituts bleiben. Mir war eine von diesem Direktor sachlich unabhängige Stellung als Abteilungsleiter angeboten worden. Da sich die Kerckhoff-Stiftung ohnehin gerne von dem alten Direktor trennen wollte, sagte man mir das Direktorat spätestens zum 1. Januar 1942 zu, bat aber, diese schriftlich gemachte Zusicherung vorerst vertraulich zu behandeln. Man wollte einen geeigneten Augenblick abwarten, um dem bisherigen Direktor seine Abdankung schonend mitzuteilen. Das war natürlich ein Fehler, durch die schwierigen Zeitumstände zwar verständlich, doch eigentlich nicht entschuldbar. Der Direktor erfuhr von der Abmachung, fühlte sich auch von mir hintergangen, obwohl er eben dazu kaum Gründe hatte, und von Stunde an setzte ein erbitterter Kampf mit dem Ziel ein, mich, mit welchen Mitteln auch immer, aus meiner Stellung zu entfernen. Der sich nun entspinnende dramatische Kampf hat weitreichende Folgen gehabt. Er kann daher nicht übergangen werden, auch wenn menschliche Schwächen in der Schilderung zu Tage treten, für die ich mich bemühen werde, Verständnis zu erwecken.

Im Kriege kann ein Wissenschaftler, der noch wehrpflichtig und wehrtüchtig ist, nur in seinem Beruf arbeiten, wenn die Bedeutung seiner Tätigkeit für die Kriegsführung oder die notwendige Versorgung der Zivilbevölkerung nachweisbar ist. Ich bemühte mich sofort um ein „kriegswichtiges“ Thema. Als solches bot sich mir die Erforschung des Mechanismus des Wundstarrkrampfes an. Diese Erkrankung führte in vielen Fällen zum Tode, weil die von ihr Befallenen ihre Muskeln nicht mehr entspannen konnten. Mir schien es so, daß dabei der von mir soeben entdeckte Mechanismus der Erregungsübertragung vom Nerven auf den Muskel eine Rolle spielen könnte. Es blieb die Frage zu klären, ob die Krankheit zu einem Teil nur im Muskel ablaufe, oder ob eine Überempfindlichkeit zentraler Schaltstellen allein vorliege, derart, daß jede in das Gehirn einlaufende Meldung aus Sinneszellen, vor allem aus solchen des Muskels, mit einer unphysiologisch starken motorischen Innervation durch hypersensible Zentren beantwortet werde. Da letzteres fraglos auch der Fall war, bot sich aber auch hierfür ein doppelter Mechanismus als möglich an: Es konnten normale Meldungen aus dem Muskel von einem kranken Zentrum mit Impulsen beantwortet werden, deren abnorme Stärke und Dauer sich eben in einem Dauerkrampf, dem Tetanus, äußere.

Es konnte aber ebensowohl auch so sein, daß im Muskel bereits abnorm starke und abnorm lang dauernde Erregungen in dessen Sinnesorganen, den sog. Dehnungsrezeptoren, erzeugt würden, die dann selbst ein normal gebliebenes Zentrum zu abnormer Antwort zwingen würden.

Wie oft bei solchen Fragestellungen, erwiesen sich alle erdenkbaren Hypothesen als richtig: Muskel und Zentralnervensystem sind beide verändert. Es ging also vorwiegend darum, den peripheren Mechanismus, an den man nicht so richtig glaubte, in seiner Stärke zu erkennen und gegen den zentralen Anteil der Erkrankung abzugrenzen. Dabei boten uns unsere neuen Methoden der Kathodenstrahl-Oszillographie eine erstklassige Hilfe.

Die verwickelten Verhältnisse können hier nicht genau geschildert werden. Zwei Schlußfolgerungen aber hatten einige Bedeutung: Die erste von ihnen besagte, daß es Erkrankungen gibt, bei denen Sinnesorgane überempfindlich werden und, indem sie den Zentren übertriebene Meldungen machen, diese Zentren zu ebenfalls übertriebenen, d. h. der Lage nicht mehr angepaßten und unzweckmäßigen Reaktionen veranlassen. Anläßlich einer Fleckfieber-Erkrankung meines alten Mitarbeiters *H. Göpfert* stellte ich fest, daß solche Entgleisungen der Sinnesempfindlichkeit auch beim Fleckfieber vorliegen und abnorme Kreislaufreflexe auslösen. Die Abnormität der Reflexe als Phänomene und vor allem als Krankheitszeichen wurde uns als Problem bewußt und löste viele weitere Forschungen aus, mit Einsichten, welche mich bis zum Ende meiner Tätigkeit nicht mehr losgelassen haben.

Die zweite Konsequenz aus unseren Tetanus-Arbeiten führte uns in ein völlig anderes Gebiet. Es sah so aus, als schädige das Gift der Tetanusbazillen insbesondere ein Ferment, die Cholinesterase. Die Tragweite dieser Idee mag kurz skizziert werden. Wir hatten inzwischen eingesehen, daß eine rein elektrische Form der Erregungsübertragung mindestens vom Nerven auf den Muskel nicht denkbar sei, so gut auch unsere Messungen diesen Übertragungsmechanismus quantitativ zu bestätigen schienen. Es wurde mir langsam klar, daß es nichts Elektrisches im Gewebe geben kann, das nicht von chemischen Vorgängen abhängt. Einer dieser chemischen Vorgänge war die Freisetzung von Azetylcholin in der motorischen Nervenendigung. Dieser Stoff wird in Bruchteilen einer Millisekunde gebildet und verschwindet größtenteils auch wieder in einer Millisekunde. Dieses rasche Verschwinden wird durch ein Hormon bewirkt, welches das Azetylcholin sehr rasch zersetzt und Cholinesterase genannt wird. Wir stellten also die Hypothese auf, daß beim Wundstarrkrampf diese Cholinesterase geschädigt sei und man also den Kranken vielleicht dadurch helfen könne, daß man Cholinesterase in die erkrankten Muskeln einspritzt. Diese Hypothese erwies sich als falsch. Ehe das aber festgestellt werden konnte, mußten wir Cholinesterase irgendwo her beziehen, um sie dann zu injizieren. Als Lieferant bot sich ein Biochemiker an, *Robert Ammon,* der über Cholinesterase viel gearbeitet hatte, und der in Königsberg einen Lehrstuhl innehatte. Er schickte uns die seltene, schwer herstellbare Substanz, in großer Hilfsbereitschaft. Diese Art Hilfestellung eines Wissenschaftlers, der einem anderen mit seinen Kenntnissen dienlich sein kann, durch freigiebige (und kostenlose) Hilfe, die oft recht mühsam ist, diese Art der Hilfestellung gibt es in solch uneigennütziger Form wohl nur unter Gelehrten. Sie kennzeichnet das vom täglichen Leben der Bürger sonst so völlig abweichende Ethos der Wissenschaftlichkeit, von dem es zwar immer häufiger betrübliche Ausnahmen gibt, das ich aber zu meiner Freude oft habe feststellen können und das ich anderen gegenüber auch selbst praktiziert habe. Wissenschaft lebt von dieser Art der uneigennützigen Kommunikation, und die „Profitprofessoren“ (wie man sie jetzt gelegentlich nennt), die im Geheimen forschen, sich ihre Ergebnisse patentieren lassen und vermarkten, gab es jedenfalls zu meiner aktiven Zeit noch nicht.

Die Cholinesterase erwies sich nun als eine äußerst interessante Substanz mit sehr kompliziertem Verhalten. Wir versuchten im Krieg, und leider ohne Kontakt mit dem Ausland, wo ohne unser Wissen ähnliche Experimente gemacht wurden, die mathematischen Gesetzmäßigkeiten dieser Substanz, ihre sogenannte Kinetik, zu erforschen, und ein junger neuer Mitarbeiter, der chemisch etwas ausgebildet war, *Wolfgang Hardegg,* mußte diesen Teil unserer Forschung übernehmen. Es zeigte sich nach Kriegsende, daß wir die Konkurrenz mit ausländischen Physiologen nicht hätten halten können, und wir haben diese Arbeit dann eingestellt. Sie hätte mir freilich um ein Haar nach Kriegsende ein Jahr Gefangenschaft eingetragen. Als nämlich die Amerikaner 1945 unser Institut inspizierten und auf Arbeiten über Cholinesterase stießen, waren sie mißtrauisch und glaubten zunächst, daß wir über das berühmte Nervengift DFP (Diisopropylfluorophosphat) gearbeitet hatten, das als Giftgas verwendbar war, aber durch die Abmachungen über die Verhütung von Giftgaseinsatz auf keiner Seite der Front zum Einsatz gekommen war. Zunächst war ich deshalb 1945 vorgesehen, mit anderen Wissenschaftlern zusammen inhaftiert zu werden, in einem Schloß im Taunus. Dort saß u. a. auch *Otto Hahn,* der spätere Gründungspräsident der Max-Planck-Gesellschaft, nebst vielen unserer besten Gelehrten, zwar im Schloß, aber hinter Riegeln. Ich konnte nachweisen, daß ich von diesem Giftgas nicht einmal den Namen kannte. So ließ man mich endlich in Freiheit.

Über die Cholinesterase könnte man ganze Romane schreiben. Sie ist unter den chemischen Stoffen derjenige, der am schnellsten arbeitet. Daß das so sein muß, versteht man sofort, wenn man bedenkt, daß bei jeder kleinsten Bewegung dieser Stoff tätig wird, indem er das Azetylcholin, das den Erregungszustand erzeugt, mit hoher Geschwindigkeit wieder beseitigt. Diese Geschwindigkeit ist an einer Meßzahl abzulesen, die man „turnover number" oder „Wechselzahl" nennt. Für die Cholinesterase besagt sie, daß 1 Molekül dieses Enzyms in einer Minute mit 18 Millionen Molekülen seines Gegenparts, hier also des Azetylcholins, reagiert, in einer tausendstel Sekunde also immer noch 3000 Moleküle Azetylcholin vernichtet. Dasselbe geschieht natürlich auch im Gehirn, an jeder Stelle, wo eine Nervenfaser an einer Ganglienzelle ansetzt, also an einer Synapse. Die Zahl der Cholinesterase-Moleküle an einer einzigen solchen Nervenendigung ist ziemlich groß, wenn auch nur der Größenordnung nach bekannt. Bei einer einzigen Erregung, die an einem Muskel ankommt, werden rund 10 Millionen Moleküle Azetylcholin zerspalten, was vermutlich rund 3000 Moleküle Cholinesterase voraussetzt.

Solche Zahlen sind interessant in Zusammenhang mit der Hypothese, daß die menschliche Willensfreiheit in Analogie zum Indeterminismus von Quantenvorgängen zu deuten sei. Die Quantentheorie ist bekanntlich von *Heisenberg* dahin erweitert worden, daß man ein Ereignis, das von einem Quant bewirkt wird, z. B. den radioaktiven Zerfall eines Atoms, nicht voraussagen kann. Es tritt „zufälliger" Weise ein. Ein Physiker, *Pascual Jordan,* hat daraus geschlossen, daß ein solcher unvorhersagbarer Quantensprung „frei" sei, und daß die Freiheit unseres Willens durch die Unvorhersagbarkeit von Quantensprüngen zustande komme. Wenn aber Millionen von Quanten schon an einer Zelle wirksam werden, sobald eine Erregung von dieser Zelle ausgeht, und zudem mindestens einige 100 000 Zellen gemeinsam reagieren müssen, ehe sich ein einziger Muskel bewegt, kann von quantenhafter Indeterminiertheit keine Rede sein. Die Cholinesterase lehrt uns aber sehr viel: Daß unser Denken und Handeln mit extrem schnellen chemischen Reaktionen zu tun hat, daß diese Reaktionen streng determiniert ablaufen müssen, daß aber im Gehirn eines Physikers sich leicht Gedanken bilden können, mit denen er ein uraltes Problem der Menschheit, die Willensfreiheit, glaubt klären zu können, dabei aber leicht nachweisbaren Irrtümern unterliegt. Diese Geschichte wird nicht die einzige dieser Art sein, die uns begegnen wird.

Unsere Forschungen hätten also, wenn man das Giftgas DFP bedenkt, leicht in kriegswichtige Dimensionen umschlagen können. Sie taten es aus zwei Gründen nicht. Ich hatte im Kriege kaum noch Mitarbeiter. Ich mußte mich mit Aushilfskräften begnügen, und diese erlaubten eine hochkarätige Forschung nicht. In der Tat hatten die Forschungsaufträge, welche mir von der Wehrmacht erteilt wurden, immer einen sehr harmlosen Charakter und waren anfangs offenbar dazu ersonnen, mir in einer prekären politischen Situation zu helfen. Das zu belegen, wird Sache des nächsten Kapitels sein.

Die letzten Jahre des Krieges brachten einige für mich wesentliche Neuerungen. Zunächst gelang es dem Institut für Tropenhygiene der Wehrmacht, dessen Leiter der Heidelberger Hygiene-Ordinarius *Ernst Rodenwald* war, die nicht genutzten Räume des Kerckhoff-Instituts zu beschlagnahmen. Das Tropen-Institut war in Berlin weitgehend ausgebombt. Man hoffte auf eine gute und friedliche Zeit in unserer Nauheimer Idylle. Das Institut rückte mit einem großen Stab an, so daß wirklich jeder Winkel des Hauses besetzt war. Alle Mitarbeiter aber, vom Chef bis zur technischen Assistentin, waren äußerst rücksichtsvoll und höflich. Insbesondere ließ die hohe Generalität, die nicht selten zu uns kam, mich meinen Rang als Unterarzt, zu dem ich im zweiten Kriegsjahr befördert worden war, nicht spüren und behandelte mich wie einen General. Da die Institutsleitung unsere eigenen Platzbedürfnisse respektierte, diese auch durch Forschungsaufträge aller drei Wehrmachtsteile gut ausgewiesen waren, konnte ich mir eine leidliche Stabilität meiner Lage bis Kriegsende versprechen. Bei Kriegsende haben die Amerikaner das Institut aufgelöst, nicht ohne uns alles an Apparaten zu hinterlassen, was wir haben wollten.

Unsere Arbeiten weiteten sich aus. Meine Berufung im Juli 1944 zum beratenden Physiologen beim Oberkommando der Kriegsmarine mit dem Sitz meiner Dienststelle in Berlin, brachte weitere Aufträge, wie z. B. die Frage, ob man das in einem U-Boot anfallende Kohlendioxyd nicht in Seewasser binden könne, ein Auftrag, zu dessen Bearbeitung riesige Behälter mit Seewasser bei uns angeliefert wurden. Der Krieg ging zu Ende, ehe wir das Problem gelöst hatten. Für alle diese Arbeiten brauchte ich tüchtige Mitarbeiter, die mehr leisteten als einige Ausländer, oder ein behinderter deutscher Arzt, der auf dem Arbeitsmarkt verfügbar war, Menschen, die bei aller Gutwilligkeit einfach zu wenig vorgebildet waren. Schon im Jahre 1943 hatte ein weitsichtiger und menschlich vortrefflicher SS-General, *Osenberg,* eine revolutionäre Idee. Soweit ich die Sachlage aus dem Gespräch, das ich mit *Osenberg* führen konnte, beurteilen kann, war ihm der Verlauf des Krieges klar. Sein Ziel war es, wenigstens einen Teil der besten deutschen Wissenschaftler vor dem Untergang zu bewahren. Er setzte also bei *Hitler* durch, eine große Freistellungsaktion zu starten, bei der „auf Befehl des Führers“ potente wissenschaftliche Kräfte an ihre Heimatinstitute zurückbeordert werden sollten. Seine Begründung: Die Kriegslage könne nur durch Entwicklung neuer wissenschaftlicher Methoden glückhaft zu Ende geführt werden. Es entsprach dem ziemlich groben Verständnis *Hitlers* für Wissenschaft, daß er solche Wirkungen für möglich hielt. Die Nazis haben (ähnlich wie übrigens die Russen) immer viel von der Wissenschaft gehalten, und ich selbst wäre wohl in den gleich zu schildernden politischen Konflikten untergegangen, hätte mir nicht mein Ruf als „unentbehrlicher“ Gelehrter zu einigem Schutz vor KZ und Ausweisung verholfen. Ich werde davon gleich berichten.

Aufgrund dieses Führerbefehls beantragte ich beim Reichsforschungsrat (der für alle wissenschaftlich-politischen Fragen zuständig war) die Freistellung von drei Mitarbeitern. Es war mein erster Mitarbeiter und Bad Nauheimer Oberarzt *Herbert Göpfert,* Doktor der Physik und Medizin, der alle Techniken der immer komplizierter werdenden Physiologie meisterte. Er war an der Front in Italien im Einsatz als Truppenarzt. Der zweite Kandidat war *Paul Schölmerich,* Oberarzt der Luftwaffe und in Rußland im Einsatz, in einer hoffnungslosen Position. Der dritte im Bunde war unser hervorragender Leiter der Institutswerkstatt, *Matthies,* der in Paris als Fachmann bei der Luftwaffe eingesetzt war. Alle drei meldeten sich im Sommer 1944 bei mir zum Dienstantritt. *Göpfert* entrann mindestens der Gefangenschaft, *Schölmerich* dem fast sicheren Tod. Beide sind bereits emeritierte Ordinarien für Klimaphysiologie und Balneologie in Freiburg und für Innere Medizin in Mainz. So feierte eine schwache Flamme der Vernunft doch einige bescheidene Triumphe, auch in den kritischsten Phasen des Krieges.

Mit dieser meiner Mannschaft ging es nun energisch ans Werk. Leider ist keines dieser Unternehmungen noch zur Reife der Publikation gediehen. Es ist daher auch nicht sinnvoll, hier über diese Forschungsansätze zu berichten. Ein zusammenfassendes Urteil über die in meinem Sichtbereich durchgeführte Forschung, das also nicht nur unsere eigene Forschung betrifft, kann nur mit tiefer Resignation von der Vergeblichkeit der meisten Bemühungen sprechen. Brauchbare Resultate sind extrem selten gewesen.

Insbesondere waren jene Forschungsansätze so erfolglos, von denen man sich medizinisch-humanitäre Fortschritte versprochen hatte. Erfolg haben in der Regel nur die physikalischen und chemischen Bemühungen gehabt, das Zerstörungspotential der Kriegsführung zu erhöhen. Auch wir Deutschen arbeiteten am Problem der Atomkraft. Es gab ein „Vierjahresplaninstitut für Atombauforschung", das wegen eines postalischen Irrläufers an mich schrieb, sonst hätte ich kaum etwas von ihm erfahren. Der Reichsforschungsrat hatte eine Kriegswirtschaftsstelle eingerichtet, über die man immer noch Material für Apparatebau und andere Hilfen bekam. Es wurde trotz (oder gerade wegen) der schlechten Kriegslage erstaunlich viel für die Wissenschaft getan, wobei die „Kriegswichtigkeit" oft recht belanglos war. Die Vergeblichkeit so vieler Bemühungen selbst hervorragender Wissenschaftler hat sehr zu meiner resignierenden Grundhaltung beigetragen, die mich nach dem Krieg zu der Einsicht brachte, daß die experimentelle Naturwissenschaft nicht mehr imstande sein wird, die existentiellen Probleme der Menschheit zu lösen. Was sie kann, ist die Verbesserung von Technik, und hier hat die Wissenschaft auch in der Medizin einige Triumphe gefeiert, die wir noch würdigen werden.

Wie es in der Kriegsführung auch zugehen konnte, dazu zwei Geschichten aus meiner dienstlichen Tätigkeit. Auf meinem Schreibtisch, den ich in Berlin in der Dienststelle des Oberkommandos der Kriegsmarine hatte, in einer Villa am Schlachtensee, lag eines Tages ein Antrag auf Forschungsförderung, den ein ordentlicher Professor der Psychologie (also nicht der Physiologie!) gestellt hatte. Ich möchte seinen Namen verschweigen, denn es war ein renommierter und sonst sehr tüchtiger Kollege. Er meinte folgendes: Es sei bekannt, daß bei Schreck und Verwirrung bestimmte Formen elektrischer Störungen im Elektroenzephalogramm aufträten, welche für diese seelischen Zustände typisch zu sein schienen. Also solle man versuchen, bei feindlichen Fliegern, welche Bombenangriffe über Deutschland flogen, durch ein von außen auf sie einwirkendes elektrisches Feld die für Angst typischen Störungen im Elektroenzephalogramm zu erzeugen. Dazu bedürfe es freilich neuartiger Methoden zur Erzeugung und gebündelten Energieübertragung sehr starker Felder, die dann in die Luft zu strahlen seien. In dieser These steckten gleich mehrere Irrtümer. Der technische Irrtum bestand darin, daß es auch heute nicht möglich ist, Felder so hoher Energie abzustrahlen. Der zweite Irrtum liegt darin, daß das Elektroenzephalogramm das Resultat von Milliarden einzelner Erregungen im Gehirn ist, und man deren netzförmige Verschaltung imitieren müßte, wenn man seelische Effekte spezieller Form hervorrufen will. Das aber kann man nicht durch ein grobes Feld, welches das Resultat der milliardenfachen Interaktion individueller Erregungen in einzelnen Zellen äußerlich nachahmt. Jeder Elektrophysiologe könnte diese Unmöglichkeit beweisen. Das Projekt fiel also meiner Kritik zum Opfer.

Nicht ganz so erfolgreich war ich in einem anderen Fall. Ein Halbwissenschaftler namens *Manfred Curry,* ein großer Segelfachmann übrigens und nach wie vor amerikanischer Staatsbürger, zog durch die Lande und kam auch nach Bad Nauheim, um einem besonderen Klimafaktor auf die Spur zu kommen, ein Faktor, der unser Wohlbefinden und unsere Leistungsfähigkeit erhöht. Eines Tages bot er dem Sanitätschef der Kriegsmarine, Admiralstabsarzt Dr. *Greul*, ein Gerät an, welches diesen Stoff, der unter verschiedenen Decknamen, zuletzt Aran, lief, produzieren könne. Mit diesem Gerät solle der Führerbunker klimatisiert werden, wodurch dann der Führer in den Stand gesetzt werde, mit unvergleichlich höherer Energie als bisher den Krieg strategisch zu leiten und zu gewinnen. Ich bekam den Auftrag, die Wirksamkeit dieses Stoffes zu prüfen. Ich ließ ein Forschungsprogramm bei einem entsprechend eingerichteten Marine-Institut in der Nähe von Carnac in der Bretagne anlaufen. Der sehr exakte Physiologe Prof. *H. Mies* leitete diese Arbeiten. Sie blieben erfolglos, was vorauszusehen war. Der Admiral war etwas ungnädig, als ich ihm meine Skepsis vortrug: Auch ein Professor könne sich irren, meinte er. Die erste Hälfte des Honorars, 100 000 Reichsmark in Friedenswährung auf eine Schweizer Bank zahlbar, war schon überwiesen. Es handelte sich jetzt nur darum, ob auch die zweiten 100 000 Mark überwiesen werden sollten, eine Summe, die nach heutiger Kaufkraft etwa einer Million entspräche. Trotz unserer negativen Befunde wurde der Rest bezahlt, das Verwendungsrecht erworben, aber meines Wissens nicht mehr seiner Bestimmung zugeführt, denn der Herbst 1944 war gekommen, und die Front war wieder im Begriff mobil zu werden. Die Invasion an der Küste der Bretagne stand bevor.

Die Geschichte hatte aber ein sehr lustiges Nachspiel. Nach dem Krieg war *Manfred Curry*, der Amerikaner, offenbar ein erfolgreicher Mann geworden, betrieb eine gutgehende Privatklinik in Riederau am Ammersee und versuchte dort, Menschen mit Aran (das nichts anderes als hundsgemeines Ozon war) zu heilen. Ich hörte davon und äußerte mich öffentlich kritisch über dieses Verfahren. Das trug mir alsbald die energische Aufforderung eines Rechtsanwaltes ein, bei andernfalls drohender Schadensersatzklage, meine Kritik an dem Verfahren öffentlich zu widerrufen. Ich stellte dem Rechtsvertreter *Currys* zwei Wege zur Auswahl. Entweder sei an *Currys* Verfahren wirklich etwas Wirksames. Dann habe er, als Amerikaner zudem, die Absicht gehabt, *Hitler* zu helfen den Krieg zu gewinnen. Das sei gerade in seinem Fall wohl ein echtes Kriegsverbrechen. Oder aber, der Stoff sei wirkungslos, wovon ich überzeugt sei, und *Curry* habe die Kriegsmarine um 200 000 Mark erleichtert, was für einen Feind der Nazis ein recht ehrenhaftes Verhalten gewesen sei. Was aber damals Betrug war, könne heute schwerlich etwas anderes sein. Ich erbäte eine Entscheidung, welche Wahl wir treffen sollten. *Curry* konnte wohl nicht wissen, daß ich seinen Handel mit der Kriegsmarine kannte. Er verstummte, starb übrigens bald darauf. Sein dickes Lehrbuch, zwei Bände Glanzpapier, über Bioklimatik erstand ich später antiquarisch für zehn D-Mark. Es ist die schönste Sammlung pseudowissenschaftlicher Literatur, die ich besitze. Pseudowissenschaft war damals und wurde später ein von mir leidenschaftlich durchdachtes Problem.

Der Leser von heute, dem in der Regel die damalige Welt vollkommen fremd sein wird, würde es nicht verstehen, wenn dieser Schilderung meines Schicksals nicht ein grundsätzliches Wort über die Kriegsforschung nachfolgen würde. Mein eigener Anteil an „kriegswichtiger Forschung" wäre in der Tat eine schwer erträgliche Verniedlichung eines Problems, das in seiner grauenhaftesten Dimension zur Konstruktion der Atombombe geführt hat. Nun sieht sich die Frage der Kriegsforschung im damaligen *Hitler*-Reich sicher anders an als auf Seiten der Alliierten. Jedermann kennt wohl die selbstkritischen Äußerungen, die *Oppenheimer*, der Vater der Atombombe, die auf Hiroshima fiel, über sich und seine Arbeit gemacht hat. *Otto Hahn*, der sozusagen der Großvater der Atombombe genannt werden könnte, da er das Prinzip der atomaren Spaltung, zusammen mit *Lise Meitner*, entdeckt hat, er hat in den fünfziger Jahren, als die atomare Bewaffung der Bundeswehr zur Diskussion stand, immer wieder darauf hingewiesen, daß man der Forschung nicht die Greuel anlasten dürfe, welche ihrer kriegstechnischen Anwendung anzulasten sind. Der Abwurf der Atombombe war sozusagen eine Sache der Politiker, nicht der Physiker. Es sind gerade die Physiker gewesen, welche sich mit großer Energie gegen Kriegsrüstung, für Frieden, für einen Bewußtseinswandel eingesetzt haben. Beispiele sind *Linus Pauling* und *C. F. von Weizsäcker*. Die von *Weizsäkker* gegründete „Vereinigung Deutscher Wissenschaftler", der auch ich angehöre, ist der erste und vornehmste Träger dieses Kampfes um den Frieden gewesen.

Alles dies ist freilich post festum entstanden: Im Kriege war das Bewußtsein der Wissenschaftler noch keineswegs dahin entwickelt worden, wohin es sich nach dem letzten Weltkrieg entwickelt hat. Im Kriege herrschte vielmehr ein Geist der Vaterlandsliebe vor, der trotz einer weitverbreiteten Ablehnung des Naziregimes eine Forschung, die zur eigenen Verteidigung dient, durchaus bejahte. In der Medizin lagen die Dinge ohnehin relativ einfach: Hier galt es, Menschenleben zu retten. Ich habe selbstverständlich den Auftrag übernommen, die Ursache des Todes durch sogenannte Luftminen zu erforschen. In unseren Großstädten lagen, nach feindlichen Luftangriffen mit Bomben hoher Sprengkraft, Menschen getötet auf der Straße, ohne daß sie äußerlich sichtbar verletzt gewesen wären. Der Physiologe *Theo Benzinger*, der damals Chef einer Forschungsabteilung bei der Luftwaffe in Rechlin am Müritzsee war, veranlaßte mich, mit einem kleinen Stab auf große Truppenübungsplätze nach Rechlin und ins besetzte Polen, nach Demba, zu reisen, und dort Hunde einer Druckwelle auszusetzen, welche von der Explosion eines „nackten" Sprengstoffs ausgelöst wurde, so wie das auch bei den „Luftminen" der Fall war. Die (vor der Explosion narkotisierten) Tiere zeigten nach der Explosion von 100 kg Trinitrotoluol eine Luftembolie, welche insbesondere den Gehirnkreislauf unterband. Ich glaube, es war unser Team-Mitglied *Joachim Bolze*, der die Luftblasen in den Gehirnarterien zuerst gesehen hatte. Ursache der Embolie war die durch den Explosionsdruck zerrissene Lunge der Tiere. Beim Menschen wurde der Befund bestätigt. Eine solche Forschung diente der Erhaltung des Lebens. Es kann aber nicht geleugnet werden, daß Kriegsforschung anderer Art solche Entschuldigung nicht aufzuweisen hat. Sie kann in der Konstruktion grausamer Waffen, wie z. B. eines Giftgases, enden, sie kann auch dann, wenn sie der Rettung von Menschen dient, mit verbrecherischen Methoden durchgeführt werden, nämlich mit Versuchen an zwangsweise dazu herangezogenen Menschen, im Falle der Deutschen Forschung an Insassen eines KZ. *Mitscherlich* hat diese Art Forschung gegeißelt.

Ich hatte Glück, in diese Forschung nicht einbezogen zu werden. Einige Kreise der Luftwaffe machten Versuche über die Wirkung der Unterkühlung, z. B. beim Absturz eines Flugzeugs im Winter über Seegebieten. Es wurden Häftlinge experimentell so unterkühlt, wie es im Ernstfall auch den abgeschossenen Piloten widerfuhr. Die Ergebnisse hätten auch am narkotisierten Tier gewonnen werden können. Man hatte mich, meiner politischen Unzuverlässigkeit wegen, zu diesen Versuchen nicht hinzugezogen, obwohl man mein Urteil wohl gerne gehört hätte. Was wäre geschehen, wenn man mich gefragt hätte? Wäre ich meinem Gewissen gefolgt? Nach dem Kriege haben wir uns in Kreisen von Nazigegnern diese Frage gestellt. Wir waren alle nicht unseres Mutes gewiß. Im Kriege herrschen rauhe Sitten, und diese werden in einer Diktatur verabsolutiert. Die pharisäische Art, wie viele

Leute den Stab über Menschen brechen, die in Situationen standen, denen sie selbst nie ausgesetzt waren, diese Art verabscheue ich ebenso tief wie die Mentalität derer, die solche Versuche primär ersonnen haben und ihre Verwirklichung befahlen.

17. Der Alptraum

Die lange und komplizierte Kette meiner persönlichen politischen Schwierigkeiten soll und kann hier nur in skizzenhafter Form geschildert werden. Sie ist interessant nur dadurch, daß sie erkennen läßt, was in einer Diktatur möglich ist.

Der Direktor des Kerckhoff-Instituts, der mir, dem Abteilungsleiter, weder personalmäßig noch wissenschaftlich „vorgesetzt" war, konnte seine Absicht, Direktor des Instituts zu bleiben, offenbar nur verwirklichen, wenn ich verschwand. Mein Verschwinden betrieb er in einem mehrstufigen Verfahren: Jedesmal, wenn eine Stufe versagte, ersann er ein neues System. Zunächst versuchte er (als Offizier) bei meiner zuständigen Wehrersatz-Inspektion in Frankfurt, meine Beurlaubung vom Wehrdienst rückgängig zu machen, was er mit der minderen Qualität unserer Arbeit begründete. Die Inspektion fragte bei mir zurück. Ich konnte die Hintergründe aufklären. Ich blieb also bei meiner Arbeit bis Ende 1940 und wurde danach nur halbtägig zum Dienst in einem Reserve-Kur-Lazarett eingesetzt. Wir hatten dann zugegebenermaßen Schwierigkeiten mit der Operation von Katzen. Die Tiere, welche zur Beobachtung des Wundstarrkrampfes in Narkose sehr kompliziert zu operieren waren, starben zu oft. Ich hatte schon gleich zu Beginn unserer Tätigkeit den Institutsdirektor um Rat gefragt. Diesen gab er nicht, meinte vielmehr – ohne die Sache näher zu kennen –, ein Wissenschaftler, der bei dieser Operation versage, könne keine Abteilung leiten. Eine Erkundung des Vorsitzenden der Kerckhoff-Stiftung bei Experten, u. a. dem damals berühmtesten Elektrophysiologen, *M. Gildemeister* in Leipzig, ergab die Haltlosigkeit dieser Ansicht.

Die nächste Stufe ging dann schon an meine physische Existenz. Es wurde von dem Direktor in seiner Eigenschaft als Offizier ein kriegsgerichtliches Verfahren beantragt, mit der Anschuldigung der Wehrkraftzersetzung und des Defätismus, unter Beifügung einiger Unterlagen über Meinungen, die ich fraglos in dieser Form ihm und meinen Assistenten gegenüber geäußert hatte. Die Anzeige mußte, da ich einem anderen Wehrmachtsteil angehörte, von Bad Nauheim aus zum Oberkommando der Luftwaffe nach Berlin geleitet werden und hätte erst von dort aus an meine vorgesetzte Dienststelle des Heeres in Gießen zur weiteren Veranlassung gelangen können. Der Antrag blieb stecken, wie ich nach Kriegsende vom seinerzeitigen Adjudanten erfuhr, auf Veranlassung jenes Generalarztes *Hippke,* den ich in Zürich getroffen hatte. Der General lud mich ein, nach Berlin zu kommen, war sehr liebenswürdig, fragte mich etwas aus, bot mir seine Hilfe an (ich fragte wozu?, und er meinte, man könne ja nie wissen) und gab mir hohe Dringlichkeitsziffern für weitere medizinische Forschungsvorhaben, welche die Besserung der Höhenfestigkeit durch Pharmaka betrafen. Vom Anlaß dieser Einladung erfuhr ich damals nichts. Erst nach dem Krieg hat man mir gesagt, *Hippke* habe angeordnet, mich zu schützen und meinen Kontrahenten nicht mehr zu befördern, was auch beides geschah.

Die vierte Stufe des Kampfes gegen mich war komplizierter. Mir war, wie ich schon berichtet habe, zum 1. 1. 1942 das Direktorat des Kerckhoff-Instituts zugesichert worden. Dieses Institut war der Sitz der Geschäftsstelle und des ständigen Sekretariats der Deutschen Gesellschaft für Kreislaufforschung. Die Tagungen dieser Gesellschaft hatten seit Jahren in Bad Nauheim stattgefunden, und auch die Bäderverwaltung des Staatsbades war höchst interessiert daran, diese für ein Herz- und Kreislaufbad wichtige Tagung in ihren Mauern zu behalten. Der Direktor, der nun auszuscheiden hatte und sich mit mir so anlegte, war Vorsitzender dieser Gesellschaft. Die nächste Tagung (die dann doch nicht mehr zustande kam) sollte 1942 in Leipzig stattfinden, unter dem Vorsitz des dortigen Internisten *M. Hochrein,* der mit der Partei auf leidlichem Fuß stand, nach Kriegsende zunächst entlassen wurde, wie zahllose Gelehrte sonst auch, und dann mit dem Rückzug der Amerikaner, vor den Russen fliehend, in den Westen kam und in Ludwigshafen eine neue Lebensstellung fand. Die Einstellung *Hochreins* zur Frage des späteren Tagungsortes zu erfahren, war für mich der beste Weg, Pläne für diese Zukunft zu machen. Ich fuhr also nach Leipzig, hatte ein langes, völlig privates Gespräch mit *Hochrein,* das insofern unbefriedigend verlief, als Hochrein mir über eventuelle spätere Tagungsorte aber auch gar nichts sagen konnte. Mein Institutsdirektor erfuhr davon. Ich erhielt ein kurzes Schreiben, ohne Anrede und Schlußformel, des Inhalts, ein Verfahren auf meinen Ausschluß aus der Gesellschaft für Kreislaufforschung sei eingeleitet worden. Ich hätte die Einheitlichkeit der Gesellschaft geschädigt, indem ich deren Tagung zu persönlichen Agitationen benutzt, Interna des Instituts an Mitglieder der Gesellschaft weitergetragen und mich in die Führung und die Zukunftspläne der Gesellschaft eingemischt hätte. Alles dies fußte auf dem fraglichen Gespräch. Mein Rechtsanwalt brachte die Sache rasch in Ordnung, da keine der Beschuldigungen haltbar war. Über die späteren Tagungen Recherchen anzustellen war als designierter Direktor des Instituts schließlich mein gutes Recht. Die Drohung, die Tagungen von Bad Nauheim fortzunehmen, wurde dennoch mit einiger Angst seitens der Veranwortlichen quittiert. Zwar wurde das Ausschlußverfahren auf einhelligen Druck aller Vorstandsmitglieder bald eingestellt, aber es reiften andere Pläne, die ganz andere politische Dimensionen annehmen sollten.

Zunächst aber mußte nun nach der Ergebnislosigkeit von Stufe vier Stufe fünf eingeleitet werden. Das spielte sich wie folgt ab. Ich las in Gießen, wohin ich mich von Bonn umhabilitiert hatte und inzwischen auch den Professorentitel bekommen hatte, ein Kolleg über Grenzgebiete der Physiologie, und zwar im Anatomischen Institut, da mir der Physiologe, unser Nauheimer Institutsdirektor, sein Institut verboten hatte, mir aber der Anatom *Ferdinand Wagenseil* seine Gastfreundschaft anbot. *Wagenseil* war dezidierter Gegner der Nazis, ein Weltmann, der lange in China gelebt und geforscht hatte und übrigens, lange Zeit nach seinem Tod, von dem Dichterarzt *G. Vescovi* in einem Roman verewigt worden ist. Meine Hörer waren meistens Soldaten, die zum Medizinstudium abgestellt waren, treue, begeisterte Anhänger und begierig, etwas Geistiges in sich aufzunehmen. Im Sommer 1942 kamen sie, um mir mitzuteilen, der Ordinarius der Physiologie habe den Besuch meiner Vorlesung verboten, ich sei politisch unzuverlässig, und er werde Soldaten, die dennoch zu mir kämen, bei ihrer Dienststelle zur Anzeige bringen. Meine Schüler bedauerten tief, nicht mehr kommen zu können, nicht ohne zu sagen, wie sehr ihnen meine Vorlesung gefallen habe. Ich meldete den Vorfall dem Rektor; er war empört, ordnete ein Ehrengericht an, durch das mein Gegner in seine Schranken gewiesen werden sollte. Das Ehrengericht begann, sichtlich voller Sympathie für mich. Mein Kontrahent fragte endlich süffisant, ob man denn nicht das Aktenstück kenne, das über meine politische Haltung vorliege. Man kannte es nicht, es wurde eilends vom Dozentenbund beschafft, wo es in der Schublade verschlossen lag. Der Inhalt wurde mir vorgelesen, lauter goldene Worte, zur Unzeit gesagt, aber getreulich registriert. Was ich dazu sage? Ich gestehe, ich rettete meine Existenz wie jeder Angeklagte: Mein Gedächtnis versagte, die Erinnerung gab nichts her. Das

Ehrengericht schloß die Verhandlung, der Gegenstand gehöre nicht in seine Zuständigkeit. Die Gerichte hätten zu sprechen. Man überlieferte mich der politischen Justiz.

In diesem Fall kam mir zugute, daß ich 1933 Mitglied der Partei geworden und still und unauffällig auch geblieben war. Ein Austritt aus der Partei hätte mich und meine Familie einem ungewissen Schicksal ausgeliefert. Es ist heute leicht, sich deswegen Vorwürfe zu machen, noch leichter für Dritte, solche Vorwürfe zu erheben. Ich weiß nicht, ob ich überhaupt „heldenhaft" hätte reagieren, z. B. mein Leben für eine große Sache opfern können. Vermutlich nicht ohne Zwang. Der Selbsterhaltungstrieb ist übermächtig. Hier aber lagen die Dinge noch anders. Alle meine Freunde, die Gegner des Staates waren, empfanden wie ich die Sinnlosigkeit eines jeden Widerstandes. Nur wer sich zutrauen durfte, *Hitler* selbst zu töten, konnte auf Erfolg hoffen, und auch diese Hoffnung schlug für alle die mutigen Männer fehl, die am 20. Juli 1944 den Putsch versuchten. Nicht nur das vergebliche Martyrium der *Geschwister Scholl* war uns gegenwärtig –, wir sahen, wie so viele mutige Opponenten von der Bildfläche verschwanden. Ab 1942 wußte ich, daß sie in ein Konzentrationslager kamen. Der Begriff KZ war ein allgemeiner Warnruf geworden.

Ich nutzte also meine Chance als PG. Mein Fall wurde dem zuständigen Gauparteigericht in Frankfurt übergeben. Vor diesem Parteigericht wurde ich seltsamerweise nur der einen Äußerung wegen angeklagt, die ich nach Kriegsbeginn zu meinen Assistenten gemacht hatte. Erst in der Verhandlung rückte der Institutsdirektor auch mit einigen markigen Sätzen heraus, die ich auch gesagt hatte, und übrigens ohne Widerspruch von seiner Seite. Die Vernehmung war wirklich komisch. Wir beide saßen nebeneinander auf zwei Stühlen. Mein Gegner zitierte mich u. a. mit dem Satz, man müsse diesen Staat bescheißen wo man könne, nebst etwas harmloseren Aussprüchen. Der Vorsitzende des Gerichts, dem die Sachlage offenbar klar geworden war, fragte nun den Zeugen, wie er angesichts solcher verbrecherischer Äußerungen reagiert, warum er mir z. B. keine Ohrfeige verpaßt habe. Der Zeuge entschuldigte sich damit, daß er ja in Uniform gewesen sei. Dann erst recht hätte er reagieren müssen, meinte der Vorsitzende. Um meine Meinung befragt, bat ich um Verständnis für meinen zeugenden Gegner. Er hätte schwerlich reagieren können, denn er habe diese meine Äußerungen ja selbst erfunden. Ich verwies dabei auf unsere erbitterte Feindschaft. Damit schied dieser Belastungszeuge endgültig aus dem Verfahren aus. Ich wurde mit der Entlassung aus der Partei bestraft.

Nun muß sich der Leser wieder vergegenwärtigen, was dieses Urteil bedeutete. Inzwischen war nämlich durch den Nazi-Gauleiter in Frankfurt befohlen worden, in Bad Nauheim ein großes Herzzentrum zu errichten. Meine Person stand im Wege. Das Urteil bedeutete, daß ich nun leicht hätte entlassen werden können, zumal der Gauleiter meine Ausweisung aus dem Gau wünschte. Ich beriet mich mit meinen Freunden, vor allem solchen, die nicht gerade Nazis waren. Der einhellige Rat: Berufung einlegen, Zeit gewinnen. Der Krieg konnte überraschend schnell zu Ende gehen, denn es war inzwischen September 1942 geworden.

Vor dem Berufungsgericht, dem obersten Parteigericht in München, sagten alle meine Freunde und sogar einige der Bonner Nazigrößen menschlich Gutes über mich aus. Meine politische Haltung erschien als die eines skrupulanten Gelehrten. Das Urteil wurde erstaunlich rasch, in nicht ganz zwei Monaten, aufgehoben. Bei der erneuten Verhandlung in Frankfurt wurde ich recht freundlich behandelt. Alle Zeugen taten ihr Bestes, mich herauszureißen, und keiner nahm es mit der Wahrheit bezüglich meiner politischen Haltung genau. Insbesondere mein alter Studienfreund und Bundesbruder *Richard von Grafenstein,* selbst alter Kämpfer, aber inzwischen einer der rabiatesten Nazigegner, die ich kannte, betrog nun die Partei und ihr Gericht wo er konnte. Das neue Urteil: Verwarnung.

Ich war nicht untätig geblieben. Das Urteil war am 22. Dezember 1942 gesprochen worden, also ein wahres Weihnachtsgeschenk. Doch war meine Existenz alles andere als gesichert. Da man den inzwischen ausgeschiedenen Institutsdirektor, der ja zugleich Vorsitzender der Kreislaufgesellschaft war, nicht brüskieren konnte, verfiel man auf die Idee, mich an meiner Abteilung zu belassen, aber einen anderen Kreislaufphysiologen als Direktor zu berufen und für ihn gleichzeitig ein Ordinariat für experimentelle Medizin in Gießen zu schaffen. So geschah es, man berief *Kurt Kramer,* der nach Absprache mit mir lange verhandelte und endlich absagte. Das gleiche wiederholte sich mit *Wolfgang Schoedel.* Beide Kollegen erwiesen sich als denkbar fair und kooperativ. Mein Versuch, den leichtesten Weg zu gehen, auf eine andere Stelle, mißlang im Kriege natürlich, trotz vieler Anläufe. Einen dieser Anläufe möchte ich schildern, weil er ein hohes Lied auf einen großen Gelehrten zu singen gestattet.

Ich hatte mich inzwischen mit *Theo Benzinger* angefreundet, von dem wir schon gehört haben. Er meinte, daß die Übernahme in die Stellung eines Regierungsmedizinalrates möglich sei und hatte schon alle Wege geebnet. Der letztlich maßgebende Mann war Professor *Ludwig Prandtl,* der große Pionier der Strömungsforschung in Göttingen. Ihn hatte ich zu besuchen beschlossen, um den Plan, an einem noch zu gründenden biologischen Institut der Luftfahrtsforschungsanstalt München unter *Benzingers* Leitung zu arbeiten, voranzutreiben. Bei dem Besuch, der am 7. Juni 1943 stattfand, fand ich *Prandtl* erst ziemlich ablehnend. Er verstand nicht, warum ich jetzt noch zur Luftwaffe wollte, ob ich keine Zeitung läse? Mein Hinweis darauf, daß ich durch den Gauleiter gezwungen sei eine Position zu suchen, und ich in ziemlichen politischen Schwierigkeiten stecke, verwandelten den etwas brummigen alten Herrn in einen liebenswürdigen, väterlichen Berater. Sein Rat: In Bad Nauheim festbeißen. Das riet mir auch mein Kollege *Hermann Rein.* Da *Rein* inzwischen auch ins Kuratorium der Kerckhoff-Stiftung berufen worden war, ließ sich, nach den Absagen meiner Kollegen *Kramer* und *Schoedel,* der Plan verwirklichen, mich in Nauheim zu halten. Das jedenfalls war der Wunsch der Kerckhoff-Stiftung. Den endgültigen Anstoß zu dieser Lösung gab dann meine Berufung als beratender Physiologe beim Oberkommando der Kriegsmarine, eine der drei besonders prominenten Stellungen, die ein Physiologe im Kriege erhalten konnte. Gegen solche Prominenz war dann auch der Gauleiter machtlos. Also erreichte mich das Kriegsende in Bad Nauheim. Mit dem Einzug amerikanischer Panzer in unser Städtchen hatte der schlimmste Alptraum meines Lebens ein Ende.

18. Das Elektrokardiogramm

Mit dem Ende des Krieges 1945 begann in vielfacher Hinsicht eine neue Zeit. Der politische Druck der Diktatur war dem herrlichen Gefühl der Freiheit gewichen, einer Freiheit, die durch nichts mehr begrenzt schien außer durch Not, die durch den Mangel an allem und jedem bedingt war. Es gab zwar alles zu erwerben, aber nur auf dem Schwarzmarkt und zu Preisen, die ein normal verdienender Mensch nicht bezahlen konnte. Diese Knappheit hielt an bis zur Währungsreform 1948. Ich hatte das Glück, einen Bauern als Patienten zu haben, dessen Herz mehrmals wöchentlich eine Strophantinspritze benötigte. Das Honorar in der üblichen Währung von Nahrungsmitteln betrug zwei Liter Milch täglich, eine Milch, die freilich nicht entrahmt war und dem Euter einer Kuh unmittelbar entstammte.

Nach dem Krieg war die Wissenschaft zwar frei, aber ebenfalls unbezahlbar. Ich wurde, nach einer kurzen Phase der „Entnazifizierung", endgültig als Direktor des Kerckhoff-Instituts eingesetzt. Die Entnazifizierung war übrigens eine echt deutsche Tragikomödie. Die Spruchkammern, von den Alliierten eingesetzt, wurden schon mangels geeigneter Personen, die als politisch unbelastet die Funktion eines antinazistischen Richters übernehmen konnten, vorwiegend von Kommunisten oder mindestens linken Vertretern besetzt. Ich war Katholik, hielt zur Kirche, und trotz meines dokumentarisch nachweisbaren antinazistischen Verhaltens gelang die Einstufung als „Entlasteter" erst in einem Berufungsverfahren, bei dem die Richter der Berufungskammer durch sachlich einwandfreie Persönlichkeiten besetzt waren. Fast ein Jahr verging freilich, in welchem ich meine Geschäfte als Institutschef nicht ausüben durfte. Da ich aber im Institut eine Dienstwohnung hatte, kamen meine alten Mitarbeiter morgens zur Lagebesprechung in meine Wohnung, und die geistige Oberleitung blieb so gesichert. Vorwiegend bestand unsere Tätigkeit darin, die vorhandenen Geräte, die zur Untersuchung des Raumklimas in U-Booten von mir als beratendem Physiologen der Kriegsmarine beordert worden waren, zu Grundumsatzmeßgeräten umzurüsten, und noch heute stellt die Firma Hartmann u. Braun in Frankfurt entsprechende Geräte her, die damals *Herbert Göpfert* entwickelt hatte. Wir bestimmten den Grundumsatz aller Patienten im ganzen Kreis Friedberg. Die Einnahmen in Höhe von 20–30 000 Mark trugen wesentlich dazu bei, den Etat des Instituts auf einem Stand zu halten, der Entlassungen von Mitarbeitern unnötig machte.

Zu jener Zeit herrschte bekanntlich Hunger. Wir machten aus dieser Not eine Tugend und bestimmten den Grundumsatz an hungernden Menschen, nämlich an uns selbst. Das Ergebnis war etwas beunruhigend. Trotz harten Hungers sank der Umsatz nur unbedeutend um etwa 10%. Man kann also durch Hungern nicht etwa Kalorien sparen, sondern man zehrt vom alten Fett. Solches Fett hatten wir aber nirgends auf dem Leib. Wir waren also alle gezwungen, an unsere Reserven zu gehen, was eine ziemliche Abmagerung bedeutete. Wir wären damals glücklich gewesen, wenn wir nichts anderes als die Sorgen der heutigen Umweltschützer gehabt hätten. Wir haben übrigens auch mit Ernährungsforschung begonnen, die aber 1948 uninteressant wurde, als der Wohlstand aus eifrigen Forschern satte Bürger zu machen begann.

In meiner eigenen Wissenschaft hatte ich mir ein Forschungsobjekt erobert, das für viele Jahre meine ganze Energie in Anspruch nahm und nichts mit Hunger zu tun hatte: Es war das Elektrokardiogramm, dessen Geschichte zu erzählen zugleich die Chance bietet, die wissenschaftliche Situation jener Jahre zu beleuchten.

Die Elektrokardiographie war damals so sehr alt noch nicht. Zwar hatte der Holländer *Einthoven*, wie ich eben berichtet habe, die im Herzen entstehenden elektrischen Ströme schon mit dem 1895 von ihm erfundenen Saitengalvanometer gemessen und schon in diesem Jahr die heute noch gültigen Zeichen PQRST für die Zacken des EKG verwandt. Doch hatte die Methode erst nach dem 1. Weltkrieg Eingang in die Routine-Untersuchungen der Klinik gefunden, obgleich schon 1909 das erste Lehrbuch der Elektrokardiographie, von einem Russen namens *A. Samojloff*, erschienen war und 1910 und 1914 mehrere andere Lehrbücher folgten. Wie zögernd die Benutzung des EKG einsetzte, zeigt die Tatsache, daß das zu meiner Studienzeit größte Lehrbuch der Inneren Medizin von *Mehring-Krehl* (1925) das EKG noch nirgends als diagnostische Methode erwähnt. Erst das Lehrbuch der Differentialdiagnose von *Max Matthes*, der 1927 in Königsberg noch mein Lehrer war, macht ausführlichen Gebrauch vom EKG, freilich fast nur zur Klassifizierung der Rhythmusstörungen des Herzens und zur Feststellung myokardialer Abweichungen, die schon damals aus Abnormitäten der T-Zacke erschlossen wurden. Aber vom Herzinfarkt oder von Koronarsklerose steht auch in meinem Exemplar, der 5. Auflage von 1928, kein Wort.

Das Elektrokardiogramm, kurz EKG genannt, ist heute eine der beliebtesten Methoden des Arztes geworden. Ich bin vielleicht ein wenig unfair einigen Kollegen gegenüber, wenn ich die Beliebtheit auch auf zwei Gründe zurückführe, die nicht diagnostischer Natur sind. Zur Anfertigung eines EKG dient ein recht einfach zu bedienendes, auch nicht allzu teures Gerät, dessen Anschaffung bei den für ein EKG gezahlten Vergütungen rasch amortisiert und zu einer guten Einnahmequelle geworden ist. Der zweite Grund ist offenbar darin zu suchen, daß alles Elektrische immer noch etwas von der magischen Anziehungskraft behalten hat, mit der im ausgehenden 18. Jahrhundert die „tierische Elektrizität", die *Luigi Galvani* entdeckt hatte, zu einer Flut von Salonexperimenten führte. Jeder Patient ist glücklich, ein EKG von sich gemacht zu bekommen. Ja, es wird erzählt, daß eine biedere Frau vom Land ihren Doktor bat, noch einmal ein EKG von ihr anzufertigen, da ihr das letzte so vorzüglich bekommen sei. Da überdies das Herz als innerster Sitz des Lebens, als „Spiegel der Seele" und (mit Recht) als Eintrittspforte des Todes gilt, muß eine so exakt erscheinende Methode wie die Registrierung der „elektrischen Tätigkeitsäußerungen des Herzens" von höchstem Interesse für Arzt und Patient sein. Daß das EKG dem Arzt eine bündige Auskunft über die Normalität des Herzens liefert, ist freilich der für den Arzt ausschlaggebende Grund für seine Anwendung.

Ich hatte bei meinem Wechsel zum Herzforschungsinstitut, als welches das Kerckhoff-Institut firmierte, mein Arbeitsgebiet, die Elektrophysiologie, an die Aufgaben dieses Institutes anzupassen. Ich tat das, indem ich 1941 eine Theorie der Entstehung des EKG entwarf und mit einigen Modellversuchen an Nerven belegte. Diese Arbeit enthält im Kern die wesentlichsten theoretischen Deutungsversuche des EKG, die eine Erklärung derart lieferten, daß auf die einzelne Muskelfaser des Herzmuskels als Lieferantin des Stromes zurückgegriffen wurde. Schon 1942 entstand der Plan, einen Atlas des EKG bei *Deuticke* in Wien herauszugeben, gemeinsam mit meinem damaligen militärischen Vorgesetzten, Dr. *Kurz*, in Bad Nauheim.

Von Dr. *Kurz* lernte ich die Praxis, er von mir die Theorie. Der Plan scheiterte an den Kriegsverhältnissen, doch kam ich, kaum nach Heidelberg berufen, erneut auf ihn zurück, nun freilich auf völlig gewandelter Basis.

Zuvor jedoch wollen wir einen Blick auf die wissenschaftliche Entwicklung werfen. Die klinische Anwendung des EKG war in der Zeit um das Kriegsende herum von einer gewissen theoretischen Dürftigkeit, und ich gestehe, daß sich nach meinem Urteil dieser Zustand bis heute nicht grundlegend geändert hat. Man möchte sich ob dieser Tatsache verwundern. Der Grund ist aber leicht einsehbar. Es ist bis heute nicht gelungen, die normale Form und erst recht nicht die Abweichungen von der Normalität restlos auf elementare elektrophysiologische Prozesse zurückzuführen. Wo eine solche Rückführung zum Teil geglückt ist, ist sie in ihrer praktischen Anwendung so schwierig, daß der durchschnittliche Arzt und Kliniker zu einer solchen exakten wissenschaftlichen Interpretation nicht hinreichend physikalisch gebildet ist. Eine Anekdote mag das belegen. Als mein Buch über das Elektrokardiogramm 1951 erschien, gestand mir ein Kliniker, der selber der Autor eines sehr bekannten Leitfadens über die Deutung des EKG war, mein Buch sei ihm zu schwer, er verstehe die physikalisch komplizierte Darstellung nicht. Meine Antwort war wohl etwas zu vorlaut, daß man dann eben kein Buch über das EKG schreiben sollte.

Dem nicht fachlich vorgebildeten Leser eine kurze Erläuterung zum EKG: Es ist das Resultat von etwa 20 Millionen einzelner elektrischer Ströme, die einer Spannung an einer einzelnen Muskelfaser des Herzens entstammen. Diese Millionen individueller Spannungen lassen sich als Generatoren eines elektrischen Feldes auffassen, das bis an die Oberfläche des Körpers dringt und sich von dort zu einem „Verstärker" ableiten und so registrieren läßt. Vielleicht darf ich das mit einem Gleichnis verdeutlichen. Wer mit dem Flugzeug über das Land fliegt, sieht zwar den Wald, aber nicht die Bäume, und ich erinnere mich, bei meinem ersten Flug über Mitteldeutschland im Krieg den „Thüringer Wald" als solchen gesehen zu haben: Dort fing er an, dort hörte er auf. Obgleich unsichtbar, sind dennoch die Bäume die Elemente, aus denen der Wald besteht. Wenn wir die Spannungen der Herzmuskelfasern aus der Ferne der Körperoberfläche betrachten, sind wir von der einzelnen Muskelfaser zu weit entfernt, um sie zu sehen. Sie ist so klein, daß wir sie mit unseren Augen, die einen Sehwinkel von rund einer Minute zur Wahrnehmung eines Objektes benötigen, erst bei einem Abstand von etwa 4 Zentimeter gerade eben sehen könnten, wenn unsere Linse in dieser geringen Entfernung ein scharfes Bild zeichnen könnte. Eine Fliege könnte vermutlich eine solche Faser sehen, wenn sie auf dem Herzen sitzt. Wir können es nicht.

Nun war es unser Ehrgeiz, die elektrischen Vorgänge im Herzen so genau zu registrieren, daß wir die elektrischen Vorgänge einzelner Fasern in ihren Eigenschaften erfassen könnten. In Bad Nauheim trat nach Ende des Krieges ein junger Arzt in unser Institut ein, *Wolfgang Trautwein*, der mit mir eine solche Technik entwickelte. Wir haben 1948 das Ergebnis dieser Messungen vorgelegt. Aufgrund unserer Ergebnisse und aufgrund einer physikalisch-mathematischen Betrachtung, welche man die Dipoltheorie nennt, konnte ich dann die theoretischen Bedingungen im Prinzip vollständig angeben, nach denen sich das EKG bildet. Eine derartige Deutung des EKG, die bis zur Stunde korrekt ist, hatte es vorher nicht gegeben.

Die ausländische Literatur war damals in Deutschland so gut wie unzugänglich, und so war ich gezwungen, auf eigene Faust zu forschen, ein wenig unter der leichtfertigen Annahme, es werde wohl niemand dieses schwierige Kapitel bearbeitet haben. In der Tat waren unsere Messungen damals auch die ersten in der Welt. Was ich aber nicht wußte, und auch erst nach dem Erscheinen meines EKG-Buches las, das war, daß der große Papst der amerikanischen Elektrokardiographie, *Frank Wilson*, bereits 1933 eine kleine Monographie veröffentlicht hatte, in der die Grundelemente meiner Theorie schon enthalten waren. *Wilson* war ein großer Pionier der Elektrokardiographie, nach *Einthoven* wohl der bedeutendste in der Welt, ein Kliniker (Internist) in Ann Arbor (USA), der auch als Arzt eine bemerkenswerte Persönlichkeit gewesen sein muß. Er beherrschte auch die Theorie der elektrischen Felder, und seine Arbeiten sind mit Formeln gespickt, die man einem Kliniker eigentlich nicht zutraut. Verwundert hat mich später nur, daß weder *Wilson* noch seine Schüler seine eigene, 1933 publizierte Theorie des elektrischen Feldes der einzelnen Herzmuskelfaser je konsequent zur Erklärung des EKG verwandt hatten.

Es gehört nun zu den großen Glücksfällen meines Lebens, daß mir im Jahre 1947 ein Forschungsstipendium in Stockholm angeboten wurde, bezahlt vom schwedischen Staat, angeregt von Prof. *Ragnar Granit*, dem Mitglied und späteren Vorsitzenden des Nobel-Komitees. Doch über diesen Besuch will ich später berichten. Das EKG-Buch wäre freilich ohne dieses Stipendium schwerlich zustande gekommen, denn ich verwandte, etwas zum Ärger *Granits,* meine ganze Zeit für die Lektüre ausländischer EKG-Arbeiten, während *Granit* mich eingeladen hatte, an seinem Institut eine experimentelle Arbeit durchzuführen. Da ich aber im Umzug von Bad Nauheim nach Heidelberg begriffen war, konnte ich nicht länger als 6 Wochen bleiben, und fand als einzig sinnvolle Tätigkeit in dieser Zeit eben das Studium der Literatur in der herrlichen Bibliothek vom Karolinischen Institut. In dieser Bibliothek fand man alles. Leider fand ich selbst nicht die grundlegende Arbeit *Wilsons* in dem unglaublichen Berg von Papier, den ich durchsuchte.

Meine eigenen Vorstellungen lassen sich etwa folgendermaßen skizzieren. Man kann eine in einem leitenden Medium, wie es der menschliche Körper darstellt, entstandene elektrische Spannung als einen „Dipol" auffassen, d. h. die Spannung verhält sich so, als ob sie aus zwei punktförmigen Polen einer Batterie käme. Man nimmt dabei, etwas vereinfachend gesagt, an, daß irgendwo im Herzen ein Plus- und ein Minuspol dieser Batterie liegt und von diesen Polen in weit ausgreifenden Bögen Ströme durch das Gewebe fließen. Unsere Analyse besagte, daß jede einzelne Herzmuskelfaser einen solchen Dipol darstellt, und daß seine Spannung der Membran der Muskelzelle, d. h. also der jede Muskelfaser umhüllenden Haut entstammt und durch deren Membranspannung bedingt ist. Einige amerikanische Kardiologen nahmen zwar mehrere Dipole an, keinesfalls aber die 20 Millionen, die man hätte annehmen müssen, und man behauptete überdies, die Spannung dieser Dipole habe mit den Membranpotentialen nichts zu tun. Man ging mit solchen Thesen an der Wirklichkeit des EKG vorbei. Wir aber begründeten, um unser Bild von vorhin aufzugreifen, das Aussehen des Waldes aus der Struktur jedes einzelnen seiner Bäume, ein Ansatz, den übrigens auch *Wilson* nie gemacht hat.

Es gehört zu den mir schwer erklärlichen Schicksalen meines Lebens, daß diese meine sorgfältig konzipierte Theorie des EKG bis heute weder widerlegt noch anerkannt worden ist. Offenbar ist die Theorie in der Tat für Mediziner zu kompliziert. Das bedeutet also, daß die Deutung von EKG-Kurven immer noch in erster Linie eine Sache der Erfahrung ist. Wir müssen natürlich zugeben, daß viele Details des EKG auch von meiner Theorie nicht geklärt worden sind, weil alle Abweichungen des EKG von der Norm gerade nach dieser Theorie eine mehrfache Deutung zulassen, z. B. sowohl auf einer verminderten Ausbreitungsgeschwindigkeit der Erregungswellen in den einzelnen

Muskelfasern als auch auf einer abweichenden Form der Verteilung der Erregung in den verschiedenen Teilen des Herzens beruhen könnten. Man weiß bis heute z. B. nicht sicher, wie sich der elementare Erregungsprozeß einer einzelnen Herzmuskelfaser nach Eintritt eines Infarktes verhält. Mein Mitarbeiter *Hans Georg Haas,* der freilich erst einige Jahre nach Erscheinen meines Lehrbuchs zu uns kam, und der ein glänzender Mathematiker und Physiker ist, heute in Bonn lehrend, hat mit einer Untersuchung über die Zusammenhänge von EKG und lokalen Prozessen im Herzen 1960 auch nur bescheidene Erfolge einheimsen können. Aber das Prinzip der EKG-Deutung ist klar. Es ist z. B. klar, daß einige Standardbegriffe wie „Schenkelblock" mit Sicherheit einseitig sind, und den Begriff des „inkompletten Rechtschenkelblocks" halte ich für völlig unsinnig. Dennoch verschwindet er nicht aus der Literatur.

Ich muß, um die Geschichte des EKG zu Ende zu schreiben, der Darstellung meines persönlichen Lebensschicksals vorgreifen. Inzwischen war ich (1948) auf den Lehrstuhl für Physiologie in Heidelberg berufen worden, hatte von 1948 bis Ende 1950 beide Institute in Bad Nauheim und Heidelberg geleitet, hatte 1951 das Kerckhoff-Institut verlassen und war an dem seit 1949 wieder in Bad Nauheim stattfindenden Kreislaufkongreß ab 1951 nicht mehr organisatorisch beteiligt. Der Vorstand der Gesellschaft, deren Präsident ein berühmter Autor auf dem Gebiet des EKG war, *E. Boden,* und mein Nachfolger im Amt, *Rudolf Thauer* waren übereingekommen, das EKG in einer modernen Darstellung zu präsentieren, und man überließ mir fairerweise das theoretische Hauptreferat. Ich stellte darin die Essenz der neuen Theorie dar, die insbesondere die alte, völlig ungenügende sog. Differenzkonstruktion ablösen sollte, deren Anliegen es war, das EKG aus zwei entgegengerichteten elektrischen Prozessen, eben als deren Differenz, zu erklären. Die Wirkung meines Referates war ziemlich entmutigend. Der damalige „EKG-Papst" *Schellong* kritisierte meine Theorie, und der greise, ehrwürdige *Arthur Weber,* Chef eines Klinischen Instituts in Bad Nauheim, hielt ein zweistündiges Gegenreferat am Abend des ersten Tages, das freilich nicht Teil des offiziellen Kongresses war. *Weber* hatte meine Theorie auch nicht verstanden, was dem alten Herrn schwerlich verübelt werden konnte. Am Ende seiner Abkanzelung, in der er mir zahllose Irrtümer vorzuhalten glaubte, wartete alles gespannt auf meine Entgegnung. Die war nun leider auf wissenschaftlicher Ebene nicht möglich, ohne den alten Herrn zu kränken. Also erhob ich mich, sagte lächelnd, bezüglich der Diskordanz der T-Zacken des EKG (die ein Hauptthema seiner Kritik war) verstünden wir uns leider nicht. Um so schöner sei es, daß an der Konkordanz der Herzen kein Zweifel sei. Damit setzte ich mich wieder. Ich habe nie wieder einen so stürmischen Applaus einheimsen können wie durch diese beiden Sätze. Im später gedruckten Kongreßband habe ich freilich meine Position schriftlich verteidigt.

Als ich das Tagungslokal nach meinem Referat verließ, klopfte mir ein Student auf die Schulter. „Nehmen Sie es nicht so tragisch", meinte er, „wir Jüngeren wissen, daß Sie recht haben." Und damit hatte denn auch wohl er recht.

Es ist nun eines Intermezzos zu gedenken, das in mehrfacher Hinsicht das so fragwürdige Wechselspiel von der Wissenschaft und ihren Gelehrten beleuchtet. Zu der Zeit, als ich mit meinen elektrokardiographischen Forschungen schwanger ging, machte ich die Bekanntschaft eines Arztes in Karlsruhe, der, so viel ich mich erinnere, mich 1946 schon besuchte, um mir seine Ideen vorzutragen. Es war *Franz Kienle.* Dieser Mann, eine der merkwürdigsten und tragischsten Gestalten, denen ich begegnet bin, war damals Chefarzt der Inneren Klinik des Städtischen Krankenhauses in Karlsruhe. Er war ein Mensch von großer Triebkraft, im Doppelsinn des Begriffs: Er trieb andere an und wurde selber umgetrieben. Es war kurz nach der Währungsreform. Ich war, glaube ich, noch in Bad Nauheim. *Kienle* lud mich nach Karlsruhe ein, ein lebhaftes Gespräch entspann sich, der damals noch rare Wein floß reichlich. Wir freundeten uns an, und mir imponierte *Kienle* insbesondere durch seine Tatkraft, die sich in allen Tätigkeiten, ärztlich, wissenschaftlich und privat, entlud. Mit einem dem Seehund nicht unähnlichen Kopf, Schnauzbart und einer unverkennbar alemannischen Mundart kochte er gleichsam an allen Rändern über. Er war dabei, die berühmt gewordene Karlsruher Therapiewoche zu planen und zu organisieren. Sie war, soweit ich das selbst erlebt habe, in Idee und erster Ausführung weitgehend sein Werk, was man heute ungern sagt und daher tunlichst verschweigt.

Kienle, Dozent in Leipzig noch unter *Hitler,* dann in den Westen gekommen, hatte sein Training bei den Naturheilkundlern in Dresden erhalten, war Schüler des originellen *L. R. Grote,* dem die Naturheilkunde, nicht ohne nazistische Nachhilfe, viel verdankte. *Kienle* hatte den Physiker *Wilhelm Ernsthausen* kennengelernt, der seinerseits mit einer eigenen Theorie des EKG umging, mit der er die Vektortheorie, der ich selbst anhing, widerlegen wollte. *Kienle* schwamm in dem Kielwasser *Ernsthausens,* nur fehlten ihm bei aller Energie der physikalische Verstand und die Selbstkritik, die ihn auf diesem gedanklich so schwierigen Gelände vor Unheil hätten bewahren können. In unsere unbeschwert geschlossene Bekanntschaft kam also bald wissenschaftlicher Widerspruch. Mir selbst war klar, daß *Ernsthausen* wie *Kienle* unrecht hatten, und ich versicherte mich meiner physikalischen Korrektheit im Institut für theoretische Physik in Heidelberg, dem damals der spätere Nobelpreisträger *Jensen* vorstand. *Jensen,* ein völlig informeller Mensch von großer Gefälligkeit, verwies mich an seinen damaligen Mitarbeiter *Heinz Maier-Leibnitz,* der eben zum außerplanmäßigen Professor ernannt worden war. *Maier-Leibnitz* bedachte das Problem eine Weile und gab mir dann recht: Man konnte die im Herzen entstehenden Spannungen sehr wohl als Dipole betrachten und auch mathematisch so behandeln. Diese Hilfe, durch einen Mann, der später einer der prominentesten Vertreter der deutschen Wissenschaft und langjähriger Präsident der Deutschen Forschungsgemeinschaft werden sollte, stärkte mir den Mut. Im übrigen sprach auch die amerikanische Literatur für mich, wenn auch die Tiefgründigkeit der Amerikaner in manchem Punkt zu wünschen übrig ließ. *Kienle* trennte sich im Bösen von *Ernsthausen,* ging auch zu unbeschwert mit *Ernsthausens* Gedanken als den seinen hausieren, hatte dann aber die Durchsetzungskraft, die schon von *Ernsthausen* angegebenen Ableitungen des EKG von der Brustwand, mit je zwei Elektroden im Abstand von 1–2 cm, aber insgesamt einem Heer von 64 solcher Elektrodenpunkte, zu einer diagnostischen Methode auszubauen. Die Methode versprach, so meinte *Kienle* jedenfalls, indem sie elektrische Spannungen zwischen sehr nahegelegenen Punkten der Brustwand abgriff, etwas über die diesen Elektroden besonders nahe liegenden Herzteile auszusagen. Wenn ich auf das Gleichnis vom Wald und seinen Bäumen zurückkommen darf: *Kienle* setzte Elektroden am Waldrand so an, daß der Abstand der Elektroden in die Nähe der Entfernung einzelner Bäume voneinander rückte.

Nun ließ sich zeigen, daß diese Methode keinesfalls so eindeutig bestimmte Bäume erfassen ließ, also imstande war, kleinste Abschnitte des Herzens isoliert elektrisch zu untersuchen. Dafür lagen die Elektroden zu weit vom Herzen entfernt. Man hatte, unter der geistigen Führung *Frank Wilsons,* auch in den USA gehofft, durch Elektroden, die herznah auf die Brustwand gesetzt wurden, bestimmte, der Elektrode nahe gelegene Teile bevorzugt zu erfassen und sprach vom „Partial-EKG" und vom „Proximity-potential". Ich rechnete die Sache durch und bewies, daß *Wilson* keinesfalls recht haben konnte. Auf dem internationalen Kardiologenkongreß in Rom 1960 konnte ich die Prominenz des Faches von dieser Idee überzeugen. Meine Skepsis traf im Prinzip auch auf *Kienles* Methode zu, wenngleich seine Chance weit besser war, als die *Wilsons* mit seinen „Brustwandableitungen". *Kienle* aber verrannte sich in wilden Hypothesen, zeichnete großartige Bilder, die nichts bewiesen, schrieb mehrere Bücher, eines fehlerhafter als das andere, und vergeudete wirklich ein Vermögen, und zwar sein eigenes. Denn das muß gesagt werden, daß *Franz Kienle* seine ganzen Einnahmen in seine Forschung steckte und, soweit ich das schätzen kann, fast eine Million, wenn nicht mehr für seine Forschung aus seiner Tasche bezahlte. Er war in mancherlei Hinsicht vom Pech verfolgt, darunter von einer leidigen Strafsache, wo er einer nicht sonderlich dramatischen Sache wegen mit dem Gesetz in Konflikt kam. Seine unkritische Haltung entfernte ihn immer weiter vom Weltstandard der Forschung. Bald nahmen die Amerikaner seine Idee auf und führten seine Messungen unter dem neuen Begriff „surface mapping" durch, ohne seine Hypothesen zu übernehmen. Heute hat sich eine Riesenliteratur über diesen neuen Zweig der Elektrokardiographie gebildet, meist, wenn auch keineswegs immer, und anfangs schon gar nicht von physikalischer Sauberkeit getragen. Was ich auf einem Kongreß in Brüssel 1958 sah, war keineswegs logisch sauberer als *Kienles* Interpretationen. Aber er galt als unzuverlässig, wenn nicht gar verrückt. Er wurde verbittert, sein Augenlicht ließ nach. Als fast schon Erblindeter besuchte er eine Konferenz, auf der ich mit Professor *Schoffa* aus Karlsruhe zusammen versuchte, die Methode auf ihre Aussagefähigkeit zu prüfen und erreichte, daß eine ansehnliche, internationale Versammlung die Meinung förmlich bekanntgab, daß die Methode, richtig angewandt, eben doch diagnostisch mehr leisten kann als jede andere Ableitung des EKG.

Sie sieht, wenn nicht einzelne Bäume, so doch Baumgruppen des Waldes. Wir gaben der Methode den neuen Namen Elektrokartokardiogramm (EKKG). Mit dieser Konferenz habe ich mein Debüt auf dem Gebiet des EKG beendet. *Kienle* starb kurz darauf. Wenige Tage vorher habe ich ihn besucht, ihm wieder nicht recht geben können in seinen überzogenen Ideen und ich fürchte, das hat dazu beigetragen, ihm das Herz zu brechen. Wir sollten sein Andenken besser behandeln als wir ihn selbst behandelt haben. Im Tode verklärt sich das Unvollkommene und gewinnt den Glanz einer anderen Vollendung, die nicht mehr von dieser Welt ist.

19. Was folgt aus der EKG-Geschichte?

Im vorigen Kapitel ist vieles nicht gesagt worden, was eigentlich zur Geschichte des EKG gehört. Ich selbst hatte eine Reihe besonderer Unternehmungen begonnen, die mir alle nicht viel Anerkennung eintrugen, obschon sie eine wesentliche Bereicherung der Theorie darstellten. Dazu gehören z. B. Experimente zum Problem des sogenannten Ventrikelgradienten, der die Fläche ausmißt, welche die Kurve des EKG umfährt. Es gehört die Kritik der verschiedenen Ableitungsarten dazu, die ich mit Einsatz von Computern 1974 durchführte. Meine Mitarbeiter am später von mir gegründeten Institut für Sozialmedizin waren in Deutschland unter den ersten, welche eine Auswertung des EKG mit Computern vornahmen. Die deutschen Kliniker waren wenig geneigt, diese Arbeiten anzuerkennen. Sie können sie eigentlich nicht einmal gelesen haben. Es wäre sonst schwer einsehbar, wie es dazu kommen konnte, daß der erste Kongreß der Deutschen Gesellschaft für Kreislaufforschung 1978, der nach 26 Jahren wieder das Thema des EKG aufnahm, stattfand, ohne daß man mich einlud. Hier tobten sich Ressentiments aus, welche andeuten, wie unsachlich die deutsche wissenschaftliche Welt denken und handeln kann, jedenfalls in der Medizin, wenngleich man in den USA auch nicht gerade zimperlich mit der Kunst verfährt, eigene Leistungen durch Verschweigen fremder Leistungen zu erhöhen. Diese persönlichen Erfahrungen sind nur als Symptome eines Systems interessant, das immer mehr ins Kreuzfeuer öffentlicher Kritik gerät. Zur Entschuldigung jener mißgünstigen Kliniker und auch ein wenig zu ihrem Verständnis möchte ich anmerken, daß ich es ihnen nicht immer leicht gemacht habe, und zwar insbesondere durch einige persönliche Eigenarten, die einen Tadel sehr wohl verdienen. Da die Dinge ebenfalls ein gewisses allgemeines Interesse für die Beurteilung der Welt der Gelehrten haben, darf ich einen Augenblick bei ihnen verweilen. Zunächst war ich zu flatterhaft, und das heißt in der Tat, daß mein Interesse von Blume zu Blume im Garten der wissenschaftlichen Problematik geflattert ist, unstet wie ein Schmetterling. Die Palme wird in der Wissenschaft aber dem gereicht, der mit der ganzen Ernsthaftigkeit der Ausschließlichkeit sich einem einzigen Problem und seiner Lösung hingibt. Nur so lassen sich auch wirklich bedeutende Erfolge erzielen, welche dann den Platz in der Walhalla des Geistes sichern. Meine Flatterhaftigkeit war nun niemals ein Mangel an Ernsthaftigkeit. Sie entsprang vielmehr meiner tiefen, nach wie vor vertretenen Überzeugung, daß ein Leben nur für die Wissenschaft nicht eigentlich lebenswert ist. Die Menschheit geht nicht zugrunde, weil zuwenig geforscht wurde, sondern weil ihre „menschlichen Werte" im Taumel des wissenschaftlichen Fortschritts vergessen werden. Man kann gewiß darüber streiten, was solche menschlichen Werte sind. Jedenfalls sind es, um dieses Stichwort noch einmal aufzugreifen, mehr emotionale als rationale Momente der Wertbestimmung.

Ein dritter und sehr ernsthafter Einwand, den man gegen meine Art zu forschen vorbringen kann, trifft eine Eigenschaft, welche aus der Art fließt, wie ich Wissenschaft und insbesondere die medizinische Wissenschaft einordne. Meine Kritik richtet sich darauf, daß eine Medizin der Apparate zwar viel, aber nicht alles bedeutet. Gerade das ist am Beispiel des EKG eindrucksvoll demonstrierbar. Die Methode führt keineswegs zu einer sicheren Handlungsanweisung für den Arzt. Ich möchte das gleich noch näher belegen. Der durchschnittliche Kliniker empfindet das vermutlich als eine ungebührliche Abwertung seiner Bemühungen.

Ein viertes ist dann der Einwand, den ein Ordinarius meiner eigenen Fakultät einmal in einer Fakultätssitzung äußerte, nämlich ich beschmutze mein eigenes Nest, wobei das Nest offenbar die Fakultät sein sollte. In der Tat habe ich so etwas nie getan, wenn man unter Beschmutzung einen Vorgang versteht, der etwas mit der Einbringung von eigenem Dreck in eine saubere Umwelt zu tun hat. Ich habe nicht einmal behauptet, und nehme immer noch gegen eine Behauptung dieser Art Stellung, daß die Medizin auf schmutzige Art betrieben wird. Sie wird einseitig betrieben, unter einer nicht immer kritischen Einschätzung ihres Wertes, also einer Überschätzung ihrer Leistungen. Ein moderner englischer Sozialmediziner, *McKeown,* hat soeben mit Tatsachen belegt, wie recht meine Skepsis war. Wer sich für untadelig hält, und das tat dieser Kollege, der nimmt auch die freundlichste Kritik als Affront.

So möchte ich nun am Ende meiner sorglosen Phillippika gegen eine kleine Zahl von Klinikern anfügen, daß ich weit entfernt davon bin, moralische Verdikte gegen Personen zu formulieren. Was kritikbedürftig ist, ist das System der Deutschen Universität und insbesondere ihrer medizinischen Fakultäten. Aber in dieses System sind wir alle als arme, irrende Menschen hineingestellt, glauben unser Bestes zu tun, aber unsere Augen sind „gehalten“, wie es die Bibel sagt, die Wahrheit erkennen sie nicht. Und daß wir gerne die Splitter in des andern Auge sehen, ist auch schwer zu leugnen. Es könnte freilich jetzt gesagt werden, daß eben dieses Splitter-Gleichnis auch auf mich zutreffe, und das mag stimmen.

Aber zurück zum EKG. An seiner Geschichte ist eindrucksvoll zu zeigen, welches der Weg der modernen Wissenschaft ist und sein wird. Was leistet das EKG? Eine Konferenz über „Die Funktionsdiagnostik des Herzens“ (*H. Klepzig,* 1958) wollte u. a. auch die Rolle des EKG für diese Funktionsdiagnostik erörtern, und der Veranstalter war unvorsichtig genug, mir das theoretische Hauptreferat zu übertragen. Meine Meinung hat auch mir wohlgesinnte Kliniker, wie den großartigen Schweizer Internisten *M. Holzmann,* ziemlich auf die Palme gebracht, denn ich sagte (und das sicher zu Recht!), daß das EKG nichts über die Funktion des Herzens aussage. Denn die „Funktion“ des Herzens ist das, was das Herz für die ihm übergeordnete Einheit leistet, für den Kreislauf. Diese Leistung besteht darin, den Blutdruck zu erzeugen und mit seiner Hilfe den Körper mit Blut zu versorgen. Maße für Funktionserfüllung sind ausschließlich das unter einem ausreichenden Druck aus dem Herzen ausgeworfene Blut, das im Schlagvolumen gemessen wird. Über beide Größen ist aus dem EKG nichts zu entnehmen.

Was also sagt das EKG? Eigentlich sagt es nur etwas über die Wahrscheinlichkeit aus, mit der das Herz seine Funktion erfüllen kann. Es ist ein *Indikator* für Funktionsfähigkeit. Es sagt daneben auch in bescheidenen Grenzen etwas aus über die Gründe, aus denen diese Funktion versagen könnte. Diese Gründe sind vielgestaltig in ihren Verzweigungen, denn die Zahl der möglichen einzelnen Abartigkeiten des EKG ist groß. Aber die ersten Ursachen aller Abartigkeiten sind vermutlich gering an Zahl: Es sind Defekte als Folge von Infektionskrankheiten, Defekte als Folge mangelhafter Durchblutung und erbbedingter Veranlagungen. Über diese Erstursachen sagt das EKG wiederum nichts. In der Tat lassen sich seine wesentlichen Aussagen in wenige Abartigkeiten einteilen: Es sind Störungen der Rhythmik des Herzens (die am Anfang der klinischen Anwendung des EKG fast alleine beachtet wurden) und Störungen der Beschaffenheit des Herzmuskels, auf die man aus Änderungen der EKG-Form schließen kann.

Nun hatte auf dem Nauheimer Kongreß 1952 der Kliniker *F. Schellong* sicher recht wenn er meinte, der Arzt habe nicht das EKG zu deuten, d. h. den Mechanismus zu klären, wie es im normalen oder krankhaften Fall zu seiner jeweiligen Form gekommen sei. Er habe vielmehr die Bedeutung von Abweichungen im EKG festzustellen, und das sei nur durch Empirie möglich. In der Tat belegt die ganze weitere Entwicklung der EKG-Forschung die Richtigkeit dieser Behauptung.

Empirie freilich meint, daß man zwei Erfahrungen in einen gesetzmäßigen Zusammenhang bringt: Das Aussehen des EKG und einen mit anderen Methoden festzustellenden Befund, z. B. Erkrankungen, die mit klinischen Methoden oder durch Feststellung von Formabweichungen, z. B. bei der Sektion, ermittelt werden. Ob ein EKG solche anderweitig zu treffenden Feststellungen ersetzen kann, das ist das Problem. Man kann z. B. einen Infarkt mit Sicherheit erst nach dem Tode, bei der Sektion des Herzens, feststellen und nicht im EKG.

Man kann eine Störung des Herzstoffwechsels oft nur schwer direkt nachweisen. Aber es gibt Untersuchungen darüber, welche Formabweichungen im EKG welchen krankhaften Ereignissen entsprechen. Es bedarf nur des Nachweises, ob die Entsprechung immer korrekt ist, oder ob man aus dem EKG nicht doch eine gewisse Prozentzahl falscher Schlußfolgerungen zieht. Man nennt die Prüfung auf diesen Prozentsatz falscher Schlüsse eine Validierung. Es hat sich dann bei dieser Validierungsforschung gezeigt, daß die Fehlerzahl beträchtlich hoch ist, daß man z. B. einen alten Infarkt genau so sicher durch sorgfältige Befragung wie durch das EKG feststellen kann, wobei die Personen, bei denen das EKG oder die Befragung irren, leider nicht identisch sind. Man wendet also am besten beide Methoden an.

Der seit 1950 registrierbare Fortschritt, aus dem mit Vorsicht auch auf den zu erwartenden Fortschritt in der künftigen EKG-Forschung geschlossen werden darf, ist nun typisch nicht nur für das EKG, sondern für die gesamte medizinische Diagnostik. Deshalb wollen wir mit seiner Analyse das EKG-Kapitel beschließen.

Die EKG-Forschung hat zunächst eine erhebliche Absicherung der klinischen Deutung des EKG durch die Validierungsforschung erfahren. Der Zusammenhang zwischen Abweichungen und klinisch auch ohne ein EKG feststellbaren Erkrankungen wird durch Serienbeobachtungen gesichert: Man stellt an einer möglichst großen Zahl von Kranken einerseits die Art ihrer Krankheit, andererseits die Form ihres EKG fest und findet mit statistischen Methoden diejenigen Zusammenhänge, welche aussagen, welche EKG-Abweichung mit welcher Krankheit sehr häufig, wenn nicht gar immer gekoppelt vorkommt. Die Art der Validierung ist vor allem in den USA vorgenommen worden. Sie war allein schon deshalb notwendig, weil bei dem Versuch, ein EKG mit Computern vollautomatisch zu deuten, diese Zusammenhänge zwischen Krankheit und EKG-Befund unerläßliche Voraussetzung sind. Hier hat ein in die USA emigrierter Deutscher, Dr. *Hubert Pipberger*, für die ganze Welt Vorbildliches geleistet. *Pipberger* arbeitete am Veterans Administration Hospital in Washington und ist zugleich Professor an einer der dortigen medizinischen Fakultäten. Er ist ein besonders eindrucksvoller Zeuge dafür, was die USA den deutschen Immigranten verdankt, die (wie es bei *Pipberger* der Fall ist) in großer Zahl auch erst nach dem letzten Krieg herübergingen, also ohne die aus der Nazi-Verfolgung stammende Notwendigkeit.

Um ein EKG in Computern aufarbeiten zu können, muß es nach standardisierbaren Methoden ausmeßbar gemacht werden. Hier liegt ein bescheidenes Verdienst in meinem EKG-Buch, das eine so weitgehende Mathematisierung der Modellvorstellung, wie ein EKG entsteht, durchführte, daß der Computer-Programmierer eine gewisse Handhabe besitzt. Das haben mir Computer-Fachleute mehrfach gesagt, nebst *Pipberger* auch der beste deutsche Fachmann, Herr *Ch. Zywietz* in Hannover.

Der dritte Weg in die Zukunft liegt vermutlich in der Weiterentwicklung der Methode, die *Franz Kienle* als erster promoviert hat, dem was man heute „surface mapping“ nennt. Findige Computerfachleute haben staunenswerte Maschinen ersonnen, mit denen die auf der Brustwand ableitbaren elektrischen Spannungen in farbige Symbole übersetzt werden, wobei sie übrigens nicht zu bemerken schienen, daß sie damit aus der präzisen Sprache der Mathematik in die Anschauung, also eine vorwissenschaftliche Methode, zurückfielen, freilich durch diesen Rückfall nicht nur dem Arzt entgegenkamen, der meist von Mathematik nichts versteht. Sie brachten auch *Schellongs* alte Kritik an meinem Buch wieder unbewußt (und ohne je *Schellongs* zu gedenken!) in ihr Recht: Das EKG ist eben keine Methode, um mathematische Spielereien mit kranken Herzen anzustellen, es soll vielmehr möglichst „auf einen Blick“ bestätigen, was der Kliniker vermutete, daß nämlich dem Herzen ein ganz bestimmtes Schicksal widerfahren ist.

Wenn man will, ist das EKG also Teil einer „Erfahrungsheilkunde“, wie sie derzeit lautstark von Außenseitern propagiert wird. Als ob bei dem fundamentalen Theoriemangel der Medizin diese etwas anderes als Erfahrungsheilkunde sein könne! Auch vom EKG ist aber zu sagen, daß es ein Teil jener „Apparatemedizin" ist, die man derzeit so beklagt, und die man sogar beschuldigt, wesentlich eine „Inhumanität" der Medizin zu verschulden. Aber inhuman kann eine Technik, die dem Menschen hilft, doch keinesfalls sein. Nur angewandt kann sie so werden, daß sie der Inhumanität der Ärzte Vorschub leistet. Freilich – am EKG wird Geld verdient. Wenn ich von einem Fall hörte, wo alle 2 Tage ein EKG bei einem chronischen Prozeß geschrieben wurde, so liegt dort ein kommerzieller Mißbrauch dieser harmlosen Methode vor, der relativ selten sein dürfte. Auch bin ich nicht sicher, daß jene farbenfrohen Bilder des „surface mapping" ihr Geld wert sind. Und was dem EKG billig ist, ist fast jeder hochtechnisierten Methode in der Medizin recht. Fast alle Methoden entwickeln sich durch Mathematisierung, Automatisierung, Entwicklung neuer Verfahren zur Anwendung alter Prinzipien. Und fast immer muß die Frage gestellt werden, ob ihre Anwendung ihre Kosten rechtfertigt. Solche Fragen stellen sich freilich die Erfinder neuer Methoden meist ebensowenig wie ihre Anwender. Beide leben in den eisigen Höhen maximaler Präzision, und es entspricht fast den Erfahrungen, die jeder Bergsteiger hat: Schon vom Wallberg am Tegernsee herab gesehen kommt einem der einzelne Mensch aus den Augen, wieviel eher noch vom Mont Blanc!

20. Aller Anfang ist schwer, auch der Neuanfang

Wir müssen wieder den Anschluß ans große Welttheater suchen, das wir 1945 bei unserem Ausflug in die Geschichte des EKG verließen. Mit dem Frühjahr 1945 ging eine Periode zu Ende, die weit einschneidender war als nur das Ende des Nationalsozialismus. Dieser ging aus dem Kaiserreich zwar über ein demokratisches Zwischenspiel hervor, aber doch so, daß eine große Zahl „national"gesinnter Menschen in der Demokratie den Untergang, in einer „Neubesinnung auf alte Werte", und zwar solche des Kaiserreiches, wenn nicht gar des Preußentums, den einzigen Weg zur Rettung des Vaterlandes sahen. Mit der Niederlage 1945 ging die Möglichkeit dieser vaterländischen Haltung zugrunde und hat sich auch bis heute nicht regeneriert. Das Wort Vaterland scheint vielen veraltet, wenn nicht sogar verdächtig. Unser Vaterland ist die Welt (die von uns durchaus nicht immer etwas wissen will) oder mindestens Europa, indem wir vaterlandslosen deutschen Gesellen die Rolle von Desperados spielen, deren diesbezügliche (anti-vaterländische) Gesinnung jedenfalls weder in Frankreich noch in England verstanden wird, von den Vereinigten Staaten ganz zu schweigen. Ich verstehe die Gefühle derer, die damals in tiefe Verzweiflung sanken. *Arnold Rademachers* Wort vom „Finis Germaniae" schien Wirklichkeit geworden. Man billige aber auch mir zu, daß ich aufatmete, als die Amerikaner einmarschierten, was meine Mitarbeiter in der Mehrzahl taten wie ich. Was kam war sicherlich nicht schön, aber es war ungefährlich.

Ich mußte, da ich doch listenmäßig PG gewesen war, zunächst Kohlen schaufeln, was mir glänzend bekam. Am Verladebahnhof traf sich die geistige Elite Bad Nauheims. Die Amis jedenfalls konnten mit unserer Hilfe heizen, und da unsere Dienstwohnung im Institut mit diesen zusammen ebenfalls beheizt wurde, arbeitete ich beinahe im eigenen Interesse. Dieses Intermezzo dauerte nur kurze Zeit. Ich erinnere mich nicht mehr, wann es zu Ende war.

Am 20. Mai 1945 setzt ein Tagebuch ein, das zu führen ich damals Zeit hatte, und reicht bis März 1948. Was also nunmehr zu berichten ist, kann ich verläßlichen Aufzeichnungen entnehmen. Durch diese Aufzeichnungen geht ein Grundton wachsender Empörung über die Fehler, welche die Alliierten und unter ihnen besonders die Amerikaner bei der sogenannten „Umerziehung“ machten. Daß die „Entnazifizierung“ mißglückt ist, wie jetzt im August 1985 eine Fernsehdiskussion vor allem mit jüdischer Beteiligung feststellte, ist eine Tatsache, die nicht zuletzt der psychologischen und politischen Instinktlosigkeit der damaligen Machthaber zuzuschreiben ist. Nun darf eines nicht vergessen werden: daß Deutschland durch den Einmarsch der Alliierten aus einer Tyrannei erlöst wurde, die letztlich jedermann betraf, besonders hart und grausam jene Menschen, die als Volksfeinde grundlos gebrandmarkt wurden. Wenn also Enttäuschung hochkam, so nur vor dem Hintergrund dieser säkularen Wende, der Beendigung der nazistischen Herrschaft. Was immer an Kritik aufgekommen sein mag: Vor dieser Tatsache muß sie relativiert werden. Angesichts der Notwendigkeit freilich, aus einem total verbildeten Volk eine friedliche Nation zu machen, wogen in unseren Überlegungen diese Fehlhandlungen schwer. Sie haben auch in der Tat sehr stark dazu beigetragen, das Bewußtsein des eigenen Unrechts in der deutschen Bevölkerung zu verwischen. Die Entlassung aller ehemaligen Parteigenossen aus jeder halbwegs reputierlichen Position war noch verständlich, wäre sie von einer raschen und gerechten Nachprüfung korrigiert worden. Ich schildere nun mein eigenes Schicksal, das ich mit Daten genau belegen kann, als ein Beispiel für das Schicksal fast der Mehrheit aller geistig tätigen Menschen. Ich selbst wurde erst am 13. Mai 1946 aus meiner Stellung als Hochschullehrer entlassen, durch den deutschen (hessischen) Minister, der allerdings auf alliierte Veranlassung handelte. Ich verlor also meine Dozentur innerhalb von 4 Jahren zweimal und aus total entgegengesetzten Gründen. Erst 1947 fand mein „Spruchkammer-Verfahren“ statt, d. h. eine Be- und Verurteilung wegen meiner Zugehörigkeit zur Partei, und auch das nur nach mehrfacher Anmahnung durch die höchsten deutschen Instanzen, die meine Arbeitskraft brauchten. Die erste Instanz verurteilte mich, wie ich schon berichtet habe, zur Entlassung nach damaligem Recht, weil ich als „Mitläufer“ eingestuft wurde. Die im Kriege seitens der Partei gegen mich geführten Prozesse hatten den Schönheitsfehler, daß meine Freunde mir im Kriege, um mich vor der wirtschaftlichen Vernichtung zu retten, ein loyales Verhalten zum Nazistaat bescheinigten. Dies allein konnte mir in der Diktatur helfen. Nach dem Kriege kamen zwar durchwegs andere Freunde, sagten aber das Gegenteil: Ich sei konsequenter Gegner des Regimes gewesen. Was war die Wahrheit?

Ich erinnere mich heute eines japanischen Films, der um 1960 herum gezeigt worden sein muß: Rashomon. Er schilderte eine dramatische Begebenheit mehrfach, doch jedesmal mit den Augen einer anderen der in die Geschichte verwickelten Personen. Keine Darstellung stimmte mit der anderen überein, nicht einmal im Prinzip des Ereignisses. War ich nun Nazi gewesen oder nicht?

Das historische Wahrheitsproblem ist seit der berühmten Frage des *Pilatus* oft genug durchdacht worden, als daß wir hier und jetzt Gedanken dazu entwickeln sollten. Ich habe überdies in meinem Leben immer wieder beobachten können, daß ein wirklich intelligentes Gehirn die Fähigkeit hat, die eigene Person in jeder gewünschten Aufmachung zu präsentieren, und so war ja auch ich vor den Gerichten der Nazipartei verfahren. Man kann auch nicht sagen, daß vor den Spruchkammern der Militärregierung die existentielle Not weniger groß gewesen wäre. Ich wage sogar zu sagen, daß, entsprechende Prominenz des Prozeßopfers vorausgesetzt (und diese war bei mir gegeben), die Nazis wesentlich sachlicher und milder urteilten als die Spruchkammern, die im Geist eines undifferenzierten Klassenhasses handelten. Verhängnisvoll war die Lage im Dritten Reich nur bei Angehörigen jener Menschengruppen, welche von den Nazis vernichtet werden sollten: den Juden, den Zigeunern; wesentlich harmloser schon bei einigen intellektuellen hochwertigen Schichten der politischen Opposition, insbesondere der SPD, die nicht allzu viele Blutzeugen aufzuweisen hatte, so viel ich weiß.

Die Amerikaner sahen damals in jedem Deutschen, der mit der NSDAP zusammengearbeitet hatte, einen möglichen Verbrecher, und selbst dort, wo solches Verbrechertum auszuschließen war, benahmen sie sich oft skandalös. Ein Beispiel. In Frankfurt wurden auch alle ehemaligen PGs der Stadtverwaltung entlassen, was das Ende der Stadtverwaltung bedeutete. Der neu ernannte Oberbürgermeister will daraufhin aus Protest sein Amt niederlegen, was mit dem Hinweis gestattet wird, es stünden für dieses Amt genügend KZ-Häftlinge zur Verfügung. Eine Stadtratssitzung in dieser Sache findet so statt, daß die Stadtväter vor den sitzenden Amerikanern stehen müssen.

Die Amerikaner sind erstaunlich restaurativ verfahren: Sie wollten zunächst offenbar die Rückkehr zur Zeit vor 1933, die doch so völlig instabil war. Eine erste Parteigründung in Frankfurt, die ich am 30. 5. 45 notiere, war die einer „antifaschistischen Partei“, also ein Negativum:

„Anti" als Stichwort. Etwas Positives ist offenbar niemandem eingefallen. Die Zukunft lag deshalb dunkel vor uns, weil kein eigener geistiger Lichtstrahl sie erhellte.

Noch war übrigens der Weltkrieg nicht zu Ende: Japan kämpfte noch, bis die erste Atombombe am 7. 7. 1945 auf Hiroshima fiel. Es geisterte die Idee eines von den USA und Westdeutschland gemeinsam organisierten Kampfes gegen Rußland durch das Land. Die Amerikaner schienen ähnliches anzunehmen: Sie befestigten ihre Grenzen, wie man sich zuraunte.

Die Kritik an der alliierten Politik wuchs ständig. Am 1. 6. 1945 notiere ich wörtlich folgende Gedanken, die man freilich als Ausfluß der damals herrschenden Stimmung lesen muß: Das politische Verhalten der Westmächte ist von dem Deutschlands doch im Prinzip nicht verschieden. Allerdings: Daß sie an den Nazis die gleichen Methoden anwenden, die diese an Juden und anderen anwandten (streifenförmige Tonsur, Verbringung in KZ, Hakenkreuze als Kennzeichen) sowie die Verfolgung der Kriegsverbrecher mag als Strafe berechtigt sein und führte mindestens nicht zum Henkertod, wohl freilich zum Massensterben in Internierungslagern auf den Rheinwiesen. Strafe ist Folge eines Gerichts. Wer darf aber in Parteisachen richten? Gibt es im Kampf der Völker ein solches Recht? Die Zukunft wird das lehren. Aber die Zerstörung unserer Kultur, der Städte, der einmaligen Bauten war doch nicht zu rechtfertigen, wenn sich (wie in Dresden) keine kriegswichtigen Ziele inmitten dieser Kultur befanden. Bemerkenswert, daß dieselbe Kultur, welche so museal geworden ist, daß sie alles Vergangene aufhebt, registriert, wissenswert findet, mit ihrer Kriegsmaschine diese schätzenswerte Vergangenheit zerstört. Frankfurts Römerberg war ein Museum; es wurde vernichtet. Dem Durchschnittsamerikaner kommt das nicht zum Bewußtsein.

Soweit die Kostprobe der damaligen Stimmung aus meinem Tagebuch. Aber kehren wir zur „Selbstbespiegelung" zurück. Erkennen wir uns, wenn wir in den Spiegel schauen? Zeichnen wir nicht immer ein opportunistisches Bild von uns selbst?

Hier muß ich nun desjenigen Freundes besonders gedenken, dem ich in jenen Tagen mein Schicksal anvertraute: *Ernst Friesenhahn.* Mit ihm hatte ich, wie man sich erinnern wird, vor dem Volksempfänger Freundschaft geschlossen, als der Röhm-Putsch gemeldet wurde und dabei auch der Katholik *Klausener* ermordet wurde. Wir kannten uns vorher schon vom ersten Dozenten-Wehrsport-Lager 1933, wo wir beide eine etwas aufsässige Rolle spielten. Der Röhm-Putsch hat uns endgültig zusammengeführt. *Friesenhahn* verließ die Universität und ließ sich als Rechtsanwalt nieder, wurde dann 1946 zum Ordinarius des Staatsrechts in Bonn berufen, wurde 1951 Richter am Bundesverfassungsgericht in Karlsruhe und kehrte, obgleich man ihn für eine dritte Amtsperiode in dieses höchste deutsche Gericht wählen wollte, 1963 auf seinen Bonner Lehrstuhl zurück. Er ist 1984 gestorben.

Ernst Friesenhahn gehörte jener seltenen Gruppe von Menschen an, deren extrem scharfer Verstand mit einer sehr großen Bescheidenheit verbunden war, eine Kombination, die wie es scheint eine hohe innere Widersprüchlichkeit aufweist, sonst wäre sie nicht so selten; die Intelligenz ist oft recht arrogant. Klein von Statur, mit scharfsichtigen Augen hinter der Konkavglas-Brille, von einer Geschwindigkeit der Rede, die nur von der Geschwindigkeit des Denkens übertroffen wurde.

Im Gespräch begann er die Antwort bereits, ehe der Partner ausgeredet hatte. Er erfaßte sehr rasch, was der andere sagen wollte. Er blieb innerlich und äußerlich jung, so sehr, daß ihm folgendes passierte. Er wurde 1950, immerhin schon 49 Jahre alt, zum Rektor der Bonner Universität gewählt. Bei der ersten Universitätsfeier ließ ihn der Pedell nicht durch die Tür zur Aula, und bedeutete ihm, der Eingang für Studenten sei nur oben, zur Galerie. Der arme Pedell hatte freilich nicht unter dieser Fehldiagnose zu leiden.

Am Abend beim Festbankett der Gesellschaft der Freunde und Förderer tanzte er mit der Gattin des Vorsitzenden dieser Gesellschaft. Gnädige Frau hatten offenbar nicht das beste Gedächtnis, jedenfalls fragte sie ihren jugendfrischen Tänzer danach, was er studiere. *Ernst* ging darauf ein und spielte die Rolle des Jurastudenten erstklassig. Nach kurzer Zeit erschien freilich der Vorsitzende höchst verwirrt und bat Seine Magnifizenz um Entschuldigung, seine Frau habe ... Sie habe, so schnitt *Ernst* ihm das Wort ab, das schönste Kompliment gemacht, das einem Mann um die Fünfzig gemacht werden könne: die Versicherung, jung geblieben zu sein.

Daß ein Mann mit solchen Gaben nicht immer Konformist war, läßt sich denken. Von ihm lernte ich, daß die Jurisprudenz im Grunde dieselben Probleme hat wie die Medizin: Vorurteile, traditionelle Anschauungen, die nicht mehr passen, Eigennutz in der Berufsausübung sind offenbar Defekte, die man nicht gerade selten antrifft. Im Bundesverfassungsgericht hat er oft eine abweichende Meinung vertreten, noch öfter seine Kollegen von seiner Meinung überzeugt, und eine bedeutende Abhandlung, die er um jene Zeit schrieb, handelte von der abweichenden Meinung. Eine Welle hochachtungsvoller Sympathie schlug ihm entgegen, sobald er irgendwo zu ehren war. Sein Urteil über sich selbst war besonders wenig gerecht. Er habe nichts Ordentliches geleistet. Er habe nie ein größeres Werk geschrieben, was getan zu haben er mir ganz offen neidete.

Friesenhahn wußte, wer ich war und hat mich vor der Spruchkammer verteidigt. Dort hat er ein Bild von mir entworfen, das eine gute Chance hat, richtig zu sein. Was ich hiermit sagen will, ist dieses, daß sich der Mensch am ehesten in dem Urteil eines lauteren Freundes wiedererkennt. *Friesenhahn* war ein Mensch, dessen Lauterkeit es ihm verbot, selbst den Freund mit Falschheiten oder halben Wahrheiten zu verteidigen. Er hat mir in einer „eidesstattlichen Versicherung" vom 3. 5. 1946 bescheinigt, daß ich gegen den Nazistaat stand und niemals zu den aktiven Nationalsozialisten und Militaristen gehört habe. Ich erwähne diese Tatsache nur, um eine leidlich verläßliche Antwort auf die Frage zu finden: „Was bin ich?" So einfach wie im heiteren Beruferaten geht es im wirklichen Leben leider nicht.

Meine Schwierigkeiten lösten sich ziemlich langsam, was die Formalien anlangt. Erst am 21. 4. 1947 ergeht der erste Spruch der kommunistischen Spruchkammer, die mich zum „Mitläufer" einstuft. Ein Wirbel eidesstattlicher Versicherungen wird entfacht, der Berufungsinstanz der Spruchkammern vorgelegt und führt endlich am 30. 8. 1948 zur erneuten Verhandlung und zur Einstufung als „Entlasteter". Wie es damals zuging, sagt nichts besser als der Volkswitz: Das tausendjährige Reich (der Nazis) existiert vermutlich wirklich so lang: 12 Jahre Nazis, 988 Jahre Spruchkammern.

Die Gründe, warum die „Entnazifizierung" so gründlich mißlungen schien, wie man das derzeit so oft behauptet, sind zwar oberflächlich einsehbar, wenn man die Insuffizienz dieser „Säuberungsaktionen", wie man sie damals nannte, betrachtet. Aber diese Ansicht ist allzu oberflächlich und verdeckt die Einsicht in die sich anbahnende Entwicklung eher, als daß sie sie freilegt. Ich würde gerne den Versuch machen, diese Entwicklungslinien etwas einsichtiger zu machen, fürchte aber, daß meine auf meinen engen Lebensraum beschränkte Erfahrung zu einem solchen Versuch nicht ausreicht. Wenn ich dennoch einige Bemerkungen zu diesem Problem mache, dann aus dem eingangs schon angeführten Gedanken heraus, daß mein eigenes Leben „paradigmatisch“, als ein für zahlreiche andere Menschen ebenfalls gültiges Modell, betrachtet werden kann, einfach weil ich den Schritt in extraordinäre Lebens- und Wirksamkeitsbereiche nie habe tun können oder müssen.

In jenen Tagen kam ein alter Freund von Dr. *Nikolaus Ehlen* zu mir, ich glaube als Benutzer der Nauheimer Kureinrichtungen, Dr. *Wilhelm Haurand. Haurand* war sozusagen der Anti-Nazi in Reinkultur, aber mit einem sehr feinen Gespür für historische Wahrheit und Gerechtigkeit. Er hat mich in meinem Kampf um Rehabilitation ermuntert, aber die Lehren, die mir aus Gesprächen mit ihm aufgingen, waren weit wesentlicher. *Haurand* war im Grunde ein Despot in seiner Familie, erträglich geblieben nur durch sein hohes Ethos. Sein Sohn *Josef,* mit dem ich bald in nähere Beziehungen treten sollte, hat das offen eingestanden. Wie der Vater mir eines Tages schrieb, angesichts der Mißgriffe der Militärregierungen, bleibe sein Leben ein Wechselspiel zwischen Hoffnung und Enttäuschung. Sein Sohn, der angesichts zahlreicher Mißerfolge bei der Bewerbung um eine Stelle schließlich als „öffentlicher Kläger“ bei der Spruchkammer eines Internierungslagers für stark belastete Parteigenossen landete, drückte es in einem Brief vom 2. Juli 1947 deutlich aus, was jeden Nachdenklichen bewegte: Noch nirgends habe er, wie er schreibt, in so kurzer Zeit so viele interessante Menschen kennengelernt wie hier, Menschen aller Gesellschaftsschichten, aller Bildungsgrade. (Der Nazismus war also eine alle Kreise des Volkes durchsetzende politische Haltung.) „Menschen, die hier eingesperrt sind und keine besondere Schuld auf sich geladen haben, kann man viel Gutes tun. Und solche, die sich als Gewaltmenschen, Verbrecher, Terroristen übelster Art aufgespielt haben, kann man ihrer gerechten Strafe entgegenführen... Hier vor der Kammer stehen die meisten wie Unschuldslämmer, wissen nichts mehr von ihren Terrorakten, ihren politischen Begutachtungen, mit denen sie ihre Gegner in die Konzentrationslager brachten... Angesichts der großen Spannungen in der ganzen Welt... ist die ganze Arbeit bzgl. Denazifizierung fast nur noch als Spielerei zu bezeichnen...

Wohin man auch schaut: Schmutz und nichts als Schmutz, Charakterlumperei, Korruption auf allen Gebieten... Mit Lügen, Verdrehungen, Verleumdungen wird nach wie vor die Welt regiert.“

Meine eigene Erfahrung mit solchem Schmutz mag nachgetragen werden: Jener Professor, der mich 1939 anzeigte und beseitigen wollte, der, nachdem der Gießener Rektor *Karl Bechert* nach dem Krieg Einsicht in meine diesbezügliche Akte genommen hatte, auf dessen Veranlassung aus der Universität entlassen und nie mehr wieder eingestellt wurde, erreichte es vor der Spruchkammer als „Entlasteter" eingestuft zu werden, was ihm freilich auch nicht viel half, da seine Taten gegen ihn sprachen. Aber er versuchte nach dem Krieg mich bei meiner Spruchkammer als Nazi anzuschwärzen, obgleich er mich im Krieg als einen Nazigegner denunziert hatte.

Die Moral aus diesen Geschichten ist einfach. Die gewiß scheußlichen Taten der Naziführung waren ein besonders gravierender Fall von Massenverbrechen, erklärbar durch die erstmals in solcher Perfektion verfügbaren Mittel terroristischer Massenvernichtung. *Ida Friederike Görres* hat in den Frankfurter Heften (1, Heft 2) einen Aufsatz geschrieben, der die Mentalität der politischen Verbrecher beleuchten sollte: „Der Mordknopf". Das Heft fehlt in meiner Sammlung. Ich muß also aus dem Gedächtnis zitieren: Man nehme an, es gebe eine Einrichtung derart, daß der Druck auf einen Knopf genüge, einen mißliebigen Menschen unauffällig und für niemanden nachweisbar zu beseitigen. Würden wir nicht alle diesen Mordknopf mindestens gelegentlich betätigen? *Hitler* besaß einen Supermordknopf. Er hat ihn fleißig benutzt. Was aber berechtigt uns zu der Annahme, mit *Hitler* sei sein spezifisches Verbrechertum verschwunden?

Die Entnazifizierung ist aus mehreren Gründen gescheitert. Der oberflächlich einsehbar einfachste Grund war das offenbare Unrecht, ohne Differenzierung Menschen in existentielle Bedrängnis zu bringen, welche aus Motiven der Selbsterhaltung so gehandelt haben, wie es jedermann an ihrer Stelle mit Sicherheit auch getan hätte. Hier hat eine pharisäische Blindheit dem Richter sein Urteil diktiert.

Der zweite Grund ist der, daß es nach meiner Meinung so etwas wie eine *spezifische* nationalsozialistische Haltung, die man verbrecherisch nennen kann, nicht gab. Es gab leider allzu viele Verbrecher, die mit Hilfe der Nazi-Ideologie gemordet haben. Aber der Morddrang bediente sich der verfügbaren Ideologie. Natürlich war die Ideologie eine solche, welche Verbrechen dieser Art begünstigte, ja durch ihre Verquickung mit staatlicher Macht überhaupt erst ermöglichte. Aber die Menschen waren zu allen Zeiten gleich. Wenn sich irgendwo in der

Welt eine ähnliche Machtkonstellation bilden würde, würden die gleichen Verbrechen wiederholt.

Das ist keine Entschuldigung, sondern eine Erklärung der Geschehnisse. Diese Erklärung besagt aber, daß man so etwas wie „Nazismus“ als Ideologie zwar bekämpfen, daß man aber die menschliche Verderbtheit, die in der antihumanen Gefühllosigkeit begründet ist, nicht gleichzeitig mit „entnazifizieren“ kann. Hierzu bedürfte es einer „Umerziehung“, das ist richtig. Aber erwachsene Menschen kann man nicht umerziehen. Man müßte dann schon ihre Kinder von Geburt an in ein Erziehungsheim höchster Vollendung bringen, wo Edelmütter und Edelväter, die eben nicht die biologischen Mütter und Väter sind, die Erziehung überwachen. Diese Idee hatte bekanntlich schon *Platon,* und im israelischen Kibbuz sind schwache Anklänge dieser Ideologie spürbar. Anklänge dieser utopischen Ideologie finden sich bei *B. F. Skinner* in „Futurum zwei“. Die Idee ist aber utopisch aus Gründen, die wir in einem späteren Zusammenhang deutlicher machen werden. Die Entnazifizierung war in erster Linie ein anthropologischer Unsinn.

Wir müssen uns damit abfinden, daß auch die Deutschen Menschen geblieben sind, wie sie immer waren, irrende und zur Gewalt neigende Menschen, denen das Hemd des Eigennutzes näher ist als der Rock einer gesellschaftsbezogenen Ethik.

In diesen Entnazifizierungsverfahren ist viel Unrecht geschehen. Kleine Leute wurden entlassen, der Staat strich ihre Pension ein. Aber verglichen mit dem, was im Dritten Reich geschah, waren das Lappalien, die übrigens meist rasch korrigiert wurden. Eine Pharmafirma wird durch drei Gesellschafter vertreten. Alle drei Parteigenossen. Die Geldbuße, die den Gesellschaftern auferlegt wird, müßte die Firma zum Bankrott bringen, wenn die Berufung sie nicht senkt.

So wie die Strafe zuerst festgesetzt war, hätte sie die Entlassung zahlreicher Mitarbeiter zur Folge gehabt. Aber der Bankrott fand nicht statt: Es gab, anders als bei den Nazis, eine höhere Gerechtigkeit. Beim Bauern wird Vieh beschlagnahmt und zu so niedrigen Preisen vergütet, daß die Bauern solches Vorgehen als Raub empfinden. Der Preis gestattet nicht einmal, sich Ersatz zu erwerben. Meinem Kollegen *Fritz Hildebrandt,* der mich im Kriege gegen die Nazis abschirmte, als der „offizielle“ Direktor des Kerckhoff-Instituts, geschieht folgendes: Ein nach Schnaps riechender Mann in der Uniform eines englischen Offiziers, der aber nicht englisch spricht, erscheint am 31. Oktober 1946 in seiner Wohnung und will den Professor mit nach Jena nehmen, das russisch besetzt ist. Der Professor ist zum Glück nicht zu Hause. Seine Frau führt das Gespräch. Der ungebetene Gast behauptet, Ingenieur der Zeiss-Werke zu sein und verläßt endlich widerwillig das Zimmer. Es stellt sich heraus, daß die Russen die Zeiss-Werke soeben zu demontieren begonnen haben und in der Tat einen Pharmakologen für Rußland suchen. Offenbar sollte *Hildebrandt* nach Rußland gebracht werden.

Im Jahr 1946 sammelt sich langsam alles verstreute Volk wieder an Orten, wo irgendwelche Bekannte sitzen. Wer dem Inferno entkam, freut sich des Lebens. Wer kann, rupft den anderen. Mein Freund, Prof. *Martin Werner,* Chefarzt einer Klinik in Bad Nauheim, wird als ehemaliger PG entlassen. Ihm standen noch einige Privathonorare zu. Die Stadt verweigert die Auszahlung des ihm zustehenden Geldes, gibt es aber dem nunmehr zuständigen Chefarzt, der es ersatzlos vereinnahmt.

Medizinische Ordinarien in Gießen werden im Januar 1947 entlassen, unter Verbot, eine private Praxis aufzunehmen. Sie müssen in „gewöhnlicher Arbeit" beschäftigt werden, d. h. als Arbeiter in Fabriken ihr Brot verdienen. Alle diese Leute waren als „Mitläufer" eingestuft. Sogar dem weltberühmten Internisten *Franz Volhard* widerfuhr dieses Schicksal, das freilich bald widerrufen wurde. *Volhard* hatte sich in den Förderkreis der SS gerettet, um vor einem rabiaten Nazikollegen sicher zu sein. Diese „Entnazifizierung" war ein Klassenkampf, dessen Akteure hinter der Szene und in den Spruchkammern ganz offenkundig Kommunisten waren. Die Amerikaner haben das alles gedeckt und wahrscheinlich nicht einmal bemerkt.

Diese Kritik betrifft Zustände, die vergessen worden sind. Was wir behalten haben, das sind die großen Nürnberger Prozesse, in denen die Naziprominenz verurteilt und zu einem Teil auch zu Tode gebracht wurde. Niemand wird das kritisieren können, angesichts des Mordes an 6 Millionen Juden und an einer nie genau ermittelten Zahl politischer Opponenten. Es muß nur klargestellt werden, daß die Methoden, den durchschnittlichen, mittleren und kleinen Mann umzuerziehen, denkbar dilettantisch waren. In jenen Monaten veranstaltete ich Vorträge im Kerckhoff-Institut für die Öffentlichkeit. Einer der Redner, der uns besonders tief beeindruckte, war der Frankfurter Professor *Franz Böhm,* ein Verfolgter des Naziregimes, der Ende 1946 dem Sinn nach sagte, daß alle Faktoren, welche 1933 zum Rechtsbruch ermuntert hätten, auch heute noch am Werk seien. Er meinte zudem, daß der

Nationalsozialismus das Resultat einer sehr langen Entwicklungsgeschichte gewesen sei, und daß man die geistigen Strömungen, die endlich den Nazismus hervorgebracht hätten, bis in die deutsche Reformation zurückverfolgen könne.

Wer freilich hinter dem System dieser Entnazifizierung nur die Intriganz der Kommunisten sah, der sah kaum die ganze Wirklichkeit. Ein hoher englischer Offizier sagte es uns offen im Gespräch: Man werde nie mehr ein „geistiges" Deutschland dulden. Der damalige apostolische Delegat Bischof *Muench* hatte, wie mir ein Bonner Geistlicher berichtete, eine Denkschrift verfaßt, in der die Mißstände, welche aus einer falschen Entnazifizierungspolitik stammten, scharf kritisiert wurden. Offenbar hat Muench vorwiegend den Amerikanern die Schuld gegeben. Die Praxis in der englischen Zone sah jedenfalls viel besser aus. Dort hat auch der „Papst" der Physiologie in Deutschland, *H. Rein,* in Göttingen, in der Göttinger Universitätszeitung im Dezember 1945 ein Programm der Entnazifizierung veröffentlicht, in welchem er die herrschende Praxis verurteilte und eine Art Gilde der Vernünftigen erhoffte, die sich auf Weltebene dem politischen Wahnsinn entgegenstellen könne – dem Wahnsinn der Nazis ebenso wie dem weit harmloseren Treiben der Nachkriegszeit. Ein solches Treiben ist in unseren Tagen wieder dabei, eine den endgültigen Holocaust auslösende Antinomie West gegen Ost zu entwickeln. Die Rezepte *Reins* waren gewiß nicht die der Deutschen Spruchkammern und der hinter ihnen stehenden Militärregierungen. Aber utopisch waren auch sie: Ein Appell, der Vermassung entgegenzutreten, Ehrfurcht vor dem Menschenleben zu entwickeln und den Deutschen wieder eine sinnvolle Arbeit nach freier Wahl zu lassen.

Die Turbulenz jener Zeit drückte sich natürlich auch darin aus, daß eine Flut von „Persilscheinen" aufkam, also von Zertifikaten, in denen weniger Belastete den stärker Belasteten eine unverdächtige Einstellung im Dritten Reich bescheinigten. Auch ich stellte solche Scheine aus, übrigens immer nach gewissenhafter Prüfung, obwohl ich doch selbst keineswegs schon voll rehabilitiert war. Es sammelten sich an allen Orten, wo man leidlich warm und trocken saß, die Entrechteten und Entmachteten. Bei mir erschien der aus Danzig vertriebene *Rudolf Thauer* und fand ein Stübchen zum Arbeiten im Institut. Es kam der Psychologe *Walter Ehrenstein,* ebenfalls aus Danzig, der Anatom *Ferdinand Wagenseil* war in Gießen ausgebombt und kam zu uns, und der

Pharmakologe *F. Hildebrandt,* mein politischer Protektor, blieb gleich in Nauheim mitsamt seinem Laboratorium, nachdem er in Gießen alles in einer Bombennacht verlor. Wir saßen gedrängt beieinander, aber es war ein schönes Zusammenleben. Ich bekam 1946 sogar ein Sondergehalt von der amerikanischen Militärregierung, zu einer Zeit, zu der die Spruchkammer noch nicht entschieden hatte, und ich bekam zusätzlich Lebensmittelmarken. Diese nahm ich im Interesse meiner drei Kinder an, während ich das Gehalt auf ein Sonderkonto zahlen ließ, von dem nur wissenschaftliches Gerät gekauft oder Gehälter für Angestellte vergütet wurden. Ich selbst habe keine Mark annehmen wollen, so sehr saß mir noch der vaterländische Stolz in den Knochen.

Wie immer, wenn politische Zustände unzweckmäßig werden, fanden sich Auswege aus der Entnazifizierungsklemme. Unter der Naziherrschaft gab es für Menschen meiner politischen Einstellung an der Hochschule keine Chancen, allenfalls in Agram, einer von den Nazis im besetzten Gebiet neuerrichteten Hochschule, um deren Physiologie-Lehrstuhl mich zu bewerben man mich aufforderte. Der Lehrstuhl in Köln z. B. wäre für mich nicht in Frage gekommen. Während ich im Mai 1946 vom hessischen Ministerium als Hochschullehrer entlassen wurde, weil ich PG war, erhielt ich im Juli 1946 eine Berufung nach Leipzig und gegen Ende 1946 eine solche auf den Lehrstuhl für Physiologie in Berlin. Die Stadt war noch ungeteilt, der Ruf erging an die (heute im Ostteil liegende) Humboldt-Universität. Ich lehnte bei der unsicheren Lage nicht ab, versprach vielmehr in Berlin einen Vortrag und im Sommer 1947 ein Semester lang die Vorlesung zu halten. Beides geschah, über beides berichtet ein eigenes Kapitel, da Berlin 1947 schon ein paar Zeilen wert ist.

Es ist schließlich nicht sonderlich überraschend, daß die zuständige Spruchkammer am 10. 9. 1946 das Verbot einer Beschäftigung als Arzt aufhob. Ich konnte wieder voll arbeiten und fand mich bald danach wieder als Direktor des Kerckhoff-Instituts im Amt. Mein Monatsgehalt blieb freilich 500 Mark, auf Befehl der Militärregierung.

Die Amerikaner begannen, mindestens in den höheren Stäben, ihr Verhalten Deutschen gegenüber langsam zu differenzieren. Durfte ich 1945, wie alle anderen Professoren, welche PGs gewesen waren, nur als Arbeiter beschäftigt werden, so wurde mir in dem Monat, in welchem mich mein Minister als Hochschullehrer entließ, von der Militärregierung auferlegt, mich nicht aus meinem Wohnort zu entfernen, ein

Stubenarrest, der kurz darauf auf die amerikanische Besatzungszone erweitert wurde und zwar, wie mir der kontrollierende Offizier der US-Armee versicherte, aus folgendem Grund (ich benutze seine Bildersprache): Wenn ein Gärtner eine seltene Pflanze in seinem Garten hat, so wünscht er nicht, daß ein anderer Gärtner sie ausgräbt und bei sich einpflanzt. Man hatte den Wert der deutschen Intelligenz erkannt, weil die Russen darangingen, deutsche Gelehrte systematisch in ihre Zone und nicht selten in ihr Land zu holen, wie ich das am Beispiel von Professor *Hildebrandt* geschildert habe. Der West-Ost-Konflikt kündigte sich in seinen ersten Anzeichen an, und ohne die West-Ost-Konkurrenz wären wir wohl noch lange in den Netzen der Spruchkammern hängengeblieben, hätte wohl insgesamt die Deutsche Restauration, die nach 1949 so rasch fortschritt, nicht oder weniger rasch stattgefunden.

Die Zustände im Land waren dennoch von unglaublicher Trostlosigkeit. In Bad Nauheim erfuhr man davon wenig, aber wer in eine der zerstörten Großstädte reiste, sah nichts als Ruinen. Bei uns war die Ernährung das wesentliche Problem. Im Kriege ging es noch leidlich mit den Lebensmittelrationen. Nach Kriegsende schrumpfte die offizielle Versorgung zeitweise auf ein Drittel des physiologischen Grundumsatzes. Wir alle magerten ab, oft bis zur Unkenntlichkeit. Man war also, wollte man nicht auf „der Strecke" bleiben, auf Nebenquellen angewiesen. Ein Scherzwort, das tatsächlich den ganzen Ernst der Lage schilderte: Welch ein Glück, daß es Lebensmittelmarken gibt! Von dem was man sich so organisiert, könnte man nicht allein leben.

Die hohe Kunst des „Organisierens", jedem Soldaten wohl vertraut, wurde auch von mir und meinen Mitarbeitern leidlich beherrscht. Im Kriege gab es gute Methoden: Wir wählten die Forschungsaufträge nach den Versuchstieren aus. Ich habe lange mit *Theo Benzinger* bei einer Dienstfahrt nach Polen überlegt, was man machen könnte. Die erlösende Idee war dann, die Folgen von Hitzeeinwirkungen zu untersuchen, denn täglich starben die Menschen in den Feuerstürmen, welche die englischen Nachtbomber in unseren Städten entfachten. Das Schwein als das Tier mit nackter, also menschenähnlicher Haut wurde als Versuchsobjekt auserkoren. Die Tiere starben zwar in Narkose, was den Menschen nicht vergönnt war, aber sie gaben nach erfolgtem Experiment ein herrliches Mittagsmahl. Die Beute wurde an alle Institutsmitglieder brüderlich verteilt. Eine kleine bürokratische Schwierigkeit entstand, als das Naziverpflegungsamt die Kadaver für die Abdekkerei verlangte. Zunächst mußte ich versichern, daß „Schweineleichen" nicht für den menschlichen Verzehr geeignet seien. Die Anweisung, die Schweine den französischen Kriegsgefangenen anzubieten, die in Bad Nauheim (im „Teichhaus") interniert waren, konnte damit erledigt werden, daß ich auch dort „Schweineleichen" anbot, die natürlich zurückgewiesen wurden. So vieles hängt an einem Wort!

Eines Tages hatte ich Glück durch fremdes Unglück. Bei meiner täglichen Milch-Fahrt zu meinem guten Bauern traf ich die Familie im Wohnzimmer versammelt und in Tränen schwimmend. Meine Furcht, es könne meinem Patienten etwas widerfahren sein, erwies sich als unbegründet. Ich entdeckte ihn bald, den gefaßtesten der Trauergemeinde, in einer Ecke. Die Zuchtsau war gegen morgen verendet, das Ereignis leider der Abdeckerei schon gemeldet. Das Telefon war zum Glück nahe. Die Abdeckerei wurde von mir verständigt, daß der Kadaver für Tierfutter beschlagnahmt sei, für kriegswichtige Versuche. Ein Wettrennen begann zwischen dem asthmatischen kleinen Lieferwagen unseres Tierwärters und dem Auto der Abdeckerei. Wir waren rascher. Das Fleisch war nicht mehr genießbar. Aber 200 Pfund Schmalz freuten die Belegschaft und meine Familie noch lange Zeit. Nach dem Kriege zogen wir dann, die gesammelte Mannschaft des Instituts, in die nahen Wälder und suchten Bucheckern, die durch passend konstruierte Siebe auf saubere Tücher fielen, das Laub im Sieb lassend. Eine Ölmühle baute die tüchtige Werkstatt rasch. Selten waren Bratkartoffeln so lecker wie nach dieser Sammelfahrt.

Nach Kriegsende waren die Verhältnisse weit schwieriger. Ich gestehe, daß wir Hunde, Prachtexemplare, die von der Front kamen und uns von den Amerikanern zugewiesen wurden, sehr behutsam töteten und aßen. Meine Frau und ich wußten um die Herkunft des Bratens. Wir hatten auffallend wenig Appetit. Aber meine Kinder bekamen das Eiweiß, das der wachsende Körper braucht. Hunger im eigentlichen Sinn gab es erst nach 1945. Seit jener Zeit regt es mich auf, wenn jemand Reste achtlos auf dem Teller beläßt. Heute denke ich an die Hungernden in Afrika, ich weiß annähernd, wie ihnen zu Mute ist, und ich kann immer noch nicht ansehen, wenn Nahrungsmittel in den Abfall wandern. Es war mir eine große Genugtuung, in *Elias Canettis* Lebensbeschreibung zu lesen, daß es ihm ähnlich geht.

21. Biophysik und Kybernetik

Zurück zur hohen Wissenschaft. Das Jahr 1946 brachte man in Deutschland durchwegs damit hin, die Trümmer im geistigen und physischen Bereiche aufzuräumen. Langsam fand sich hie und da ein Platz, den man geordnet nennen konnte. Schon 1946 wurde mit den Amerikanern verhandelt über die Herausgabe von zwei Gruppen von Veröffentlichungen, welche durch die „Field Information Agency, Technical", kurz FIAT, herausgegeben wurden: Einzelne Berichte, die direkt von den Autoren angefordert wurden, über wichtige Forschungsarbeiten in Deutschland, die sogenannten FIAT Reports, von denen ich vier lieferte über einen neuen stereoskopischen Effekt, den man hat, wenn man die Welt durch eine Sonnenbrille mit 2 verschieden dunklen Gläsern betrachtet; über Esterase und Höhenfestigkeit, die ich zusammen mit *H. Göbel* herausgab, einem besonders netten Arzt der Luftwaffe, der die Luftfahrtmedizinische Untersuchungsstelle leitete, die im Krieg in unserem Institut untergebracht war, und in die die einzige Brandbombe fiel, die in Nauheim Menschenleben kostete, im Jahr 1944. Die Bombe galt einem anderen Ziel, aber sie tötete diesen Mann, der qualvoll seinen Verbrennungen erlag! Schließlich berichtete ich noch mit *H. Göpfert* über andere Arbeiten des Instituts. Diese Arbeiten sollten sich nur auf eigene Untersuchungen beziehen, ohne Angabe von Literatur, was nicht hinderte, daß eine gelehrte Emigrantin in England die Arroganz tadelte, die angeblich aus der Nichtbeachtung der Literatur sprach.

Die zweite Gruppe von Veröffentlichungen betraf eine Art Handbuch Deutscher Kriegsforschung, die FIAT Review of German Science, bei der ich zu den Bänden Physiologie und Hygiene drei längere Arbeiten beisteuerte. Hier wurde auch andere deutsche Literatur ausgewertet. Die alliierten Wissenschaftler erhielten dadurch eine umfassende Information über die deutsche Wissenschaft im Kriege aus erster Hand, und zwar über alle Gebiete der Naturwissenschaft. Wir selber blieben dagegen weiterhin völlig uninformiert über die Forschungen in der Welt, die uns sehr unvollständig durch Liebesgaben unserer ausländischen Freunde bekannt wurden. Unsere Freunde fragten schon frühzeitig an, wo sie helfen könnten, der Physiologe *E. Bozler* in Columbus

(Ohio) schrieb uns schon im August 1946! Eine italienische Übersetzung von Teilen meiner Elektrophysiologie erschien, von *M. Fuortes* besorgt, bei Orma in Turin 1946 und wurde mir, in Halb-Schweinsleder gebunden, als Luxus in unser armes Land geschickt. Über das Inferno hinweg waren diese wissenschaftlichen Kontakte geblieben. Diese Restauration der wissenschaftlichen Communität ist ein leuchtender Beweis dafür, wie siegreich die Wissenschaft alle Konflikte der Politiker überwindet. Das ist auch der eigentliche Grund für die Bemühungen so vieler Wissenschaftler heute, ein Bindeglied zwischen den Fronten zu sein. Diese Brückenschläge sind leider durch die Politik weitgehend unwirksam gemacht worden: Rußland z. B. schirmt seine Wissenschaftler noch heute fast hermetisch gegen den Westen ab.

Langsam wurde aber auch die deutsche Spontaneität wieder lebendig, nicht immer in sachlich korrekter Weise, da die „Unbelasteten" nicht gerade immer auch die besten Forscher waren. Am Kerckhoff-Institut erschien wieder ein Röntgenologe, *H. Lossen,* ein alter Freund unseres amerikanischen Direktors und Institutsgründers *Franz Groedel.* Er war ein liebenswerter Mensch, von unwiderstehlichem Tätigkeitsdrang erfüllt. Er hatte große Pläne im Kopf, aber leider allzu utopisch. Nur mit Mühe habe ich ihn 1946 daran hindern können, eine eigene Schriftenreihe unseres Instituts herauszugeben. Pflügers Archiv entstand 1946 wieder, doch durften nur Entlastete oder Nicht-Belastete als Autoren mitwirken. Meine Arbeiten durften erst 1947 erscheinen.

Weit wichtiger für das wissenschaftliche Leben unseres Landes war aber die Tätigkeit hinter der Bühne. Die Ärzte formierten sich besonders rasch. Unter der Leitung des Nauheimer Arztes Dr. *Oelemann,* der ein Gegner der Nazis und „unbelastet" war (er konnte sich als praktischer Arzt politische Abstinenz leisten!), entstand schon Anfang 1946, wenn nicht früher, eine Organisation der „Ärzteschaft Gießen", ein Vorläufer der späteren Ärztekammer, welche sich die Kompetenz der Lizenzerteilung verschaffte, die von den Amis um so lieber gegeben wurde, als nichts sie so sehr schreckte wie der Hinweis, ein Ärztemangel bedeute Seuchengefahr.

Während also mein politisches Schicksal noch über zwei Jahre in der Schwebe blieb, sogar mein Vermögen bis Ende 1946 beschlagnahmt war (es wurde mir dann vollständig zurückgegeben), blühte langsam ein bescheidenes Leben aus den Ruinen, und eine der ersten Blüten war die offizielle Ärzteschaft.

Das wissenschaftliche Establishment begann sich ebenfalls neu zu ordnen. Erste Vorverhandlungen zur Gründung einer Forschungsgemeinschaft fanden im Kerckhoff-Institut statt, denn dieses war eine der ganz wenigen Tagungsorte, die nicht von Bomben zerstört waren. Dort lernte ich dann *Werner Heisenberg* und *Otto Hahn* kennen, die ich abends zu einem zwar guten Wein, aber einem sehr bescheidenen Mahl in unsere Dienstwohnung einlud. An den offiziellen Beratungen teilzunehmen war mir nach wie vor durch die Spruchkammern verwehrt. So habe ich durch die politischen Schwierigkeiten bei den Nazis den Anschluß ans Establishment ebenso verpaßt wie in der langsam sich bildenden Demokratie. Die damals gestellten Weichen haben mich für meine ganze spätere Laufbahn auf ein Gleis fahren lassen, das immer neben den wissenschaftspolitischen Mächten verlief und nie in den großen Verschiebebahnhof der offiziellen Manager einbezogen wurde. Dieses Schicksal brachte zwei bescheidene Chancen mit sich: Ich habe wenig Zeit durch politisches Management verloren, und ich konnte der Wissenschaftspolitik meines Landes immer kritisch gegenüberstehen. Ich habe mich nie mit ihr identifizieren müssen.

Meine Reaktion auf diese Tatsachen war zwar voreilig, wie so manche Entscheidung in meinem Leben, aber auf die ganz weite Sicht war sie vermutlich richtig: Ich glaubte die in der Praxis der wissenschaftlichen Forschung liegenden Widersprüche zu erkennen, die sich darin ausdrücken, daß die Wissenschaft als der oberste Wert schlechthin der abendländischen Kultur galt, der unter anderem den Menschen auch zu einem besonderen Ethos verhelfe, dem der Wahrhaftigkeit, wie es der junge Freiburger Botaniker *Hans Mohr* dann später ausgeführt hat. Wissenschaft fordert zwar absolute Ehrlichkeit, und doch wird gerade sie im Betrieb der Wissenschaft ständig umgangen. Vor allem aber liefert Wissenschaft keine *Begründungen* für ethisches Handeln. Sie ist, so kann man es etwas anders ausdrücken, „wertfrei". Die rasche Spezialisierung, vor allem aber die Bestandsaufnahme dessen, was in meinem Fach die Wissenschaft im Ausland zuwege gebracht hatte, vereinigte sich mit diesen Werturteilen in mir zu der Einsicht, daß eine Fortsetzung meines Weges, der bislang der einer reinen experimentellen und auch leidlich erfolgreichen Experimentalwissenschaft war, sich nicht mehr lohne.

Die damalige Lage scheint mir für jene chaotische Zeit typisch zu sein, und aus ihr heraus ist sehr vieles erklärbar, was die Stellung der

Deutschen im Kosmos der Wissenschaften heute bestimmt. Wir wollen deshalb diesen Neuanfängen der Wissenschaft einige Aufmerksamkeit schenken.

Die ersten Besucher, die nach dem Kriege bei uns auftauchten, waren zunächst Menschen, die selber keinen Überblick über die Weltlage haben konnten. Zwei Persönlichkeiten haben mich nachhaltig beeindruckt: *Albrecht Bethe* hatte auf dem Lande das Kriegsende überlebt und kam, mit Ideen beladen, zu uns, Ideen, die alle, wie sich herausstellte, einer vergangenen Zeit angehörten. Insbesondere lag ihm am Herzen, die Rhythmen, die für das Leben so typisch sind (man denke nur an den eigenen Herzschlag!) durch einfache physikalische Modelle zu interpretieren. Wir werden die Vergeblichkeit solcher Modelle noch leidvoll erfahren. Der zweite große Mann jener Anfangsjahre war der (jüdische) Pharmakologe *Otto Rießer,* der im Taunus residierte, nachdem er dem Holocaust durch niederländische Freunde entkommen war, die ihn im Kriege versteckt hielten, übrigens unter Mitwisserschaft des Deutschen Wehrmachts-Oberbefehlshabers in den von unseren Truppen besetzten Niederlanden. *Rießer* erhielt (er war 1946 schon 64 Jahre!) einen Lehrauftrag in Frankfurt. Er überraschte mich mit der freimütigen Meinung, daß er die Deutschen verstünde, die den Erfolgen der Nazis auf den Leim gegangen wären. Wäre er selbst (so sein eigener Ausspruch!) nicht ein Jude gewesen, er wäre sicher in die NSDAP eingetreten. Auch *Rießer* brachte neue Ideen mit. Die langen Jahre der Untätigkeit hatten viel wissenschaftlichen Enthusiasmus aufstauen lassen. Aber die technischen Möglichkeiten zur Forschung waren selbst bei mir bescheiden, zu schweigen von den universitären Trümmerfeldern in Frankfurt und anderswo.

Die Staudruck-Erscheinungen der erzwungenen geistigen Enthaltsamkeit entluden sich in philosophischen Werken, die wie Pilze aus dem Boden schossen, wobei der Drang nach geistiger Neuorientierung sicher ebenso mächtig war wie die Staudruck-Mentalität. Die neue Geistigkeit war nicht nur antinazistisch. Sie war mehr noch „sozial“ orientiert, fahndete nach den Hintergründen der Katastrophe, und für den besinnlichen Teil der Deutschen haben wohl die „Frankfurter Hefte“ die bedeutendste Rolle gespielt. Es ist typisch, daß sie 1984 bankrott machten und nur noch durch die Liaison mit einem sozialdemokratischen Verlag ihre Existenz retten konnten, unter Aufgabe ihrer Eigenständigkeit. Spätestens mit dem Untergang dieses Journals, das mich 38 Jahre lang begleitet hatte, und dessen Bezieher auf 3000 Abonnenten geschrumpft waren, spätestens jetzt ist es mir deutlich geworden, daß die Deutschen eine „Wende“ ihrer geistigen Orientierung nicht vollzogen haben.

In jenen Jahren nach 1945 entstanden also philosophische Schriften, von denen für mich wohl *Max Hartmanns* Buch über „Die philosophischen Grundlagen der Naturwissenschaften“ das wichtigste war. *Hartmann* hatte uns mehrfach in Bad Nauheim besucht, und ich hatte von ihm so manche Bestätigung eigener Ansichten erfahren, z. B. die Korrektheit meiner Kritik an *Pascual Jordans* Idee, daß der freie Wille des Menschen dem Indeterminismus der Quantensprünge analog zu deuten sei. Es entstanden solche philosophierenden Naturbetrachtungen in jener Zeit von *E. Bünning,* einem weltbekannten Botaniker, von *W. Catel,* dem Leipziger Pädiater, der in den Westen geflohen, aber nicht „entnazifiziert“ war, von *H. Krieg,* der in München den Staatssammlungen vorstand, von *P. Matussek,* dem Psychiater, mit dem mich später eine gute Bekanntschaft verbinden sollte, von *A. Portmann,* dem Basler Zoologen, der seine etwas extravagante, aber die Heidelberger Haute Volée enthusiasmierende Anthropologie entwickelte. Der Zoologe *G. von Studtnitz* schrieb ein „biologisches Brevier“. Vermutlich gab es noch viel mehr solcher Publikationen.

Mit Philosophie kann man keine Naturwissenschaft betreiben. Das erkannte jeder, sobald er den Blick in die angloamerikanische Wissenschaftsentwicklung tun konnte. Ich stellte als erstes fest, daß zwei Forscher, *B. Katz* in London und *St.Kuffler* in den USA, meine Entdekkung des Endplattenpotentials aufgegriffen und weiterentwickelt hatten. Mit *Kuffler* bekam ich bald Kontakt. *Katz* hielt sich zurück und fand es nicht einmal nötig, in einem kleinen Büchlein, bei Springer für deutsche Leser veröffentlicht, meine Entdeckung zu zitieren, obgleich er dauernd von dieser Sache sprach.

Die Entwicklung, die sich im Kriege angebahnt hatte, und die das Gesicht der experimentellen Biologie und insbesondere der Elektrophysiologie bis heute bestimmt hat, läßt sich auf einen einfachen Nenner bringen. Die Kriegsforschung hatte in England und wohl noch mehr in den USA die Mikroelektronik in einem Ausmaß entwickelt, das vor dem Krieg wohl niemand für möglich gehalten hatte. Für unsere eigene Kriegsführung war die Erfindung der Radarortung die weitaus verhängnisvollste. Sie vereitelte z. B. jeden effektiven U-Boot-Krieg.

Wenn es stimmt, was mir hohe Offiziere im Krieg berichteten, hat *Hitler* eine Forschung auf dem Sektor der Kurzwellen-Technik als nutzlos abgelehnt, was u. a. auch unseren Forschungsrückstand in Mikroelektronik nach dem Krieg mitbegründet hat. Für die Medizin aber war die Erfindung von Mikrogeräten auf elektronischem Gebiet der Anlaß zum Sprung in die Mikrophysiologie. Man hatte in England Mikroelektroden erfunden, mit denen man einzelne Zellen anstechen und ihre elektrischen Phänomene gleichsam vom Zellinnern aus beobachten konnte. Das hatte zunächst einen überraschenden Effekt. Vom Zellinnern aus haben die Erregungsvorgänge sehr hohe Spannungen, von fast einem Zehntel Volt, sobald man eine einzelne Zelle beobachtet. Wird derselbe Vorgang von außen, mit Makroelektroden, registriert, so gewinnt man Spannungen, die nur $^{1}/_{100}$ der intrazellulären Spannung ausmachen. Die Gründe darzulegen führt hier zu weit. Sie liegen in den Gesetzen der Feldtheorie. Man brauchte also die Verstärker gar nicht mehr so extrem empfindlich zu gestalten. Nur die Elektrode durfte nicht viel dicker als ein Mikron sein, also als ein Millionstel Meter. Die Herstellung dieser Elektroden gelingt, wenn man ein sehr dünnes Glasrohr lokal hoch erhitzt und kurz vor dem Durchschmelzen zu feinen dünnen Fäden auszieht, die dann eine Mikrokanüle darstellen.

Mit dieser Technik begann die Erforschung der Membranen von einzelnen Zellen. Es wurde möglich, die Bedingungen an diesen Membranen, unter denen sie ihre Tätigkeitspotentiale entwickeln, in allen Einzelheiten darzustellen. Lebende Zellen wurden damit ein Objekt physikalischer Forschung. Es hatte das Zeitalter der Biophysik begonnen.

Zwar gab es auch schon vor dem Krieg eine „Biophysik“, die in Deutschland besonders hervorragend am Kaiser-Wilhelm-Institut für Biophysik in Frankfurt, unter der Leitung von *Boris Rajewski,* betrieben wurde. Ich lernte dieses Institut dadurch näher kennen, daß es stark durch Bomben geschädigt und nach Ockstadt, einem Dorf vor den Toren Bad Nauheims, ausgelagert worden war. Zwei junge Forscher, *Hermann Schäfer* und *H. P. Schwan,* machten mir besonderen Eindruck. Aber diese Forschung bestand vorwiegend in der Untersuchung physikalischer Einwirkungen, z. B. Mikrowellen, auf lebendes Gewebe. Dies alles hatte buchstäblich nichts mit dem zu tun, was heute Biophysik heißt.

Die Faszination, welche von dieser Biophysik ausgeht, läßt sich kaum überschätzen. Sie wird verständlich, wenn man das Prestige bedenkt, das die physikalische Forschung über Elementarprozesse genießt. Man arbeitet sozusagen an vorderster Front. Es gibt nichts mehr „dahinter". Junge Menschen werden allein schon durch die Technik angezogen, die dabei angewandt wird.

Aus dieser Faszination einerseits, der lawinenartig anschwellenden technischen Perfektion andererseits hat sich dann in den siebziger Jahren die „Biotechnik" entwickelt, d. h. ein biologischer Forschungsansatz, der das lebende Objekt als ein durch und durch manipulierbares Objekt ansieht. Wir werden davon berichten.

Neben diesem biophysikalischen Ansatz, der auch mehrfach durch Nobelpreise ausgezeichnet wurde, entwickelte sich nun nach dem Krieg eine äußerst bemerkenswerte Forschungsrichtung technischer Herkunft, auf lebende Materie angewandt: die Bio-Kybernetik. Der Erfinder der Kybernetik war *Norbert Wiener,* ein in den USA lebender Emigrant mit einem Supergehirn. Er stellte sich folgende Aufgabe: Wenn an Bord eines im Seegang schwankenden Schiffes eine Kanone auf ein Ziel gerichtet werden soll, so ist das deshalb schwierig, weil in dem Augenblick, wo der Richtkanonier das Geschützrohr abfeuert, seine Einstellung des Zieles schon veraltet ist: Der Seegang hat dem Rohr längst eine neue Richtung erteilt. *Wiener* löste das Problem elegant durch eine Rechenmaschine, indem er die durch den Seegang erzeugten Bewegungen vorprogrammierte und das Geschütz durch dieses Programm so einstellen konnte, daß im Augenblick des Abfeuerns die Zielrichtung noch korrekt war. Diese Maßnahme erforderte die Messung einer Abweichung von einem Sollwert (der Zielrichtung) und Rückführung der Einstellung des Geschützes auf den Sollwert, auch wenn ein äußerer Einfluß (die „Störgröße" Wellengang) den Sollwert auf einen nicht mehr korrekten Istwert verstellt hatte. Regelung und Rückführung einer Abweichung über deren Messung auf einen Sollwert, das war das Prinzip.

Nun muß zum Lobe der deutschen Physiologie gesagt werden, daß dieses Prinzip der Rückkoppelung mit dem Effekt der Regelung von Sollwerten unabhängig von *Wiener* längst entdeckt worden war. Das erste und bestbekannte Beispiel war die sogenannte „Blutdruckzügelung", die der jüngere *H. E. Hering* entdeckt hatte: Jede Steigerung des Blutdrucks erregt Sinnesorgane im sogenannten Sinus der Carotis-

Arterie am Hals; die Erregungen werden ins Gehirn geleitet, und von dort wird der Blutdruck solange gesenkt, bis der Apparat des Carotis-Sinus wieder beruhigt ist. Für die Ausarbeitung dieses Konzeptes wurde der Belgier *C. Heymanns* später mit dem Nobelpreis ausgezeichnet. Es stellte sich bald heraus, daß die gesamte durch Muskeln bewirkte Haltung des Menschen nach diesem System der Rückmeldung arbeitet, und der deutsche Physiologe *Richard Wagner,* der 1941 nach endlos vielen Stellenwechseln nach München kam, hat diese Theorie der rückgekoppelten Motorik besonders bekanntgemacht. Doch zahlreiche Forscher, die man heutzutage der Verhaltenswissenschaft zurechnen würde, wie der geniale *Erich v. Holst* und sein Mitarbeiter *H. Mittelstaedt,* haben dieses Regelprinzip durchdacht und ihm den sachlich etwas präziseren Namen „Reafferenz-Prinzip" gegeben. In der Technik war diese Art der Regelung ebenfalls schon lang vor *Wiener* bekannt. Die älteste Reglermaschine ist wohl der Fliehkraftregler der Dampfmaschine gewesen.

Regelungstheorie in der Biologie wurde jedenfalls ein Renner erster Ordnung in den Jahren nach 1950. Ein Symposium, das 1956, auch mit meiner Teilnahme, stattfand, versuchte unter der Leitung von *Erich von Holst* eine Art Bestandsaufnahme zu machen. In dem von *H. Mittelstaedt* herausgegebenen Band sind alle damaligen Grundlagenforschungen zusammengestellt.

Biophysik und Kybernetik sind zu Exponenten zweier Richtungen der experimentellen Biologie geworden, deren Antagonismus bis zur Stunde wirksam ist und den Entwicklungsgang insbesondere der Physiologie in aller Welt nachhaltig bestimmt. Die extremen Vertreter dieser beiden Exponenten pflegen sich etwas abschätzig zu betrachten und halten vom anderen Part sehr viel weniger, als dieser von sich selber hält. Das für mich Überraschende an diesem Antagonismus ist immer gewesen, daß man so selten einsieht, daß in beiden Richtungen biologische und medizinische Grundlagenforschung nicht isoliert erfolgreich getrieben werden kann. Der Kybernetiker sagt uns, wie die Teile des Organismus zusammenwirken. Er betrachtet den Organismus als ein „System", und der Begriff „System" ist inzwischen zu einem Modebegriff geworden, über den man völlig zu vergessen scheint, daß jede Systemtheorie nur eine schematische Beschreibung von Zusammenhängen liefern kann, die nichts anderes als eben die Tatsache des Zusammenhangs feststellt. Wie aber die Teile des Systems aufeinanderwirken, das sagt uns die Systemtheorie eben nicht und läßt uns dadurch auch völlig hilflos dem Problem gegenüber, wie man ein defekt gewordenes, z. B. ein krankes System reparieren bzw. heilen kann. Nur die Biophysik und die Biochemie können uns sagen, auf welche Weise der Blutdruck tatsächlich reguliert wird, auch wenn wir das Schaltschema kennen, das der Regulation zugrunde liegt. Um ein jedem Laien verständliches Beispiel von dem zu geben, was ich hier sagen will: Ein Eisschrank ist eine kybernetische, geregelte Maschine und stellt ein auf die Einstellung tiefer Temperaturen hin entworfenes System dar. Die Reglermaschine arbeitet so, daß jede Erhöhung der Temperatur, die einen Sollwert um mehr als eine gestattete „Regelabweichung" überschreitet, durch eine Kühlmaschine wieder zum Sollwert zurückgeholt wird; und zwar aufgrund der Messung der Innentemperatur. Wie das Thermometer funktioniert, weiß vielleicht der eine oder andere Eisschrankbesitzer, obgleich ihm die Details einer elektrischen Temperaturmessung vermutlich bereits nicht mehr bekannt sind. Wie aber das eingebaute Thermometer die Kühlmaschine ausschaltet und wie eine Kühlmaschine arbeitet, z. B. nach dem *Linde*schen Prinzip, das wird ein Laie wohl nie verstehen. Die Kybernetik macht die Wirkungsweise der Maschine verständlich aber erklärt nicht ihre Funktion. Diese wird erst erklärt durch die Theorie von Schaltvorgängen und von Kühlmaschinen, also durch Physik und Chemie. Wie ein lebender Körper seine Funktion bewältigt, läßt sich kybernetisch beschreiben und verständlich machen, aber erklärt ist ein solcher Prozeß, der ja meist eine Regeleinrichtung darstellt, erst dann, wenn alle Teile der lebenden Maschine in der Terminologie von Physik und Chemie exakt erforscht sind. (Der Fachmann sagt, daß die Übergangsfunktionen der einzelnen Abschnitte des Regelkreises bekannt sein müssen.)

Der Biophysiker freilich, der diese Übergangsfunktionen erforscht, versteht damit noch lange nicht ihren Sinn. Es geschieht fast täglich, daß in der Biophysik und Biochemie Tatsachen bekannt werden, die man in ihrer Sinnhaftigkeit nicht erkennt. Mir selbst widerfuhr dieses Schicksal, als ich schon im Kriege begann, die Signale zu registrieren, die aus den Organen, insbesondere aus dem Herzen in den entsprechenden Ästen des Sympathikusnerven ins Gehirn laufen. Was tun diese Signale? Wen alarmieren sie? Das ist bis heute nur zu einem Teil bekannt, obgleich meine Mitarbeiter und ich rund 60 Arbeiten darüber geschrieben haben, über die ich dank der Liebenswürdigkeit meines Nachfolgers, Prof. *H. Seller,* das Glück hatte, 1980 auf einem internationalen Symposium in Heidelberg noch einmal eine Übersicht zu geben (vgl. *Schaefer* 1981).

Das Verhältnis von Biophysik und Biokybernetik wirft aber noch weit dramatischere Fragen auf. Die Faszination, die fraglos von der Kybernetik ausging, besteht insbesondere darin, daß mit dem System der Rückkoppelung das Wesen des Lebensvorgangs unmittelbar verständlich wird. Leben ist das, was sich selbst erhält. Selbsterhaltung ist aber, dem Begriff nach, nichts anderes als ein Prozeß, bei dem jede Störung gemeldet und automatisch wieder ausgeregelt wird. *Richard Wagner* hat das in die vermutlich etwas überspitzte Formel gebracht, daß das Leben dort begann, wo der erste Regelvorgang entwickelt wurde. Es gibt in der Tat nur noch eine Theorie in der Biologie, welche ähnlich faszinierend gewirkt hat und auch ähnliche formale Grenzen hat wie die Biokybernetik: Es ist die Deszendenz-Theorie. Diese bekanntlich von *Darwin* ersonnene Theorie verdankt ihren ungewöhnlichen Siegeszug durch alle Welt der Tatsache, daß die Idee eines Schöpfergottes durch die Annahme einer schrittweisen Entwicklung der Arten, die auseinander hervorgehen, ersetzt werden kann. Es scheint also ein metaphysisches Prinzip der Naturerklärung, mit theologischer Prägung, durch ein durch und durch materialistisches Prinzip ersetzt worden zu sein.

Die Probleme dieser Evolutionstheorie und insbesondere ihrer historischen Entstehung hat der berühmte amerikanische Biologe *Ernst Mayr,* der an der Harvard-Universität lehrt, in einem großartigen Buch geschildert. Man erkennt, daß *Darwin* nur einen Mechanismus anzubieten hatte, um die „Übergangsfunktion" in diesem Wirkungssystem der Deszendenz zu erklären, wobei Erklärung also mehr als Verstehen bedeutet: Es ist die Mutation und deren Auslese durch den Kampf ums Dasein. Ob diese *Mechanismen,* welche in der Deszendenztheorie die Stelle der biophysikalischen Übergangsfunktionen der Kybernetik einnehmen, ob diese Mechanismen aber wirklich das exakt bewirken, was wir als Resultat der Evolution vor uns sehen, nämlich die Vielfalt der Arten, das bleibt bis heute kontrovers.

Die Kybernetik ist nun mit der Evolutionslehre auf eine innige Weise verbunden, was man selten klar zu betonen pflegt. Selbst wenn nämlich (was nur selten gelingt) bei einem biologischen Regelkreis die ganze Biophysik bis ins letzte Detail erforscht ist, bleibt die Frage völlig ungelöst, wie denn diese Regelmaschine mit ihrer unglaublichen Zweckmäßigkeit entstanden ist. Die Kybernetik macht die Zweckmäßigkeit des Lebendigen verständlich, aber sie läßt den Ursprung des zweckhaft arbeitenden Systems selbst völlig ungeklärt. Diese Klärung könnte dann nur durch die Evolutionstheorie gegeben werden: Kybernetische Maschinen haben die Eigenschaft, sich im Kampf ums Dasein wegen ihrer zweckmäßigen Struktur zu erhalten, nachdem ihre systematische Zusammenfügung aus einzelnen biophysikalischen Mechanismen zur kybernetischen Regelmaschine durch den Zufall von Mutationen entstanden sein würde. Die Regelmaschine repräsentiert das „Notwendige", die Mutation, die sie entstehen ließ, das Zufällige. So etwa könnte man die berühmt gewordene Antithese von Zufall und Notwendigkeit des Nobelpreisträgers *J. Monod* interpretieren. Man sieht, der Antagonismus Kybernetik – Biophysik reicht bis in die modernsten Probleme der Naturphilosophie hinein.

22. Berlin ist eine Reise wert

Man mag die Zeit von 1945 bis 1947 die Phase der Besinnung nennen. Niemand konnte Bedeutendes tun oder planen. Das Gesetz des Handelns lag bei den Besatzungsmächten. Nicht einmal die vom Nazismus nirgendwo Angekränkelten hatten eine Chance. Das Beste war, die Trümmer aufzuräumen.

Ich war, wie gesagt, seit Anfang 1947 wieder im Amt als Direktor des Kerckhoff-Instituts, und wir begannen emsig mit der Arbeit, über die ich später berichten werde. Kontakte wurden geknüpft. Ich wurde insbesondere um wissenschaftlichen Rat von zwei Direktoren der Kaiser-Wilhelm-Gesellschaft gebeten, den Neurologen und Hirnforschern *J. Hallervorden* und *H. Spatz,* die beide später in Gießen ein vorläufiges Domizil fanden. Das KWI (Kaiser-Wilhelm-Institut) für Hirnforschung war in Berlin, soweit es nicht ausgebombt war, von den Russen demontiert worden. Vor allem hatten die Russen die einzigartige Sammlung der Gehirne fast aller berühmten Deutschen, die in den letzten elf Jahren gestorben waren, verschleppt. Sie ist meines Wissens nie wieder aufgetaucht, und der Plan, die Gehirnstrukturen der Hochintelligenz zu erforschen, muß vorerst begraben werden. Beide Herren waren nicht ohne Einfluß auf mich, als die Frage an mich herantrat, ob ich in der Max-Planck-Gesellschaft bleiben wolle, deren Gründung bevorstand.

Auf meinem Interessengebiet zerschlugen sich alle Pläne, in Bad Nauheim neue Dinge zu gründen, wie z. B. ein Zentrum der Rheumaforschung. Das Bad blieb bis heute ein Herzheilbad. In Göttingen dagegen saß eine aktive Gruppe, angeführt von dem Biochemiker *K. Thomas* und dem Physiologen *H. Rein,* welche eine Medizinische Forschungsanstalt gründeten, deren Direktor dann *Thomas* wurde. Das Kuratorium bestand u. a. auch aus meinem alten Lehrer *U. Ebbecke* und aus *F. Volhard,* dem Frankfurter Internisten. Diese Anstalt entwickelte sich über Erwarten gut und rasch und wurde unter dem Titel eines Instituts für experimentelle Medizin eine der wertvollsten Juwelen in der Krone der späteren Max-Planck-Gesellschaft. An ihr wirken heute so großartige Männer wie *Friedrich Cramer.* Auch das Max-Planck-Institut für biophysikalische Chemie, dessen Direktor der Nobelpreisträger *Manfred Eigen* ist, verdankt seine Gründung diesem Vorläufer.

Die Wertschätzung, die meiner Arbeit seitens der damaligen offiziellen Welt entgegengebracht wurde, hätte mich eigentlich belehren und beflügeln sollen. Aber die Dinge entwickelten sich in einer unerwarteten Weise dadurch, daß ich 1948 zu den immer noch gültigen Berufungen nach Berlin und Leipzig eine Berufung auf den Heidelberger Lehrstuhl erhielt. Der berühmte Pharmakologe *Wolfgang Heubner*, der damals noch an der Humboldt-Universität der ungeteilten Stadt Berlin lehrte, meinte, Herkules (nämlich ich) stehe nun am Scheideweg, ob er die große Chance Berlin wahrnehmen wolle oder die Provinz mit ihrem sicher höheren Luxus vorziehe. Mit dem Heidelberger Ruf in der Tasche stand ich nun vor einer weit schwierigeren Entscheidung.

Ich habe den Ereignissen vorgegriffen, denn zunächst war der Ruf nach Berlin 1946 mit der dringenden Bitte verbunden, ein Semester in Berlin „auf Probe" zu lesen und erst danach eine Ablehnung in Erwägung zu ziehen, wenn mich das Probesemester nicht von den Reizen Berlins vollends überzeugt haben würde. Wenig später erreichte mich zudem eine Einladung des Svenska Instituts, das den Austausch mit ausländischen Wissenschaftlern betrieb, zu einem dreimonatigen Forschungsaufenthalt in Schweden. Ich sagte beiden Einladungen zu. Nach Berlin reiste ich erstmals im März 1947, nach Stockholm aus Gründen, die noch zu schildern sind, 1949. Beide Reisen waren, in so turbulenter Zeit, ein wahres Abenteuer.

Bevor ich von der Berliner Reise berichte, noch kurz ein Nauheimer Stimmungsbericht. Wir alle waren in restaurativer Hochstimmung. *Nikolaus Ehlen*, mein alter Lehrer, der nun ein unangefochtener großer Mann war, besuchte uns, vermittelte Kontakte zu *Walter Dirks* und *Eugen Kogon*, den Herausgebern der Frankfurter Hefte. Es bahnte sich der Bau einer Deutschen Demokratie auf ausgesprochen christlichem und sozialem Grunde an, in der christlich-demokratischen Union (CDU) ebenso wie in der christlich-sozialen Union (CSU) sich realisierend, sobald die Alliierten grünes Licht für die Gründung deutscher politischer Parteien gaben, wozu sie sich freilich allzuviel Zeit ließen. In Frankfurt wurde ein ungewöhnlicher Mann, *Kolb*, Oberbürgermeister, ein Hüne mit einem Fettpolster, das wenig in die Hungerzeit paßte, ein Mensch, der bei Vorträgen in der ersten Reihe sitzend immer zu schlafen schien, aber am Ende des Vortrags mit erstaunlich präzisen Fragen zur Sache seine geistige Präsenz während des Vortrags bewies.

Ich vermute, daß er bei langweiligen Vorträgen wirklich schlief und dann auch keine Fragen zu stellen hatte. Ein kluger Gelehrter hat Jahre später einen Aufsatz über den Tempelschlaf, ich glaube in der Frankfurter Allgemeinen, publiziert, der auf *Kolb* hätte passen können. Er pries die große Kunst, zu schlafen unter dem Anschein wach zu sein. Ich habe diese Kunst nie erlernt: Man merkt, wenn ich schlafe, an den Geräuschen vertiefter Atmung. Beherrschung der vegetativen Funktionen im Tempelschlaf ist nicht so leicht wie man meint.

Schon 1946, dringender im folgenden Jahr, boten mir Vertreter der US-Militärregierung Forschungsverträge für 1–2 Jahre nach Amerika an. Meine Erkundungen, ob ich nach Ende des Kontrakts Chancen hätte, drüben eine Existenz zu finden, verliefen ziemlich einhellig negativ. Es war schon bemerkenswert, mit welcher Ruchlosigkeit von US-Vertretern dieser Export von Gehirnen betrieben wurde. Wer keine Position in Deutschland hatte, wie meine Kollegen *K. Kramer* und *R. Thauer,* gingen in der Tat hinüber. Sie saßen bei den Streitkräften der USA, *Kramer* bei der Luftwaffe in Randolph Field, *Thauer* bei der Marine in Philadelphia. Auch *Otto Gauer,* der bis Kriegsende ohnehin bei der Deutschen Luftwaffe gearbeitet hatte, ging an ein Luftwaffeninstitut im Staat Ohio. Keinem dieser erstklassigen Köpfe ist es gelungen, drüben auch nur bescheidene Selbständigkeit zu erreichen. Sie sind alle, sobald sie konnten, auf reicher bestückte Pfründe nach Westdeutschland zurückgekehrt, und einige äußerten diesen Wunsch nach Rückkehr schon 1949, als sie gerade drüben angekommen waren!

Die Einladung, den Berliner Lehrstuhl der Physiologie von *Wilhelm Trendelenburg* zu übernehmen (*Trendelenburg* war 1946 in Tübingen als Flüchtling verstorben), diese Einladung führte zu drei Reisen nach Berlin: Einer kurzen, anläßlich eines Vortrags bei einer Berliner Wissenschaftlichen Gesellschaft, und zwei zu dem Zweck, je einen vollen Monat im Sommersemester 1947 das Hauptkolleg Physiologie zu lesen. Ich führte ein ausführliches Tagebuch, das in Auszügen wiedergegeben sei.

Zunächst die Bewältigung des Transportproblems. Der Reiseverkehr für jedermann war noch nicht wieder hergestellt, es gingen aber Sonderzüge für Funktionäre der Militärs und einiger hoher deutscher Beamter. Ich ersuchte die Reichsbahn (wie sie noch hieß) um eine Genehmigung zur Benutzung eines Dienstabteils oder gar des Dienst-Triebwagens, doch das wurde höflich aber bestimmt abgelehnt. Also ging ich privat auf die Reise. Nachts nach Frankfurt, wo ich von 3.30 bis 9.30 Uhr auf die Bereitstellung des Zuges nach Hamburg wartete, der mir in Bebra Anschluß nach Berlin bot. Ich sehe zwar einen schönen Zug stehen, der nach Berlin fährt, es ist aber der Dienstzug. Der französische Begleitoffizier verweist mich höflich an den französischen Bahnhofsoffizier. Ich laufe hin, bekomme die Erlaubnis, doch wie ich wieder an den Bahnsteig ankomme, sehe ich den Zug gerade noch aus der Halle fahren. Die Franzosen sind liebenswürdig. Aber der nächste Dienstzug geht erst in ein paar Tagen. Also nach Bebra. Ich bin abends dort, der Berliner Zug steht da, noch leer, füllt sich aber bald. Sehr viele Juden fahren mit, die jiddisch sprechen, das ich zum ersten Male höre: Deutsch mit Slavisch vermischt. Deutsch waren bezeichnenderweise alle bürokratischen Worte wie „Zuzugsgenehmigung". Um 4 Uhr früh fährt der Zug, den wir aber, wie sich jetzt erst erweist, nicht benutzen dürfen, da wir keinen „Stempel" haben und nicht entlaust sind. Also heraus. Um 9 Uhr früh öffnen die Büros. Später hören wir, daß alle Formalitäten auch an der Grenze zur russischen Zone hätten erledigt werden können. Um 1 Uhr mittags soll ein Zug gehen. Er geht auch um 11.30 Uhr. Endlose Kontrollen, 3mal die Fahrkarten, 4mal die Pässe und Gepäck auf einer Strecke von 20 km. Der Zug schleicht, hält auf einem Dorf 2 Stunden, wegen einer gründlichen Kontrolle der Briten. Da Kriegsgefangene in Viehwagen, von Italien kommend, mitfahren, dauert es besonders lang. Die Begleitmannschaft (ich bin nicht sicher, welcher Nation sie angehörte) übergibt sie den Russen, fährt nicht mit ins russisch besetzte Gebiet. An der Grenze müssen wir umsteigen. Kein Eisenbahnwagen darf die britische Zone verlassen, er könnte nicht wiederkommen! Einige Kilometer Fahrt, in Warta russische Kontrolle. Alles muß mit Gepäck aussteigen. Alte Mütterchen schleppen sich fast zu Tode. Schließlich steht ein Bienenschwarm von Menschen vor einem kleinen Häuschen, in dem ein russischer Offizier thront wie ein Kaiser, die Brust ordenübersät, leicht betrunken. Die Pässe werden gestempelt, das Gepäck bleibt unkontrolliert. Nach 7 Stunden sind wir abends in Eisenach. Der Anschluß nach Erfurt ist fort. Morgen ist Sonntag, es fahren keine Züge, also warten bis Montag. Ein Hotelzimmer findet sich leicht. Die besseren Hotels sind nicht beschlagnahmt, bei den Russen anders als bei den Amerikanern. Man geht ins Hotel, mietet sich ein, dann zum Verkehrsamt am Bahnhof, um einen Quartierschein zu holen, denn das Hotel ist sozialistisch betrieben.

Im Hotel, wo ich das Zimmer mit einem Herrn aus Friedberg teile, hören wir, daß am Sonntag um 8 Uhr früh doch ein Messezug nach Leipzig geht. Wir versuchen unser Glück. Der Beamte an der Sperre will uns nicht durchlassen. Wir gehen zum Fahrdienstleiter, der für meine Dringlichkeit etwas Verständnis hat, was sich durch eine Zigarette steigern läßt. Er darf aber nichts „Schriftliches" geben. Ich bitte also nur um einen Ort, der volle Deckung vor Kontrollen gibt, um dort den Abgang des Zuges abzuwarten. Wir beide, mein Mitschläfer und ich, nehmen die Herrentoilette am Ende des Bahnsteigs. Als der Zug einläuft, wird er lege artis infanteristisch gestürmt. Wir sind bald in Erfurt, von wo ein Anschlußzug nach Berlin auch sonntags geht. Dieser Zug steht zwar schon da, aber der Zugang wird erst eine Stunde vor Abfahrt gestattet. Ich hatte nicht geahnt, daß man Zulassungskarten braucht; warte in einer Schlange in der Unterführung bis man uns zum Bahnsteig hochläßt, und werde natürlich ohne Zulassungskarte zurückgewiesen, aber ich dränge mich einfach durch, muß später 10 Mark Strafe zahlen, die ich den Berliner Behörden dann in Rechnung gestellt habe. Im Zug treffe ich erstmals Menschen, die in der russischen Zone wohnen. Ein junger Industrieller kann nur mit Kompensationsgeschäften, Ware gegen Ware, Handel treiben. Alle klagen über die Willkür der Russen, über die Mängel der Verpflegung. Doch sehen alle ganz gut aus, essen freilich durchwegs trockenes Brot. Alle meinen, die jetzige Regierung sei schlimmer als die Nazis. Die jetzigen Machthaber sollten nicht so auf die Nazis schimpfen, weil sie es selbst nicht besser machten. Arbeitsämter der Sowjetzone werben Arbeiter für Brasilien an, aber man ist sich nicht sicher, ob dieses Brasilien nicht in Sibirien liegt. Mißtrauen, Ablehnung, wohin man horcht.

Vor Berlin bekommen wir viel Verspätung. Die Strecke ist eingleisig. Die Russen haben die Geleise der zweiten Spur demontiert. Wir kommen abends so spät nach Berlin, daß wir die letzten U- und S-Bahnen nicht mehr erreichen. Wir bleiben also die Nacht am Bahnhof, denn die Straßen sind nachts menschenleer und Räuber beherrschen sie. Ich werde sehr gewarnt, den Weg zu Fuß zur Charité zu machen, wo man mich erwartet. Ein Mitreisender berichtet, wie er vor 4 Wochen ausgeraubt wurde, abends nach 10 Uhr. Zwanzig Männer hätten plötzlich um ihn gestanden, eine Haube über ihn gestülpt und ruhig von ihm nur Hut und Mantel gefordert, die er hergab. Ich bleibe also im Bahnhof Zoo, im kalten, wenn auch geräumigen Wartesaal, mit netten Menschen, denen ich mit rheinischem Humor die Zeit vertreibe. Um 8 Uhr früh bin ich dann am Ziel, nach fast drei Tagen Reise.

Nach zwei Stunden Schlaf beginnt die Jagd nach Ausweisen, vor allem nach einer Gastkarte für den „Club der Kulturschaffenden". Hier kann man ohne zu warten essen, knapp aber gut, für 6–10 Mark. Es gibt die feinsten Liköre für eine Mark das Glas. Ich bekomme das alles dank der Initiative von Professor *Theodor Brugsch,* dem Internisten, der mit den Wölfen heult und bei den Russen einen Stein im Brett hat. Mittags treffe ich Prof. *W. Heubner* im Club. Am anderen Tag Eroberung der Lebensmittelmarken, Gang zum Betreuungsamt für Hochschullehrer, das mir alle Fahrkarten besorgen wird. Ich gehöre sichtlich zur bevorrechteten Klasse. Besuch beim alten Pathologen *R. Rössle,* einem weißhaarigen Gelehrten, dessen Wesen aus Klugheit, Milde, Menschenliebe und unendlich viel Wissen gemischt ist. Dann zum Biochemiker *Karl Lohmann,* der das Physiologische Institut verwaltet, sehr gealtert ist und etwas apathisch wirkt. Er will in Berlin bleiben, trotz großer Chancen im „Westen".

Bei *Heubners* bin ich zum Tee, bei *Rössles* zum Abendbrot eingeladen, was deshalb geht, weil beide reichlich Carepakete erhalten, so daß ich Gutes zu essen bekomme. Frau *Heubner* ist mir als eine ungewöhnlich kluge, lebhafte und witzige Dame in Erinnerung. Ich sah sie später oft in Westdeutschland, wohin sich beide flüchteten. *Rössle* ist später in Berlin gestorben. Beide Ehepaare haben ihr Haus verloren, wohnen aber ganz gemütlich.

Das Institut ist stark beschädigt und fast leer, das wenige Vorhandene in trostlosem Zustand. Insgesamt habe ich den Eindruck einer Räuberhöhle. Schäden erst durch Artillerie, dann durch russische Einquartierung, welche die Apparate einfach zum Fenster hinauswarf (was freilich Amerikaner in Heidelberg auch getan haben).

Mittags beim Dekan *Brugsch,* wo auch der Rektor *Johannes Stroux* mit mir verhandelt, ein weißhaariger Kopf, sehr liebenswürdig und zu jedem Entgegenkommen bereit, ein Mann von hoher Kultur, der gegen den etwas opportunistischen *Brugsch* sehr vorteilhaft absticht. *Brugsch* ist Erfolgsmensch, mehrfacher Ehrendoktor, vor allem Vizepräsident der Deutschen Verwaltung für Volksbildung, also so etwas wie ein Stellvertreter des ostzonalen Kultusministers. Er ist Mitglied der Berliner Akademie, auch der Leopoldina in Halle und der rumänischen Akademie der Medizin, dabei ein Mann, dessen klinische Fähigkeiten nicht klein sein können, dessen wissenschaftlicher Verstand aber ersichtlich bescheiden ist.

Im Lebensmittelamt, wo man mich sofort außer der Reihe abfertigt, erlebe ich eine tolle Szene. Drei alte Weiblein warten auf neue Lebensmittelkarten, weil sie die ihren verloren haben. Eine hat sogar eine polizeiliche Bescheinigung, daß man ihr die Karte gestohlen hat. Doch ist auch ihre Kennkarte gestohlen. Die Beamtin weigert sich, ihr Lebensmittelkarten auszustellen, da über ihre Person keine Sicherheit besteht. Das Mütterchen weint. Nu habe se all det Jeld verfahrn. Ich schenke ihr 5 Mark. Die Beamtin meint dazu, recht freundlich, ich wisse wohl nicht, daß täglich 500 solcher Fälle in Berlin vorkämen, daß die Lebensmittelkarten für 1000 Mark gehandelt würden und die Leute dann angäben, ihre Karte verloren zu haben.

Nach dem Vortrag abends will ich nach Ilsenburg zu meinem alten Freund *Helmut Nedden,* der dort eine große Arztpraxis betreibt. Aber die Züge sind verspätet, überfüllt, ich gebe die Reise auf, bleibe in Berlin, werde bestürmt, den Ruf anzunehmen: Wenn nicht Männer mit Mut und Oppositionsgeist kämen, sei die Universität verloren. *Rössle* und *Ferdinand Sauerbruch* sind die tragenden Säulen der Fakultät, *Rössle* der Professor für Pathologische Anatomie und *Sauerbruch* damals schon der weltberühmte Chirurg. Die Studenten sind eifrig. Abends sehe ich *Shaws* Helden im Renaissance-Theater, erstklassig gespielt. *Shaws* Spott wirkt freilich in dieser Stadt etwas antiquiert. An einem anderen Abend gehe ich in den Club, durch menschenleere Straßen, wo nur Ruinen stehen, leere Fenster, Fassaden, durch die der Himmel schaut. Unter einer Torwölbung lauern Männer. Es ist erst 7.30 Uhr abends. Noch wagen sie den Angriff nicht.

Endlich mache ich die Bekanntschaft eines der bemerkenswertesten Männer Berlins zu jener Zeit: Von Dr. *Otto Jäger,* der in der Zentralverwaltung für Gesundheit arbeitet und ein Prachthaus in der Hoiruper Straße in Nikolassee bewohnt, in dem bei meinem nächsten Besuch zu wohnen er mich einlädt. *Jäger,* ursprünglich KPD-Mann, jetzt SED, ist einer der nicht selten anzutreffenden Ärzte, die voller Idealismus eine neue Welt ersehnen und meinen, man dürfe die Russen nicht allein lassen. Auch er hält, wie *Heubner* oder *Rössle,* die Russen für gutwillig und vernünftig. Man werde als Wissenschaftler alles von ihnen bekommen, was sich ja auch später durchwegs bestätigt hat. Die Russen seien oft wie Kinder, ihre Reparationsforderungen eine Folge ihrer eigenen großen Not. *Jäger* ist mit Dr. *Barbara von Renthe-Fink* verheiratet, der Vizepräsidentin des Gesundheitswesens, also gleichsam Staatssekretär des Gesundheitsministeriums. Sie ist, wie ich hier schon sagen darf, die bedeutendste Frau, die mir in meinem Leben begegnet ist: Klein, energisch, mit stahlblauen Augen und einem Verstand, der an Hellsicht, Klugheit und Intelligenz seinesgleichen nicht hat. Frau *von Renthe* ist nicht SED-Mitglied. Sie war bei der SPD vor der Nazizeit, hatte als Ärztin ziemlich unter den Nazis zu leiden, ging bei Kriegsende mit ihrem Mann von Dresden nach Berlin. Beide aber, trotz aller Vernunft und Kindlichkeit der Russen, sind in den Westsektor Berlins gezogen, sobald die Teilung Berlins perfekt war, ebenso wie *Heubner* in den Westen ging. Wäre ich den Mahnungen dieser Ratgeber gefolgt, ich wäre wohl auch als Flüchtling wieder im Westen gelandet, allenfalls an der Freien Universität, an die man mich in der Tat in der Planungsphase zu berufen versuchte, doch ich lehnte ab.

Es scheint mir dennoch typisch nicht nur für die damalige Situation in Berlin zu sein, was mir Frau *von Renthe* immer wieder versicherte: Daß die Russen klug und vernünftig seien. Es seien vielmehr die deutschen kommunistischen Funktionäre, die das Leben schwer erträglich machten. So sollte Frau *von Renthe* z. B. auf dem Kongreß des Demokratischen Frauenbundes sprechen, der in Berlin tagte. Sie sollte aber vorher vorlegen, was sie zu sagen beabsichtige, worauf sie, empört über die diktatorischen Absichten, verzichtete. Herr *Jäger* und Frau *von Renthe* meinten dazu, die Russen warteten ab, wer im politischen Kampf die Oberhand gewönne; am Ende würden sie sich mit jeder Partei zufriedengeben.

Ich lernte auch Dr. *Zetkin, Klara Zetkins* Sohn kennen, der ein gütiger alter Herr war, 65 Jahre alt, und der mir sofort einen Wagen zu schicken versprach, als er hörte, ich wolle ihn besuchen. Auch er verspricht mir, alles für mich zu tun. Er verteidigte natürlich die Russen. Sie nähmen sich ihr gutes Recht, denn was sie nähmen, sei nur 7% dessen, was sie verloren hätten. Ein Versuch nach Karlshorst zur sowjetischen Militärbehörde vorzudringen, mißlingt, da es zu spät am Tage geworden war, und anderentags war ich nicht mehr verfügbar. Ich hätte es bei mehr Zeit aber geschafft!

Alle diese Menschen sind optimistisch, geben zu, manchmal auch verzweifelt zu sein, aber die Grundstimmung war Hoffnung. Mittags im Club treffe ich den Maler *Schmidt-Rottluff*, einen der bekanntesten

Künstler seiner Zeit, ein kleines, in sich gekehrtes Männchen, still vor sich hinlächelnd, hochgeehrt. Er sei Anarchist, er könne nicht verstehen, wozu es einen Staat geben müsse. Ohne Staat ginge es alles viel besser. Diese Form wirklichkeitsblinder Lebensweisheit habe ich oft bei prominenten Künstlern gefunden. Was freilich m. E. noch schlimmer ist, sind die Utopien, denen manche Wissenschaftler anhängen. Wissenschaftlern geht das Air der Klugheit voraus. Das macht ihre Dummheiten so deletär.

Ich besuche eine Frauenversammlung der Zentralverwaltung mit Frau *von Renthe* im ehemaligen Festsaal des Reichsluftfahrtministers *Goering.* Der Saal ist ganz erhalten, mit kostbaren Hölzern getäfelt. Die Reden sind teils pazifistisch, teils fordern sie höheren Einfluß der Frauen, die zwei Drittel der Berliner Bevölkerung stellen. Am Schluß singt man „Brüder in Zechen und Gruben", ein Lied das sehr nazistisch klang. Dennoch: Man rang um Demokratie. Ein Berliner Bonmot freilich: Incognito, ergo sum. Das klingt recht skeptisch.

Die Rückkehr nach Haus ist denkbar komfortabel: Im Fernschnellzug, schon FD genannt, niemand steht, der Zug fährt rasch, nur wenige Kontrollen. Erst in Hannover entsteht abends ein gewaltiger Andrang auf den Zug nach Frankfurt, in den ich umsteigen muß und der schon überfüllt einläuft. Ich sehe zufällig einen leeren Wagen für amerikanische Truppen, mit RTO-Stempel zu benutzen (RTO ist ein heute noch gebrauchter Begriff: Railway Transport Officer). Ich gehe zum RTO, mein französischer Ausweis von der Hinreise macht Eindruck, zudem erkläre ich, wer ich bin. Der Stempel prangt auf meinem Papier. Ich sitze im Abteil für mich allein und komme sogar rechtzeitig in Bad Nauheim an.

Diese unter dem frischen Erlebnis geschriebenen Zeilen scheinen manches Ungewohnte zu enthalten. Sie scheinen insbesondere zu russenfreundlich. Es ist mir aber immer wieder versichert worden, daß die Russen damals keineswegs nur die SED stützten. Sie verhandelten z. B. mit Dr. *Külz,* dem Vertreter der LPD (Liberaldemokraten). Vielleicht haben sich die Russen geändert, vielleicht waren ihre Repräsentanten in Deutschland anders beschaffen als die Machthaber im Kreml. Daß die russischen Funktionäre erstklassig waren, hat mir Frau *v. Renthe,* die es unmittelbar erfahren hatte, immer versichert: Sie hätten meist mehr von der deutschen Situation und vom Detail des Amtes verstanden als der deutsche Amtsträger. Ich schreibe das mit aller Skepsis. Aber mir scheint, als seien die politischen Beziehungen zwischen West und Ost immer stärker in jenen ausweglosen Zustand geraten, der letztlich das Ergebnis der Entfremdung ist.

Ich bin dann am 26. 4. 47 wieder nach Berlin gefahren und wollte es diesmal besser haben. Ein US-Captain in Bad Nauheim, wo wir inzwischen schon gut bekannt sind bei den „Besatzern", gibt mir eine Fahrkarte für den Militärzug nach Berlin, aber leider keine „Travel Order", auf die es weit mehr ankommt. Der Zugbegleitoffizier meldet meinen mysteriösen Fall in Berlin, übergibt mich dem Bahnhofsoffizier in Spandau, der mich der Militärpolizei übergibt. Sie soll mich zum identification office bringen. Die Soldaten wissen nicht, wo dieses office ist. Sie bringen mich auf ihre Wache. Mein Englisch ist nicht das Beste und das Amerikanisch des Sergeanten verstehe ich nicht. Der Feldwebel ist ziemlich flegelhaft. Als ich sage, ich sei Professor, werde ich ausgelacht. Schließlich wird der Feldwebel manierlicher, wohl von meiner Seelenruhe beeindruckt. Nach über 2 Stunden erscheint endlich ein CIC-Offizier, deutscher Jude, der zunächst auch sehr robust ist, ein „Geständnis" fordert, endlich in Bad Nauheim anruft, meine Angaben bestätigt findet und mich laufen läßt.

Die zwei Monate meiner Gastprofessur in Berlin kann ich nur sehr flüchtig schildern. Sie bieten keine grundsätzlich neuen Einsichten. Ich lerne viele bedeutende Menschen kennen, so *Richard Hamann*, den Kunsthistoriker, der fast 68 Jahre alt ist, wie ich eine Gastprofessur wahrnimmt und die sozialen Probleme der Kunst schildert, ein Thema das so wenig bedacht wird, trotz des schönen Buches von *A. Hauser* über die Sozialgeschichte der Kunst. *Hamann* erweist sich als großer Polemiker gegen den Dünkel der besseren Gesellschaft; schon 1919 hat er, wie Dr. *Jäger* erzählte, als junger Wissenschaftler vom Ethos der Arbeit gesprochen und gegen das Militär und den Hochmut seiner Offiziere gekämpft. Ich komme enger mit *F. Sauerbruch* zusammen, werde mit ihm bei einem Studentenfest zur Jury bestimmt, welche das beste Tanzpaar ermitteln soll und stelle fest, daß *Sauerbruch* selbst vom Tanz mehr versteht als ich. Er war ein Grandseigneur in jeder seiner Handlungen. *Sauerbruch* erzählte mir zum Thema Krankheit und Weltgeschichte die folgende Begebenheit. 1922 sei *Ludendorff* zu ihm gekommen, mit allen Zeichen einer Thyreotoxikose, niedergeschlagen, fahrig, geistig verwirrt. Er habe ihn operiert. Einige Wochen nach der Entlassung sei der Feldmarschall dann in Gala, mit Federbusch am

Helm, wieder bei ihm erschienen und habe ihm bedeutet, er, *Sauerbruch,* erlebe jetzt einen welthistorischen Augenblick. Er, *Ludendorff,* habe jetzt erkannt, daß er 1918 nur unter dem Eindruck seines Basedow die Lage des Deutschen Heeres so schwarz gesehen habe.

Die Berliner Studenten sind ein ideales Auditorium. Sie sind begeisterungsfähig und begeistert, dankbar für philosophische Bemerkungen, hören (wie man mir sagte) zum ersten Mal eine Physiologie, die mehr ist als eine positivistische Biologie des menschlichen Körpers. Ich werde natürlich im Rückkoppelungskreis auch enthusiastisch. Nach dem verhängnisvollen Sommerkolleg in Gießen 1939 ist das mein erstes Hauptkolleg, das ich wieder lesen darf, und in das nun alle meine neuen Gedanken einfließen. 40 Jahre später ist diese philosophische Neigung fast völlig verschwunden. Das Hochgemute ist eine Tochter der Not und nicht des Wohlstands.

Am 17. 6. bin ich wieder nach Berlin gereist, diesmal mit *Richard Hamanns* Wagen, nahe an Leipzig vorbei, auf schlechten Straßen. Abends zur Begrüßung berichtet *Otto Jäger* von der zunehmenden Spannung mit den Russen, die soeben befohlen hatten, 10 Prozent der Bevölkerung ohne Rücksicht auf den Beruf zum Bergbau einzuziehen, nur nach körperlicher Eignung ausgewählt. Massenflucht der Männer zum Westen. Die Repressalie: Die Familien der Entflohenen erhalten keine Lebensmittelmarken mehr. Die Empörung wächst.

Die Ernährungslage ist katastrophal. Es fehlt an Kartoffeln, die von Hamsterern weit aus der Provinz nach Berlin geholt werden.

Bemerkenswert noch die Feier des 70. Geburtstages von *Heubner.* Schöne Reden, auf die *Heubner* antwortet, er finde das Alter schön, solange der Geist frisch bleibe. Man empfinde dankbar die ständige Erweiterung des Horizontes. Selbst in dieser Zeit zu leben empfinde er schön. Er hätte nur in wenigen anderen Zeiten leben mögen. So interessant wie diese sei keine Zeit bisher gewesen.

Dies möchte ich auch von mir bekennen.

23. Von Bad Nauheim nach Heidelberg

Nach meiner Rückkehr aus Berlin hätte eigentlich meine Reise nach Schweden bald angetreten werden sollen. Auf die Einladung des Schwedischen Instituts vom April des Jahres 1946 hin war ein endloser Schriftwechsel mit Konsulaten und Militärdienststellen geführt worden, der 1947 erfolgreich, wie es schien, mit der Erteilung eines Reisepasses abgeschlossen wurde. Nach einer ersten Ablehnung meines Ausreiseantrags („the travel bears no indication as being directly in the interests of the Allied Occupation Forces“) schien nun alles in Ordnung, als mir der schon ausgefertigte Paß wieder entzogen wurde. Die Reise mußte verschoben werden. Sie fand dann erst 1949 statt und jetzt auch zu besserer Jahreszeit.

Der Winter 1947 verlief dann ruhig. Pastor *Niemöller* kam erstmals nach Bad Nauheim. Ich lud ihn zu mir ein, und wir unterhielten uns lange. *Niemöller* ist immer noch so offenbar Offizier, ein schneidiger Theoretiker und Mann des unbedingten Glaubens, daß man versucht sein könnte, ihn als einen verhinderten Nationalsozialisten anzusehen. Aber dann entfaltet er sich im Gespräch. Er tritt bedingungslos gegen die Theorie des Nationalsozialismus auf, erzählt von seiner Reise nach den USA und beantwortet meine Frage nach dem wesentlichen Unterschied zwischen dem Christentum drüben und bei uns so, daß es in den USA weder Staat noch Kirche im europäischen Sinne gebe. Beides sei bei uns ein Relikt des Mittelalters, eine Zeit, die Amerika eben nie erlebt habe.

Die Gemeinden seien frei und selbständig, der kongregationistische Charakter der Kirche drüben sei ihr hervorstechendstes Merkmal. Die Glaubenshaltung der Christen sei tolerant. Der Glaube, selber das „wahre“ Christentum zu besitzen, sei unamerikanisch. Daher blieben jene Kirchen, die solchen Glauben verträten, wie Katholiken und Lutheraner, eine Minorität. Es werde wohl auch in Zukunft ein Katholik drüben nie als echter Amerikaner betrachtet werden. Übrigens sagte *Niemöller* dann noch, die Amerikaner suchten den Krieg mit den Russen, und viele glaubten, daß Amerika in diesem Krieg unterliegen werde.

Wie sich manches gleicht und manches wandelt! Wenige Jahrzehnte später ist ein Katholik Präsident der USA. Ob sich das Wort vom Krieg gegen Rußland ernsthaft überlebt hat, wage ich freilich zu bezweifeln.

In meinem Notizbuch steht noch eine Tabelle verzeichnet, für deren Korrektheit ich nicht unbedingt bürgen kann, die aber so interessant ist, daß ich einige Daten zitiere. Der Nahrungsmittelverbrauch in der Bizone (englische und amerikanische Zone, die zusammengelegt sind) ist offiziell ermittelt worden, ohne den Schwarzmarkt natürlich. In Kilogramm pro Jahr und Kopf sind in den USA verzehrt worden: 25 kg Fett, 68 kg Fleisch und 38 kg Zucker. In der Bizone lauten die Zahlen: 2,6; 5,2 und 6,5 kg. Wir haben offiziell ein Zehntel dessen, was die Sieger haben, zum Verzehr.

Es ist in einer Darstellung, die leidlich kurz bleiben und allgemein interessieren soll, nicht möglich, auch nur einen flüchtigen Eindruck der Ereignisse zu vermitteln, die sich von 1948 an entwickelten. Mein eigener Schriftwechsel persönlicher Art aus den Jahren 1946–1950 umfaßt 14 dicke Leitz-Ordner! Ich will und muß mich also auf eine skizzenhafte Darstellung solcher Ereignisse beschränken, die für die allgemeine Entwicklung jener Jahre paradigmatisch sein könnten.

Das Jahr 1948 war, nicht zuletzt durch die in diesem Jahr erfolgte „Währungsreform", mit der eine mäßige Inflation beendet wurde, der Anfang einer steilen Aufwärtsentwicklung. Die wissenschaftlichen Gesellschaften regten sich wieder, der erste Internistenkongreß fand 1948 in Karlsruhe statt, sicher nicht ganz ohne das Engagement von *Franz Kienle,* den wir aus dem EKG-Kapitel kennen, der in Karlsruhe Internist war und der zu *P. Martini,* dem ersten Nachkriegsvorsitzenden, dem großen Bonner Kliniker und Leibarzt *Adenauers,* gehen wollte. *Martinis* Ansprache ließ aufhorchen. Ein neuer Ton meldete sich. Die Irrwege der Medizin wurden beim Namen genannt, es wurde *Senecas* Forderung – Homo res sacra homini; der Mensch als heilige Sache des Menschen – beschworen. „Innere Reifung" wurde erhofft.

Auch die Deutsche Gesellschaft für Kreislaufforschung, deren Schriftführer ich nunmehr wurde, bereitete den ersten Kongreß vor, der allerdings 1949 stattfand, doch mußte ich mit meiner Sekretärin *Hilde Hannibal* aus kümmerlichen Resten eine neue Adressen- und Mitgliederliste zusammenstellen. Der erste Vorsitzende wurde *K. Matthes.* Ich hatte bei der Bildung des Vorstands natürlich meine Hand im Spiel, erreichte, daß Bad Nauheim Sitz des ständigen Sekretariats und der Direktor des Kerckhoff-Instituts ständiger Schriftführer und Vorstandsmitglied wurde. Die Bindung an Bad Nauheim ist erst 1983 durch den Raummangel Nauheims gelöst worden. Neue Zeitschriften entstanden oder alte begannen wieder zu erscheinen. An dreien arbeitete ich mit: An der Zeitschrift für Biologie, der Zeitschrift für Kreislaufforschung und der Ärztlichen Forschung, einer Neuschöpfung des ebenfalls neuen Verlagshauses Banaschewski.

Dies alles ist weniger interessant als die Entwicklung der Forschung, die, aus trostlosen Niederungen sich erhebend, an einigen Stellen bald wieder den internationalen Standard erreichte. Eines dieser Unternehmen betraf fraglos unsere Forschungen über die Innervation des Herzens und die Herzreflexe.

Die Geschichte dieses Forschungsunternehmens begann schon 1941. Der Innsbrucker Pharmakologe *A. Jarisch* hatte seit Jahren eine Entdekkung verfolgt, die recht folgenreich war: Er fand, daß das Herz nach der Gabe eines pflanzlichen Stoffes, Veratrin, extrem langsam zu schlagen begann, und er bewies mit einigen, leider aber indirekten Methoden, daß dieser verlangsamte Herzschlag (wir nennen ihn Bradykardie) ein Reflex sein mußte, der aus Sinnesorganen, die wahrscheinlich im Herzen sitzen, ausgelöst zu werden schien. Da bei der Höhenkrankheit eine ähnliche Bradykardie auftritt, lag die Wichtigkeit des Problems für die Luftwaffe auf der Hand. *Theo Benzinger* war es, der von diesen Kreislaufkollapsen bei Höhenkrankheiten vermutete, sie seien die Folgen der Tätigkeit von Sinnesorganen, die im Herzen sitzen. Dasselbe ließ sich für alle anderen bradykarden Kreislaufkollapse vermuten.

Wenn wir uns an die Gegenüberstellung von Biophysik und Kybernetik erinnern, so lag hier also ein für die kybernetische Physiologie typisches Problem vor. Es war die Frage zu klären, wie ein oft zu betrachtendes und gefährliches Krankheitssymptom überhaupt zustande komme. Die „Mechanismen“ spielen bei der Lösung dieser Frage keine Rolle. Man muß vielmehr Signale in Nerven beobachten, feststellen, wohin sie laufen und was sie dort an makroskopischen Effekten bewirken. Wir präparierten also an narkotisierten Tieren die zum Herzen führenden Nerven, die z. T. dünner als ein durchschnittliches Haar sind, legten die Nerven über zwei Platindrähte und leiteten von diesen zu einem Verstärker ab, der die Signale dann mit einem Kathodenstrahl zu registrieren gestattete. Solche Registrierungen waren schon vor uns, aber wenig systematisch, von dem englischen Physiologen *Lord Adrian* gemacht worden. Wir fanden, daß das Herz rhythmische Botschaften ins Gehirn schickt, die durch Veratrin und Mistelextrakt erheblich verstärkt wurden, und wir glaubten, die Quelle jener reflektorischen Bradykardie gefunden zu haben, welche z. B. auch bei Infarkten auftritt. Es zeigte sich aber bald, daß in diesen Nerven zugleich auch Signale laufen, welche offenbar das Gegenteil von einem Kreislaufkollaps bewirken, nämlich eine Zunahme der Herzfrequenz sowie eine Steigerung des Blutdruckes. *Jarisch* hatte schon diesen Reflex beachtet, den man nach seinem Entdecker den Bainbridge-Reflex nennt. Jedenfalls wurde die Theorie dieser Signale immer komplizierter, je weiter wir forschten, ein Schicksal, das nach meiner Erfahrung jeder gründlichen Forschungsarbeit widerfährt. Man kann diese Tatsache, wenn man ein wenig extrem formuliert, auch so ausdrücken, daß einfache, leidlich einsehbare Hypothesen sich bei vielen experimentellen Arbeiten anfangs zu bestätigen scheinen und die Entdecker dieser Hypothesen einen gewissen Ruhm ernten. Je mehr man aber in der Analyse der Tatsachen fortschreitet, desto mehr bislang unbeachtete Faktoren treten hervor, und meist ist es dann ein anderer Forscher, der das Glück hat, auf den Erkenntnissen des Älteren aufbauend die Fragwürdigkeit bisheriger Hypothesen nachzuweisen. Wissenschaft ist ein ständiger Prozeß der Destruktion von scheinbar sicherem Wissen, und zwar auf einfache Art; man zeigt, daß offenbar nur etwas Einseitiges gesehen wurde, und der Nachfolger bemerkt, daß sich in den Phänomenen noch etwas völlig anderes verborgen hielt, das nun seinerseits eine andere Erklärung fordert. Was wir erlebten war also, daß die von uns beschriebenen Signale nicht den Kollaps machen konnten, sondern andere, kleinere, langsam ins Gehirn laufende Botschaften, welche durch die größeren und rascheren Signale maskiert wurden. Von diesem Prozeß der Destruktion gibt es nur dann eine Ausnahme, wenn eine völlig neuartige Klasse von Beobachtungen gelingt. Ein Beispiel bietet hierzu die Entdeckung der Hormone. Daß es chemische Stoffe gibt, welche „Botschaften“ vermitteln, wie es das Wort „Hormon“ besagt, das war ein völlig neuer Gesichtspunkt. Im Fortschritt der Wissenschaft ist eine solche Eroberung absoluten Neulands aber eine Seltenheit. Diesen Pionierleistungen widerfährt dann freilich wieder das altbekannte Schicksal: Sie werden durch vollständigere Informationen über die Natur ihrerseits überholt.

Das Seltsame an dieser Situation ist, daß sich das Urphänomen des wissenschaftlichen Fortschritts sehr wohl mit dem anderen Urphänomen der ständigen Destruktion verträgt, weil eben immer etwas von der älteren Forschung als richtig übrigbleibt. Die Registrierungen, die wir gemacht hatten, waren z. B. korrekt und prangen noch heute, auf Glanzpapier gedruckt, im ersten Nachkriegsband der „Ergebnisse der Physiologie".

Das Jahr 1948 brachte zwei Ereignisse, welche den Rest meines Lebens bestimmt haben: Zunächst die Gründung der Max-Planck-Gesellschaft, deren Gründungsmitglieder die Kerckhoff-Stiftung und ich als Institutsdirektor wurden, und die Berufung im Herbst 1948 nach Heidelberg.

Es kann nicht meine Aufgabe sein, die Hintergründe der Entstehung der Max-Planck-Gesellschaft (MPG) zu schildern. Diese Entwicklung lief weitgehend an mir vorbei. Was ich berichte, sind meine persönlichen Erfahrungen, welche ich um die Zeit der Gründung in einem Brief an Prof. *Groedel* geschildert habe. Die MPG ist sicher primär auf Betreiben der Militärregierungen gegründet worden, denn die meisten ihrer Mitgliedsinstitute waren früher Institute der Kaiser-Wilhelm-Gesellschaft, und die noch im Amt befindlichen Direktoren waren nach dem, was mir berichtet wurde, keineswegs sehr begeistert von einer Namensänderung. Aber der deutsche Kaiser, der doch sicherlich *Hitler* nicht gefördert hatte, war dennoch den Alliierten ein Dorn im Auge. Eines Tages (es war wohl schon 1947), erschien der Wissenschaftsofffzier der USA, *Harry Coster,* bei mir, berichtete von dem Plan einer Neugründung der (formal immer noch existierenden) Kaiser-Wilhelm-Gesellschaft, meinte aber, diese Neugründung müsse ein grundsätzlich anderes Gesicht zeigen als die alte Gesellschaft es geboten habe. Zu diesem Zweck wünsche seine Militärregierung die Einbeziehung einiger bislang unabhängiger, also nicht staatlicher Institute in den neuen Verband. Der Name MPG scheint früh festgestanden zu haben. Maßgebend war bei der Auswahl der neuen Mitglieder in erster Linie die wissenschaftliche Qualität der neuen Direktoren. Mein Glück war, daß ich mindestens bei zweien der alten Kaiser-Wilhelm-Direktoren große Sympathie und Anerkennung besaß, und es war zweifelsohne *Otto Spatz,* der die treibende Kraft war, mich im Kreis der altehrwürdigen Direktoren zu dulden. Ein erster Vorläufer der MPG war in Gestalt der Medizinischen Forschungsanstalt in Göttingen schon ins Leben gerufen, mit weit überspannten Ambitionen übrigens. Die schon etablierten deutschen

Länderregierungen hatten zur gleichen Zeit offenbar den Plan, eine eigene Forschungsgemeinschaft staatlicher Form zu gründen, und nach meiner Information hatten sie 10 Tage vor der Gründung der MPG ein Gesetz verabschiedet, das aus der alten Kaiser-Wilhelm-Gesellschaft eine neue staatliche Forschungshochschule machen sollte. Die Direktoren der beteiligten Institute hatte man dabei gar nicht um ihren Konsens gebeten. Der Plan zerschlug sich durch die Neugründung, die in Göttingen sehr feierlich vollzogen wurde. Prof. *Eger* und ich setzten unsere Namen unter das Gründungsdokument. Der Name *Max Planck* bot sich durch das enorme, auch politische Prestige dieses Physikers an; er war im Jahr zuvor gestorben.

Nun war die Mitgliedschaft des Kerckhoff-Instituts mit einigen Schwierigkeiten verbunden: Das Institut gehörte einer Stiftung des privaten Rechts, der Gründer *Groedel* war nicht voll begeistert von der Überführung in die MPG, doch war durch das Kriegsende das Stiftungsvermögen so reduziert, daß sich die MPG als eine höchst willkommene wirtschaftliche Sanierung anbot. Es war weiter landauf und -ab bekannt, daß ich mit Heidelberg flirtete. Man machte also seitens der MPG die endgültige Regelung unseres Verhältnisses und meinen Status insbesondere von einfach zu lösenden formalen Beschlüssen der Stiftung einerseits, aber insbesondere von meinem Verzicht auf den Ruf nach Heidelberg abhängig.

Viele Kollegen, und sicher recht bedeutende Gelehrte, bestürmten mich, nach Heidelberg zu gehen. Die lokalen Instanzen wollten mein Bleiben erreichen, indem sie meine Ernennung zum Ordinarius in Gießen durchsetzten: Ich war der erste neu ernannte Professor nach Kriegsende und erhielt schon 1949 die Bestätigung meiner Berufung.

Der Londoner Physiologe *F. R. Winton* meinte in einem Brief, die Heidelberger Studenten brauchten Lehrer, die als gute Forscher ausgewiesen seien, und davon habe Deutschland nicht viele. Er schrieb, ich müsse an die Universität. Ich selbst meinte am Ende dies: Ich fragte meinen lieben alten Kollegen und Schutzpatron *Hildebrandt,* ob er sich vorstellen könne, daß ich den Nobelpreis bekäme. Er meinte zwar, etwas schwächlich, das sei wohl möglich. Ich meinte, eben das sei nicht der Fall. Ich wisse, daß ich ein guter akademischer Lehrer, aber ein nur mittelmäßiger Forscher sei. Ein Leben als reiner Forscher in der MPG sei mir nicht auf den Leib geschrieben. Und obgleich *Otto Hahn,* der bei der Gründung der MPG deren Präsident geworden war, mir viele

Versprechungen machte und mich zu bleiben bat, schrieb ich dann 1950 die für mich schicksalschweren Briefe, worin ich der MPG absagte und den Ruf nach Heidelberg annahm. Damals ging wohl nichts ohne Komplikationen vor sich, und die Heidelberger Komplikation bestand darin, daß der Lehrstuhl eigentlich noch besetzt war. Der Ordinarius der Zeit bis 1945, *D. Achelis,* war rite entlassen worden, da man ihm vorwarf, die Entlassungsurkunden der jüdischen Mediziner 1933 unterzeichnet zu haben. Da mir Leute, denen dieses Schicksal selbst widerfahren war, von dieser Unterschrift berichteten, kann der Vorwurf nicht falsch sein. Jedenfalls wurde *Achelis,* damals noch Privatdozent und a. o. Professor in Leipzig, 1933 ins Preußische Ministerium für Wissenschaft als Leiter der Hochschulabteilung berufen, im Rang eines Ministerialrates. Dieser Rang ist nicht gerade anbetungswürdig hoch, doch galten Ministerialräte damals etwas mehr als heute. Er verschaffte sich dann, im Besitz guter Beziehungen, einen Ruf nach Heidelberg und übernahm schon 1934 die Institutsleitung. Seine Freude am politischen Geschäft kann also nicht groß gewesen sein. Dennoch konzentrierte sich der Haß aller Nichtnazis in der Medizin auf seine Person, ungeachtet der Tatsache, daß *Achelis* später vielen, so auch mir, wenn nicht mit vollem Einsatz, so doch mindestens leidlich effektvoll, in Konflikten mit der NSDAP geholfen hatte. Ich finde in meinen Akten einen dramatischen Vorgang vom Jahre 1949, als *Achelis,* noch immer entlassen und in einer erbärmlichen Hütte im Wald hinter Stift Neuburg wohnend, auf dem ersten Physiologenkongreß einen Vortrag halten wollte. *H. H. Weber,* der Exponent der Antinazis meines Faches, sorgte dafür, daß das unterblieb, weil man die ausländischen Besucher nicht vor den Kopf stoßen wollte. *Achelis* war auch Mitglied der Heidelberger Akademie der Wissenschaften, und der Chirurg *K. H. Bauer,* weithin berühmt als ebenso leidenschaftlicher Antinazi wie *H. H. Weber,* betrat die Akademie nicht mehr, als *Achelis* wieder in ihr auftauchte.

Achelis war also nicht der Quell meiner Schwierigkeiten. Vielmehr fand sich nach 1945, als die Universität sich langsam zu regenerieren begann, kein tüchtiger Nachfolger. *Viktor von Weizsäcker* war aus Breslau, wo er das Ordinariat der Neurologie innehatte, in seine alte Heimatstadt Heidelberg geflüchtet, übernahm die Leitung des Physiologischen Institutes für zwei Semester, doch bot sich die Berufung des Luftfahrtphysiologen *H. Strughold* an, der ohnehin, seiner militärischen Ehren als Leiter des Luftfahrtmedizinischen Instituts in Berlin verlustig gegangen, in Heidelberg in einem amerikanischen Luftfahrtmedizinischen Zentrum saß. Dort habe ich ihn schon 1946 besucht. Er residierte gelassen inmitten ebenso gelassener und kultivierter Amerikaner, von denen mir Prof. *Baldes,* vermutlich der damals maßgebende Mann, baumlang und sehr jovial, in bester Erinnerung ist. *Strughold* wurde also berufen, nahm an, las einige Zeit, und verschwand dann mit den Amerikanern nach USA, wo er an einem großen Luftwaffen-Institut eine bescheidene, wenn auch geachtete Existenz fristete. Der Grund für *Strugholds* Weggang, der mehr einer Flucht als einem rationalen Stellenwechsel glich, war, wie man sich allseits zuraunte, seine panische Angst vor den Russen. Wären sie wirklich gekommen, wäre *Strughold,* der bestinformierte Mann der Deutschen Luftfahrtmedizin, fraglos nach Rußland, in sichere Gefilde, verbracht worden. Daß er so fest an den Einmarsch der Russen glaubte, war sicher der Ausfluß vieler Gespräche, die er damals mit den Offizieren und Experten der US-Armee führte, Leute in mittleren Rängen, die aber oft etwas hellsichtiger sind als ihre hohe Generalität. Es muß 1946 viele Kreise in den USA gegeben haben, die eine Entwicklung vorauszusehen glaubten, bei der Deutschland erneut das Schlachtfeld in einem West-Ost-Konflikt werden müßte. *Strughold* war also seit 1947 „drüben", viel Wasser zwischen sich und Moskau wissend.

Noch hatte er nicht förmlich auf sein Heidelberger Ordinariat verzichtet, aber niemand glaubte (und mit Recht nicht, wie sich zeigte), daß er jemals nach Europa, geschweige nach Deutschland zurückkehren würde.

Mir war diese Situation sehr lieb. Sie ließ mir auch Zeit, zwischen Heidelberg und der MPG zu entscheiden. Das Heidelberger Institut war in einem unsäglich trostlosen, nämlich völlig verwahrlosten Zustand. In Bad Nauheim sollte ich ein Institut verlassen, das wir im Scherz den „palazzo prozzo" nannten, wohlerhalten, voller Luxus, mit Marmor und Apparaten gleich füllig bestückt und zudem Mitglied der MPG geworden. Ich entschloß mich dennoch, die mir angebotene Gastprofessur samt Institutsleitung mit dem Recht der Nachfolge, sobald *Strughold* verzichtete, anzunehmen. Mein erster Besuch in Heidelberg ist mir unvergeßlich. Am alten Kopfbahnhof empfingen mich *K. H. Bauer* und der Anatom *H. Hoepke* mit großer Liebenswürdigkeit. Beiden Gelehrten bin ich zeitlebens freundschaftlich verbunden geblieben, und *Hoepke* lebt heute noch, 96 Jahre alt, ein lebendes Beispiel für die

Harmlosigkeit des Formalins, mit dem ein Anatomieprofessor täglich umgeht, und die Lebensfreundlichkeit des Berufs eines Theorieprofessors, von der auch ich noch zu profitieren hoffe.

Ich stellte in Heidelberg hohe Forderungen, die nicht sofort im Ministerium durchzusetzen waren. Aber die MPG und ab 1949 das Gießener Ordinariat im Rücken, konnte ich warten. Vom Herbst 1948 ab leitete ich also beide Institute in Heidelberg und Bad Nauheim in Personalunion, nahm später meine besten Mitarbeiter schrittweise mit und konnte langsam den Umstieg vorbereiten, wenn auch immer noch mit dem ernsthaften Vorbehalt, gegebenenfalls in Bad Nauheim zu bleiben. Ich lehnte sogar „unter den bestehenden Bedingungen" im Frühjahr 1950 ab, ein Kommissar (*H. Reichel* aus München) wurde für das Sommersemester 1950 bestellt, doch war es dann im Herbst 1950 soweit, daß ich dem erneuten Ruf, unter Bewilligung aller Bedingungen, folgen konnte. Mir war das damals größte Physiologische Institut der jungen Bundesrepublik versprochen worden. Ende 1950 endete mein Nauheimer Direktorat, und wenige Wochen später siedelte meine Familie ebenfalls über.

24. Hochschullehrer im Wandel der Zeit

Mit dem Anfang meiner Lehrtätigkeit in Heidelberg waren die Jahre des Übergangs von 1945 bis 1949 nicht nur für mich beendet. Es ist ein äußerlicher Zufall, daß die Bad Nauheimer Zeit eben dort endete, wo ein allgemeines neues Zeitgefühl entstand. Es ist nicht einfach, dieses Zeitgefühl auf bestimmte Vorgänge der politischen und privaten Umwelt zu beziehen. Es dokumentierte sich äußerlich in der wiedergewonnenen staatlichen Selbständigkeit, im gesellschaftlichen Leben in der Wiedergeburt eines mehr oder weniger wohlhabenden Bürgertums, und insbesondere dem Beginn eines wirtschaftlichen Fortschritts, der mit dem Tage der Währungsreform 1948 einsetzte und bis zu einem Höhepunkt in den siebziger Jahren anstieg. Die auf 1948 folgenden Jahre waren aber insbesondere geprägt durch eine langsam fortschreitende, tiefgreifende Wandlung des Bewußtseins fast aller Menschen, insbesondere aber der Jugend, eines Bewußtseins, das man nur mit „Emanzipation" von allem und jedem bezeichnen kann.

Ein Blick auf die Mentalität der Studenten in dieser Zeit beleuchtet den historischen Wandel wie mit einem Scheinwerfer. Es leuchten die Konturen einer Veränderung auf, wie sie nachhaltiger vermutlich auch nicht in großen Revolutionen, etwa der von 1792 in Frankreich, als ständige Änderung des gesellschaftlichen Bewußtseins, erzielt wurde, und verglichen mit der die Deutsche Revolution von 1848 vermutlich eine Lappalie war. Ich bin nun kein Historiker, und solch gewichtige Urteile zu fällen, steht mir nicht zu. Was ich mit diesen hochgespannten Worten ausdrücken will ist dieses: Daß uns, den mitlebenden und mitleidenden Zeugen der Gegenwart, der quantitative Umfang dieser Veränderung meines Erachtens nicht hinreichend deutlich wird und sich erst aus der Perspektive eines sehr langen Lebens ergibt. Der Zeitgenosse erlebt den Wandel als langsam und adaptiert sich an ihn. Was aber unsere Zeit auszeichnet ist, daß eine „Revolution", also ein Umsturz des Bestehenden, der das Untere nach oben kehrt, nach 1945 gar nicht stattfand. Äußerlich gesehen verlief diese Zeit vielmehr restaurativ, im Sinne einer totalen Vernichtung aller diktatorischen Praktiken. Wenn wir also den besagten Bewußtseinswandel der Nach-Nazizeit „revolutionär" nennen wolllen, so ist der Prozeß insgesamt nur als konservativer Umsturz zu klassifizieren, dem insbesondere die für die französische Revolution so tpyische Hybris mit viel Blutvergießen fehlt.

Diese, nach meinem Eindruck einzigartige Situation, die in der Weltgeschichte vielleicht keine genauen Parallelen hat, wird vermutlich vorwiegend durch ein Ereignis möglich, das ebenfalls ohne Beispiel ist: Die Entwicklung der Technik.

Wir wollen jedoch das Bild der Studenten betrachten, wie es sich vor meinen Augen, seit 1925, gewandelt hat, wobei ich vor der schon einmal erwähnten Schwierigkeit stehe, daß ich mich mit den Studenten gewandelt habe, also ein langsamer und stetiger Prozeß gleichsam aus einem an ihm vorbeifahrenden Zuge betrachtet wird, mit allen Folgen der perspektivischen Verschiebung. Wir lebten 1925 auch in einer desperaten Zeit. Das Heraufkommen des Nationalsozialismus war durch zwei äußere Faktoren mitbestimmt, durch die Uneinsichtigkeit der Sieger von 1918, welche in totaler psychologischer Blindheit glaubten, man könne ein Volk in ein historisches Gefängnis sperren. Die Restaurationsphase unserer national-politischen Geltung dauerte damals merklich länger: Von 1919 bis in die dreißiger Jahre, während sie jetzt von 1945 bis 1948, also nur drei Jahre, gedauert hat. Ich halte es für sicher, daß diese Verkürzung dem sich anbahnenden West-Ost-Konflikt zu verdanken ist. Die Entdeckung des Wertes einer nationalen Leistung, wie hier der Deutschen, geschah nach 1946 deshalb so rasch, weil diese Leistung als Bollwerk gegen den sich machtvoll entwickelnden Imperialismus des kommunistischen Rußland empfunden wurde. Das haben mir viele kluge Amerikaner selbst gesagt. Auch war ja 1919 Rußland noch ein ungefährliches Chaos.

In meiner Studienzeit von 1925–1930 war die studentische Mentalität vom Lernwillen, der frohen Gewißheit, eine Katastrophe überwunden zu haben und einem bemerkenswerten politischen Neutralismus geprägt. Insbesondere dieser Neutralismus hat es den nationalsozialistischen Schlägertrupps möglich gemacht, so rasch in der Jugend Fuß zu fassen. Wir dachten – wie große Teile der Jugend heute auch –, daß es nicht schaden könne, wenn mit dem bürgerlichen Firlefanz einmal aufgeräumt würde. Die Weimarer Parteien waren sichtbar unfähig. Was damals anders war als heute, wenn wir nur die politische Situation bedenken, das war die damals so heftige Kritik an der bürgerlichen Politik –, daß sich die Parteien zerfleischten, die Linken gegen die Rechten, beide gegen die Mitte. Von solcher Kritik bemerke ich derzeit von der Jugend nichts, und auch sonst nur wenig, sonst könnten es unsere Politiker derzeit nicht wagen, sich wechselseitig ein Versagen mit Argumenten vorzuwerfen, die jeder halbwegs Intelligente mit einiger Anstrengung seines Gedächtnisses als falsch erkennen kann. Damals herrschte allgemein, was wir heute nur in kleinen extremen Zirkeln finden, eine lebhafte Kritik an den Methoden der Demokratie.

Nun haben junge Menschen meist wenig Sinn für die Infamie der persönlichen Verunglimpfung. Auch das war damals wie heute so. Wenn etwa Nazitrupps offenen Terror gegen mißliebige Personen übten, so nahmen wir das nicht sonderlich tragisch. Ich meine freilich, wenn auch im Bewußtsein der Unzulänglichkeit meiner Erinnerung, sagen zu können, daß ein typisch faschistisches Verhalten weiter Kreise heute in der Öffentlichkeit keineswegs seltener zu finden ist als damals. Dieser Satz wird Ärger erregen. Er bedarf mindestens der Definition dessen, was „faschistisch" ist.

Es ist eindrucksvoll, in politischen Diskussionen, insbesondere mit jungen Menschen, das Schmähwort faschistisch so völlig unreflektiert benutzt zu sehen. Wir wollen freilich von den gigantischen Gewaltverbrechen der Leute um *Hitler* absehen. Sie waren nur die Ausgeburt des Faschismus, und fanden sich z. B. in Italien kaum, obgleich der Begriff des Faschismus doch aus dem Reiche des „Duce" stammt. Ein gewiß unverdächtiger Soziologe, *H. Schoeck,* findet das Faschistische gekennzeichnet durch drei Merkmale: Daß die politische Doktrin ethnisch zentriert ist, d. h. sich gegen alles Fremde und Andersdenkende richtet, gleich ob der Gegenstand der Bekämpfung die Juden, die Christen, die Kapitalisten oder die Kommunisten sind. Daß zweitens die politische Doktrin sowohl verabsolutiert als auch ihre Anerkennung diktatorisch erzwungen wird, mindestens in dem ethnischen Kreis, für den sie gedacht ist. Daß drittens die geistige Fundierung der Doktrin ideologisch ist, also der rationalen Prüfung entweder ihrer Natur nach nicht zugänglich ist oder ihr mindestens entzogen wird. Es gibt zahlreiche politische Gruppen, auf welche diese drei Kennzeichen zutreffen: Die Antagonisten Nordirlands, der Iran, Pol Pot, die Gegner in Zypern, aber auch bei genauem Hinsehen eine Reihe von Gruppenbewegungen in unserem Land, die auszumachen ich dem geneigten Leser überlasse. Die Mehrzahl der Studenten war 1925 von jeder Form des faschistischen Denkens weit entfernt. Nach 1930, mit wachsender Wirtschaftskrise, nahm zwar die Kritik an den demokratischen Parteien zu, aber diese Kritik trug keinerlei faschistische Züge. Sie war der Ausdruck wachsender Ungeduld mit Politikern, denen offenbar nur Konventionelles einfiel. Der Nationalsozialismus *Hitlers* war natürlich faschistisch in Reinkultur, aber unter Studenten wuchs seine Beliebtheit nur langsam und nach meinen Erlebnissen erst durch die wachsende innenpolitische Krise. Aber selbst dann sympathisierten die Massen mit *Hitler* aus völlig anderen Gründen als solchen, welche einer faschistischen Grundhaltung entstammen. Die Juden waren nie beliebt, das bezeugen die Progrome in allen früheren Jahrhunderten, und nach 1919 gab es derer sogar besonders wenige. Ich kann mich nicht erinnern, außerhalb der nazistischen Politik im Deutschen Reich ein Progrom erlebt oder von ihm gehört zu haben. Was an *Hitler* gefiel, war sein Versprechen, Ordnung zu machen, die „Quasselbude“ des Reichstags zum Orkus zu schicken, die Arbeitslosigkeit zu bekämpfen und Deutschland wieder einen beherrschenden Platz unter den Nationen zu verschaffen, und alles dies hat er „getreulich“ gehalten. Mir wurde der grausame Irrtum in meiner Einstellung zum Nazismus erst 1934 klar, und einer großen Zahl von Menschen erst 1939. Daß eine auch nur nennenswerte Menge deutscher Bürger die Praxis der Judenmorde oder der KZs gebilligt hätte, muß ich für die Menschen, die ich kenne, ablehnen. Wohl war es dann so, daß ich, wenn ich meine Einsichten irgendwo zum Besten gab, oft auf Ungläubigkeit traf, und erst im Kriege in wachsendem Maß auch auf offene Empörung. Die derzeit wieder so oft beschworene Schwierigkeit, sich vorzustellen, wie das alles geschehen konnte, von der z. B. einer der ersten antinazistischen Historiker Deutschlands, *Friedrich Meinecke*, in seiner frühen Darstellung der Deutschen Katastrophe spricht, diese Schwierigkeit besteht freilich, sie betrifft den Führungskreis um *Hitler* und *Hitler* selbst. Waren das Teufel? Unmenschen waren es sicherlich. Doch habe ich nie ein „Psychogramm“ dieses Unmenschentums gesehen, das mich intellektuell befriedigt hätte.

Man betrachte die Biographie *Hitlers:* Uneheliches Kind, herumgestoßen, trotz formaler Intelligenz ohne Bildungschancen. Was wir heute „frühkindliche Deprivation“ nennen ist ein Teil der vielfältigen Ursachen menschlicher Fehlentwicklung und lag bei *Hitler* vor. Die Gesamtheit der Faktoren, welche das typisch Verbrecherische an *Hitler* und seinen Mannen erzeugt hat, ist sicher vielgestaltig. Mein Ziel ist nur, meine, von der Meinung vieler abweichende, Ansicht zu begründen. Ich habe sie, als ich in Schweden 1949 bei der abendlichen Runde der schwedischen Kardiologen um eine kurze Ansprache gebeten wurde, in die Worte gefaßt, daß jedes Volk der Erde, würde es in gleiche historische Ausgangsbedingungen gebracht wie die Deutschen, sich ähnlich verhalten hätte. Die Resonanz bei den schwedischen Gelehrten war ungemein positiv. Was uns auch in der deutschen Auseinandersetzung bis heute fehlt, ist eine Analyse, welche die Zwänge offenlegt, denen alle Mitläufer und Hauptschuldigen des Nazisystems bei der Entstehung ihrer Meinungen und Handlungen unterlagen. Es war wohl als erster ein Engländer, *P. F. Drucker,* der schon 1939 den Versuch einer solchen Analyse brachte. Ich kenne seine Gedanken nur aus einer Besprechung des kritischen und hellsichtigen Soziologen *F. Tenbruck,* der in den Frankfurter Heften im August 1948 von der „Antifaschistischen Illusion" schrieb, wobei er ähnlich argumentierte, wie es hier geschieht. Wir werden faschistisches Verhalten, im historischen Sinn gesprochen, nie ausmerzen, denn es ist das Resultat starker historischer Kräfte. Wir können nur versuchen, den Faschismus zu verstehen, und aus diesem Verständnis dann versuchen, die Wiederholung seiner politischen Dominanz zu verhindern. Was wir derzeit tun, scheint mir freilich eine Vorbereitung auf eine neue Welle diktatorischer Entwicklungen zu sein. Doch davon später.

Wir werden uns also nicht wundern zu hören, daß die Studenten auch nach 1933 brave, unpolitische, den Doktrinen weniger Scharfmacher nicht oder nur unwillig folgende junge Leute waren. Obgleich ich auch in meinen Vorlesungen eine klare Sprache sprach, habe ich niemals ernsthafte studentische Opposition erlebt, bis 1970, wo sich die Dinge änderten.

Was übrigens heute total vergessen wird, ist die große Überfüllung vieler Studiengänge, so auch der Medizin, im Dritten Reich. Wir mußten die Hauptvorlesung nach 1933 in Bonn doppelt lesen, obgleich unser Hörsaal über 300 Plätze hatte. Auch das Praktikum fand doppelt statt, jedes Semester, also viermal pro Jahrgang. Der mörderische Krieg ist mit diesen Ärztezahlen dann fertiggeworden.

Als ich 1939 nach Gießen kam, war die Grundstimmung der Studenten antinazistisch. Das zeigte der Jubel, der auf jedes Bonmot folgte, das ich in diesem Sinn formulierte. Im Krieg verstärkte sich dieser Trend noch. Zugleich waren die Studenten von einem enormen Wissensdrang beflügelt. Meine Vorlesungen waren immer voll, auch wenn es keine sogenannten „Pflichtkollegs" waren. In den Pflichtkollegs blieben meine Hörer mir auch noch am Semesterende treu, bis zum Ende der fünfziger Jahre. Als ich 1948, nach fünfjähriger Pause, wieder das erste Kolleg und nach noch längerer Pause das erste Hauptkolleg las, hatte ich eine Generation von Studenten vor mir, die an sittlicher Reife, Fleiß und Honorigkeit ihrem Lehrer gegenüber wohl nicht übertroffen werden konnte. Ihr Hauptanliegen war nicht etwa die Bewältigung der Vergangenheit, die sie ja auch kaum mit zu verantworten hatte. Sie wollte einen neuen Sinn ihres Lebens entdecken und fand ihn in der Bewältigung der großen philosophischen Probleme der Menschheit. Die Gottesfrage konnte so erörtert werden, daß sie auf brennendes Interesse stieß. Ich hielt eine Art Antrittsvorlesung in Heidelberg in der schönen alten Aula, in zwei aufeinanderfolgenden einstündigen Ausführungen über naturphilosophische Probleme der Medizin. Die Aula war bis auf den letzten Platz besetzt und kaum einer ging vor Ende der Vorlesung. So blieb es bis Anfang der sechziger Jahre.

Die Entwicklung der Hochschulsituation in den Jahren nach 1960 ist derzeit noch schwer sicher zu beurteilen. Ich gebe zu, daß meine Darstellung spekulativ ist, doch meine ich, daß sie im Grade des Spekulativen wesentlich hinter den Deutungsversuchen unserer Zeit zurückbleibt, wie sie etwa von *Adorno* vorgelegt wurden. Es ist jedoch mit Händen zu greifen, daß die vordergründige Art der Betrachtung, wie sie bei so vielen Hochschullehrern und Politikern zu finden ist, nicht weiterhilft. Wir alle waren durch die so handgreiflich faßbaren Ereignisse der Vorkriegszeit und die so scheinbar problemlose Entwicklung der Nachkriegszeit von allen Hintergründigkeiten abgelenkt worden. Die Menschen waren fleißig und ruhig, sie waren vollauf damit beschäftigt, das „Wirtschaftswunder" zu verwirklichen. Nur wer sich die Mühe nahm, die Texte der linken Dichter zu studieren oder ihre Zeitschriften zu lesen, gewahrte eine Strömung, die sich als geschichtsträchtig erweisen sollte. Das Wesentliche an einer gesellschaftlichen Entwicklung haben eigentlich immer nur die Dichter gesehen. Das hätten uns die großen Vorbilder von *Schillers* Räubern, auch *Goethes Götz, Freiligraths* Revolutionslieder, *Arno Holz* und *Toller* nach 1918 und viele andere lehren können. Der durchschnittliche Bürger nimmt diese ersten seismischen Erschütterungen nicht wahr oder interpretiert sie banal. Auch ich machte nach 1945 davon keine Ausnahme.

Für die Beurteilung der linken Nachkriegsliteratur ist typisch, daß sie in die gängigen politischen Schemata des Rechts-Links-Antagonismus nicht einzuordnen war. Wer eine geniale Schilderung dieser Entwicklung lesen will, findet sie in *K. R. Röhls* Buch „Fünf Finger sind keine Faust“. *Röhl,* der (später von ihr geschiedene) Mann von *Ulrike Meinhof,* hat sein Leben bis zu dem Ende seiner ziemlich vollständigen politischen Konversion geschildert. Es war das Leben eines führenden Kopfes dessen, was man gewöhnlich „Außerparlamentarische Opposition“ nannte. Die Grundeinstellung dieser jungen Menschen ist unbestimmbar, sie ist aber auch selber unbestimmt und im Grunde eine Negation alles Bestehenden. Man hat das Ende dieser Negation „Null Bock auf Nichts“ genannt, und der Kenner der philosophischen Szene wird die innere Verbindung zu *Adornos* „Negativer Kritik“ erkennen. Doch ist solch eine Assoziation meines Erachtens zu oberflächlich, um die Phänomene der Studentenrevolution zu kennzeichnen. Die Kennzeichnung von *G. F. Kennan,* des amerikanischen Diplomaten und Universitätspräsidenten von Princeton, trifft weit besser: Rebellen ohne Programm. Das Buch von *Kennan* zeigt übrigens, daß dieses Phänomen der Studentenrevolte keineswegs auf Deutschland beschränkt war. Begonnen hat, zeitlich gesehen, die Revolte in USA. Meine Bemerkungen zu diesem Phänomen gehen dennoch von meinen deutschen Erfahrungen aus, nicht zuletzt deswegen, weil bei uns dies Phänomen eine Intensität und Dauer angenommen hat, die sich in keinem anderen Land der Welt findet.

Es war immer das Vorrecht der Jugend, das Bestehende, und das heißt, die Leistung der älteren Generation, zu kritisieren. Schon *Platon* beschreibt ähnliches im „Staat“. Der Generationenkonflikt wird dann allein schon durch die Tatsache verschärft, daß die Bewahrer des Bestehenden, in der Regel also das Establishment der Nation, die Kritik, wegen der in ihr liegenden Gefahr für das Bestehende, unterdrücken. Auch eine Demokratie handelt so, wie die Geschichte beweist. Diese Strategie erweist sich äußerlich allein schon dadurch als berechtigt, daß von den Kritikern selten eine alternative Lebens- und Staatsform in concreto entwickelt wird, auch mangels jeder Erfahrung nicht entwickelt werden kann. Die Frage ist also nur zu berechtigt, die das Establishment stellt, was denn nach der Zerstörung des Bestehenden Bestand haben soll.

Die deutsche Studentenrevolte bezog sich ausdrücklich auf die Frankfurter Schule, und *Adorno* wurde zu einer Art Säulenheiligem dieser Bewegung emporstilisiert. Hinter dieser Stilisierung blieb natürlich *Karl Marx* der große geistige Befruchter. Die junge Generation hat erstaunlich wenig Originalliteratur gelesen. Das zeigte sich bei jeder Diskussion. Die aus der zitierten Literatur entlehnten Konzepte hatte man sich oberflächlich angeeignet. Es ist daher selbstverständlich, daß *Adornos* Gesellschaftsphilosophie vorwiegend unter dem Motto der „negativen Dialektik" rezipiert wurde, verkürzt auf die „negative Kritik" an dem realen Phänomen des sogenannten Fortschritts. Diesen Akzent setzt ja auch *G. Rohrmoser* in seiner bekannten Abkanzelung des „Elends der kritischen Theorie". Dieses Gefühl der negativen Kritik des Fortschritts entspringt einer Grunderfahrung, die vermutlich jeder macht, der außerhalb des Establishments stehend sich ihm ausgeliefert sieht. Wie ich schon schrieb, bin ich selbst nie in das Establishment der Wissenschaft und Politik hineingeraten. Ich habe mir dadurch ein Gefühl dafür bewahrt, was im Inneren eines intelligenten Betrachters der Welt vor sich geht, der diesen Standpunkt einzunehmen gezwungen ist. Die Art der Machtausübung gegen alles, was nicht zum Establishment gehört, ist in der Tat erschreckend. Sie reicht von der skrupellosen Besetzung der Lehrstühle durch wenige Potentaten bis zur Finanzierung der wissenschaftlichen Arbeit, und oft genug wird die wissenschaftliche Redlichkeit nach denselben Prinzipien wo nicht verfälscht, so doch verschönt. Das empfindet ein objektiv gebliebener Journalist leichter als die prominenten Mitglieder der kritisierten Gesellschaftsschichten. Es darf nach meiner persönlichen Lebenserfahrung als die Regel angesehen werden, daß dieses Prestige durch Geld von den meisten Theoretikern der Medizin so empfunden wird, und in den USA hat, wie jeder Kenner der dortigen Szene weiß, dieser Sachverhalt dazu geführt, alle medizinischen Großverdiener im akademisch-politischen Einfluß weitgehend zu entmachten oder, umgekehrt formuliert, die akademische Entscheidungsmacht von Großeinnahmen unberührt zu erhalten.

Wenn dieses schon so kraß innerhalb der gehobenen akademischen Kreise gesehen wird, wieviel mehr gilt es für die Studenten, die aus dieser, ihrer Meinung, auch nicht den Hehl zu machen genötigt sind, den diejenigen machen müssen, welche selber die Hoffnung haben, ins höchste Establishment aufzurücken! Macht depraviert den Menschen. Der *Mächtige* ist der „Diabolus" schlechthin, der (was das griechische diaballein meint) alles durcheinanderwirft.

Nun wird, wie wohl jeder, der die Diskussion der letzten Jahre verfolgt hat, weiß, von *Adorno*, von *Marcuse* und von der studentischen Revolte das Prinzip der Herrschaft einer äußerst harten Kritik unterworfen, wobei die Technik, wie beide Philosophen betonen, dem Menschen heutzutage den Schlüssel zu einer Herrschaft nie dagewesenen Ausmaßes in die Hand gab. In jeder studentischen Diskussion der späten sechziger Jahre trat die Kritik an der Herrschaft und an den Herrschenden zutage. Nun ist es meine, vielleicht zu dilettantisch formulierte Meinung, daß die Probleme gesellschaftlicher Wechselwirkungen viel zu einseitig nach dem Muster reichlich überspitzter, superkluger Philosophen behandelt werden. In *Adornos* Formulierungen vermisse ich durchwegs den möglichen Gehalt positiver Deutungen gesellschaftlichen Verhaltens, d. h. die heute mögliche Anwendung von Verhaltenstheorie auf das menschliche Herrschaftsproblem. Wer solche Deutungen vorbringt, wie z. B. *Konrad Lorenz* oder *I. Eibl-Eibesfeldt*, verfällt sogleich dem Verdacht eines vordergründigen Positivismus. Ich selbst werde bei meiner Kritik ebenfalls eines vordergründigen Physiologismus beschuldigt, wobei ich immer den Verdacht hege, daß meine Kritiker von moderner Physiologie wenig Ahnung haben. Kurz und gut – ich meine, die Geschichtsdeutung der Frankfurter Schule sei total metaphysisch, weit eher einem (ungenießbaren) Gedicht über die Welt als einer logischen Analyse ähnlich.

Nun habe ich selbst soeben gesagt, daß die Dichter das Hintergründige der Zeitgeschichte besser verstehen als die Logiker. Das wird auch auf *Adorno* zutreffen, aber dann in dem Sinn, daß *Adorno* nicht das beschreibt, was ist, sondern das, was seine Zeitgenossen von dem Seienden halten. Eben dies zu beweisen ist mein Anliegen. Die Kritik der Jugend an der gesellschaftlichen Realität der gegenwärtigen Welt trifft nicht deren Kern, sondern ihre emotionalen Wirkungen. Damit möchte ich nicht etwa sagen, daß es nicht auf diese Emotionen weit mehr ankommt als auf die logische Analyse gesellschaftlicher Prozesse. *J. J. Rousseau* hatte ebenfalls Emotionen weit mehr als Logik geliefert. Die Folge dieser Tatsache besteht nur darin, daß man durch die Einführung emotionaler Forderungen in die Praxis die Welt nicht regieren kann. Diese in der großen Weltgeschichte aus mancherlei Gründen meist spät und unvollkommen realisierte Einsicht hat sich in der ebenfalls emotional begründeten Hochschulreform rasch und gründlich bestätigt: diese ist schon wenige Jahre nach ihrer Einführung fast vollständig aufgegeben worden.

Nun wollen wir hier keine esoterische Gesellschaftsphilosophie entwickeln. Ich will mein Leben und dessen Erfahrungen beschreiben. Diese Erfahrungen folgen freilich aus dem Gesagten mit innerer Konsequenz. Ich möchte zuerst ein Bekenntnis ablegen, das mich in gelehrten Kreisen wohl einiges an Reputation kosten wird, aber mein innerstes Denken immer bestimmt hat: ich finde, daß die Philosophie, und insbesondere ihre moderne Variante, die Soziologie, für die Einsicht in das Bestehende und in die Voraussagbarkeit des sich Ereignenden erstaunlich wenig hergibt. Es ist ein Ausweis der Bildung, wenn man über Philosophie mitreden kann. Auch kann man aus den philosophischen Zeitdokumenten sehr treffende Aussagen über die Psychologie des Zeitgeistes ableiten. Aber damit hört die Anwendbarkeit auf. Das Meiste an der Philosophie ist ein „Glasperlenspiel“ wie es *Hermann Hesse* schildert. Doch selbst die von *Marx* z. B. so streng beschworene Praxis der materialistischen Theorie ist ex fundamento falsch, wie jeder Besucher der DDR feststellt, wie *Röhl* es insbesondere am Ende seines bewegenden Buches schildert: wenn die Wasserhähne kaputt sind und die Decken feucht werden, ist das Leben in leidlicher Akzeptanz nicht möglich. *Marx* verurteilt die Religion, aber seine Adepten schicken (in der DDR!) ihre Frauen in konfessionelle Krankenhäuser. Die Humanität der Befreiungsaktion des Marxismus endet im Inhumanen. Das ist übrigens ein bewundernswert klares Resultat der *Adorno*schen Dialektik.

Soweit einiges vom Hintergrund der Studentenrevolte. Damit haben wir aber ihre Entstehung keineswegs hinreichend erklärt. Wie ich soeben sagte: Wir hatten fast alle die Entstehung einer gesellschaftskritischen Bewegung übersehen, d. h. wir hatten einiges von ihr wahrgenommen, aber ihre Bedeutung für die gesellschaftliche Entwicklung weit unterschätzt. Was z. B. eine Zeitung wie „Konkret“ an Bewußtseinsveränderung in unserer jungen Generation bewirkte, ist nicht einmal unseren führenden Politikern rechtzeitig klar geworden. Die Eindruckskraft der revolutionären Texte ist groß. Auch ich bin imstande, bei aller rationalen Distanz zu diesen Autoren, mich von ihrer Formulierungskunst hinreißen zu lassen, und nicht ohne Grund finden die Veranstaltungen der DDR-Flüchtlinge unter den Liedermachern volle Häuser. Darf ich einen Text aus *Röhl* wiedergeben?

Der Intellektuelle sagt:
„Du bist nur ein einfacher Mann
An sich kein Grund nicht zu denken.
Du bist keiner, der sich erlauben kann,
Dem Reichen was zu schenken.
Wie ist euch zu helfen?
Auf keinen Fall doch mit der Methode
Porzellanhund auf der Elternkommode
und Bilder mit Elfen."

Das offenbar Richtige wird (ohne realen Zusammenhang) mit bürgerlichen Kulturrequisiten kombiniert. Klar, daß unsere Elternhäuser versagten! So denkt dann der junge Mensch. Es waren anfangs sehr wenige, die diese Dinge aussprachen. Sie bezogen sich, akademisch gesprochen, auf große Namen. Die Gefahr von Technik und Fortschritt machten *Adorno* und *Marcuse* deutlich. Denn insbesondere *Adornos* Fortschrittstheorie ist inhaltsgleich mit einer jedem Mediziner geläufigen Theorie der obligaten Nebenwirkungen der Therapie. Mediziner haben vorgeschlagen, nicht einfach von „Nebenwirkungen" zu sprechen, da dieser Begriff das Phänomen verniedliche. Es sind „unerwünschte Wirkungen", die so gut wie allen chemisch-synthetischen Pharmaka anhaften, und es läßt sich mit Händen greifen, daß dasselbe für alle gesellschaftlichen Innovationen, Fortschritte wie Reformen, gilt. Wie in der Therapie so auch in der Politik geschieht es keineswegs selten, daß die unerwünschten Wirkungen weit dramatischer sind als die erwünschten. Die junge Generation ist wohl einem verzeihlichen, perspektivischen Irrtum erlegen, daß ihr nämlich alle Nebenwirkungen übertrieben groß erscheinen. Wer aber etwas vorurteilslos denkt, wird hinreichend viele gesellschaftliche Nebenwirkungen des Fortschritts entdecken, die für jeden gesunden Menschenverstand äußerst bedrohlich sind. Wir werden zum Schluß darauf zurückkommen. Das ist der eigentliche Grund für den Erfolg der „Grünen", denen man, wie *H. Lübbe* in den Mainauer Gesprächen forderte, nur die Anerkennung verweigern sollte, daß sie die ersten sind, die die ökologischen Gefahren sehen. Ich selbst habe 1974 mit einer Forschergruppe der „Vereinigung Deutscher Wissenschaftler" ein dickes Buch über die „Folgen der Zivilisation" geschrieben, das von keiner „grünen" Schrift überboten worden ist.

Es dauert immer lange, bis sich die Wirkung einer revolutionären Gruppe, als ein langsam aufkeimendes Verständnis echter Gefahren, politisch durchsetzt. Diese Latenzzeit betrug in Deutschland runde 20 Jahre. Aber selbst mit diesem Einfluß ist die Brisanz der Studentenrevolte nicht erklärt. Diese Brisanz bleibt ohne die parallelen Destruktionserscheinungen des Establishments, unverstanden. Daß die offizielle Wissenschaft in ihren führenden Gremien, z. B. in den wissenschaftlichen Akademien, sich dieses Problems so gut wie gar nicht angenommen hat, was auch *Rohrmoser* beklagt, ist ein vermutlich wesentlicher Grund der radikalen Kritik unserer Jugend an den wissenschaftlichen Führungsgremien, dem man kaum begründet widersprechen kann.

Was die studentische Situation insgesamt kennzeichnet, ist die Akzeptierung der gesellschaftlichen Kritik in deren Grundprinzipien, ohne daß die Rebellen eine auch nur bescheidene Kenntnis der Literatur und der in ihr vorgetragenen Begründungen gehabt hätten. Es ist ferner die Unglaubwürdigkeit der hohen Repräsentanten von Staat und Wissenschaft, die teils (bei den Politikern) mit zuviel persönlicher Korruption ihr Prestige verloren haben, die teils (bei den Gelehrten) eine Wissenschaft vertraten, die an den Nöten der jungen Generation nicht nur, sondern letztlich auch an denen der gesamten Gesellschaft achtlos vorbeiging. Ich werde nie ein für mich beschämendes Ereignis vergessen. Ich las Mitte der sechziger Jahre ein Physiologie-Kolleg für Psychologen. In diesem Kolleg wurde eine ziemlich linke Kritik von den Studenten vorgebracht, die ich auch auf mich bezog. Ich reagierte (was eine bekannte Charakterschwäche von mir ist) ziemlich erbost. Ich habe von meinem so guten Vater eine Neigung zu Jähzorn geerbt. Ich brach die Vorlesung ab. Nach wenigen Minuten erschien eine kleine Abordnung der Studenten, welche erklärte, man habe mich selbst doch gar nicht angreifen wollen. Man habe es vielmehr immer sehr positiv empfunden, wie kritisch ich die Zustände im politischen Raum geschildert hätte und man bäte mich, das doch fortzusetzen.

Die von einigen Radikalen ausgehende Indoktrination der breiten Masse der Studenten ist nun durch zwei Faktoren stark aktiviert worden: durch Erziehungsfaktoren und durch systematische politische Verführung durch echte Politruks. Was den ersten Einfluß anbetrifft, so sind die Faktoren klar, ihre Verursachung immer noch kontrovers. Wir kommen im Zusammenhang mit der „Liga für das Kind“ darauf zurück. Wir kennen jedenfalls das Phänomen der „Wohlstandsverwahrlosung“, eine besondere Variante der „neurotischen Verwahrlosung", über die *Christa Meves* uns eindringlich belehrt hat. Die Familien haben in ihrer Funktion, eine die Fortsetzung der Gesellschaft garantierende Erziehung zu praktizieren, offenbar versagt. Zu welchem gesellschaftlichen Ideal hätte man allerdings erziehen sollen? Die Gesellschaft des Dritten Reichs war total verpönt, nicht ganz zu Recht, denn vieles war gut an ihr, mindestens die Erziehung zur Ordnungsliebe und Vaterlandsliebe. Aber beides rechtfertigt natürlich nicht die Erziehung zu einem totalitären Staat, was wir z. B. von der englischen Erziehungspraxis lernen könnten. Das Dritte Reich hatte uns kein gesellschaftliches Ideal übrig gelassen, das noch auf allgemeinen Konsens hätte rechnen können. Dieser theoretischen Verunsicherung bezüglich der Erziehungsziele überlagerte sich die meines Erachtens verhängnisvolle und technisch falsche Bewegung der antiautoritären Erziehung, wie sie im Summerhill-Experiment von *S. A. Neill* propagiert worden war. Die viel zu weitherzige und führungslose Erziehung durch Eltern, die vom Gelderwerb total absorbiert waren, besorgte den Rest. Das Phänomen „Deprivation" ist über unsere Jugend gekommen, mit vielfältigen Folgen, deren wichtigste der Klappentext von *Kennans* Buch über die Rebellen unübertrefflich kurz und klar schildert: eine Generation besorgter, zorniger, humorloser, mißtrauischer, ängstlicher, ungeduldiger Aktionisten. Alle diese sich nur scheinbar widersprechenden Eigenschaften kennzeichnen die Studenten der siebziger Jahre. Schon der weinerliche Tonfall ihrer Sprache, fast ein Klassencharakteristikum, deutet die emotionale Verstimmtheit an. Diese jungen Menschen sind in steigender Häufigkeit anzutreffen, als berufliche Versager, Drückeberger, die morgens zum Dienst zu spät kommen oder sich in Ecken zu Raucherklubs zusammenfinden, statt zu arbeiten. Diese Kennzeichnung trifft natürlich nur auf eine (keinesfalls geringfügige) Gruppe junger Menschen zu. Doch war es ein fast generelles Kennzeichen der Studenten nach 1970, daß jede Leistungskontrolle abgelehnt wurde, so daß manche Professoren nicht einmal wagten, ihre Pflicht zu tun, wenn sie auf Praktikantenscheinen Teilnahme und Erfolg attestieren mußten. Das war das Bild der schweigenden Mehrheit, welche den Radikalinskis ausgeliefert und zu einem Teil von ihnen verführt war. Diese Verführung war so wirksam, weil doch bei den Linken (und erst recht bei den Terroristen) „was los ist", während man die Welt der bürgerlichen Pflichten bestenfalls langweilig fand.

Wir können freilich feststellen, daß sich dieses düstere Bild von Jahr zu Jahr deutlicher aufhellt. Es setzen Selbstheilungskräfte ein, die erstaunlich sind. Sie sind kaum das Resultat verantwortlicher Erziehung, denn an ihr fehlt es immer noch. Eines aber ist gewiß: was immer wir an der Jugend beklagen, die junge Generation ist ganz und gar das, was wir, die Erziehenden, aus ihr gemacht haben.

Der zweite Faktor, der meines Erachtens den Verlauf der Studentenunruhen nach 1969 wesentlich bestimmt hat, ist ein Kader zielbewußter, methodisch gut (im Ausland, Vietnam, DDR) ausgebildeter Fachleute, welche sich der blinden und emotionierten Masse der revoltierenden Studenten als eines willkommenen Werkzeugs bedienten, um die Hochschule mindestens zu beunruhigen, möglichst in ihrem „bürgerlichen" Kern lahmzulegen, wenn nicht zu zerstören. Wenn ich diese Leute hier Politruks nenne, so in einem etwas anderen Sinn als dem eines politischen Führungsoffiziers einer Truppe. Die Truppe stimmt: es waren die Studenten; die Führung stimmt: die Aktivitäten mußten kanalisiert und auf lohnende Ziele gelenkt werden. Auch politisch kann diese Tätigkeit genannt werden. Aber es hat sich nicht um „Offiziere" gehandelt, welche innerhalb ihrer Kader spezifische Befehls- oder Kontrollgewalt besaßen. Es gab weder etwas zu befehlen noch zu kontrollieren. Es waren aber Leute, die sehr qualifiziert waren und von Hochschule zu Hochschule wanderten. Wir trafen z. B. häufig auf dieselben Gesichter, wenn unsere Vorlesungen in Sozialmedizin und entsprechende Gastvorlesungen andernorts dadurch gestört wurden, daß eine lautstarke Gruppe von bestenfalls einem Dutzend Hörer, wohlverteilt unter die Menge, aber nach wohldurchdachten Regeln kooperativ handelnd, eine Diskussion über das Unterrichtsthema verlangten, ehe der Dozent das Thema überhaupt behandelt hatte. Mir sind solche Störungen nur in der von mir mit vertretenen Disziplin Sozialmedizin begegnet. In physiologischen Vorlesungen wurden weder ich noch meine Kollegen je gestört. Es waren die „gesellschaftlich relevanten" Fächer, auf die sich der Herrscherwille der Politruks erstreckte, innerhalb der Medizin war es auch die Psychiatrie.

Die Unruhe wurde bekanntlich rasch mit Reformvorschlägen beantwortet, Vorschläge, die ich selbst der Substanz nach schon 1954 zusammen mit dem prominenten Göttinger Internisten *Schoen* vorgeschlagen hatte, deren Notwendigkeit der Professorenschaft aber erst aufging, als es zu spät war, als nämlich die „Puppen bereits tanzten". In dieser

Unfähigkeit der Vorausschau waren also unsere Gelehrten keinesfalls weniger kritisierbar als alle anderen Führungsgruppen der Gesellschaft. Die Revolution ist meist die letzte Reaktion auf Vorschläge einer gesellschaftlichen Reform, die, über lange Zeit vorgeschlagen, dennoch ungehört verhallen. Die Form des Kampfes war eindrucksvoll und hat immer meinen vollen Respekt gehabt. Wäre ich Kommunist, ich hätte ähnliches unternommen. Man attackierte die Schwachstellen, nicht die Bastionen des Feindes. So handelt jeder gute Feldherr.

Schwachstellen aber waren in jenem Hochschulsystem offenbar diejenigen Professoren, welche zu Verhandlungen und zum Bekenntnis eigener Fehler neigten und Reformen auch unter Druck zuzustimmen schienen. Vielleicht mag man mir jetzt vorhalten, ich hätte doch auch für Reformen gestimmt. Das ist aber eine falsche Formulierung der Tatsachen: ich habe Reformen vom System und seinen verantwortlichen Trägern gefordert, d. h. von den Fakultäten, nicht aber habe ich zugestimmt, daß eine völlig unqualifizierte Mehrheit der Hochschule nach ihrem Feldwebel-Verstand reformiert.

Also bewarf man die „milde“ denkenden Professoren mit Eiern, plante und realisierte die Revolution in der Hochschule mit deren Mitteln. Es war beschämend anzusehen, wie alle Maßgebenden, das Establishment von Hochschule und Politik, auf einen Frieden bedacht waren, der de facto Unterwerfung war. Eine mutige Heidelberger Rektorin, *Margot Becke*, steuerte fast unbehelligt einen harten Kurs, aber vorher und nachher war man weich, bis ein Jurist, *Niederländer*, Rektor wurde, das Gesetz anwandte, ein paar Rädelsführer verhaften ließ, vor Gericht stellte und hohe Kosten von ihnen durch Klage eintrieb. Der Spuk war im Nu beendet. Heidelberg hatte sich in eine Bastion verwandelt, die anzugreifen sinnlos war.

25. Junger Professor in Alt-Heidelberg

Ich habe den Ereignissen weit vorgegriffen. Kehren wir noch einmal zum Jahr 1948 zurück, in welchem mich der Ruf auf den Heidelberger Lehrstuhl erreichte. Die Max-Planck-Gesellschaft war gegründet worden. Ich war eines der Gründungsmitglieder, sicher mit nicht schlechten Chancen für einen wissenschaftlichen Aufstieg, aber ich wählte die Universität, die meiner Begabung und meinen Zielen adäquater war.

In Heidelberg traf ich 1948 auf eine höchst merkwürdige Fakultät, und es ist typisch, daß Heidelberg überall in Deutschland als die Hochburg einer neuen Medizin angesehen war, daß man eben davon aber in dem Betrieb ihrer medizinischen Fakultät so gut wie gar nichts verspürte. Diese sich Psychosomatik nennende Medizin, deren Exponent *Victor von Weizsäcker*, ein Onkel unseres heutigen Bundespräsidenten, war, diese psychosomatische Medizin war und blieb bis heute auch in Heidelberg eine „Außenseiter-Medizin", wenn man darunter eine Existenz versteht, deren Wesen und Treiben jenseits der Tore der Entscheidungsgremien sich zu entfalten genötigt war. Die Fakultät wurde 1948 von dem Anatomen *H. Hoepke* geführt, einem Manne von hoher Aufrichtigkeit und Loyalität, der von den Nazis, wegen der Abstammung seiner Frau, entlassen wurde und der sich als Arzt in der Altstadt niedergelassen und es zu einer hohen Reputation in dieser Funktion gebracht hatte. Er lebt, wo ich dies schreibe, 96jährig, noch in Heidelberg, frisch und gesund, das bekannte Bibelwort von den siebzig Jahren widerlegend. Wir waren und blieben Freunde, obgleich ich es ihm nicht ganz leicht machte, solche Freundschaft zu halten, denn ich begann bald, unter dem Einfluß einer Studienreise durch die USA, die Vorherrschaft der Anatomie in der ärztlichen Ausbildung zu bekämpfen. Die beherrschende Figur der Fakultät war aber der Chirurg *K. H. Bauer*, ein damals (1948) auch schon 58jähriger, dessen Energie wohl durch keines lebenden Menschen Tatkraft hätte übertroffen werden können. Klein an Gestalt, das harte Idiom seiner fränkischen Heimat immer bewahrend, zudem (wie ich) mit niedrigem Blutdruck belastet, was allen physiologischen Theorien zum Trotz weder seinen Unternehmungsgeist noch seine Unermüdlichkeit mindern konnte, war dieser Mann eine Mischung aus Unbequemlichkeit, Herrschaftsanspruch, gesundem Menschenverstand und Fairneß, eine wahrhaft unglaubhafte Kombination menschlicher Eigenschaften. Als Chirurg war er „Somatiker“, ein Universalchirurg von hohem Können, allem abstrusen Gerede über schwer belegbare qualitative Aspekte abhold, ein Mann der Tatsachen, den mit *Jaspers,* dem Philosophen, eine auf den ersten Blick schwer verständliche Freundschaft verband. Ihre Essenz war vermutlich die beiden Männern eingeborene Rastlosigkeit im Handeln. Solches Handeln war 1945 gefordert, und diesen beiden Männern, politisch unbelastet und großer Gedanken fähig, war der Wiederaufbau der Heidelberger Universität anvertraut. Am 20. 6. 1945 steht in einem Brief von *Bauer* an *Jaspers* der unterstrichene Satz: „Es ist der Augenblick gekommen, wo man aufhören muß, zu diskutieren, wenn man fortfahren will, zu leben“ (*Jaspers* und *Bauer* 1983).

Die Energie dieses Mannes, die von dem ruhigen Temperament seiner allseits verehrten Gattin wohl nur im verborgenen hat gezügelt werden können, hat immer für Bewegung gesorgt. Es muß aber, um falschen Erinnerungen vorzubeugen, zweierlei gesagt werden. *Bauer* hat, obgleich er Exponent der Somatiker in der Fakultät schien, ein feines Gespür dafür gehabt, daß die Somatische Medizin ein auf das Seelische hingerichtetes Korrelat brauche. *Bauer* war ein guter Arzt, seine Patienten gingen für ihn durchs Feuer, und ein guter Arzt kann man nur sein, wenn man auch den geistigen Auftrag der Medizin in sich spürt. Die zweite bemerkenswerte Eigenschaft war seine Fairneß. Ich wurde sehr bald in der Fakultät *Bauers* geistiger Antagonist. Ich habe ihm offen gesagt, daß ich die Fakultät nicht ihm und seiner Tatkraft allein überlassen könne. Er hat meine Ansichten dann zwar oft bekämpft, und zwar meist erfolgreich, weil er die Haltung der Mehrheit verkörperte, aber er blieb mir immer, wenn nicht wie später freundschaftlich, so doch kameradschaftlich zugetan, weil er eine durchdachte Meinung respektierte, auch wenn es nicht die seine war.

Es mag den Kenner jener Zeit erstaunen, daß ich nicht *Richard Siebecks* zuerst gedenke, des Professors der Inneren Medizin, der den berühmten Lehrstuhl *Ludolf Krehls* innehatte. Ich hatte *Siebeck* schon 1928 in Bonn erlebt, wohin er 1924, gerade 41 Jahre alt, als Ordinarius und Chef der Medizinischen Poliklinik von Heidelberg aus berufen wurde. Ich wollte ursprünglich sein Assistent werden, ein Plan, der sich durch die Wirren des Jahres 1931 zerschlug! *Siebeck,* von Bonn 1934 nach Berlin an die berühmte Charité berufen, entfloh dem Berliner

Chaos, als 1945 der Heidelberger Lehrstuhl neu zu besetzen war. *Siebeck* hatte die von *Krehl* inaugurierte Medizin weiterentwickelt, eine Medizin, welche die Person und ihre geistigen Aspekte in der naturwissenschaftlichen Medizin wieder zu etablieren versuchte. *Krehl* hatte seine Gedanken in seiner „Pathologischen Physiologie" niedergelegt, ein Werk, das ich schon als Student erwarb und das *Carl Freiherr von Weizsäcker* gewidmet war, der bis 1918 Ministerpräsident des Königreiches Württemberg und Großvater der heute lebenden berühmten Mitglieder dieser Familie war. Viktor war Carls Sohn, und man sieht, wie eng verwoben die Schüler *Krehls* mit dem Hause derer *v. Weizsäcker* waren. *Siebeck* hatte also dieses gewaltige Erbe angetreten, hat aber gegen den herrschenden somatischen Zug der Heidelberger Fakultät wenig ausrichten können. Zwar veröffentlichte er schon 1949 sein berühmt gewordenes Buch von der „Medizin in Bewegung", das 1953 eine zweite Auflage erlebte. Aber das Buch hat mehr durch seinen Titel als durch seinen Inhalt in die Breite gewirkt. Jedermann konnte nun wissen, daß Bewegung in der Medizin entstanden war, eine Bewegung, die in den Gedanken *Siebecks* eigentlich alles Wesentliche vorwegnahm, was in den siebziger Jahren dann lauthals von allen Reformern verkündet wurde: daß der Mensch als Ganzes wieder Gegenstand der ärztlichen Behandlung werden müsse. Aber wie es oft geht: Je lauter der Ruf erschallte, desto mehr entfernt sich sein Argument denen, die es eigentlich angeht, d. h. desto technischer wurde die Medizin der Hochschule und blieb es bis zum heutigen Tag. *Siebeck* kämpfte einsam und seine Resonanz in der Fakultät war erstaunlich gering. Um so stärker war meine Sympathie und Verehrung, die *Siebeck* freundlich und wo es ging, auch hilfreich entgegennahm.

Auch die Existenz eines damals noch jungen Mannes, *Alexander Mitscherlich,* hat an dieser Situation nichts geändert. *Mitscherlich* hatte sich 1946 habilitiert, ich glaube bei *V. v. Weizsäcker,* für Neurologie und Psychotherapie. Er hatte versucht, im Sinne der durch *Krehl, Siebeck* und *Viktor v. Weizsäcker* bestimmten Sicht, Krankheit als Ausfluß der persönlichen und insbesondere der sozialen Umwelt zu sehen und damit die Einseitigkeit einer „Medizin der Organe" zu überwinden. Das Unbewußte als Quelle der Krankheit wurde betont, schon in seinem Erstlingswerk von der „Freiheit und Unfreiheit in der Krankheit", wobei Unfreiheit vor allem darin gesehen wird, daß der Kranke es nicht geschafft hat, seine Konflikte auf andere Weise als durch Krankheit zu lösen.

Es ist sachlich begründet und unvermeidbar, daß gedankliche Ansätze zum Personverständnis (*Christian* 1952), zur Zwanghaftigkeit des Krankseins und zu einer notwendigen Erweiterung einer „Medizin der Organe" sich geisteswissenschaftlicher und nicht experimenteller Ansätze bedienen. Aber was nicht gemessen war, war in den Augen der Somatiker „dahergeredet", und *Mitscherlichs* Arbeiten wurden offen als „Journalismus" abgetan. Von *Siebeck* hätte man wohl gerne Ähnliches gesagt, aber *Siebeck* hatte zu viele klassische Leistungen vorzuweisen, die ihm Kredit auch dort verschafften, wo man ihn ablehnte, weil man ihn nicht verstand. Auch darf man zugeben, daß *Siebeck* sich einer konventionelleren Sprache bediente als *Mitscherlich* und erst recht als *W. Kütemeyer,* der schon jenseits von Gut und Böse im Reiche des Fabelhaften angesiedelt wurde.

Daß *Mitscherlich* nebst „journalistischen" Veröffentlichungen dann noch die Stirn besaß, die unmenschliche Medizin des Dritten Reiches anzuprangern und deren Existenz sogar im neuen Staate zu vermuten, hat ihn ein Großteil weiterer Sympathien gekostet.

Die Wirkungslosigkeit der Psychosomatiker in Heidelberg wäre vielleicht weniger kraß gewesen, hätte sich unter ihren Vertretern eine einheitliche Front gebildet. Aber es war jeder gegen jeden, und keiner vermochte den andern als ganz legitim anzuerkennen. Der Streit ging so weit, daß er die Legalität der Personen in der Nachfolge *Viktor v. Weizsäckers* betraf. Dies ist, wie ich nun einsehe, das typische Schicksal aller geisteswissenschaftlichen Richtungen der Wissenschaft: Schon in der Experimentalforschung vermag man sich nicht immer darauf zu einigen, wer im Recht ist, aber letztlich gibt es Entscheidungskriterien, denen sich dann jeder unterwerfen muß. Das Denken aber und die Gedanken sind bekanntlich frei und unwiderlegbar, wie der Zerfall der Philosophie in unzählige Schulen beweist.

So richtig es also ist, daß die Medizin eine geisteswissenschaftliche Seite hat, so gefährdet ist sie dadurch: sie begibt sich ihrer Unantastbarkeit, um in das Reich der Humanität zu gelangen.

Die spärliche Pflanze namens Psychosomatik blühte also fast unbeachtet im Schatten der großen Somatiker. Daran änderte auch der Psychiater *Ritter von Bayer* nichts, der 1955 nach Heidelberg berufen wurde, um die Psychiatrie als Nachfolger von *Kurt Schneider* zu übernehmen. *Schneider* war Somatiker sozusagen mit Leib *und* Seele, fest davon überzeugt, daß auch die seelischen Krankheiten vorwiegend somatisch bedingt seien, und war damit der natürliche Antagonist jeder Psychosomatik. Es war für mich schwer, ihm zu widersprechen, da *Schneider* ein Mensch größter Bildung und dazu bedeutender Fairneß war, ein Mann, dessen stechende Augen, an seiner kühnen Adlernase vorbei, die Welt der Phantasmagorie zu durchbohren schienen. Er war zudem sehr kritisch auch in seiner somatischen Domäne. Als ich mit ihm z. B. von meinen anthropologischen Ideen sprach, die von der Typenlehre seines Tübinger Kollegen *Ernst Kretschmer* ausgingen, verwies er mich sofort auf die weit exakteren typologischen Arbeiten des Amerikaners *Sheldon,* der zwar den Fallstricken, die meines Erachtens jeder Typologie anhaften, auch nicht völlig entging, aber wenigstens auf eine weitaus schwieriger zu kritisierende Weise. *Kretschmer* hatte drei Typen erschaut, den leptosomen, pyknischen und athletischen Typus, die zwar als Grenzfälle in der Vielgestaltigkeit menschlicher Körperformen auszumachen sind, aber doch schwerlich gestatten, einen selbst begrenzten Prozentsatz aller Menschen typologisch einzuordnen. Gerade die Typologie aber, auch in der verfeinerten mathematisch durchgeistigten Form *Sheldons,* war eine somatisch orientierte Betrachtungsweise, bei der das Geistige, und zwar auch der emotionale Teil desselben, offenbar somatisch bestimmt schien. Das eben entsprach *Schneiders* Überzeugung, und ein Physiologe wie ich mußte dem allein schon deshalb zustimmen, weil es für einen naturwissenschaftlich denkenden Menschen unmöglich ist, sich Geistiges vorzustellen, das nicht an Ganglienzellen und Nervenfasern gebunden ist und sich in der Produktion von Aktionspotentialen und Überträgerstoffen „ausdrückt". Was freilich dieses Verbum „ausdrücken" wirklich meint, das ist ein physiologisch nicht näher analysierbarer Sachverhalt, den die Philosophen im Gleichnis des psychophysischen Parallelismus zu fassen glaubten.

Dieses Theorem des psychophysischen Parallelismus, das man besser das Theorem einer psychophysischen Korrespondenz nennen sollte, denn um „Parallelen" im geometrischen Sinn handelt es sich dabei nicht, sagt, mit dürren Worten skizziert, folgendes: Wo immer etwas „Geistiges" sich ereignet, findet zugleich auch etwas Körperliches statt, z. B. Aktionsströme im Gehirn. Das Theorem leugnet also ausdrücklich, daß Geistiges auch ohne jede physiko-chemische Begleiterscheinung vorkomme. Der Geist ist ein Etwas am Leibe, möchte man *Nietzsches* Wort umkehren. Das Theorem sagt aber nichts darüber aus, wie die Kopplung des Geistigen und des Leiblichen geschehe, und ich selbst meine dazu, daß diese Kopplung einer Einsicht durch unsere Erfahrung und erst recht einer etwa vorhandenen kategorialen Einsicht „a priori“ grundsätzlich entzogen ist. Es ist nutzlos (ergebnislos) wenn nicht sinnlos, über das Wesen dieser Kopplung nachzudenken. In dieser Meinung haben mich die Versuche von *K. Popper* und meines Kollegen *J. C. Eccles* nur bestärkt, denn was dieser vorzügliche Neurophysiologe an Theorien über das Bewußtsein vorlegt, ist im Prinzip nichts anderes als ein Gedicht über den leib-seelischen Zusammenhang, eine Paraphrase zum Thema der unlösbaren psychophysischen Korrespondenz.

Unsere Heidelberger Psychosomatiker waren nun keineswegs von der verblasenen Art jener Geist-Theoretiker, welche alles Leibliche letztlich aus Geistigem entspringend betrachten, Theoretiker, die sich angesichts bestimmter Schwierigkeiten der Physik sogar unter Physikern finden. Sie hielten sich vielmehr strikt an das Konzept einer psychophysischen Korrespondenz, oder wie einer ihrer besten Vertreter, *P. Christian,* es ausdrückte, einer psychophysischen „Korrelation“. Korrelation scheint mir freilich ein Quäntlein Metaphysik derart zu enthalten, daß es einsehbare Bande („Korrelate“) zwischen den beiden Bereichen gibt, die zu fordern unser gutes Recht, die nachzuweisen aber unmöglich ist. *Christian* hat später die Probleme, mit denen ich nach 1948 in Heidelberg konfrontiert wurde, in einer meisterhaften Monographie dargestellt (*Christian* 1969). Was die Psychosomatiker von einem klassischen Psychophysiologen unterschied, war nur die Behauptung, daß Seelisches den Körper verändern und für die Entstehung von Krankheit verantwortlich sein könne, und zwar so, daß alle von der klassischen Schulmedizin erarbeiteten Daten richtig sind, und das naturwissenschaftliche Bild des Menschen dennoch falsch bleibt, wie es *V. v. Weizsäcker* (1941) darlegte. Dieses Buch schenkte mir *V. v. Weizsäcker* schon 1945 bei einem Besuch bei mir in Bad Nauheim, mit einem Zettel „Dem Physiologen und Metaphysiker“. Ich muß schamhaft bekennen, daß mir diese Gedankenwelt damals fremd blieb, was nicht ganz ohne die Schuld des Autors erklärbar ist, denn er geht in allen seinen Schriften nicht von den herkömmlichen physiologischen Begriffen aus. Ich hätte freilich schon früher seine Gedankenwelt erahnen können, wenn mir die Bedeutung des „Verstehens“ für die Erklärung der Naturvorgänge eher aufgeleuchtet wäre. Speziell beim Kranken ist, wenn ich den Grundgedanken *v. Weizsäckers* in meiner Sprache formulieren darf, der krankheitsauslösende Prozeß des Seelisch-Emotionalen nur in groben Prinzipien physiologisch deutbar: wir finden die Magensaftsekretion durch Ärger oder Aufregung verändert, wir haben einen erhöhten Blutdruck bei ängstlicher Erwartung usw. Was die Mediziner der Schule aber bis heute noch nicht in Praxis umzusetzen gelernt haben, ist die Tatsache, daß sich somatische Vorgänge, die (wie die Sekretion von Salzsäure im Magen) gesundheitsschädlich sein können, an bestimmte Erlebnisse so ankoppeln, wie das *Pawlow* in seinem System der bedingten Reflexe beschrieben hat, daß aber diese Ankopplung eben von den Erlebnissen und *Gefühlen* des Patienten abhängt, diese aber nicht physiologisch beschrieben, sondern nur im Akt der hermeneutischen Einfühlung „verstanden" werden können. Verstehen heißt: sich selbst in dem zu beurteilenden Patienten wiederfinden.

Die Psychosomatiker haben mir mein Lehren und Denken nicht gerade leicht gemacht. Es war insbesondere Dr. *Wilhelm Kütemeyer,* vielleicht der einzige Schüler *V. v. Weizsäckers,* der ganz in den Fußstapfen seines Meisters zu wandeln verstand, der sich mir sehr bald näherte und dem ich die weitaus interessantesten Gespräche verdanke, die ich je in Heidelberg habe führen dürfen. Sein Einwand galt dem Prinzip der psychophysischen Korrespondenz, das ich so zu symbolisieren pflegte, daß die Begriffe Psyche und Soma zwei grundverschiedenen Methoden des Erkenntnisgewinns zuzuordnen sind: Psychisches *kennen* wir nur von uns selbst, im anderen können wir es nur indirekt *erschließen.* Somatisches aber wird uns in der Beobachtung und Messung gegeben, wenn auch mit allen Schwierigkeiten, Erfahrung in ein Bild der Welt zu übersetzen; wenn auch mit der Unmöglichkeit, das „Ding an sich", so wie es *Kant* lehrt, überhaupt zu erkennen. Ich war (und bin) *Kantianer. Kütemeyer* aber stellte mir zwei unangenehme Fragen: Erstens fragte er nach dem grundsätzlichen Unterschied des Erkennens von Geistigem und Somatischem, da letzteres doch auch nur durch Eindrücke unseres Bewußtseins erfaßt werde. Zweitens fragte er nach dem Wesen des Menschen, der einerseits Geistiges, andererseits Körperliches *sei* (nicht etwa erkenne oder hervorbringe!). Wären Leib und Seele die beiden Seiten einer Münze, so entsteht also die Frage nach der Münze, die offenbar mit keiner ihrer Seiten identisch ist, sondern die etwas darüber Hinausgehendes sein müsse.

Dem Schulmediziner waren solche Gedanken damals fremd. Sie waren um so befremdlicher, als scheinbar total Unsinniges von den Psychosomatikern behauptet wurde: Welch ein Bursche *Viktor von*

Weizsäcker war, das könne jedermann sofort erkennen: er lehre, daß selbst die Mandelentzündung eine geistig-emotionale Wurzel habe! So formulierte es ein Mitglied meiner Fakultät!

Ich bekenne, daß ich über diesen „Unsinn“ damals ebenfalls gelacht habe. Es hat zehn Jahre gedauert, bis mir klar wurde, daß das Unsinnige dieser Behauptung nur in ihrer Unvereinbarkeit mit den Theorien der Schulmedizin bestand. Ich lernte nach 1960 die amerikanische Literatur der Psychosomatik kennen, kaufte die Zeitschrift „Psychosomatic Medicine“, die ich dann später der Universitätsbibliothek geschenkt habe, lernte, daß alle Infekte vermutlich einen „Auslöser“ brauchen, daß an der Wurzel einer ausbrechenden Tuberkulose eine seelische Krise zu stehen pflegt, wie ein Epigone *v. Weizsäckers, H. Huebschmann,* in einem Buch behauptete, das eindrucksvoll, wenn auch nicht hinreichend beweisend war. Inzwischen haben die Pathophysiologen gelernt, daß selbst Tiere durch emotionalen Streß Infekte entwickeln, die sie ohne Streß eben nicht bekommen, und ein amerikanischer Physiologe, *J. P. Henry,* hat alle diese Tatsachen sorgfältig zusammengestellt und der Sphäre der Mystik enthoben. *V. v. Weizsäcker* hat gegen die prominenten Lacher Recht behalten. Sein Schicksal wurde mir später zu einer Stütze eigenen Verhaltens: Ich habe an meinen Gedanken nicht mehr gezweifelt, wenn ich alle fremden Einwände sorgfältig geprüft und für unbrauchbar befunden hatte.

Auch Lacher und weit ernsthaftere Kritiker, z. B. Mit-Ordinarien, die mir in der Fakultätssitzung vorwarfen, ich beschmutze mein eigenes Nest, wenn ich die Medizin kritisiere, habe ich ausgehalten und habe die Technik entwickelt, solche Vorwürfe zu überhören und dabei liebenswürdig zu bleiben. In der großen Mehrzahl haben meine Gegner nicht Recht behalten, sofern die Sache inzwischen entschieden wurde, und ich bete zu Gott, daß ich auch in dem derzeit noch Unentschiedenen mehrheitlich obsiege.

In die Auseinandersetzungen um die Psychosomatik mischte sich bald ein neuer Ton der Kritik seitens meiner Kollegen, als ich begann, die Struktur der Medizin einerseits, ihre Methoden des Unterrichts andererseits zu kritisieren. Hier schien es „ans Eingemachte“ zu gehen, und ich verwende diesen hausfraulichen Slang, weil die streng konservierte Methode der deutschen Universität, die *Humboldt*sche Konzeption, auf die wir alle doch so stolz waren, von solcher Kritik nicht zu verschonen war. Da beides, die Psychosomatik und die sogenannte

„Studienreform“, schwer zu trennen sind, muß zunächst von den ersten Anfängen der medizinischen Studienreform berichtet werden.

26. Das Ausland beginnt mich zu verändern

Ein Teil des nach 1945 in Deutschlands Universitäten anzutreffenden Provinzialismus war der Zwangsisolation zuzuschreiben, welche die Nationalsozialisten über uns verhängt hatten. Gerade die führenden Kreise der Universität verblieben allzu lange auf diesem engen Niveau, das, dank des streng autoritären Systems, alle ihre Privilegien rechtfertigte. Die junge Generation kam als erste ins Ausland und hat sehr viel zu dem Bewußtseinswandel beigetragen, der die deutsche Universität in ihrer *Struktur* als veraltet erscheinen ließ.

Mein erster Kontakt mit dem Ausland war die Schwedenreise 1949, zwei Monate Gast im Nobel-Institut für Neurophysiologie, das unter der Leitung von *Ragnar Granit* stand. *Granit* war schwedischer Finne, ein Mann von untersetzter Statur, dessen Rundschädel nicht ahnen ließ, welche nachgebende Liebenswürdigkeit ihm zu eigen war. *Granit* war enttäuscht, daß ich (meiner Berufung nach Heidelberg zufolge) nur 6 Wochen bei ihm bleiben konnte. Für mich war es der erste Kontakt mit der großen wissenschaftlichen Welt. Allein der technische Aufwand an Verstärkern, Oszillographen, Mikromanipulatoren und Reizgeräten überwältigte mein Gemüt, denn bislang waren mir meine Laboreinrichtungen recht fortschrittlich vorgekommen. Nun sah ich, daß sie bestenfalls mittelmäßig waren. Dieser Eindruck hat nicht zuletzt meine Option für Heidelberg und gegen die Max-Planck-Gesellschaft bestimmt.

Ich kam aus einem total verarmten Land. Diese Armut wurde mir zunächst an der deutsch-dänischen Grenze bewußt. Die einladende Institution, das Reichsinstitut für den Austausch mit dem Ausland, durfte keine Devisen nach Deutschland schicken. Also lag beim Bahnhofsvorstand am Grenzbahnhof Padborg ein dicker Brief mit Geld und Fahrkarte. Der Zug hielt so lange, bis ich wieder an Bord war, denn das Büro des Vorstandes lag ziemlich entfernt von dem Bahnsteig, auf dem wir hielten. Ich hatte jetzt 100 Kronen in der Tasche, ein Vermögen, für das man sich vieles kaufen konnte, was es zu Hause nicht gab. Ich empfand, was die DDR-Besucher noch vor kurzem bei uns empfunden haben mußten: was Armut in einer reichen Welt bedeutet. In Stockholm kam ich am Wochenende an, ging sonntags gleich in den Tiergarten, dessen Restaurant mir empfohlen worden war, und zelebrierte das, was ich als (vergleichsweise auch armer) Student nach Erhalt meines väterlichen Monatswechsels zu tun pflegte, ein feudales Abendessen. Zum Dessert erbat ich Kuchen und Schlagsahne. Um zu diesem Genuß zu kommen, hatte ich eigens das schwedische Wort für Schlagsahne, Vispgrädde, erlernt. Der Ober brachte einen Rodonkuchen mit einer Andeutung von Schlagsahne, die, einer Königinnenkrone nicht unähnlich, bescheiden und unansehnlich auf dem Kuchen thronte. Meine Enttäuschung war groß, ich vermochte mich aber hinreichend sprachlich verständlich zu machen, wonach meine Sinne lechzten. Der Ober verschwand und kehrte, nach einiger Latenz, mit einer Riesenschüssel zurück, auf deren Boden der Kuchen lag, doch überhäuft von einem Berg von Sahne, ein Anblick, der mir später in Italien in den Sinn kam, wo man von „panna montata“ spricht.

Man wollte keinen höheren Preis haben als den für die Königinnenkrone vereinbarten. Der Ober hatte begriffen, wen er vor sich hatte. Seine Reaktion zeugte nicht gerade von Haß auf die Deutschen. Haß habe ich auch später nicht erlebt, und ich habe das Land an den Wochenenden gründlich bereist. Wieder war ich berauscht von dem unvergleichlichen Zauber des Ostlands, seiner Weite, seiner Unberührtheit, den klaren Seen, den Tundren, die ohne sichtbare Grenze in den Horizont überzuleiten schienen. Ein Eisenbahnstrang, der diese leere Weite durchzieht, gemahnt an die Anbindung auch dieses Landes an die Zivilisation des Südens. Auf einer Fahrt in den nördlichsten Punkt der Eisenbahn, nach Riksgrensen, sah ich vor Kiruna an einer Haltestelle, die nur durch eine Wellblechbaracke kenntlich war, ein junges Mädchen in Stöckelschuhen aus dem Zug in die Wildnis enteilen. In Kiruna, wo ich zur Nacht blieb, war die Dunkelheit weggezaubert durch eine Flut von Neonlicht, wie es prächtiger auch nicht in Kopenhagen zu sehen war, und man erklärte mir, daß die Menschen den Winter, der für viele Wochen dort allenfalls eine geringe Dämmerung, doch keinen Sonnenstrahl am Mittagshimmel zeigt, nur mit den künstlichen Neonsonnen ertragen können. Das beste Café in Kiruna, der Erzstadt, war höchst elegant im Wiener Rokoko-Stil möbliert und auf den zierlichen Stühlen saßen breithüftige Eskimos in ihrer Volkstracht, die in den Eisenbergwerken arbeiteten. Hier ging mir zum ersten Mal auf, daß unsere Welt uns unaufhaltsam angleicht und alles Einfache und Ursprüngliche sich in den homogenen Brei der modernen Zivilisation verwandelt, in der dann einige nostalgische Requisiten, wie die Rokokostühle eines Wiener Cafés, eine ökologische Nische fürs Überdauern finden.

Die Weite der Tundra geht, wenn man sich über Kiruna hinaus der Reichsgrenze Schwedens nähert, in die flachen Granitkuppen des Gebirges über, das die Grenze zu Norwegen bildet. Von Kiruna ging damals keine Straße mehr weiter. Erst jüngst hat man eine Verbindung nach Westen gebaut. Die Bahn fährt an einem der schönsten Gebirgsseen vorbei, die ich kenne, dem Torne Träsk, an dessen Westspitze (nach Norwegen hin) das Turisthotel Abisko liegt, mit einem bezaubernden Blick über die Länge des Sees, der in violner Pracht die Strahlen des Himmels reflektiert. Ein Weg in der schon früh einfallenden Dämmerung führte auf die nahe Höhe und in eine goldene Erde: Überall standen die gelb leuchtenden Blätter der Waldbeere, den Boden gänzlich bedeckend, und an einer Stelle sitzend konnte man leicht eine sättigende Mahlzeit dieser Beeren pflücken, ohne sich erheben zu müssen. So reich ist auch dieses karge Land, an dessen Horizont der Kebnekaise zu ahnen war, Schwedens höchster Berg, den *Selma Lagerlöfs* Wildgänse, Nils Holgerson auf dem Rücken tragend, als Höhepunkt ihrer Reise grüßten.

Nach Narvik durfte ich als Deutscher nicht reisen. Norwegen hatte die schweren Wunden, welche eine rücksichtslose Verteidigung der Nordflanke durch deutsche Truppen verursacht hatte, noch nicht vergessen. Die schwedische Freundlichkeit wurde verständlich: Das Land war neutral und unbesetzt geblieben. Unter dem Weltkrieg hatte es nur indirekt zu leiden gehabt.

Die Schwedische Wissenschaft, mit fast geballter Macht in den übrigens kleinen und räumlich äußerst sparsam strukturierten Teilinstituten des Karolinischen Instituts repräsentiert, diese Wissenschaft ging den Weg, den die hochkarätige Medizin sehr bald in aller Welt gehen sollte: eine biophysikalische Forschung wurde betrieben, die sich den molekularen Prozessen in der lebenden Zelle immer weiter zu nähern suchte. Ich gestehe, daß ich einmal die Fassung verlor, als einer der noch jungen, heute schon emeritierten Physiologen von seinen Forschungen berichtete, die fast als Selbstzweck dienten, l'art pour l'art, ohne erkennbaren Bezug zu dem, was mir immer noch die Biologie des Menschen zu sein schien: die Erklärung seiner vitalen Funktionen, aus deren Entgleisung seine Krankheiten entstehen. Das Kalzium stand schon damals im Vordergrund dieser Arbeit, und ich habe nicht vorausgesehen, daß mit der Einführung der Kalzium-Antagonisten in die Therapie wesentliche Fortschritte insbesondere in der Infarktverhütung gelingen sollten. Das harte Urteil, das ich damals über diese scheinbar nutzlose Forschung fällte, war mindestens zu einem Teil falsch. Welche Warnung vor übereilten Werturteilen auch in unserer immer detaillierter sich entwickelnden Forschung! Trotzdem meine ich, daß die meisten der subtilen Untersuchungen, die damals entstanden, weder die Entdekkung der therapeutischen Wege erleichterten noch selber eine neue Weltansicht eröffneten. Die Vergeblichkeit der meisten wissenschaftlichen Arbeiten wurde mir nicht ganz zu Unrecht deutlich.

Als Gast wurde mir die Ehre der Einladung zu einer Sitzung der berühmten Schwedischen Akademie zuteil, dem Ort, wo die Nobelpreise verliehen werden, und wo ich das Idol meiner Jugend traf: *Sven Hedin*, dessen Bücher über Tibet und den Transhimalaya ich als Schüler verschlungen hatte. Das Werk „Transhimalaya" hatten mir meine Eltern zum Weihnachtsfest 1918 geschenkt. Es war das einzige Geschenk, das ich an diesem trübsten Weihnachtsfest meines Lebens erhielt, zu dem nicht einmal ein Tannenbaum zu erstehen war, und *Sven Hedins* Buch kam erst zwei Wochen nach dem Fest, dank der darniederliegenden Postverbindungen. *Sven Hedin* war von Haus aus kein „gelehrter" Mann. Er war „self-made", hatte zwar studiert, war aber schon mit 20 Jahren auf große Fahrt gegangen und hatte sich das Rüstzeug zu seinen geographischen Forschungen weitgehend selber erworben. Er war damals (1949) schon 84 Jahre alt, wirkte aber höchstens wie ein Endsechziger und freute sich sichtlich an meiner jungenhaften Verehrung.

Die wichtigsten Kontakte dieser Reise waren, neben der Neurophysiologie meines eigentlichen Gastgebers, die Bekanntschaften mit Schwedens bedeutendsten Kardiologen. Schon auf der Hinreise hatte ich in Kopenhagen unterbrochen, um den Internisten *Erik Warburg* zu besuchen, den wir schon vorher eingeladen hatten, am ersten Kreislaufkongreß 1949 in Bad Nauheim teilzunehmen, der auch gekommen war und (als Jude!) versöhnende und aufmunternde Worte sprach. In Stockholm lernte ich dann fast die ganze Haute Volée Volée der Kreislaufforschung kennen, sah das Södersjukhus (Südkrankenhaus), das mir wie ein Moloch erschien, der durch sein breites grinsendes Maul die Patienten in seinen unersättlichen Bauch einsog, und in dem der Kranke, von Spezialist zu Spezialist wandernd, schon damals ähnlich verloren war wie heute in unseren Mammutkliniken Deutschlands. Auch hier hatte die Wissenschaft ein sehr hoch erhobenes Panier: die technische Perfektion der Diagnostik.

Ich habe in Schweden nicht viel hinsichtlich der Organisation der Medizinerausbildung gelernt, denn erstens war das Problem noch nicht in mich eingedrungen (Problema – das Hervortretende, an dem man anstößt, wie es das griechische Wort sagt). Zweitens lebte ich in Stockholm, wo der Unterricht keine erhebliche Rolle spielte. Die zuständige Universität war Uppsala. Erst meine Reise 1953 nach USA brachte in mir die große Konversion zuwege.

Als Schriftführer der Deutschen Gesellschaft für Kreislaufforschung konnte ich frühe Kontakte auch mit der Schweiz und mit Österreich knüpfen. Die Schweizer Kardiologen, vor allem *Robert Hegglin,* der Zürcher Polikliniker, und ein praktischer Internist, *Max Holzmann,* ein überaus versierter EKG-Fachmann, luden mich ein, den Schweizer Kardiologen-Kongreß 1949 in Locarno zu besuchen, wobei ich wirklich auf Franc und Rappen von meinen Kollegen ausgehalten werden mußte. Ein durch Bad Nauheim durchreisender englischer Anatom, ich habe seinen Namen vergessen, lud mich zum Internationalen Anatomenkongreß nach Oxford 1950 ein, auch als Gast ohne eigene Mittel! Ein Freund und Bankdirektor, *Georg Gruss* aus Velbert, hatte mir einige englische Pfunde illegal besorgt, und die Rückfahrkarte konnte ich schon in Deutschland lösen. Aber meine Barmittel waren bescheiden. Ich hatte sie illegal einzuführen und steckte die Banknoten unter die Einlegsohle meiner Schuhe, nicht ahnend, daß folgendes passieren würde. Ich nahm das Nachtschiff von Hoek nach Harwich, das einem eine volle Nachtruhe gewährt. Meine geldträchtigen Schuhe hatte ich unter dem Bett abgestellt. In früher Morgenstunde erwachte ich davon, daß etwas am Boden geschah. Ich sah, wie durch einen aufklappbaren Ritz der Kabinentür ein Arm nach meinen Schuhen griff. Eine freundliche Wärterin war gehalten, sie zu putzen. Im letzten Augenblick entriß ich ihr die schon fest gepackte Beute. Der Himmel mag wissen, was diese arme ehrliche Frau sich wohl von mir und meinen Motiven zurechtgedacht hat. Aber meine Pfundscheine wanderten unter meiner Sohle wohlbehalten durch Paß und Zoll.

Auch auf diesem Kongreß lernte ich, daß die Welt (und auch die englische) seit 1939 munter fortgeschritten war, den Stein der Weisen zu suchen, und man hatte manche interessante Details entdeckt, die den Weg zu diesem besagten Steine zu weisen schienen. Ich traf viele

Physiologen, so Dr. *Whitteridge,* ein Zeichen, daß man mindestens in England begonnen hatte, Anatomie als „funktionelle Anatomie" zu betreiben und dabei den Physiologen manche Schau zu stehlen. Das alles zeigte mir, was mir in Heidelberg an Aufgaben zufallen würde, darunter vor allem die, gegen den deutschen Strom zu schwimmen. Aber erst 1953 brachte die „Wende".

27. Amerika

Amerika, du hast es besser als unser Kontinent, das alte, hast keine verfallenen Schlösser, so sagte bekanntlich *Goethe;* und ich fahrte fort: und keine *Humboldt*sche Tradition deiner Universitäten.

Die Pforten nach Amerika öffneten sich mir 1953 durch die Güte der Rockefeller-Stiftung. Schon im Juli 1949 meldete sich ihr Repräsentant in London, Dr. *Morison,* und gratulierte mir zu dem „Challenging offer of the chair in Heidelberg". Der Direktor der Stiftung für Medizin, *Alan Gregg* will mich im September besuchen, aber ich bin in Schweden. Später kommt Dr. *Struthers* und spricht Einzelheiten mit mir ab wegen eines Besuches in den USA. Endlich ist es soweit: Am 26. Februar verlasse ich an Bord des US-Passagierschiffes „United States", des größten derzeit verkehrenden Schiffes, Bremerhaven. „Auf Wiedersehen" intoniert die Bordkapelle. Am 5. März kommen im Morgengrauen die Skyscrapers von Manhattan in Sicht. Das Abenteuer beginnt.

Der Satz, USA gehe Europa immer um einige Jahre voraus, war nicht immer, aber meistens richtig. Zuerst galt es, sich an das hochtechnisierte Land zu gewöhnen. Das erste Erlebnis bleibt typisch: Ich habe einen Brief an meine Frau geschrieben, will ihn „posten" (wie es der Amerikaner praktisch ausdrückt), suche einen Briefkasten, aber ohne Erfolg. Gelb und rot sind in USA offenbar keine postalischen Farben. Schließlich entdecke ich in Kopfhöhe ein dunkelolives Etwas an einem Laternenpfahl. In der Tat: US Mail steht darauf. Der Versuch, den Brief mit einer Hand in den Schlitz zu stecken, schlägt dem Alt-Europäer fehl. Ich habe in der linken Hand eine Mappe. Die Rechte allein kann den Deckel über dem Schlitz des Briefkastens zwar heben, aber nicht zugleich den Brief einstecken. Ich brauche zwei Hände, aber es gelingt (wie, mußt du nicht wissen...). Heimkehrend und mein Hotelzimmer betretend, entdecke ich an der Seite meiner Zimmertür einen seltsamen Schacht mit einem offenen Schlitz. Was lesen meine erstaunten Augen: US Mail. So einfach hätte ich es haben können. Verlerne also, alter Europäer, alle deine Künste. Manches erscheint dir mangelhaft, weil du nur die Hälfte der Wirklichkeit kennst. Deine Aufgabe besteht darin, die ganze Wirklichkeit zu erobern. Aber diese Wirklichkeit hat ihre Tücken: sie ist voller Widersprüche. Schon an Bord sah ich einen Film, einen College-Professor darstellend, der zu wenig Gehalt bekommt, um sich täglich Fleisch zu kaufen. Sein Schwiegervater bietet ihm auf seiner Ranch weit mehr. Der Kampf der Seelen in seiner Brust endet damit, daß er Professor bleibt. Es ist nicht alles vergoldet, was den Stempel US trägt.

Schon das Publikum an Bord (ich reise „Cabin class") ist zeitgemäß: Die meisten weiblichen Wesen sprechen waschechtes Amerikanisch, obschon sie aus Frankfurt oder Düsseldorf stammen. Sie reisen den Vätern ihrer Kinder nach und man kann nur hoffen, daß sie diese bei guter Entschlußkraft finden. Geschäftsleute aus USA, unmanierlich und protzig. Nur wenige nette Leute. Diese aber sind es, die ich drüben treffen werde.

Im Büro Rockefeller werde ich sehr höflich begrüßt und lege die Reiseroute fest. Das Studium der guten medizinischen Fakultäten scheint wichtiger als der Besuch bedeutender Physiologen. Ich suche beides zu vereinigen, und ich habe rasch ein volles Programm für 3 Monate in der Tasche; Prof. *Schoen* wird durchwegs mit mir zusammen reisen. Dieser alte Grandseigneur der deutschen Internisten lernte wie ich, daß die Medizin in den USA einen inzwischen kaum einholbaren Vorsprung vor Deutschland erreicht hatte. Wir beide beraten auf der Reise, was zu tun ist. Eine gemeinsame Reformschrift wurde bald geplant, eine Kommission zur Reform des Medizinstudiums bald nach Ende unserer Reise gegründet. Mein jugendlicher Eifer wurde von *Schoen* akzeptiert. Wir waren uns in *allem* einig, aber es hat uns wenig geholfen. Die Freiburger Fakultät, von ihrem mächtigen Pathologen *Franz Büchner* geführt, beantragte nach zweijähriger Tätigkeit dieser Reformkommission ihre Auflösung. Man wollte nicht „amerikanisiert" werden.

Was wir erlebten, würde einen eigenen Band füllen. Wesentliche Einsichten sind aber kürzer zu berichten. Wir lernten, daß die Organisation der Wissenschaft in den USA anders ist. Wer ein Geschichtenbuch von Heidelberg aufschlägt, trifft bald auf die Schilderung berühmter Gelehrter, welche der Stadt ihren Geist aufzwangen. Es war schon möglich, daß ein solcher Heros des Geistes, der sich über laute Straßenarbeiten ärgerte, drohend zum Fenster hinausrief, wenn dieser Lärm nicht bald aufhöre, werde er den Ruf nach Marburg annehmen und Heidelberg verlassen. In einer deutschen Universitätsstadt sprachen mindestens die Kreise, die als gebildet gelten wollten, ehrerbietig von ihren Geistesfürsten, und wer hätte in Heidelberg nicht gewußt, wer *Gundolf* oder *Max Weber, Richard Benz* oder *Karl Jaspers* war? Es war mir schon eine schmerzliche Erfahrung, als mir auf meiner Suche nach dem Laboratorium des Nobelpreisträgers *Josef Erlanger* in St. Lewis niemand sagen konnte, wo der Laureat sich aufhielt. Er war nicht einmal mehr eine registrierbare Nummer in den riesigen Baugebirgen der Medical School. Ich fand ihn endlich. Er war freundlich, sprudelte nicht über vor Lebenslust, aber er hatte ein Einkommen, das ihm einen bescheidenen Luxus ermöglichte. Sein Labor war eher ärmlich, die Schweden wären kaum mit diesem Standard zufrieden gewesen. Auch keiner der anderen Männer, deren Namen in meiner Wissenschaft weit berühmt ist, ragte je in seiner persönlichen Umwelt durch Insignien besonderer Würde hervor. Keine Orden, keine gewaltigen Empfangszimmer. Der wissenschaftliche Ruhm und die Ehrerbietung gegenüber der Person klaffen weit auseinander. Ein Student in den USA klopfte einem Professor familiär auf die Schulter und wies ihm in schnodderigem Ton seine vermeintlichen Irrtümer nach. In unserem Land hat sich diese Haltung der Ehrfurchtslosigkeit nicht einmal bis heute vollständig eingestellt, trotz aller Versuche der Rebellen, die Titel und Vorränge der Professoren abzuschaffen. In den USA wurde eine Form der Demokratie gelebt, welche die geistigen Bergprofile eingeebnet hatte. Nur das Geld blieb der Gradmesser sozialen Prestiges schlechthin. Wir beide aber, *Schoen* und ich, wanderten im Reiche der relativ armen Geister, deren Autos dem Rande einer Schutthalde zu entstammen schienen und mindestens im Innern auch bescheidene Spuren von Pflege grundsätzlich vermissen ließen. Jeder dieser armen Erlauchten lebte aber in glücklicher Selbstversponnenheit dahin, und es war sogar so, daß die bescheidene Macht, die ein Dekan oder ein Universitätspräsident praktizierte, dem Professor nicht wünschbar schien. Man zog es vor, wissenschaftlich bedeutend zu sein und diesen Rang auf Kongressen und Symposien durch liebenswürdige Adressen der Tagungsvorsitzenden bestätigt zu erhalten. Das geistige Amerika war ins gesellschaftliche Ghetto abgewandert und hat von hier aus die höchste Weltgeltung erobert, ohne auch heute noch im eigenen Land besonderer Beachtung gewürdigt zu werden.

Es fiel uns besonders auf, in welch hohem Maß diese Ghettostellung mit persönlicher Liebenswürdigkeit und einer Gastfreundschaft gekoppelt war, die freilich selten von der oberflächlichen Konversation einer

„Party“ in existentielle Tiefen drang. Bis auf eine Reihe von Freundschaften, die ich schloß, blieb der Kontakt ohne längere Folgen. Es fiel aber auf, daß der Professor in den USA ein weit höheres Bewußtsein seiner pädagogischen Pflichten hatte und ständig bereit war, die Ausbildungsformen seiner Hochschule zu revidieren. Überall im Lande traf man auf sorgfältige Rechnungen, wieviel Unterrichtsstunden für ein bestimmtes Fach im Gesamtplan des Studiums angebracht seien, und man konnte sich nicht genug darüber wundern, daß in Deutschland die Anatomie ein groteskes Übergewicht im Stundenplan besaß und rund die Hälfte der Ausbildungszeit beanspruchte, während drüben die schon recht beengte Anatomie immer noch als zu dominant empfunden wurde. Es herrschte immer noch der Pioniergeist der alten Landnehmer, jetzt auf dem Felde der Produktion von akademischen Berufen. Das Experiment beherrschte die Diskussionen. Erfolge des Unterrichts wurden gemessen, wenn auch oft mit nicht allzu überzeugenden Methoden wie den Prozenten einer schriftlichen Quizprüfung.

Der junge Physiologe, der ich war, konnte endlich kaum über die Tatsache hinwegsehen, daß die wissenschaftliche Physiologie ins Abseits driftete und an den Medical Schools eine neue klinische Physiologie entstand, die sich ihre Fragestellungen am Krankenbett holte. Das hat sich bis heute nicht geändert und beginnt nun auch bei uns Schule zu machen. Der Unterschied der noch kümmerlichen deutschen Imitationen zu den Methoden in den USA ist nur der, daß der große Kliniker dort viel mehr Zeit hat, weder mit dem Unmaß an Verwaltungsarbeit noch mit Privatpraxis und Geldverdienen Zeit verliert und sich also der Forschung in gewissen Zeitabschnitten ganz und gar verschreiben darf, während bei uns die teuren Geräte oft nur in den Abendstunden von bereits ziemlich erschlafften Geistern in Betrieb genommen werden.

In Amerika schwärmte man vom praktischen Unterricht und vom Unterricht in kleinen Gruppen. Das Lehrer/Studentenverhältnis ist oft nahe an 1 : 1. Das sind natürlich Beispiele, deren Nachahmung wir uns in Deutschland versagen müssen. Wir gingen durch ein gewisses Optimum 1960–1970 hindurch und stehen derzeit, angesichts der Studentenflut, wieder vor einer weitgehenden Abkehr von den amerikanischen Idealen. Es bildete sich in der Zeit nach 1950 eine bemerkenswerte Umkehr der Verhältnisse aus: In den USA begann man schon 1953 zu spüren, daß die deutsche Hauptvorlesung ihre Meriten hat. In 3–5 Stunden pro Woche breitet in ihr ein erstklassiger Fachkenner seine

Kenntnisse aus und hat die Chance, dabei viele Lebensweisheiten einzustreuen. In den USA besteht der Unterricht in der Übermittlung eines ziemlich speziellen Wissens. Was in der alten Welt Allgemeinbildung genannt wird, ging damals in den USA verloren. Diesen Verlust spürte man. Man hat dort inzwischen, derzeit noch außerhalb der klassischen Fakultäten, ein neues Bildungspotential entwickelt, das sich in der Ausbildung einer Wissenschaftsphilosophie und einer medizinischen Ethik manifestiert, für die es im Lande *Kants* keinerlei Entsprechung gibt. Die Hauptvorlesung ist in den USA leidlich restauriert worden, just zu der Zeit, wo unsere Studenten sie zu boykottieren begannen. Was derzeit an solchen Vorlesungen bei uns übrig geblieben ist, ist ein recht jämmerliches Relikt aus alten Zeiten. Aus diesem Niedergang ragen bei uns nur wenige Didaktiker hervor, welche das Kunststück fertigbringen, ihre Studenten vom ersten bis zum letzten Vorlesungstag zu fesseln. Sie sind die Ausnahme. So ist es in der Medizin. In den Geisteswissenschaften liegen die Dinge anders.

Die dreimonatige Reise überdenkend fällt es schwer, alle Eindrücke nach einem Grundschema zu ordnen. Amerika ist und bleibt das Land der Widersprüche. Höchster technischer Vollendung stehen technische Versager, z. B. im Verkehrswesen, gegenüber, die schwer erklärbar sind. In New York fahren vom gleichen Bahnsteig Züge in verschiedene Richtungen, aber nirgends stand zu lesen, welcher Zug wohin fährt. Nicht nur ich fuhr also falsch. Das Land mit der besten demokratischen Tradition war voll von politischen Vorurteilen. Es war die Zeit *McCarthys.* Hier als Halbgott verehrt, dort als Teufel verschrien: es war damals drüben so, wie es jetzt hierzulande zu werden anhebt. Es herrschte in gewissen Kreisen, die nicht einer sozialen Schicht zuzuordnen waren, vielmehr quer durch das Land verliefen, ein Anti-Sozialismus, der in jedem Menschen, der das Wort „sozial" benutzte, schon einen verfluchten Kommunisten sah. Der Entwicklung des Faches „Sozialmedizin" hat solcher Extremismus enorme Schwierigkeiten bereitet. Bei höchster Perfektion in wissenschaftlicher Technik waren die Straßen schmutzig, von Abfällen übersät, so wie sie es inzwischen bei uns sind. Diese Invasion des Abfalls hat zwei primäre Ursachen: daß auf der Straße gegessen wird und die meist fettige Verpackung einfach am Boden landet; und daß auf der Straße geraucht wird, wobei leere Packungen und die Kippen ebenfalls auf dem Asphalt landen. Einmal verschmutzt, ist nicht einsehbar, warum nicht aller Abfall weggeworfen werden kann.

Es entwickelt sich eine „Wegwerfgesellschaft", die hüben wie drüben total imperialistisch verfährt, indem der achtlos hingeworfene Schmutz von Sklaven (drüben sind es schwarze Arbeitslose, hier sogenannte Gastarbeiter) wegzuräumen ist. Die demokratischen Rebellen beteiligen sich überall emsig an diesem autoritären Lebensstil.

Das Land drüben ist grenzenlos im doppelten Sinn: Im Innern der Vereinigten Staaten gibt es keine Kontrollen mehr, wie sie im alten Europa alle paar hundert Kilometer obligatorisch sind. Die Entfernungen spotten allen europäischen Vergleichen. Cleveland, die große Stahl- und Autostadt, ist so groß wie das ganze Ruhrgebiet, und zum Abendessen zu Freunden, die am anderen Rande der Stadt wohnten, fuhren wir 40 km durch die Stadt hindurch!

Als ich bei einer späteren Reise nach Chicago von meinem Freund *Hans Hecht* eingeladen wurde, ihn in Salt Lake City zu besuchen, sagte ich anfangs zu, bis ich feststellte, daß die Entfernung von New York, wo ich ankam, nach Chicago nur einen kleinen Bruchteil der Entfernung nach Salt Lake ausmachte. *Hecht* schrieb lakonisch: let not your funny european distance concepts destroy your wonderful weekend in Salt Lake City. Ich zerstörte nichts, flog hin, es war herrlich, trotz 2000 Kilometern dazwischen.

Freilich möchte ich keinem deutschen Umweltschützer raten, seine Tätigkeit auf die USA auszudehnen. Bei den endlos langen Zugfahrten sieht man vom Abteilfenster aus fast nur sterbende Wäler, im Sinne unserer hiesigen Dispute. Das riesige Land ist kaum durchforstet. Alles liegt in den Wäldern chaotisch durcheinander, wenn man nicht gerade durch schöne Staatsforsten fährt, z. B. im Norden, im Land der grünen Berge, Vermont.

Das kirchliche, katholische Leben war von einer Dürftigkeit, die deprimierte. Schlechtere Gottesdienste, als sie dort die Regel waren, habe ich nicht einmal im Düsseldorf meiner jungen Jahre erlebt. Heute wären sie bei uns undenkbar.

Es wäre sicher zu einfach, wollte ich sagen, daß uns die USA in der zivilisatorischen Entwicklung einfach um 10–20 Jahre voraus waren. Bestimmte Formen kultureller Dekadenz haben wir bis heute auch nicht in Spuren übernommen. Aber auch die großartigen Seiten des American way of life haben wir leider nicht imitiert: die Experimentierfreudigkeit, die Offenheit gegen andere Argumente (wenn es nicht gerade ein Anhänger *McCarthys* war!), die Neigung, alles sorgfältig zu planen, von der Untersuchung darüber, wie man seine Berufswahl trifft und der Lenkung derselben nach dem Bedarf bis zur Synthese von Familien durch Eheberatung und Adoptions-Beratung, wobei dann schließlich jeder tun kann, was ihm gefällt.

Amerika nachzuahmen wäre nicht nur vermessen, es wäre frustrierend. Zu diesem Land gehört nicht nur sein unkonventioneller Lebensstil, den wir an den Touristen aus dem Dollarreich bewundern können, wenn sie in den erfinderischsten Freizeittrachten unsere ansonst leeren Hotels liquide halten, den alten Damen besonders, welche ihre Männer in schöner Übereinstimmung mit der Bevölkerungsstatistik um viele Jahre überleben und das ererbte Vermögen klug in Weltansichten verwandeln. Zu diesem Land gehört diese Weite, die wir bewundern, wenn der europäische Fußgänger mutterseelenallein am Gestade des Michigansees in Chicago spazieren geht – den See vor sich, der so groß ist wie das Baltische Meer; wenn er von Minneapolis am Ostermorgen die noch vom Eise bedeckten schier endlosen Tundren überschaut, über denen die rote Sonne aufgeht; wenn er die unermeßlichen Wälder durchfährt, die den Lake of Vermont, den man den Lake Champlain nennt, umgeben, an Abenden, wo sich kein Windhauch rührt und der volle Mond auf den flachen Wellen des Sees schaukelt. Das weite Land hat eine weite Seele hervorgebracht. Der Mensch ist nicht von der Landschaft getrennt zu denken, aus der er hervorging. Amerika ist unvergleichbar – geistig wie geographisch. Es ist das Land, in dem mein Freund *Gregersen,* Physiologe an einer New Yorker Universität, von seinen Freunden eine Insel geschenkt bekam – in Kanada, aber es hätte auch in den USA sein können –, wo er sich ein Blockhaus selbst erbaute, mit seinen Söhnen. Das Trinkwasser nahm er aus dem See. So kann die Natur uns beschenken.

In den USA habe ich einige Bekanntschaften gemacht, die Erwähnung verdienen. *Groedel,* der nie abgesetzte jüdische Direktor des Kerckhoff-Instituts, war 1951 verstorben. Ich besuchte statt seiner seinen alten Freund *Bruno Kisch,* einen Kardiologen von Rang und Autor einiger Bücher, die mir immer problematisch erschienen waren. Er lud mich ein. Wir hatten einen schönen Abend miteinander, wobei auch gefachsimpelt wurde. Mein Eindruck bestätigte sich: seine Kenntnisse der Physiologie des EKG waren minimal. Ich sah, daß man in der Medizin sehr wohl Anerkennung auch auf Gebieten erwerben kann, die man praktisch anwendet, ohne sie theoretisch zu beherrschen. Ich traf vor allem *Ernst Simonson* in Minneapolis, von dem das Gegenteil richtig war: Er beherrschte seinen Gegenstand, aber er brachte es nur zu mäßigen Einnahmen. Er war wohl zu bescheiden für Gottes eigenes Land. Ich lernte *Chandler McBrooks* kennen und lieben, nebst seiner Gattin *Nelle,* die beide mich einluden, am Ende meiner Reise bei ihnen zu wohnen. *Brooks,* von irischer Einfachheit, ein gemessener Mann ohne jedes großartige Wort, der in einer ebenfalls unamerikanischen Ehrlichkeit über seine Umwelt sprach, das Ergebnis tiefen Nachdenkens vor dem Hörer ausbreitend. Er war und ist bis heute der große Experte der Elektrophysiologie des Herzens, dem wir, nebst seinen Schülern, die besten Daten über die Erregungsvorgänge im Herzmuskel verdanken. Ich traf ihn immer wieder zu Gast in unserem Land. Er liebt Deutschland, und wir verehren in ihm den Freund und Lehrer.

Nicht vergessen werden darf das mir befreundete Ehepaar Oskar und Hanna Mattiat, seit einigen Jahren in den USA wohnhaft, die mir Cleveland zeigten und mir halfen, das so schwer verstehbare Amerika etwas sachlicher zu beurteilen.

Ich traf den Parapsychologen *J. B. Rhine* in Durham, doch davon berichte ich später. Ich traf vor allem in Burlington (Vermont) meinen lieben verehrten Freund *Willi Raab* erneut. Er wird ein Kapitel dieses Buches einleiten. Er war eine der wichtigsten Personen in meinem Leben.

28. Zwischenspiel mit der magischen Kunst

Kurz nach meiner Rückkehr aus den USA, Anfang August 1953, fand in Utrecht der erste internationale Kongreß für Parapsychologie statt. Ich habe schon in Bonn den damaligen Assistenten des Psychologen *Rothacker, Hans Bender,* kennengelernt. *Erich Rothacker,* ein durch und durch wissenschaftlich gesonnener Mann, der seine Memoiren 1963 bezeichnenderweise „heitere Erinnerungen" genannt hat, bat mich damals um mein physiologisches Urteil über scheinbar unerklärliche Phänomene des Hellsehens, welche er mit *Bender* an einem lettischen Medium, *Ilga,* studieren wollte. *Rothacker* hat über seine parapsychologischen Eindrücke in seinen heiteren Erinnerungen recht eindrucksvoll berichtet. Jedenfalls sind ihm mehr seltsame Geschichten begegnet als mir, der ich buchstäblich nur ein einziges Erlebnis dieser Art anführen kann, von dem ich nicht einmal sicher bin, ob ich es in der Erinnerung nicht verfälsche. Ich ging noch als Kind mit meiner Mutter in Essen auf belebtester Straße, durch die eine Straßenbahn fuhr. Vom dichtbevölkerten Gehsteig herunter und auf die Bahngeleise tretend, nahm mich ein Knabe an die Hand und führte mich auf den Bürgersteig zurück. In diesem Moment ertönten Schreckensschreie, Bremsen kreischten hinter mir. Ich wäre beinahe überfahren worden, wäre der Knabe nicht gewesen. Er war verschwunden und niemand hatte ihn gesehen.

Hans Bender, ein „sehr begabter und sympathischer junger Mann", wie ihn sein Chef schildert, nahm sich der wissenschaftlichen „Spökenkiekerei" leidenschaftlich an. Er wurde nach einem Straßburger Zwischenspiel 1946 als Gast und 1954 als a. o. Professor nach Freiburg geholt und brachte es dort zum einzigen deutschen Ordinarius für „Grenzgebiete der Psychologie", wie man die tatsächlich betriebene Parapsychologie freundlich umschrieb. 1953 lud mich *Bender* zum Besuch jener Utrechter Konferenz ein, auf der alle bislang berühmt gewordenen Parapsychologen in Natur zu sehen waren. Die Königin des Kongresses war *Eileen Garrett,* eine leidenschaftlich dem Übersinnlichen ergebene Frau, die damals schon recht betagt war, wie alt, das habe ich nie erfahren. Sie erkor mich zu ihrem Lieblingsjünger und ich gefiel mir in dieser Rolle, deren gewaltiges Sozialprestige ich nunmehr stündlich erfuhr.

Der Kongreß hatte dem Ziel zu dienen, Parapsychologie in ihren drei Teilgebieten, Hellsehen, Zukunftssehen und Psychokinese, als eine exakte Wissenschaft erscheinen zu lassen. Während *Eileen* ihren Charme, der immer noch beträchtlich war, ins Feld führte, ohne doch Wissenschaft betreiben zu wollen – sie war dem Intuitiven völlig ausgeliefert –, beherrschte die Experimentierkunst *Rhines* die wissenschaftliche Diskussion. Ich hatte *Rhine* zuvor schon in Deutschland, dann auf meiner Reise in die USA kennengelernt und ich war von seinen Experimenten beeindruckt. Die wesentliche Versuchsanordnung ging so, daß ein Spiel aus 25 Karten, von denen je 5 identisch waren, bildseitig nach unten wohlgemischt auf dem Tisch lagen und die „Versuchsperson" raten mußte, in welcher Reihenfolge von oben nach unten die 5 verschiedenen Bilder des Kartenstoßes lagen. Nachfolgend prüfte der Experimentator die tatsächliche Lage der Karten und stellte fest, wie oft die geratene mit der wirklich vorliegenden Kartenfolge übereinstimmte. Bei reinem Zufall waren 5 Übereinstimmungen zu erwarten. Tatsächlich fand *Rhine* immer viel höhere Zahlen, anfangs gar 18, soweit ich mich erinnere. Die Trefferzahl („hits") wurde im Laufe der Jahre immer kleiner, blieb aber hartnäckig über 5. Bei der schließlich sehr großen Zahl der Experimente war auch dieser kleine überzufällige Wert statistisch hoch signifikant.

Es hat nicht an Versuchen gefehlt, dieses einfache Experiment zu erklären. Ein wenig hellsichtiger Statistiker erfand sogar eine komplizierte statistische Theorie, welche die „Natürlichkeit" der Ergebnisse beweisen sollte. Ich machte etwas anderes: ich wiederholte die Versuche mit den Spielkarten, die mir *Rhine* geschenkt hatte, und zwar mit einem Nauheimer Medium. Die Trefferzahl war beim Medium und bei mir und meiner Familie als Versuchspersonen mit überwältigender Präzision 5. Wir konnten also nicht Hellsehen. Ich führte systematische Fehler in den Prozeß der Kartenmischung ein, aber, der Mathematik treu entsprechend, stieg die Streuung, aber der Mittelwert blieb bei hinreichend vielen Durchläufen immer 5.

In Utrecht war ich vorwiegend von der Leichtgläubigkeit der „Wissenschaftler" beeindruckt, insbesondere derer, die über *Rhines* vorsichtige Experimente hinausgingen. Es wurden Wünschelruten gepriesen (mit oberflächlichen Versuchen einer pseudoexakten Beweisführung), es wurde über „Psychokinese" als einer realen physischen Macht gesprochen. Man hatte eine automatische Wurfmaschine konstruiert, welche 5 Spielwürfel auf eine kleine Kreisfläche warf. Der Experimentator wünschte sich eine bestimmte Zahl, und siehe da, eben diese Zahl wurde in überzufälliger Häufigkeit geworfen. Ich erinnere mich nicht mehr an die Quelle eines Berichtes, der später besagte, man habe die Würfel fotografiert, die Lage der Würfel aus diesen Fotografien dann ausgewertet und dabei immer die Zufallszahl gefunden.

Nun hatte ich mich schon in Bonn mit der Parapsychologie beschäftigt, stieß in einem höchst seriös aufgemachten Buch dabei auf eine seltsame Geschichte: Im Hause eines Apothekers in Barmen erschienen, kurz bevor jemand im Hause starb, schwarze „Totenkreuze" in der weißen Wäsche im Schrank. Es stellte sich bald heraus, daß diese Familie die meiner Frau war. Mein Schwiegervater lebte noch. Wir befragten ihn und ernteten Gelächter. Das sei eine der Geschichten von Tante *Maria*, die eine gebildete, liebenswürdige, aber eben leichtgläubige und phantasiebegabte Frau war, von einer ähnlichen Art wie *Eileen Garrett.* Sie hatte, selbst an ihre Phantasien glaubend, eben diesem theologischen Autor von der Sache erzählt, der sie dann unbesehen in seine Dokumentation übernahm. Kein Wort sei wahr, beteuerte mein Schwiegervater, ein Jurist von klarem Verstande. Dieses Erlebnis hat meine eigene Kritik an der Parapsychologie erheblich beeinflußt. Was ich in Utrecht sah, war wenig geeignet, mich milder zu stimmen. Am meisten beeindruckte mich die Tatsache, die man leicht erfahren konnte, daß einer der Hellseher einem anderen die Frau weggenommen hatte, und dennoch blieben die nunmehr feindlichen Brüder bei ihren wissenschaftlichen Behauptungen. Schwindel oder gar Betrug konnte schwerlich im Spiele sein.

Nach Jahren fiel mir die Schuppe vom Auge. Die Sache ist vermutlich so: Jede „paranormale" Aussage muß irgendwie auf ihre Richtigkeit geprüft werden, so im *Rhine*schen Experiment auf die Übereinstimmung von Karte und Aussage über die Karte. Wir nennen dieses Verfahren bekanntlich kollationieren. Wenn hierbei ein durch Wunschdenken (oder auch hypnoseähnliche Bewußtseinsänderung) bedingter Fehler auftritt, im Sinne einer Angabe der „Übereinstimmung" von Karte und Aussage, die tatsächlich falsch ist, muß es zu den beschriebenen Effekten kommen. Das Wunderbare liegt in der Täuschung, die der Experimentator nicht bemerkt, die durch den Glauben an das Experiment induziert wird. Ich sollte später der Rolle des Glaubens bei weit wichtigeren Phänomenen wieder begegnen. Für mich ist dieses Kapitel abgeschlossen. Es ist der gigantisch-groteske Versuch, das Paranormale mit Wissenschaft als existent zu erweisen. Ich meine nicht, daß es nicht existiert. *Rothackers* Geschichten sind merkwürdig. Aber ich meine, daß wir die Erklärungen andernorts zu suchen haben als dort, wo *Rhine* und seine Adepten sie suchen.

29. Alternativen in der Medizin – meine Huldigung an Willi Raab

Meine erste amerikanische Reise hatte zwei für mich entscheidende Nachwirkungen. Von der ersten habe ich berichtet: sie endete in der Strukturreform der medizinischen Fakultäten. Die zweite, vielleicht noch bedeutsamere, war zunächst nur die Vertiefung einer persönlichen Bekanntschaft. *Willi Raab,* ein Österreicher der alten Schule, der schon vor der Nazizeit nach USA auswanderte, aus freiem Entschluß, war Internist an einem Krankenhaus in Burlington (Vermont) und zugleich Professor (wir würden sagen: a. o.) an der dortigen Universität. Er kam 1951 erstmals nach dem Krieg wieder nach Deutschland, besuchte mich (es war wohl schon in Heidelberg) und faszinierte mich durch seine universelle Bildung. Ein extrem leptosomer Typ, leicht vorgebeugt seine erhebliche Körperlänge etwas mindernd, redete er so schnell wie er dachte, und er dachte schnell. Er lud mich ein, ihn in USA zu besuchen. Ich tat es, schloß Freundschaft, eine Liebe auf den ersten Blick, mit ihm und seiner Gattin *Olga,* einer Schwedin, welche Deutsch in Wien gelernt und in USA wieder ein wenig davon vergessen hatte. Sie sprach eine neue Weltsprache, deutsch mit schwedischem Akzent, englischen Füllungen und Wiener Timbre. Ihre schöne Erscheinung und ihr lebhaftes Temperament durchbrachen alle zwischenmenschlichen Barrieren. *Raab* liebte sie abgöttisch, und sie war ihm völlig ergeben. Es war ein Paar, das man als Modell zur Erneuerung der Weltmoral hätte präsentieren können.

Der Zauber der kleinen Stadt Burlington, noch mehr die herrliche Landschaft im Umkreis, mit dem Lake Champlain, in dem sich dunkle Wälder spiegelten, die englische Architektur, relativ europäisch in Hausbau- und Stadtplanung, erregten eine Stimmung der Geborgenheit in mir. Der Wiener Charme meiner Gastgeber tat das seine hinzu. Es gehört zu den schwer analysierbaren Seelenstimmungen des Menschen, sich heimisch zu fühlen. Es klingen die gewohnten Muster des Verhaltens auf, und hier war es die enzyklopädische Belesenheit Willis, die alles Amerikanische in seiner Gegenwart vergessen ließ. Während die meisten amerikanischen Durchschnittsprofessoren nur sehr bescheidene Bibliotheken zu besitzen pflegen, quoll das *Raab*sche Haus von

Büchern über. Daß sie auch gelesen wurden, bewies jedes Gespräch. Es ist typisch für *Raab,* ebenso wie für die amerikanische Durchschnittswissenschaft, daß man *Raab* niemals eine volle Professur angeboten hat. Er war zu gescheit für das dortige Establishment. Freilich vertraute man ihm eine „Cardiovascular Research Unit“ an, deren Stab nach unseren Begriffen keineswegs klein war und die fast alle bedeutenden Kardiologen der Welt zu ihren Gästen zählte.

Unsere Berührungspunkte lagen in der Physiologie des Kreislaufs. *Raab* hatte eine Reihe von Experimenten über den Einfluß der Hormone auf das Herz gemacht, kannte *H. Selye,* den großen Erfinder des Streß, nicht nur wegen dessen nachbarlicher Residenz in Montreal. Er hatte *Selye* gelesen und verstanden. Durch *Raab* habe ich ihn kennengelernt. Hormone werden weitgehend nach dem Kommando des Gehirns, durch Nerveneinfluß, ausgeschüttet. *Raab* hatte diese enge Kopplung von zentralen Funktionen und hormonaler Reaktion wohl als einer der ersten Forscher in der Welt vollständig begriffen. Sein Handicap war, daß ihm nur beschränkte experimentelle Möglichkeiten zur Verfügung standen. Also las er die Weltliteratur, deren aufregende Resultate ich durch ihn kennenlernte. Es war kein großer Schritt zu der Einsicht, daß das Herz – und seine wichtigste Krankheitsform, der Herzinfarkt –, neuro-humoral beeinflußt wurde. Daß hierbei Umweltfaktoren eine entscheidende Rolle spielen, wurde *Raab* früh bewußt. Daß die Elektrolyte (über die Hormone) ihr Wort mitsprechen, erkannte er bald, vor allem aus den Arbeiten des Ungarn *E. Bajusz,* der inzwischen ebenfalls in den USA arbeitete.

Ich kann die schwierigen Gedankenketten, die sich in *Raabs* Gehirn aneinanderreihten, hier nicht im einzelnen darlegen. Auch der medizinische Laie wird aber die Abfolge der Gedanken verstehen, die *Raab* zum Begriff der Übungstherapie und damit zur Rehabilitation führte. Das Herz des Sportsmanns schlägt langsam, mit hohem Schlagvolumen und relativ sparsamem Energieverbrauch. Der sogenannte Sympathikusnerv ist relativ wenig tätig. Es herrscht ein gutes Gleichgewicht zwischen denjenigen Nerven und Hormonen, welche das Herz im „Schongang“ halten (Vagus und Azetylcholin) und denjenigen, die seine Leistung anstacheln (Sympathikus und Adrenalin, nebst dessen Abkömmling, dem Noradrenalin). Es muß also ein Training des Körpers dazu führen, das Herz leistungsfähiger zu machen und es trotzdem weniger mit Energieausgaben zu belasten. Diese Ansicht hatte eine kluge deutschen Professorin, *Klothilde Gollwitzer-Meier,* schon vor dem letzten Kriege veröffentlicht. *Raab* fußte also auf älteren und experimentell gut abgesicherten Theorien. Ihm kam es auch weniger auf die experimentelle Physiologie als auf die praktisch-ärztlichen Schlußfolgerungen an. Die Funktionstüchtigkeit des Herzens wird nicht durch Schonung erhalten und gefördert, sondern, wie das für alle körperlichen Leistungsfähigkeiten gilt, durch Übung. Es wird also wahrscheinlich ein krankes Herz daraus resultieren, wenn man sich aller körperlichen Tätigkeit enthält. *Raab* hat, zusammen mit dem Sportmediziner *Hans Kraus* den Begriff des Faulenzerherzens geprägt. *Kraus,* der später einen guten Draht zu Präsident *Kennedy* hatte, brachte diesem die militärischen und wirtschaftlichen Konsequenzen nahe, welche den Vereinigten Staaten drohen würden, wenn die katastrophale Abnahme der körperlichen Tüchtigkeit der amerikanischen Jugend sich fortsetzen sollte. *Kennedy* hat darauf Ertüchtigungsprogramme zu planen angeordnet. Ich weiß nicht, was letztlich daraus geworden ist.

Die Verfolgung dieses Gedankens vom Faulenzerherzen hat weitreichende Folgen in der Medizin gehabt. Wenn wirklich ein Mangel an Tätigkeit die Ursache von Krankheit sein kann, dann hatten die Ärzte des vorigen Jahrhunderts recht, welche noch das Konzept einer roborierenden Medizin kannten. Dann mußte durch körperliches Training dieser Krankheit beizukommen sein, insbesondere bei dem nach 1950 rapide an Häufigkeit zunehmenden Herzinfarkt.

Die Idee einer Übungstherapie bei chronischen Krankheiten, insbesondere der koronaren Herzkrankheiten, war nun keineswegs neu. Schon *M. J. Oertel* hatte 1886, also vor hundert Jahren, eine „Terrainkur", wie er sie nannte, erfunden und ein durch den Kriegsausbruch aus seiner Laufbahn geworfener Arzt, *Peter Beckmann,* hatte sich dieses alte Konzept zu eigen gemacht. *Beckmann* war der Sohn des berühmten Malers *Max Beckmann,* kam nach dem Kriege, heimatlos geworden, zu einer Verwandten nach Ohlstadt, fand dort ein großes, freies Gelände vor, das als eine Art Übungsplatz für Gesundheit brauchbar schien. Er ging mit der ihm eigenen Geradlinigkeit daran, auf diesem Gelände eine zunächst provisorische medizinische Einrichtung zu schaffen, mit der eine Übungstherapie durchgeführt werden konnte. Es gelang ihm, alte Bekanntschaften dahin zu nutzen, die Landesversicherungsanstalt Unterfranken für ein solches System zu begeistern, denn schließlich versprach diese Form der Therapie eine wirksame und zugleich billige naturgemäße Therapie chronischer Krankheiten zu bewirken. Wir nennen heute ein solches Verfahren Rehabilitation. Diesen Namen führte das neue Unternehmen freilich noch nicht. Es nannte sich bescheiden eine Anstalt für „internistische Übungsbehandlung".

Ein junger Innsbrucker Internist, Schüler Professor *Hittmairs, Max Halhuber,* hatte ähnliche Ideen wie *Beckmann,* ging aber mehr dem Erfolg des Urlaubs in den Bergen nach und machte in Kühtai, im Land Tirol, Messungen an Menschen, welche dort Erholung suchten. *Hittmair,* ein enthusiastischer alter Herr und Direktor der Innsbrucker Inneren Klinik, war wohl zunächst die treibende Kraft. Aber *Halhubers* Enthusiasmus übertraf den seines Chefs und seine Fähigkeit, diesen Enthusiasmus in Wissenschaft umzusetzen, auch. *Hans Kraus* hatte Kontakt mit dieser Gruppe. Ich sah ihn zuerst im Oetztal, wo er die Messungen *Halhubers* kritisch verfolgte, die – ich muß es gestehen –, mir zunächst nicht sonderlich überzeugend schienen. Es waren auch tastende Versuche im Unerforschten. Ich hatte zu jener Zeit bereits das Institut für Sozialmedizin in Heidelberg gegründet, über dessen Entstehung ich später berichten werde.

Halhuber wurde dann als Direktor an die neu geschaffene Rehabilitationsklinik Höhenried der LVA Bayern berufen. Diese Klinik lag in herrlicher Landschaft am Starnberger See, also nicht weit von Ohlstadt entfernt.

Dies waren die beiden Zentren, in denen *Willi Raab* seine Idee von der Schädlichkeit des Faulenzerherzens in die Praxis umgesetzt sah.

Willi Raab hat nun im Laufe der Zeit seine Forschungen auf den anderen Teil dieses kardiologischen Gleichgewichtes gerichtet: auf die Rolle des Sympathikus, der das Gegenteil dessen tut, was sportliche Ertüchtigung bewirkt. Hier lagen die aufregenden Forschungen *H. Selyes* über den Streß vor, und *Raab* gelang der experimentelle Nachweis, daß eine überhöhte Tätigkeit des Sympathikus und eine vermehrte Produktion von Katecholaminen, also Adrenalin und Noradrenalin, als den an den Endigungen des Sympathikus abgesonderten Überträgerstoffen, zu schweren Herzschädigungen führt. Von diesen Entdeckungen geht ein gerader Weg zu meiner eigenen These, daß man durch psychosozialen Streß herzkrank wird, die Frau *M. Blohmke* und ich dann 1977 in Buchform veröffentlichten. *Willi Raab* war mein Lehrer auf diesem Weg.

Diese Einsicht freilich führte dann zu einer anderen ärztlichen Konsequenz: die übermäßige Tätigkeit des Sympathikus zu verhindern, es gar nicht zu einer Schädigung kommen zu lassen. Der Begriff „Prävention" war rasch gefunden und vom 24.–28. August 1964 fand unter der Leitung *Raabs* in Burlington die erste internationale Konferenz für präventive Kardiologie statt. Ich wurde eingeladen, an ihr teilzunehmen. Zahlreiche führende Kardiologen sprachen auf ihr. Sie brachte den Durchbruch einer neuen Ära der Medizin: der Medizin der Vorbeugung.

In diese Entwicklung einer rehabilitierenden und endlich präventiven Medizin habe ich selbst mit wissenschaftlichen Beiträgen nicht mehr eingegriffen. Meine physiologischen Schüler, die sich in dem groß gewordenen Heidelberger Institut angesammelt hatten, waren zu fest in den Bahnen verankert, die ich ihnen in dem ersten Jahrzehnt meiner Heidelberger Zeit gewiesen hatte. Aber ich sah, daß in USA hervorragende Forschung auf dem neuen Gebiet entstand. Es war mir sehr bald klar, daß Rehabilitation und Prävention wesentliche und notwendige Ergänzungen einer auf Heilung nach klassischer Manier ausgerichteten Schulmedizin sein müßten. Es bahnte sich eine alternative Medizin an, die diesen Namen verdiente, und die der Scharlatanerie, die sich sonst bei „Alternativen" nicht selten vordrängte, absolut aus dem Wege ging. Es handelte sich um wissenschaftlich korrekte Alternativen. Mitgeholfen, diesen Weg zu gehen, haben meine Mitarbeiter am Institut für Sozialmedizin, angeführt von *Maria Blohmke.*

Es ist nun recht schwierig, die verschlungenen Entwicklungswege dieser alternativen Bestrebungen, Rehabilitation und Prävention, historisch korrekt nachzuzeichnen. Ich kann den Anspruch, hier eine solche Historie zu skizzieren, nicht erheben. Diese Aufgabe hatten die Herausgeber des Handbuchs Sozialmedizin Mitte der siebziger Jahre dem Internisten und Rehabilitationsfachmann *K. A. Jochheim* übertragen, und er hat sie glänzend gelöst.

Mein persönlicher Anteil an dieser Entwicklung betraf zunächst die Rehabilitation. Ich vermute, daß *Raabs* Ideen mich zuerst dazu brachten, die alten historischen Einsichten einer roborierenden Therapie neu zu durchdenken. Am Physiologischen Institut hatten wir schon in den ersten Jahren meiner Amtszeit über die Blutversorgung des Herzens gearbeitet. Dieser Weg war durch unsere Forschungen über die Funktion der Herznerven vorgezeichnet. Wir wollten schließlich wissen, was die massiven Signale bewirkten, welche in diesen Nerven, vom Gehirn kommend, ins Herz hineinliefen. Ich habe die heute allgemein akzeptierte These, daß beim Infarkt die Verengerung der Koronararterien durch die Tätigkeit des Sympathikus eine Rolle spielen muß, schon 1952 experimentell untermauert und seither immer wieder vorgetragen, ohne daß mir je ein Kliniker geglaubt hätte. Erst der Nachweis von koronaren Spasmen beim Menschen vor dem Röntgenschirm hat mir 20 Jahre später recht gegeben, aber meine alten Arbeiten waren inzwischen längst vergessen.

Wenn jetzt also *Willi Raab* den Sympathikus als den eigentlichen Übeltäter ansah, was er in vielen Arbeiten nach 1960 eindeutig belegte, war damit der theoretische Weg einer Verhütung des Infarktes klar. Nur wurde auch *Raab* von niemandem beachtet. Bis zur Stunde (1985!) ist die Theorie des psychosozialen Streß als Infarktauslöser „umstritten", was meines Erachtens nur soviel heißt, als daß bei der wichtigsten Herzkrankheit unseres Jahrhunderts nicht alle führenden Kliniker die klar daliegenden Tatsachen zur Kenntnis nehmen.

Ein junger Kliniker in der DDR, *G. Jentsch,* kämpft z. B. einen einsamen Kampf um die Anerkennung einer Therapie des Herzinfarktes mit sogenannten Betablockern, Substanzen, welche den soeben beschriebenen deletären Einfluß des Sympathikusnerven für die Weitergabe seiner Befehle blockieren. Die Erfolge sind markant. Als ich eine gute Darstellung *Jentschs* in einer deutschen Zeitschrift unterbringen wollte, hat der prominente kardiologische Herausgeber das mit fragwürdigen Begründungen abgelehnt.

Zurück zur Rehabilitation! Mir war durch *Willi Raab, Peter Beckmann* und *Max Halhuber* klar geworden, daß es Methoden gibt, durch Übungsbehandlung einerseits, Vermeidung von Aktivierung des Sympathikus andererseits Herzkrankheiten zu bessern bzw. zu verhüten. Nun war die Methode, durch Kuren oder kurähnliche Maßnahmen (wie sie *Beckmann* betrieb) Kranke zu bessern, keineswegs neu. Neu war nur die Anwendung auf chronische Krankheiten des internistischen Bereichs. Die landläufige rehabilitierende Medizin hatte sich aus der „Krüppelfürsorge" entwickelt, wie man das noch am Ende des 2. Weltkriegs nannte, und lag ganz in den Händen der Orthopäden. In den maßgebenden Gesetzeswerken, vor allem der Reichsversicherungsordnung, war freilich der Gedanke einer Besserung chronischer Behinderung durch „Heilmaßnahmen" längst verankert, in der „Berufshilfe", und das Bundessozialhilfegesetz hat diese Gesichtspunkte dann 1962 neu gestaltet. Vom *Gesetzgeber* stand der Übertragung rehabilitierender Maßnahmen auf internistische Krankheiten nichts im Wege. Die Medizin mußte nur den chronisch Kranken einem körperlich Versehrten, der äußerlich erkennbare Defekte aufwies (eben nach alter Sprachregelung ein „Krüppel" war) gleichstellen.

Ich besprach dieses Problem mit meinem Heidelberger Orthopäden *K. Lindemann*, der sicher einer der führenden Köpfe der deutschen Orthopädie war. *Lindemann* verstand mich schließlich, wenn auch nach langer mühevoller Arbeit meinerseits. Er war endlich bereit, seine Deutsche Gesellschaft für Rehabilitation aufzulösen und die Mitglieder in die auch heute noch florierende „Deutsche Vereinigung für die Rehabilitation Behinderter" überzuführen. Der neue Vorsitzende war ein Internist, eben *Jochheim*. Die alte Zeitschrift, die den bezeichnenden Namen trug „Internationale Zeitschrift für physikalische Medizin und Rehabilitation", änderte ihren Namen in „Rehabilitation", blieb unter *K. H. Woebers* Leitung aber dem alten Trend treu, während im Thieme-Verlag dann die neue Zeitschrift „Die Rehabilitation" gegründet wurde, mit den Schriftleitern *Jochheim, Lindemann* und Frau *M. Müller*. Die neue Rehabilitation hatte in Deutschland begonnen, im Jahre 1962!

Mein Anteil an dieser Entwicklung ist längst vergessen, wenngleich er, glaube ich, ziemlich wesentlich war, mindestens die Entwicklung erheblich beschleunigte. Er ist erkennbar nur daran, daß ich bis 1979 noch im Beirat dieser neuen Zeitschrift geführt wurde. Die Relikte der alten Zeit, Gesellschaft und alte Zeitschrift, wurden von unbelehrbaren Mitgliedern der orthopädischen Ära wenige Jahre weitergeführt und sind dann untergegangen.

Erinnern wir uns nun des nächsten Schrittes, den *Willi Raab* getan hatte: Wenn der Infarkt eine Folge übermäßiger sympathischer Aktivität war, müßte er sich verhindern lassen, durch zwei Maßnahmen: Stärkung des neuralen Gegenspielers, des Vagus, also durch Übungstherapie, und Vermeidung der Sympathikusaktivierung, also Vermeidung von Streß. Diese Ideen führten dann zu der berühmten ersten internationalen Konferenz über präventive Kardiologie, die schon erwähnte wurde, 1964 in Burlington. Ich erschien in Burlington abends etwas spät, teilte das Zimmer mit einem anderen Gast, der sich anderntags als *Selye* entpuppte, doch hatte der Gast wohl nicht mehr mit meinem Eintreffen gerechnet und alle seine Habseligkeiten gleichmäßig auf dem Boden des Zimmers verteilt, so das Paradoxon einer

„ordentlichen Unordnung“ schaffend: die statistische Wahrscheinlichkeit, ein *Selye*sches Dessou irgendwo anzutreffen, war für jeden Quadratmeter des Raumes eine konstante Größe. Physikalisch gesprochen, war dem Gesetz der Entropie völlig Genüge getan.

Auf dieser Konferenz begann eine mir ebenfalls sehr teure Freundschaft, mit *Daniel Brunner* aus Tel Aviv. *Daniel,* ein österreichischer Jude, dessen Familie die Flucht rechtzeitig gelang, ist der beste Internist seines Landes und Leibarzt zahlreicher israelitischer Politiker. Er hatte sich schon früh mit der Frage beschäftigt, ob körperliche Ertüchtigung einen Schutz vor dem Infarkt darstellt und hatte diese Frage bejaht. Er war insbesondere einer der ersten, welche erstklassige epidemiologische Forschung in die innere Medizin einführten, zu einer Zeit, als bei uns in Deutschland den meisten Ärzten nicht einmal das Wort Epidemiologie in Zusammenhang mit chronischen Krankheiten geläufig war. Ich werde nie vergessen, wie noch etwa um 1970 in einer Konferenz der Deutschen Forschungsgemeinschaft zwei namhafte Vertreter der Hygiene es sich verbaten, Epidemiologie woanders als in der Seuchenlehre beheimatet zu sehen und die Konferenz verließen, als ich sie auf den Fortschritt in den USA hinwies.

Brunner hatte den verständlichen, tief eingewurzelten Affekt gegen Deutschland, den uns unsere Verbrechen am jüdischen Volk eingetragen haben. Ich sagte ihm, daß eine neue Generation heranwachse, ich sie erziehen müsse und bat ihn, mir dabei zu helfen, in einer Vorlesung all seine Vorbehalte vorzutragen und mit uns die Vergangenheit zu „bewältigen“, wie man es so verschroben ausdrückt.

Brunner lehnte schroff ab, auch anderntags, als ich meine Bitte wieder vortrug. Wir trennten uns nicht unfreundlich, aber kühl und ohne Absprache. Wie es nach solchen Konferenzen ist, wir alle reisten noch ein wenig durch die Staaten. Ich besuchte mit meinen Freunden das Guggenheim-Museum für moderne Kunst in New York. Nachher auf die Straße tretend sah ich von weitem *Brunner,* der dorthin strebte, von wo wir kamen. Es war Sonntag, kein Verkehr auf der Straße. Wir gingen aufeinander zu. Dann geschah das Unfaßliche: wir umarmten uns auf offener Straße. „Ich komme zu euch“, sagte er. Das schöne Museum blieb unbesucht. Wir gingen in irgendein Restaurant. Seither ist nie mehr ein Schatten auf eine tiefe Freundschaft zwischen uns gefallen. Er kam dann auch, im nächsten Jahr. Ich erinnere mich nicht mehr an Details seiner Vorlesung. Sie war ein großer Erfolg. Die

Studenten waren begeistert. Das war 4 Jahre vor der Hochschulrevolte.

Man muß bedenken, daß das berühmte Rehabilitationsangleichungsgesetz, welches die Rehabilitation für alle Versicherungsträger zur gemeinsamen Aufgabe machte, erst 1974 erlassen wurde. So lange dauerte es, bis der große Gedanke in eine große Tat mündete, obschon nicht nur *Kraus, Raab, Beckmann* und *Halhuber* seit 1955 an diesen Fragen arbeiteten. Auch *E. Jokl,* Physiologe wie ich, der vielleicht prominenteste Sportmediziner der Welt, schrieb schon 1958 ein dickes Buch über die klinische Physiologie der körperlichen Ertüchtigung und Rehabilitation. Aber *Jokl* lebte in Lexington, USA, und nicht wie ich in Heidelberg.

Wie wir schon hörten, war *Willi Raabs* unruhiger Geist längst über sein „Faulenzerherz" hinausgewachsen, er dachte inzwischen präventiv, wenn auch noch befangen in den Traditionen, die uns damals (1960) noch alle in ihrem Bann hielten. Es hatte sich freilich, von uns nicht sehr ernst genommen, ein technisch profilierter Gedanke entwickelt, das Ausbrechen der Krankheit dadurch zu verhindern, daß man die Krankheiten in ihren allerersten Stadien schon durch empfindliche Messungen erfassen und ihre Entwicklung dann verhindern könne. Dieses Konzept wurde, insbesondere in Schweden, Prävention genannt, obgleich dieser Begriff keineswegs zutraf, denn messen kann man nur, was schon existiert. Verhütung käme also in keinem Fall mehr in Frage, nur vorzeitige und damit leichtere Heilung wäre denkbar. An diesem Konzept war vor allem neu, daß es auf Krankheiten angewandt werden sollte, deren Ursache unbekannt war, wie das auf alle chronischen Krankheiten zutraf, wenn man vom Kenntnisstand ausgeht, wie er vor der großen Ära der amerikanischen Epidemiologie in Framingham und Tecumseh bestand.

Genau wie die Rehabilitation in der Krüppelfürsorge einen wenn auch bescheidenen Vorläufer hatte, hatte auch die Prävention ihren Vorläufer in der Prophylaxe der Hygiene, d. h. der Verhütung von Infektionskrankheiten. Aber die Ursachen der Infektionskrankheiten waren seit der Entdeckung ihrer Erreger bekannt und schon vorher wußte man um das Prinzip der „Ansteckung". Hiergegen konnte man sich schützen, im äußersten Fall durch Quarantäne: man sperrte die Kranken ein, wie im Mittelalter die Leprösen und wie in den fünfziger Jahren die Pockenkranken, die in Heidelberg plötzlich auftauchten. Wovor sollte man sich aber schützen, wenn eine unbekannte Ursache

Krebs oder Arteriosklerose hervorruft? Zwar wurde das amerikanische Konzept der Risikofaktoren gerade auch in Europa bekannt, als in den frühen 60er Jahren das Programm einer allgemeinen Krankheitsverhütung diskutiert wurde. Man wußte, daß Cholesterin im Blut (und Fett in der Nahrung), hoher Blutdruck und Zigarettenrauchen solche Risikofaktoren für den Infarkt waren. Für andere Krankheiten aber, insbesondere für Krebs, sind die sie hervorrufenden Risiken bis heute weitgehend unbekannt, und die Forderung nach einem gesunden Lebensstil, wie ihn Pfarrer *Kneipp* gefordert hatte, war noch keineswegs diskutabel. Es ist also begreiflich, daß die sogenannte Früherkennung von Krankheiten die sicherste Methode schien, Krankheit einzudämmen.

Daß eine solche Eindämmung notwendig war, ergab sich aus der Kostenflut, welche durch die steigenden Preise einer immer perfekter werdenden Medizin entstanden war. Diese Kosten hatten ein Mitarbeiter *(H. Jahn)* und ich übrigens als erste leidlich korrekt berechnet und ihre Zunahme vorausgesagt, schon 1965! Doch damals glaubte man unseren Zahlen nicht, obgleich sie im Prinzip stimmten. Dennoch war der Kostenfaktor nicht das die progressiven Ärzte antreibende Element, auf Früherkennung von Krankheiten zu dringen.

Dieses Konzept der Früherkennung schlug hohe Wellen, weil in der Früherkennung der einzige Weg sichtbar wurde, der chronischen Krankheiten Herr zu werden, die immer stärker das Spektrum der Todesursachen bestimmten. Ich nahm den Mund recht voll, sagte z. B., die Medizin der Zukunft werde präventiv orientiert sein, die kurative Medizin herkömmlicher Art müsse hinter ihr zurücktreten. Das war ein Irrtum, dessen Propagierung gottlob keine großen Folgen hatte. Früherkennungsmethoden wurden in die Pflichtleistungen der Krankenkassen aufgenommen, doch konnte ich als Vorsitzender des hierfür zuständigen Ausschusses des Bundesgesundheitsrates allzu übertriebene Maßnahmen zu dämpfen helfen. Was verordnet wurde, konnte und kann immer noch vertreten werden. Die Idee aber, die wohl in Schweden, dem Sozialstaat krassester Ausprägung, zuerst gedacht wurde, man solle die ganze Bevölkerung im Abstand einiger Jahre durchuntersuchen, diese Idee erwies sich als wissenschaftlich ebenso unhaltbar wie sie finanziell untragbar gewesen wäre. Die Krebsvorsorgeuntersuchung ist neben den Präventivuntersuchungen des Kleinstkindes das wichtigste Relikt aus dieser Periode. Insbesondere auf die Chancen einer Früherkennung des Krebses hat man große Hoffnungen gesetzt. Sie haben zwar nicht völlig getrogen, aber sie hielten nicht, was man sich von ihnen versprach. In riesigen Untersuchungen vor allem in Kanada stellte sich heraus, daß die Gesamtsterblichkeit an Krebs bei der untersuchten Bevölkerung durch solche Früherkennungskampagnen nicht wesentlich absank. Bescheidene Erfolge sind möglich, die Akten sind noch nicht geschlossen. Aber das riesige Feld der Krankheiten läßt sich so nicht eindämmen, und die Kosten steigen, trotz aller Prävention. Die Alternative zur Medizin ist die Änderung der Lebensform. Das ist inzwischen gewiß. Man kann älter werden, als es meist der Fall ist, aber dann darf man nicht den Konsum betreiben, den wir uns derzeit leisten. Prävention ist Lebensführung, und Lebensführung ist Prävention. Das ist vorerst unserer Weisheit letzter Schluß. Eben dies aber hatte *Willi Raab* schon vor 30 Jahren gesagt.

30. Die Annäherung an das Unbegreifliche

Wir haben den Schauplatz meiner Tätigkeit, Heidelberg, mit dem Beginn meiner Reise nach USA verlassen. Wir müssen zu ihm zurückkehren, um einen völlig anderen Faden aufzugreifen, den meine Nornen mir gesponnen haben. Dieses altgermanische Gleichnis erklärt vieles in meinem Leben, denn mehrere Nornen sind es gewiß, die am Fuße der Weltesche sitzend, je einen meiner Lebensfäden durch ihre flinken Finger laufen hießen. Wir lassen den Faden der Norne des Wissens dort, wohin wir ihn verfolgt haben, am Beginn der medizinischen Alternative. Der Faden, den ich nun behutsam aufnehme, ist sonderbarer Art. Er widerspricht meinem wissenschaftlichen Charakter ganz, und bringt eine sich stetig ausweitende neue Geschichte hervor, deren Ende ich jetzt, wo ich dieses schreibe, noch nicht absehen kann. Wenn wir in der Psychiatrie von einer Seelenkrankheit hören, die man Schizophrenie nennt, so wird es wohl jedem etwas vielfältiger angelegten Charakter so gehen, daß er mindestens die zwei Seelen, von denen *Faust-Goethe* sprach, in seiner Brust entdeckt. In meiner Brust wohnen vielleicht deren drei, so wie es zur klassischen Zahl der Nornen passen würde.

Man hat von manchen Menschen den Eindruck (den auch viele meiner Kollegen und Freunde von mir haben), daß sie sich in allzu vielseitigen Interessen zersplittern. Ich vermute, daß dieser Eindruck in der Regel das Wesen solcher Charaktere verfehlt. Zersplitterung ist ein Phänomen, das dem Durst nach einer vollständigeren Weltorientierung entspringt, die dann, wenn sich die Interessen in der Öffentlichkeit kundtun, von den Mitmenschen sofort für ihre eigenen Bedürfnisse in Anspruch genommen wird. Die Orientierungslosigkeit unserer Gesellschaft ist erschreckend. Das wurde mir von Jahr zu Jahr durch meine Heidelberger Erlebnisse deutlicher. Ich darf es mit Nachdruck bekennen, daß ich selbst vorwiegend im Sinn hatte, mich selbst umfassender zu informieren. Es kam die Einsicht hinzu, daß der heutige Wissenschaftsbetrieb nicht mehr einen so hohen Wert darstellt, daß es sich lohnt, sein Leben ganz und gar an diese Wissenschaft zu verschenken. Diese letztere Einstellung unterscheidet mich und alle meinesgleichen vom Spitzen-Establishment der wissenschaftlichen Welt. Obgleich mir diese Einstellung in dieser maßgebenden wissenschaftlichen Welt natürlich keine Anerkennung eintrug und sicher zur Folge hatte, daß – nach anfänglichen Erfolgen –, sie immer mehr von mir abrückte, habe ich diese Einstellung nie bedauern können. Sie schlug sich denn auch bald in einer seltsamen Zwiespältigkeit meines Renommées nieder: Je weniger ich in dieser großen Welt „ankam", desto heftiger drängten die Menschen aus dem Kreis derjenigen, welche Wissenschaft selber nur am Rande betreiben, zu mir. Ich konnte mich bald nicht mehr über mangelnde Aufmerksamkeit beklagen. Man bat mich seitens der Universität in die Kommission zur Errichtung eines „studium generale", der ich über 10 Jahre lang angehörte, bis in den späten 60er Jahren sich ein studium generale nicht mehr mit dem rebellischen Geist der Studenten vereinbaren ließ und der Rektor diese Veranstaltungen einstellte. Erst nach meiner Emeritierung wurde, und nun wieder mit großem Erfolg, ein neues „studium generale" eingerichtet, und man bat mich, den Anfang dieser Vorlesungen mitgestalten zu helfen.

Ich wurde gebeten, als Vertrauensdozent eine Gruppe von Elitestudenten zu betreuen, welche von der „Studienstiftung des Deutschen Volkes" gefördert wurden. Auch diese Tätigkeit habe ich, später federführend für alle Heidelberger Vertrauensdozenten, bis 1968 ausgeübt. In den Jahren der Rebellion wurde ich mit den intelligenten Radikalen, welche sich immer stärker auch in meiner Gruppe einfanden, nicht mehr fertig, und als mir eine Theologin evangelischer Couleur offen und schamlos, d. h. ohne jedes Zeichen der Betroffenheit gestand, sie studiere Theologie nur, um später als Pastorin von der Kanzel die Revolution zu verkünden, war ich mit meinem Latein am Ende. Kaum einer der jungen Leute vertrat mit Engagement die Ansicht, daß hier eine grundsätzliche Täuschung begangen werde, die man mindestens als Christ nicht vertreten könne. Ich legte mein Amt nieder.

Ich wurde, es war wohl um 1960, gebeten, im Deutschen Akademischen Austauschdienst mitzuarbeiten und zu helfen, geeignete deutsche Studenten zur Ausbildung im Ausland auswählen zu helfen. Diese Tätigkeit endete 1974 mit meiner Emeritierung, brachte mich sowohl mit großartigen jungen Menschen als auch mit einer professoralen Elite in Kontakt, und durch die verschiedenen Fachgebiete, die da zur Auswahl standen, lernte ich die ganze Breite der gegenwärtigen Wissenschaft kennen.

Die Heidelberger katholische Studentengemeinde wählte mich zum

Vorsitzenden eines Vereins, der das Studentenheim betreute, was wieder eine großartige Bereicherung meiner Menschenkenntnis mit sich brachte und mir Gelegenheit gab, mit dem (keinesfalls seines Alters, aber seiner Haltung wegen) ehrwürdigen katholischen Dekan Heidelbergs, Professor *R. Hauser*, eng zusammen zu arbeiten.

Die Heidelberger Akademie der Wissenschaften wählte mich schon 1953 zu ihrem ordentlichen Mitglied. Diese Wahl mochte noch vorwiegend meinem Rufe als Elektrophysiologe zu verdanken sein, aber meine außerwissenschaftlichen Eskapaden haben diesem Ruf mindestens nicht geschadet.

Die Deutsche Forschungsgemeinschaft berief mich in eine Kommission zur Begutachtung von Forschungsaufträgen auf dem Gebiet der Kreislaufforschung, und ich habe diese Kommission mehr als 10 Jahre lang geleitet.

Der Ausschuß, der einen Heidelberger Lions-Club gründen sollte, bat mich, Gründungsmitglied dieses Clubs zu werden, und man wählte mich dort zweimal zum Präsidenten.

Ich berichte das, um zwei Tatsachen zu erhärten, ohne die mein Leben nicht verständlich wäre, die aber auch meine Theorie der „Zersplitterung" erläutern: Überall baten die andern mich, wenngleich ich meist gerne, gelegentlich auch zögernd, zusagte, und man tat das offenbar, weil ich einer Laufbahn als Superspezialist entsagt hatte. Was dann in einer vielleicht allzu vielseitigen Tätigkeit in Kommissionen endete, war dennoch aus einem einheitlichen Grundkonzept geboren, nämlich dem, über den Zaun blicken zu wollen.

Von keiner dieser Tätigkeiten kann man aber sagen, was von einem Engagement höchst persönlicher Art zu sagen ist, daß es mir auch darum zu tun war, von der exakten Wissenschaft her religiöse Fragen zu durchdenken.

Ich bin von Hause aus sicher nicht das, was man im kirchlichen Sinn „fromm" nennt. Ein Ereignis, das mir bis zur Stunde eine nicht unbeträchtliche Bedrängnis verursacht, ist die Art, wie meine Erstkommunion an mir spurlos vorüberging. Es begann damit, daß ich den Kommunionsunterricht ständig vergaß, eine Tatsache, die in der Theorie des „Vergessens" von *Freud* wohl richtig interpretierbar wäre. Meine Mutter hing einen großen Bogen Zeitungspapier an unsere Zimmerlampe, um so einer ständigen Mahnung sicher zu sein. Auch das hat nicht immer funktioniert. Der große Tag kam, im Sommer 1915 in Uerdingen, wo wir wohnten, solange mein Vater noch im Krieg war. Die Kirche war unserer Wohnung fast gegenüber. Ich gab mir alle Mühe zu erleben, welche Wonne es bedeuten muß, daß Gott der Allmächtige nunmehr in meinem kleinen Kinderherzen Einzug hält. Ich horchte in mich hinein, aber es tönte nichts zurück.

Ich war als Student ein guter katholischer Kirchgänger. Ab und an kamen mir die Predigten substanzlos vor. Meine dogmatischen Bemühungen als junger Dozent brachten mich dem Unglauben näher als dem Glauben. Dabei war meine persönliche „Sündhaftigkeit", die für manchen jungen Menschen wohl eine beträchtliche Rolle spielt, ohne Belang, denn in Hinsicht auf die Sünde aller Sünden, wie man es bis zur Nazizeit zu beurteilen pflegte, hatte ich mir keinerlei Vorwürfe zu machen. Im Dritten Reich empfand ich den Kampf gegen die Kirche als ein historisches Unrecht. Gottgläubig zu sein, wie das die braunen Herren verlangten, schien mir ziemlich albern, schon deshalb, weil diese braune Mafia nur sehr kurze Zeit über Gott nachzudenken Gelegenheit gehabt hatte, und jeder Blick in den Gottesstaat des Augustinus oder die Summe des heiligen Thomas zeigte, zu welchen geistigen Niederungen man abgestiegen war. Ich ging also schon aus Protest in die Kirche, der ich mich in einem schwer bestimmbaren Sinn zugehörig fühlte, den alten Lehrsatz vom Corpus mysticum Christi verspürend, ohne ihn sonderlich zu reflektieren. *Nikolaus Ehlen* wirkte in meinen Gedanken nach. So also erreichte ich das Kriegsende als ein katholischer, aber keineswegs besonders kirchlich engagierter Mann.

Im Jahre 1949, als ich noch unentschlossen zwischen Bad Nauheim und Heidelberg pendelte, kam ein junger Arzt zu mir, mit großen strahlenden Augen auf mich blickend, Augen, die fast das ganze Gesicht auszufüllen schienen. Er wollte mein Assistent werden, um sich in der Physiologie für die spätere klinische Tätigkeit vorzubilden. Es war *August Wilhelm von Eiff.* Wir nannten ihn bald *Auwi,* und er erlaubt mir hoffentlich, ihn der Kürze halber gelegentlich auch hier so zu bezeichnen. Er war und ist ein frommer Katholik, eine Eigenschaft, die ich (wie ich nochmals neidvoll bekenne) nie erworben habe. Seine experimentellen Arbeiten kann ich nicht im Detail erörtern. Er befaßte sich mit Fragen der Stoffwechselbilanz und des Muskeltonus, d. h. jener unmerklichen Form der muskulären Tätigkeit, die dennoch einen merklichen Anteil unserer Gesamtenergie verbraucht und unsere *Haltung* ermöglicht. Haltung ist fast ein Symbol für das, was von diesem jungen

Mann ausging, der nicht nur begann, schöne Weihnachtsfeiern im Institut zu inszenieren, sondern schon 1950 mit dem Plan auftauchte, ich solle mein Wissen und meine geisteswissenschaftlichen Neigungen dazu benutzen, ein größeres Publikum der Stadt mit zeitgemäßen Gedanken vertraut zu machen und dabei ganz nebenher auch ein wenig transzendentale Einfühlsamkeit bei meinen Zuhörern zu erzeugen. Auch die Methode hatte er schon parat und bis ins kleinste vorbereitet. Ein Lichtspielhaus war bereit, besonders interessante Filme mit einem Hinweis darauf einzuleiten, daß ich den betreffenden Film zur angegebenen Zeit öffentlich diskutieren werde. Jedermann sei eingeladen. Der weitsichtige Partner des Theaters war *F. O. Richter*, ein Mann besonderen Formats innerhalb seiner Branche.

Die Sache ließ sich weit besser an, als ich anfangs glaubte. Das „*Filmforum*" fand bald einen gefüllten Hörsaal, und unter den Diskutanten waren viele interessante Leute, so auch ein Dr. *K. Götz*, der durch die Brillanz seiner Einwände mich oft in Verzweiflung brachte, und mir bewies, wie vieles an Allgemeinbildung mir noch fehlte, um diese Geisteswelt wirklich zu beherrschen. Nicht wenige meiner Fakultätskollegen rümpften die Nase ob solch niederer Beschäftigung. Aber es war hier wie später so oft: meine Reputation in der Öffentlichkeit war größer als die der Naserümpfer, was sie mir einerseits nicht verziehen, andererseits zu grollender Duldung motivierte. Wir diskutierten jedenfalls über Gott und die Welt, vor allem über die böse Welt, die wir gerade hinter uns gelassen hatten, und angesichts einer großen und schönen politischen Hoffnung. Noch 1959 habe ich solche Foren abgehalten.

Ob nun der Ruf dieses Forums in die Weite gedrungen war oder sonst jemand mich empfohlen hatte: eines Tages erschien, ich glaube es war schon 1957, ein katholischer Geistlicher, *Erich Kellner*, weiland Pfarrer in Frauenchiemsee, um mich zur Gründung einer Gesellschaft einzuladen, welche sich dem Disput zwischen Naturforschern und Theologen widmen sollte. Die Gesellschaft sollte den Namen des hl. *Paulus* tragen. Ihr oberster Repräsentant wurde *Paul Martini*, Ordinarius für Innere Medizin in Bonn, der Leibarzt *Konrad Adenauers*, ein Mann also mit nicht unbeträchtlichem politischen Einfluß. Der Repräsentant der Theologen war *Karl Rahner*, Jesuit und nachmals wohl der prominenteste deutsche Theologe. *Martini, Rahner* und ich, das war ein hoffnungsvolles Dreigespann, zu dem sich bald eine Gruppe bedeutender Naturforscher und Theologen hinzufand. Die Gründung der Gesellschaft erfolgte am 25. Juli 1958 in Frankfurt.

Meine theologischen Nachgedanken sind an sich schon recht alt. In Bonn suchte ich und fand den Kontakt zu *Arnold Rademacher,* von dem ich schon berichtet habe. *Rademacher* war jener weise Mann, der mir die Lektüre von Lehrbüchern der Dogmatik ausredete, wenn nicht gar verbot. Solche Weisheit habe ich später nicht wieder gefunden. Die Wirren der Nazizeit und der Krieg verhinderten die Vertiefung theologischen Nachdenkens. Ich las freilich die antinazistischen Verlautbarungen des kirchlichen Anzeigers meiner Diözese Köln, aber ich schrieb und redete nichts über Theologie. Jetzt nach dem Kriege waren wir frei nach beiden Richtungen. Ich hatte die Schwierigkeiten mit der Dogmatik nicht vergessen. Meine kirchliche Haltung machte es fast zur Selbstverständlichkeit, daß ich in dem neuen erlauchten Kreis die Rolle des kritischen Denkers zu spielen hatte. In der Naturwissenschaft kommt Gott nicht vor. Dieser atheistische Standpunkt war der formale, in sich schlüssige Standpunkt eines Mannes, der Naturforschung als Lebensaufgabe betrieb. Er schloß nicht aus, daß die zweite Seele in der Brust an einen Gott glaubte, von dem auch die Theologen bekannten, daß sie nichts Genaueres über ihn sagen können. Ihre Umschreibungen sind kennzeichnend für die wissenschaftstheoretische Problematik. Ich habe mir damals die Mühe gemacht, alle Beiworte, mit denen das Wesen Gottes in der Theologie umschrieben wird, in einen Katalog zu bringen. Der Versuch wurde als Rundfunkvortrag gesendet und auch publiziert. „Was ist das eigentlich Gott?" war der provozierende Titel der Sendereihe, an der so erlauchte Namen wie *Joseph Ratzinger* (jetzt Kurienkardinal in Rom) beteiligt waren. Auch *Bernhard Vogel, Johannes B. Metz, A. Görres* und vor allem wieder *K. Rahner* gehören zu den Mitarbeitern dieses 1969 erschienenen Bandes. Meine eigene These war die, daß es drei Kategorien von Begriffen sind, mit denen das Wesen Gottes umschrieben wird: die Kategorie der Extremheit des Seins: Unendlichkeit, Unveränderlichkeit usw. Die Vorsilbe „Un-" besagt, daß Gott das alles *nicht* ist, was sonst Gegenstände unserer Erfahrung und Kategorien unseres Denkens sind. Die zweite Kategorie der Begrifflichkeit von Gott nennt Eigenschaften, die auch der Mensch, nur in unvollkommener Weise, sein eigen nennt: Allmacht und Allwissenheit z. B. Die dritte Kategorie aber entstammt dem Arsenal sozialer Wunschbilder des Menschen: Weisheit, Wahrheit, Schönheit, Würde, Güte, und alles dieses gipfelnd in dem Bilde des „All-liebenden Vaters", wie ihn *Goethe* in „Ganymed" betitelt hat. Schon 1964 hatte ich zu einer Festschrift für *Karl Rahner* den Versuch gemacht, theologische Forschungsmethoden mit denen der Naturwissenschaft zu vergleichen, und fand erstaunliche Ähnlichkeit in den „Denkmodellen". Solche Arten des Denkens, die dem Naturforscher konform sind, versuchte ich in die Theologie einzubringen, und es war mein besonderes Anliegen, die „Übersetzbarkeit" der theologischen Begriffe in die Sprache der „Welt" zu postulieren und die Theologen zu solcher Übersetzungsarbeit zu ermuntern.

Ich machte in dieser Forderung auch nicht vor den geheiligten Dogmen halt, die, in Zeiten völlig anderer Denkstile formuliert, ja immer ein „Geheimnis" auf ihre Weise ausdrücken, aber auf eine Weise eben, welche der moderne Mensch nicht mehr versteht. Sicher kann der Mann der Kirche fordern, die Menschen sollten zu ihm und in seine Kirche kommen. Wer aber die Ungläubigkeit der modernen Menschheit beklagt, sollte nicht davon ausgehen, daß dieser Strom weg von der Kirche die Folge einer sündig gewordenen Form modernistischen Denkens sei. Er sollte vielmehr auch bei sich und seiner Praxis der Verkündigung seiner Wahrheiten einige Gründe suchen. Er würde sie gewiß finden. Schließlich wird man nicht bestreiten können, daß der militante Atheismus des marxistischen Denkens sich zuerst politisch in sehr security strenggläubigen katholischen und orthodoxen Staaten etabliert hat: in Rußland und in Mexiko.

Es war also die Situation des modernen Menschen, der mit seinen Glaubensproblemen (sofern er überhaupt noch solche hat) zwischen Glauben und Wissen steht, was den Inhalt der ersten größeren Konferenz der Paulus-Gesellschaft ausmachte. Sie fand im Oktober 1959 in Stuttgart statt. Sie war der Auftakt einer bedeutenden Entwicklung. Der erste Kongreß der Paulus-Gesellschaft mit großer Besetzung und erstmals auch im Rahmen einer viertägigen Veranstaltung fand dann im Juni 1960 auf Herrenchiemsee statt.

Man vergegenwärtige sich die damalige Zeit und ihr geistiges Klima. Der Krieg und seine Folgen waren nach und nach vergessen. Der obligate Atheismus der Wissenschaften war schon im Vergehen. Die atheistische Front, wie sie etwa im Modernismus-Kampf der Jahrhundertwende in breiter, geschlossener Phalanx bestand, befand sich in Auflösung. In meiner Fakultät galt ich zwar als gläubiger Katholik und wurde von einigen Protestanten mit Reserve betrachtet, aber das geschah mehr aus dem konfessionellen Winkel eines noch nicht ökumenisch orientierten Protestantismus, der in den führenden Männern der Heidelberger evangelischen Fakultät längst überwunden war. Diese Fakultät hatte mich schon 1957 zu ihren regelmäßigen theologischen Freizeiten eingeladen, und ich nahm erstmals am 1. Februar 1958 teil. Männer wie *Peter Brunner, Gerhard von Rad* oder *Edmund Schlink*, die alle nach dem Kriege Ordinarien dieser Fakultät geworden waren, dachten nicht mehr in den Kategorien des Konfessionalismus. Das zweite vatikanische Konzil stand nahe bevor, es wurde zwei Jahre nach der ersten großen Tagung der Paulus-Gesellschaft eröffnet, und *E. Schlink* nahm daran als protestantischer Beobachter teil.

Es ist beindruckend, heute die Wortprotokolle der ersten Diskussion zu lesen. Vier Probleme lagen mir am Herzen: Das Problem der (unverständlichen) theologischen Sprache, das Problem Schöpfung oder Evolution, das Problem des Wunders und das Problem der Begrifflichkeiten von Gott und Materie. Man wird den Gesamteindruck dahin präzisieren können, daß der Theologe größte Schwierigkeiten hatte, den Naturforscher zu verstehen. *Rahner* warf mir immer wieder vor, meine naturwissenschaftlichen Aussagemöglichkeiten zu überspannen. Vom heutigen Standpunkt (1986) her gesehen hatte *Rahner* in vielem recht: Er beharrte eigensinnig darauf, daß der Naturforscher keinen allgemeingültigen Satz formulieren könne, ohne Metaphysik zu betreiben. Die Art, wie der Naturforscher seine Erfahrungen zur Formulierung allgemeingültiger Sätze verwendet, ist, so wie wir das heute sehen, schon eine Anwendung von Methoden, die nur philosophisch zu analysieren sind, innerhalb des naturwissenschaftlichen Systems. Aber diese Gesetze haben eine erstaunliche Kraft und Präzision der Vorhersage, so sehr, daß wir Menschen es wagen können, uns mit der Rakete auf den Mond schießen zu lassen. Wir sprechen heute davon, daß wir unsere Erfahrungen, die wir bei der Naturbeobachtung machen, gerne in Form von Modellen in ein anschauliches Bild bringen, und niemand von uns wird bezweifeln, daß diese Modelle einen methodischen Kern haben, der die Naturforschung in ihren Sicherheiten überschreitet. Vergleicht man aber die verwaschene und verblasene Ausdrucksform einiger Philosophen mit dem, was unsereins formuliert, so kommt man sich doch eben klüger vor.

Ich muß in der Rückschau sagen, daß das große Experiment der Paulus-Gesellschaft sicher nur zu einem Teil geglückt ist. Eine Reform der theologischen Sprache ist nicht eingetreten. Kein Theologe und kein Konzil hat die Dogmen in die Sprache unserer Zeit übersetzt. Gerade das zweite Vatikanum hat eine völlig andere Wendung genommen: Es hat die Kirche als eine *emotionale* Heimat der Menschen restauriert, die Fragen der Verständlichkeit des Glaubens und die Gründe des Abfalls der Menschen von diesem dogmatisierten Glauben offen gelassen. Gerade diese brennende Grundfrage unserer Zeit aber wollten ich und mit mir wohl alle Naturforscher und Ärzte in dieser Gesellschaft lösen. Was stellt sich der heutige Mensch unter Begriffen wie Offenbarung, Gnade, Sünde, Erlösung, Jenseits, Leben nach dem Tode, Unsterblichkeit der Seele, Auferstehung des Fleisches, Himmelfahrt, Gebet, Gotteskindschaft oder gar unter dem Begriff der „Schöpfung" vor? Sind selbst die fundamentalen Begriffe des Christentums, Dreifaltigkeit, Erlösung, Gnade, Himmel und Hölle noch nachvollziehbar? Oder sind es Worthülsen ohne Inhalt geworden? Wenn heute wieder, nicht zuletzt von Kardinal *Ratzinger*, vom „wahren Glauben" gesprochen wird, antwortet ihm eine noch gläubige Mehrheit des Kirchenvolkes? Oder ist ein Charisma des Verhaltens, das von der so unglaublich großartigen Gestalt Jesu ausgeht, so faszinierend geworden, daß uns armen Endverbrauchern von Religion alles Dogmatische darüber gleichgültig geworden ist?

Die Diskussionen der Paulus-Gesellschaft, die jährlich eine große und zeitweise auch kleinere Tagungen außerdem veranstaltete, diese Diskussionen kann man nicht in Kürze inhaltlich schildern. Daß sie Wesentliches erbracht haben, mag man daraus erkennen, daß mehrere Doktorarbeiten über diese Tagungen angefertigt worden sind. Man kann vielleicht einiges Grundsätzliche zu diesen Ergebnissen sagen.

Mir ist besonders eindrucksvoll gewesen, daß in den Disputen sich meist eine harte Front bildete, auf deren einen Seite Geisteswissenschaftler standen, vom Oberstudiendirektor bis zum Philosophieprofessor, während die andere Front in erstaunlicher Eintracht Theologen und Naturforscher vereinte und der Naturphilosoph A. Wenzl vermittelnd dazwischen stand. Ich habe daraus gelernt, daß die Theologie in ihrer Denkart der Naturwissenschaft gar nicht so fern steht, daß aber der Riß zwischen den beiden Kulturen, den *Snow* beschrieben hat, immer noch fast unüberbrückbar ist und sich neuerdings erst dadurch zu vermindern scheint, daß Naturforscher, insbesondere Physiker, damit beginnen, ihre Modelle mit metaphysischen Begriffen anzureichern, für die die „Kommunikation mit dem Kosmos", von der der Physiker *Capra* faselt, ein besonders eindrucksvolles Beispiel ist. Die Theologie ist solchen metaphysischen Eskapaden der Physik abhold und hält sich weise zurück. Ich bin sicher: eine Theologie, welche ihre Argumente von einer verwaschenen, sich transzendental gebenden Naturwissenschaft bezöge, wäre bald am Ende.

Die Paulus-Gesellschaft hat mich ferner gelehrt, daß theologische Begriffe von der Naturwissenschaft her nicht zu widerlegen sind. Die These, die einst *Ernst Haeckel* ersann, als er Gott für ein „gasförmiges Wirbeltier" hielt, diese These erscheint heute so absurd, daß man sich als Naturwissenschaftler fragt, wie ein so tüchtiger Gelehrter, als der *Haeckel* doch gelten muß, so Unsinniges hat sagen können. Theologie und Naturwissenschaft sagen über zwei Bereiche etwas aus, die zunächst nirgends zur Deckung zu bringen sind. So jedenfalls scheint es. Der Irrtum in dieser Lehre von der totalen Disparität dieser beiden Wissenschaften zeigt sich freilich sofort, wenn der Mensch betrachtet wird, in dessen Gehirn doch alle diese theologischen Begriffe entstanden sind.

Hier kann nun eine geduldige Gedankenarbeit beginnen. Wenn über Dinge wie Sünde, Gnade, Tugend oder Laster gesprochen wird, wenn die Ordnung des Menschenlebens, das so wirr und chaotisch geworden ist, zur Rede steht, dann ergeben sich nach meiner Meinung sofort sehr fruchtbare Verständigungsmöglichkeiten, über die ich in letzter Zeit viel gedacht und geschrieben habe. Selbst so scheinbar abstruse Begriffe wie das „Wunder" lösen sich in durchschaubare Modelle auf, denn der Theologe beharrt, wie es scheint, kaum mehr auf der Ansicht, es handle sich dabei um Ereignisse, welche den von Gott gegebenen Naturgesetzen, die wir in ihrer exakten Geltung formulieren, widersprächen. Wunder sind, so ist heute die theologische Meinung, Zeichen, die Gott dem Menschen innerhalb der Geltung seiner Naturordnung setzt, wenngleich mit ungewöhnlichen, also mit nicht alltäglich sich ereignenden Phänomenen. Die Wunderheilungen sind hier besonders eindrucksvolle Beispiele: Sie pflegen die Geltung der Naturgesetze nicht zu überschreiten, aber sie stellen Ungewöhnliches, ja oft Unerhörtes dar.

Ich muß es mir versagen, meine Ideen zu den Begriffen darzulegen, die sich mir in Gott, Himmel, Gnade, Sünde, Erlösung darbieten, zu denen auch von der heute lebenden Menschheit Akzeptierbares die evangelische Theologie, z. B. *Rudolf Bultmann*, längst gesagt hat. Vielleicht wird eine Schrift über diese „letzten Dinge" eines Tages mein letztes Werk sein, indem ich versuche, den naturwissenschaftlichen Part in diese Diskussion der „Entmythologisierung" einzubringen.

Wenn die Menschen nur nachdenken wollten, sie könnten durch die Diskussion der Paulus-Gesellschaft darüber belehrt werden, daß uns theologische Begriffe nicht mehr so unzugänglich sind, auch wenn wir strenge Naturforscher bleiben. Hier liegt nicht mehr der große Zündstoff geistiger Auseinandersetzungen. Die heute geltenden Widersprüche entzünden sich vielmehr an zwei Problemen: Daß die Kirche (noch) nicht die Kraft gefunden hat, die Sprache der Welt zu sprechen und sich nicht zuletzt dadurch die Welt nicht mehr von kirchlichem Denken zur Ordnung gerufen fühlt. Unser Atheismus ist im Westen identisch geworden mit einem total amoralischen Libertinismus, der sich zu gar nichts mehr verpflichtet weiß.

Das zweite große Problem liegt darin, daß fast die Hälfte dieser Erde einem Gedankenmodell huldigt, daß sowohl tief moralisch als auch in seiner Substanz „religiös", aber eben gesellschaftspolitisch völlig verschieden von uns ist: wir haben es mit der kommunistischen Religion zu tun.

Standhafte Marxisten werden es mir verübeln, ihre Grundansicht vom Wesen der Welt in die Nähe des „Religiösen" gebracht zu haben. Aber das ist eine Frage der Sprachregelung. Im naturwissenschaftlichen Jargon gehört ein religiöses Bekenntnis zu jener Gruppe von Bekenntnissen, die mit den Mitteln rationaler Vernunft weder zu widerlegen noch zu beweisen sind. Nun würde *Marx* es sich gewiß nicht haben gefallen lassen, seine Ansichten für unbeweisbar zu halten. Es hat sich aber inzwischen doch wohl herausgestellt, daß die Möglichkeit eines Staates, der ohne jede Klassen- und Herrschaftsstruktur auskommt, mindestens bislang eine Utopie geblieben ist und also das eschatologische Bekenntis des Marxismus nach derzeit gültigen ökonomischen Gesetzen zwar nicht als widerlegt, aber doch auch nicht als beweisbar gelten kann. Von den Prinzipien des christlichen Glaubens unterscheidet sich der Kommunismus dadurch, daß jener sich auf sicher nicht dem Bereich irdischer Erfahrung zuzurechnende Entitäten bezieht (Gott, Leben nach dem Tode), der Marxismus aber seinen Utopos den Begriffen irdischer Politik entnimmt, diese aber in ein Modell einbaut, dessen materielle Realisierbarkeit er postuliert, ohne für diese Realisierbarkeit den Beweis angetreten zu haben.

Es liegt an dieser grundsätzlichen Verschiedenheit der utopischen Endpositionen, daß ein Gespräch darüber, ob und wie diese beiden „Religionen" miteinander verträglich sind, im Grundsätzlichen geführt werden kann. Der Marxismus hat zwar gesagt, Religion sei das Opium des Volkes, aber über diesen Satz kann selbst ein Christ nachdenken, wenn er den Begriff „Opium" als das erkennt, was er in diesem Bezuge ist: eine Metapher. Für viele Gläubige ist Religion ein Mittel seelischer Festigung, ein „Sedativum" im medizinischen Sinn. Daß Religion daneben anderes und mehr ist, darüber sagt der Marxismus nichts. Er bekämpft die Religionen mehr aus historischen (und in dieser Hinsicht sehr verständlichen) Gründen als aus Prinzip.

Es war nun sicher ein geradezu genialer Gedanke, die Paulus-Gesellschaft zum Forum eines Gesprächs zwischen drei Parteien zu machen: den beiden „klassischen" Parteien Theologie und Naturwissenschaft sollte sich der Marxismus hinzugesellen.

Ich bin nicht sicher, wer den ersten Gedanken in dieser Richtung gefaßt hat. *Paul Martini* war jedenfalls Präsident, als der Vorstand (dem ich damals angehörte) den Entschluß faßte, ein solches Gespräch zu wagen. Wahrscheinlich hatte das Ingenium von Dr. *Kellner* ihm diese Thematik eingegeben. Sicher ist, daß wir alle nach einigem Zögern und Bedenken von Chance und Gefahr zustimmten.

Den Auftakt dieser Gespräche bildeten zwei noch relativ bescheidene Tagungen 1964 in München und Köln. Auf ersterer sprach *Ernst Bloch* zum Thema „Der Mensch des utopischen Realismus". Ein Vortrag von *Karl Rahner* war voraufgegangen, nebst Diskussion, und es ist typisch für diese Auseinandersetzung, wie *Bloch* seine Ausführungen begann: Es sei ihm aufgefallen, daß sowohl Geist wie Materie, deren Zusammenwirken im Menschen erörtert werden sollte, diskutiert worden seien, indem man sich auf physische, chemische und biologische Erscheinungen beschränkt habe. Das war, genau genommen, nicht richtig, denn *Rahner* hatte zwar die Einheit von Leib und Geist betont, aber das Geistige in seiner Eigenartigkeit natürlich stark betont. Richtig war freilich, daß die Diskussion auf den ontologischen Zusammenhang von Geist und Materie zentriert war, und also vorwiegend erkenntnistheoretische Schlachten schlug. Dies sei im Marxismus eben anders, meinte *Bloch*. Das Zentrum der marxistischen Diskussion liege in Ökonomie, in Geschichte und in der Lehre von der Ideologie, dem Überbau. Er meinte, die von den Christen und Naturwissenschaftlern geführte Diskussion gehöre dem Themenkreis des mechanischen Materialismus an, zu dessen Überwindung die Paulus-Gesellschaft ja in der Tat auch aufgebrochen war. Nun aber stehe der dialektische Materialismus zur Diskussion. Es muß gesagt werden, daß unsere Argumentationskraft auf diesem Gebiete recht schwach war.

Eine zweite Tagung 1964 in Köln sah *Adam Schaff*, den Chefideologen der Polnischen Kommunistischen Partei, als Tagungsteilnehmer und Redner. Ich eröffnete die Tagung, welche der Thematik „Der Mensch in der Gesellschaft" gewidmet war, mit einer naturwissenschaftlichen Einleitung zum Thema. Das Thema lag mir, weil ich kurz zuvor das Fachgebiet Sozialmedizin offiziell in Deutschland etabliert hatte, worüber noch zu berichten ist. *Schaff* versuchte „mit großer Ehrfurcht" die Gedanken von *Marx* wieder in dessen Heimatland zurückzubringen, wobei natürlich der Mensch als das sich in seiner Gesellschaft realisierende Wesen im Vordergrund stand. Es kam dabei heraus (wie es die Süddeutsche Zeitung sah), daß der Naturwissenschaftler *Schaefer* in seiner „Voraussetzungslosigkeit" fast marxistischer dachte als der Marxist *Schaff*, der seinen philosophischen Neigungen freien Lauf ließ. Wenn man will, konnte das Fazit so lauten, daß eine moderne Biologie des Menschen, die auch soziale Ideen in ihr Bild vom Menschen einbaut, zum Marxismus klassischer Prägung keine allzu großen Differenzen aufweist. Das hatte *Ernst Bloch* wohl besser erkannt als *Schaff*, daß die Antinomien zwischen westlicher und östlicher Welt in der Ökonomie, in der Geschichte und letztlich in der politischen Praxis liegen.

Dieses Vorgeplänkel wurde 1965 dann abgelöst von einer großen Konferenz mit dem Thema „Christentum und Marxismus heute", zu der nun zahlreiche führende Marxisten aus West und Ost geladen wurden und wenigstens zum Teil erschienen. Die Auswahl, die sich als äußerst geschickt erwies, hatte Dr. *Kellner* vorgenommen. Es war eine Glanzleistung.

Aus Ostblockländern kamen Vertreter nur aus der Tschechoslowakei, Polen, Ungarn, Bulgarien und Jugoslawien sowie zwei namhafte Vertreter (Prof. *Havemann* und Prof. *Hollitscher*) aus der DDR. Als theologischer Sachverständiger ersten Ranges fungierte der deutsche Jesuit Prof. *Gustav Wetter* aus Rom. Von der westlichen marxistischen Seite nahmen Prof. *Roger Garaudy*, Direktor des Centre d'Etudes et de Recherches Marxistes in Paris, und die beiden führenden italienischen

Ideologen des Marxismus, Prof. *Lucio Lombardo-Radice* und Prof. *Cesare Luporini* teil, ersterer ein Geometer, letzterer Philosoph. Ein Politruk aus Italien war auch dabei: Dr. *L. Gruppi*, Ideologe im Zentralkomitee der PCI. Der Kongreß fand in Salzburg statt, in den herrlichen Räumen der Residenz. Der Präsident der Paulus-Gesellschaft war inzwischen *Arthur Jores*, Professor für Innere Medizin in Hamburg. *Martini* war, seiner Gesundheit wegen, schon 1963 zurückgetreten und 1964 verstorben.

Die Resonanz schon dieser ersten drei Marxismus-Tagungen war ungeheuer. Erst recht aber wuchs die Resonanz nach einer zweiten Tagung 1966 auf Herrenchiemsee und der krönenden „Marienbader Konferenz" 1967, die auf Einladung der Prager Akademie der Wissenschaften stattfand, tatkräftig unterstützt von der damaligen Regierung. Die Leiterin der Abteilung „Theorie und Soziologie der Religion" der Prager Akademie nahm an der Tagung teil und die Beteiligung aus den Ostblockstaaten war lebhaft wie nie zuvor. Die Dokumentation über die ersten drei Tagungen füllt einen Band von 683 Seiten! Das geistige Europa erwachte aus einem ideologischen Schlaf.

Es ist unmöglich, in diesem Buch auch nur eine leidlich umfassende Information über die sich entwickelnde Diskussion zu geben. Ich begann 1965 mit einem Vortrag „Wissenschaft und Information" mit dem bezeichnenden Eingangskapitel „Information statt Emotion". Alle Teilnehmer befleißigten sich einer Haltung, welche eine geistige Auseinandersetzung möglich machte. *Marcel Reding*, ein katholischer Theologieprofessor aus Berlin, leitete seine Schlußthese in brillanter Weise aus einer Analyse marxistischen Denkens ab: Das (marxistische) Geschichtsgesetz, das ja auch *Ernst Bloch* ein Jahr zuvor gegen unsere erkenntnistheoretischen Deduktionen ins Feld geführt hatte, dieses Geschichtsgesetz, der Kern des Marxismus, sei nicht atheistisch. Da aber der obligate Gegensatz von Marxismus und Christentum im Atheismus des Marxismus gründet, schien ein solcher Gegensatz im Grundsatz überwindbar.

Die Marienbader Tagung, die leider stark unter dem sich immer heftiger gebärdenden Despotismus von Dr. *Kellner* litt und fast daran gescheitert wäre, hat diese zentrale Auseinandersetzung weiter vertieft. In Salzburg waren die wesentlichen Streiter *Reding* und *Rahner* auf der christlichen, *Garaudy* und *Lombardo-Radice* auf der marxistischen Seite. In Marienbad war die Theologie prominent durch *Johann Baptist*

Metz vertreten, der Marxismus wieder durch *Garaudy*, doch wesentlich auch durch die tschechischen Marxisten *Milan Prucha* und *Milan Machovec*, obgleich letzterer sehr wenig sagte. Aber sein Buch (1972 von ihm herausgegeben) „Jesus für Atheisten" ist das lebendige Zeugnis für die Tatsache geworden, daß es Brücken zwischen Marxismus und Christentum gibt, wenngleich diese ersten Brückenschläge bald nach dem Marienbader Kongreß von konservativen Politikern des Ostens rigoros eingerissen worden sind.

Man kann, mit allen Gefahren einer so starken „Simplifikation", und *Jacob Burckhards* Warnung vor den „terribles simplificateurs" eingedenk, eine Kurzdiagnose über das Ergebnis der drei großen Kongresse wagen. Nach 1965 sah man noch nicht, wie eine Brücke zwischen Christentum und Marxismus je geschlagen werden könnte. Aber man sah, daß ein Dialog möglich ist. *Adam Schaff* hatte 1965 in seinem Buch „Marxismus und das menschliche Individuum" den marxistischen Humanismus beschworen, zu dem man in Salzburg dem Sinne nach ungefähr dieses gesagt hatte, daß der Kommunismus bislang verfehlt habe, eine Theorie des Individuums zu entwerfen, während man dem Christentum vorwarf, keine Theorie der Gesellschaft zu besitzen.

Nach der (relativ kleinen) Tagung 1966 in Herrenchiemsee verstieg sich ein marxistischer Teilnehmer zu der vorsichtigen Feststellung, daß man *noch nicht* sehe, wie Christentum und Marxismus je zueinander fänden, während die Quintessenz der Marienbader Tagung wohl allgemein darin gesehen wurde, daß, vorurteilslos betrachtet, ein obligater Gegensatz von Christentum und Marxismus nicht erweislich sei. Eben dies hatte der Theologe *Reding* schon 1965 behauptet.

Nun wird man aus heutiger Sicht das Utopische, wenn nicht gar das Gespenstische jener Gespräche deutlicher sehen. *Adam Schaff* ist inzwischen Honorarprofessor in Wien, und seine Adresse steht im Deutschen Gelehrten-Kalender. *Milan Machovec* ist aller Ämter verlustig gegangen und lebt ziemlich kümmerlich in einer Prager Vorstadt. Die Damen und Herren, welche für den Marienbader Kongreß zuständig waren, sind mit *Dubcek* zusammen vom politischen Restauratismus der Russen hinweggefegt worden. Die Komintern, die sich eingehend auch mit meiner Person befaßt hatte, verbot jeglichen Kontakt mit der Paulus-Gesellschaft. Das Eis wurde wieder meterdick.

Es wird aber wohl jedem Europäer klar geworden sein, daß wir keine Chance haben, einen Atomkrieg zu überleben. Auch der prominente deutsche Gelehrte nicht, der neben seinem Haus einen Atombunker hat bauen lassen. Die Luft ist nicht mehr zu atmen, die Sonne nicht mehr zu sehen. Eines Tages wird das Experiment der Paulus-Gesellschaft wieder aufgegriffen werden müssen. Es hat Geschichte gemacht, nur hat diese Geschichte leider noch nicht begonnen.

Die Paulus-Gesellschaft hat ein trauriges Endes gefunden. Es folgten auf Marienbad noch einige vorwiegend von Deutschen besuchte Kongresse, die z. T. auch mit Studenten veranstaltet wurden, aber im Chaos jener Jahre untergingen. Dr. *Kellner* wurde selbstherrlich. Der alte Vorstand wurde entmachtet, indem eine neue „Paulus-Gesellschaft international" auf dem Papier entstand, deren einziger aktiver Repräsentant Dr. *Kellner* war und ist. Ein bescheidener Erfolg, an dem ich nicht mehr beteiligt war, scheint eine Satellitenkonferenz bei einem Philosophenkongreß gewesen zu sein. Viele alte Freunde haben sich abgewandt, einige habe ich hie und da wieder einsammeln können, z. B. bei den *Mainauer* Gesprächen, die das Ehepaar Graf *Bernadotte* ab 1978 mit mir als Leiter durchführte.

Schon in den ersten Jahren ihrer Existenz nahm ein Mann interessiert Kenntnis von dem, was in der Paulus-Gesellschaft vor sich ging: *Franz Kardinal König* in Wien. Es war in Wien ein österreichischer Zweig der Gesellschaft von *Günther Nenning* gegründet worden. Dieser hochintelligente, aber etwas zwielichtige Mann, der aus mehreren persönlichen Gründen ins Abseits gedriftet ist, war mit dem Kardinal gut bekannt. Beide verband wohl am meisten der Gedanke, daß die katholische Kirche nicht am Sozialismus vorbei existieren könne, wie sie das im Grunde in ihren Machthabern bis zur Stunde tut. Der Wiener Kardinal machte eine Ausnahme. Mich verband, noch ehe wir uns kennenlernten, ein gemeinsames Schicksal: unsere Umwelt hielt uns beide für rot, obschon wir es beide gewiß nicht waren.

Kardinal König bat 1966, bei einem Besuch in Heidelberg, darum, mich kennenzulernen. Wir trafen uns in der Wohnung von Prof. *Hauser*, dem Pfarrer der Jesuitenkirche und Dekan der Heidelberger Region. Der Kardinal lud mich ein, eine Gruppe von notorischen Atheisten zusammenzustellen und zu ihm nach Wien zu einem sonntäglichen Gespräch zu bringen. Es war nicht leicht, Gelehrte zu finden, die sich als Atheisten einstufen lassen wollten. Selbst *Gerhard Sczcesny* bekannte sich nur als „Agnostiker", nahm aber an der ersten Reise 1966 nach Wien teil. Eine zweite Gruppe mit anderen Persönlichkeiten machte unter meiner Führung die Reise 1967. Das Fazit dieser Gespräche war grotesk. Selbst eingefleischte Gegner der Religion versicherten dem Kardinal, die Welt brauche eine Kirche, und wenn es sie nicht gäbe, müßte sie erfunden werden, und boten dem Kardinal Hilfe an. Dieser wußte nicht recht solchen Überschwang zu deuten. Es wurde klar, daß eine Fortsetzung solcher Gespräche nicht viel Tiefgründigeres werde bringen können. Die Front des kämpferischen Atheismus der Jahrhundertwende war zusammengebrochen.

Diese Gespräche fanden in der Wohnung des Kardinals statt, im Palais in der Rothenturm-Straße. Wir saßen in einem Dachgarten, mit Blick auf die schön gemusterten Dächer des Stephansdoms. Das Mittagessen wurde in dem bescheidenen Eßzimmer des Kardinals eingenommen, bereitet und serviert von einer Ordensschwester, die unter die Meisterköchinnen ihrer Zeit eingereiht zu werden verdient. Wiener Schnitzel von solcher Qualität, in Wien und zu Gast bei Wiens Erzbischof, ist schon ein Ereignis für einen schlichten Professor!

Das II. Vatikanische Konzil war Dezember 1965 zu Ende gegangen. *Kardinal König* war schon im April 1965 zum Präsidenten des neu gegründeten Sekretariats „De non credentibus" (der Nichtglaubenden) ernannt worden und hatte als solcher ein gleichsam berufliches Interesse am Atheismus. Seine Intentionen richteten sich jedoch weit mehr zum Osten hin, wo zwei große Probleme der Kirche zu schaffen machten: Die Folgen der großen Kirchenspaltung mit der Entstehung eigener „Ostkirchen" und die Existenz einer atheistischen Politik, also einer Machtausübung, welche den Atheismus als ein, wenn auch negatives, Weltbekenntnis durchsetzen will. Es hätte keinen geeigneteren Unterhändler für beide Fragen geben können als den Kardinal. Seine Art des Umgangs mit den Menschen war nicht die so vieler Kirchenfürsten, mit einem leutseligen Lächeln doch letztlich unbeteiligt zu bleiben. Er hörte zu, er versuchte in erstaunlichem hermeneutischen Einfühlungsvermögen das Innere seines Partners zu erfassen, er wollte nicht bekehren, sondern verstehen.

Seine Erfolge den Ostkirchen gegenüber sind gewaltig gewesen. Wenn es zur Aufhebung des Schismas kommen sollte, so wesentlich durch diese seine Vorarbeit. Die Erfolge im Raum des politischen Atheismus waren gering, jedenfalls nach außen. Die Macht im Osten fand noch keinen Zugang zu der typischen Denkweise des Westens.

Aber auch das II. Vatikanische Konzil hatte, das muß man einsehen, den Weg zum Verstehen der atheistischen Welt nicht gefunden. Hinter dem Kommunismus steht die Ansicht, daß in dieser Welt die Herrschaft falsch verteilt ist. Die Kirchen (insbesondere die katholische) denken aber immer noch in den politischen Kategorien des Abendlandes, was sich durch unsere Art Demokratie zwar schon etwas gewandelt hat, aber Herrschaftsstrukturen werden verteidigt, mindestens die wirtschaftliche Macht möchte man noch unverändert lassen, was um so bemerkenswerter ist, als die Demokratie als Macht der Mehrheiten eigentlich durch Mehrheitsentschluß die sogenannten „Superreichen" enteignen könnte. Der Blick auf die Zustände in kommunistischen Staaten ist es, der die westlichen Demokratien vor solch konsequentem Sozialismus zurückschrecken läßt.

Was nun die Kirche anlangt, so sagt sie gerne, daß das Reich Christi nicht von dieser Welt ist. Damit aber verschließt sie sich notwendigerweise den in dieser Welt nun einmal unerläßlichen, ständig den Mächtigen abgeforderten Reformen. Zwar hatte das Konzil in der Konstitution „Gaudium et spes" die Formung des Menschen durch die Gesellschaft flüchtig und nicht „radikal" behandelt, z. B. gesagt, die Menschen würden aus den gesellschaftlichen Verhältnissen heraus zum Bösen angetrieben. Doch fährt der Konzilstext unmittelbar darauf fort, das gesellschaftliche Milieu werde durch den Stolz und den Egoismus der Menschen verdorben. Woher mögen wohl diese menschlichen Eigenschaften stammen, da Gott den Menschen doch gut erschaffen haben sollte? Die Zeit war nicht nur in der Kirche noch nicht reif für eine grundlegende Einsicht in die Ursachen menschlicher Fehlentwicklungen. Die Medizin hatte das gleiche Problem um nichts besser in den Griff bekommen, und die nicht-marxistische Philosophie vergnügte sich mit existentialistischen Problemen, mit denen man sich, wie *Heidegger* bewies, sogar dem Nationalsozialismus nähern konnte.

Von „Versäumnissen" zu sprechen, wäre also völlig ahistorisch gedacht. Das Problem aber existiert und holt uns nun in der Diskussion um die „Theologie der Befreiung", wenn nicht gar in einer politischen Theologie ein. *J. B. Metz* war damals unser Partner, *Leonardo Boff* wohl noch viel zu jung und unfertig. Und auch wir in der Paulus-Gesellschaft haben marxistische Anliegen nicht verstanden, obgleich es doch *Marx* selbst so entwaffnend einfach formuliert hatte, daß nun, nachdem man versucht habe, die Welt zu erklären, es darum gehe, sie zu verändern. Aber dieser fast Paulinische Schlachtruf, demzufolge wir einen neuen

Menschen anziehen sollen, wurde nicht als ein dem Konzept Jesu irgendwie konformer konzipiert.

Kardinal König war, wenn nicht der einzige, so doch wohl sicher einer der wenigen Kirchenfürsten jener Zeit, der die Problematik gesehen hat. Ich halte ihn, seiner Haltung dem Osten (in zweifacher Form) gegenüber für den bedeutendsten Kirchenführer, der zu meiner Zeit gelebt hat.

In jene aufgeregten Jahre fiel dann unsere erste Begegnung mit der *Macht* der Kirche. *Karl Rahner* war bekanntlich nicht gerade timide in seinen Äußerungen. Ich weiß nicht mehr, aus welchem Anlaß er ein Publikationsverbot von Rom bekam. Die Männer der Paulus-Gesellschaft schrieben einen sehr fundierten Brief nach Rom. Die Signatare gehörten zur deutsch-österreichischen Wissenschaftselite. Man verstand uns. Das Verbot wurde zurückgezogen, sicher auch aus anderen Gründen, und *Rahner* bedankte sich, indem er den führenden Männern der Paulus-Gesellschaft, *Martini, Kellner* und mir, sein nächstes Buch widmete (1962). Seither bin ich solch ehrenvoller Dedikationen von seiten der Theologie nicht mehr gewürdigt worden, wenn ich von Schriften meines Freundes *Eugen Biser* absehe.

Es sind, bevor ich den Endzustand meiner theologischen Entwicklung schildere, noch einige Einzelheiten anzumerken. Die päpstliche Akademie in Rom lud mich durch den Physiologen *John Eccles* ein, an einem Symposium 1964 über das Gehirn und die bewußte Erfahrung teilzunehmen. Ich war in diesem Thema ein wenig fremd und hielt einen kurzen Vortrag über psychosomatische Probleme, der mit ziemlicher Fassungslosigkeit aufgenommen wurde. *Eccles,* dem meine Probleme völlig fernlagen, entzückte sich wenigstens an meinem guten Englisch. Ich selbst wollte das Problem des Unbewußten als ein physiologisches Problem vorstellen. Da ich auch sonst bei der Konferenz nicht viel mitredete, denn sie ging ganz von den traditionellen Konzepten einer Elektrophysiologie des Gehirns aus, war es kein Wunder, daß einer meiner liebsten väterlichen Freunde der internationalen Welt, der belgische Pharmakologe und Nobelpreisträger *Camille Heymans,* mit seinem Antrag nicht durchdrang, mich zum Mitglied der Akademie zu küren, wodurch mir die Chance entging, den mit dieser Mitgliedschaft verbundenen Titel „Exzellenz“ führen zu dürfen. Welch ein Verlust! *Kardinal König* hat sich vermutlich auch für mich verwandt. Aber der Kreis der stimmberechtigten Mitglieder lebte aus einer Welt, die gewiß nicht die meine war. Seine Entscheidung war völlig korrekt. Dennoch habe ich nie verstanden – und habe das auch offen gesagt –, warum sich der Heilige Stuhl eine solche Akademie hält, von deren Güte und Aufgabenstellung es Dutzende in der Welt gibt. Wäre der Impetus einer Paulus-Gesellschaft samt ihrer Thematik einer solchen Akademie überantwortet worden, welch säkulare Ergebnisse, welch weltbewegende Diskussionen wären erzielt worden, und sicher ad majorem ecclesiae gloriam!

Durch die Paulus-Gesellschaft hatte ich auch einige Male mit *Kardinal Döpfner,* dem Münchner Erzbischof, zu tun und habe dessen herzhafte Offenheit, gepaart mit einer enormen politischen und kirchenpolitischen Hellsicht, verehren gelernt. Er hatte seine schützende Hand immer über das oft schwankende Schifflein der Paulus-Gesellschaft gehalten. Er starb uns und der Welt viel zu früh. Kurz vor seinem Tod traf ich ihn am Bahnhof Bonn, auf der Rückreise nach München. Wir warteten beide auf einen TEE-Zug (IC-Züge gab es noch nicht), der nur 1. Klasse führte. Der Herr Kardinal war über das Klassenproblem etwas unglücklich. Er hatte nur Zweiter gelöst. Heute verlangt jedes Büromädchen die Kosten 1. Klasse. Die Zeiten haben sich gewandelt.

Nach dem etwas ruhmlosen Ende der Deutschen Paulus-Gesellschaft, die Dr. *Kellner* mit seiner egozentrischen „Paulus-Gesellschaft international" trocken gelegt hatte, erlosch meine theologische Betriebsamkeit zunächst, zu meinem großen Schmerz. Erst etwa um 1979 kam es zu einer neuen Phase. Mein Freund *A. W. von Eiff,* der inzwischen ein großer Mann in der theologischen Laienbewegung geworden war, verabredete mit *Kardinal König* die Gründung eines Gesprächskreises „Kirche und Wissenschaft", um der berühmten Papstrede an die Wissenschaftler im Kölner Dom zu antworten. Ich hatte den Papst schon 1977 persönlich kennengelernt, als wir beide am gleichen Tag die Würde eines Ehrendoktors der Mainzer Universität erhielten, anläßlich des 500. Gründungstages dieser Hochschule. Damals war der heutige Papst noch Erzbischof von Krakau. *Papst Johannes Paul II.* besuchte 1980 Deutschland und hielt am 15. November im Kölner Dom jene Ansprache, der ich beiwohnen durfte und welche eine lange Zeit der kirchlichen Abstinenz bezüglich ihrer Kontakte mit der Wissenschaft beendete. In dieser Ansprache findet sich das fundamentale Bekenntnis: „Eine tragfähige Lösung für die drängenden Fragen nach dem Sinn der menschlichen Existenz... ist nur in der erneuerten Verbindung des wissenschaftlichen Denkens mit der wahrheitssuchenden Glaubenskraft des Menschen möglich." Es mußte eine Antwort auf dieses Angebot einer Liaison erfolgen. Zwar hatte die Deutsche Bischofskonferenz ebenfalls eine Tagung mit etwa hundert Teilnehmern einberufen. Aber auf ihr wurde deklamiert, wenngleich in sehr hoffnungsfroher Art. Aber Antworten, die weiterreichen, können nur in harter Arbeit, und also in kleinstem Kreise gewonnen werden. Derzeit beraten wir das Thema „Natur und Natürlichkeit", über das die Paulus-Gesellschaft Anfang der sechziger Jahre eine Tagung gemacht hatte. An diesen Begriffen hängt bekanntlich die Praxis der Geburtenkontrolle, welche von der Kirche toleriert werden kann. Es hängt also das Problem der Überbevölkerung in der katholischen dritten Welt mit dieser Frage zusammen. Dieses Problem aber wird eines der wichtigsten sein, von dessen Lösung die Zukunft sowohl der Kirche als auch unseres Planeten abhängt.

Blicke ich zurück auf meinen Weg innerhalb der Theologie, so dämmert mir eine seltsame Einsicht auf, die freilich spekulativ ist. Gibt es nicht so etwas wie den „Weltgeist", von dem *Kant* und *Herder* schwärmten, und der sich der Seelen der Menschen bemächtigt, sie zu gleichen Zeiten zu gleichen Fragen und oft auch zu gleichen Antworten drängend? Die Paulus-Gesellschaft entstand 1960, das Vatikanum wurde um die gleiche Zeit geplant, zu der die Pläne zur Paulus-Gesellschaft entstanden. In der Wissenschaft brachen die Dämme des klassischen Materialismus. In der Politik brach die Zeit an, in der sich Demokratie zu einem neuen Selbstverständnis der Menschen entwickelte. Es war wirklich die Zeit von Freude und Hoffnung, gaudium et spes, wie es das Konzil dann nach einigen Jahren formuliert hat. Diese Zeit geht zu Ende, so sichtbar, daß man sich nun törichterweise in der katholischen Kirche fragt, ob dieses Ende die Folge einer falschen Politik des Konzils war. *Kardinal Ratzinger,* den ich übrigens schon kurz nach dem Krieg kennenlernte und mit dem zusammen ich mehrfach als Autor in Sammelwerken erschien, scheint solche Befürchtungen als erster Prominenter formuliert zu haben. Aber liegt hier nicht eine Verkehrung der kausalen Abhängigkeiten vor? Ist es nicht der fortschreitende Geist der Emanzipation von aller Autorität, der sich hier meldet? Und war nicht das Vatikanum bereits ein Ausfluß der ersten Vorboten dieses Geistes? Kann man diese Weltströmung geistiger Gewalten aufhalten?

31. Hochschulreform

Nach meiner ersten großen Reise in die USA kehrte ich als ein Verwandelter zurück: Ich wußte nunmehr, daß (und zum Teil auch warum) die deutsche Medizin rückständig war, und da ich solches sagte, blühte mein Weizen nicht mehr bei einer Reihe von Fakultäten, und nur das mit meinem gleichlautenden Urteil des Altmeisters *Schoen* bewahrte mich vor noch schwereren Folgen. Wäre ich nicht ein gut ausgewiesener Physiologe gewesen, ich wäre wohl wie so manche meiner Bekannten auf dem großen Scheiterhaufen der staatspolitischen Verdammung zugrundegegangen.

Die studentischen Revolten, die wir vorhin beschrieben haben, waren das Ende einer Ära der universitären Expansion, wie es sie vorher meines Wissens noch nie gegeben hatte. Wir werden dieser Expansion wenige Worte schenken und meinen Anteil an der reaktiven Entwicklung dabei kurz schildern, denn ohne diesen gleichsam wissenschaftsökonomischen Hintergrund ist die derzeitige Lage der Wissenschaft nicht zu verstehen.

Überfüllte Hochschulen hatte es schon im Dritten Reich gegeben. Der Krieg hatte die Zahl potentieller Studenten grausam dezimiert – eine negative Auslese, wie jeder weiß. Es waren nicht die Schlechtesten, die im Kampf gefallen sind, und es gehört zu den schlechthin unverständlichen Geschmacklosigkeiten einer ebenso gedankenlosen wie skrupellosen Gesellschaftsschicht, jungen Menschen die Ehre zu verweigern, die der Tod nun einmal für alle seine Opfer fordert, sofern sie ihr Leben in einem „Dienste" hingaben, der nicht mit ihrem „Verdienst" identisch war.

Nach dem Krieg entstand nun die politische Wende zu einer Demokratie, die ihren Begriff ernster nahm als er es verträgt. Es wurde – zu Recht – die Ungleichheit der Studenten bezüglich ihrer sozialen Herkunft bemängelt. Es wurde gesagt, daß wir einer „Bildungskatastrophe" entgegengingen, die darin bestehe, daß erstens der Arme eine geminderte Chance des Aufstiegs habe, daß zweitens zahlreiche Berufe, die eine höhere Bildung der in ihnen Tätigen wünschenswert erscheinen ließen, ohne ein solches Angebot hochgebildeter Menschen auskommen müßten, und Beispiele aus Rußland waren rasch zur Hand. Der prominenteste Vertreter dieser Richtung war *G. Picht*, der eigentlich dem höheren Schulwesen entstammte, aber seine geistige Heimat in der Evangelischen Studiengemeinschaft in Heidelberg gefunden hatte. Er war einer der tüchtigsten Repräsentanten dessen, was ich etwas kursorisch das „Bildungsestablishment" nennen möchte. Er vertrat theoretisch den Kurs der SPD.

Diese Bildungspolitik entstand aus einer durchaus richtigen Einsicht insofern, als sie die Ungleichheit der Bildungschancen uns allen ins Bewußtsein hämmerte. Sie tat das mit einem Argument, dessen Doppelbödigkeit sie meines Erachtens nie bemerkt hat: daß durch keine Bildungspolitik die Gleichheit der Chancen hergestellt werden kann.

Ein weiterer elementarer Fehler des Konzeptes der akademischen Bildungsausweitung liegt in der Überschätzung vom Wert und vom Nutzen der akademischen Bildung. Diese Wertschätzung ist ein Relikt des Klassenkampfes: der Gebildete steht höher, und wenn man ihn nicht vom Podest herunterholen kann, so will man einfach auch aufs Podest hinauf. Der dritte Fehler liegt darin, daß die Konsequenzen für die Universitäten selbst nicht vorhergesehen wurden, obgleich sie leicht vorhersehbar waren. Eine oberste Bildungsanstalt, welche die Massen der Menschen ausbildet, sinkt zu einer mittleren Bildungsanstalt allein durch die quantitative Bedeutung der „vielen". Es setzt sich ein antielitäres Bewußtsein durch, das bis heute weite Kreise des politischen Establishments bestimmt und das mit dem ins Alltagsbewußtsein übergewechselten Begriff der Herrschaft nach *Marx* glaubt, Eliten gehörten zu den zu bekämpfenden gesellschaftlichen Phänomenen.

Der Run auf die Universitäten drückt sich am sinnfälligsten in den Studentenzahlen aus. Wir hatten für die Medizin in den fünziger Jahren, als wir die ersten Konzepte einer Hochschulreform entwarfen, eine Gesamtzahl von Medizinstudenten in der Größenordnung von 1500 bis 2000 für das ganze Bundesgebiet pro Jahrgang angegeben. Derzeit liegt die Zahl bei etwa 14000, wobei freilich anzumerken ist, daß man die Zahl nicht genau kennt, denn zu den über 11000 offiziellen jährlichen Zulassungen kommen die nicht genau erfaßten Zulassungen durch Gerichtsentscheide und die Ausländer. Insgesamt dürften derzeit rund 80000 Studenten in der Bundesrepublik Deutschland Medizin studieren!

Am Anfang der sechziger Jahre, als eine Anpassung der Hochschulen an die gesellschaftlichen Bedürfnisse Schritt für Schritt durchgeführt wurde, waren es völlig verschiedene Argumente, welche die Ausweitung der Gelehrtenrepublik zu verlangen schienen: die Zahl der Studenten sollte steigen, zur Abwehr der „Bildungskatastrophe". Das Verhältnis der Zahl der Schüler zur Zahl der Lehrer in einem Studienfach sollte sinken, z. B. in der Medizin die Traumzahl von 10 : 1 erreichen, wie sie in den USA in den medizinischen Fakultäten auch tatsächlich vorlag. Ein drittes Argument, die Spezialisierung der Wissenschaft, war so weit fortgeschritten, daß ein Lehrstuhlinhaber eines „klassischen" Faches die Stoffülle seines Faches unmöglich mehr übersehen konnte. Also solle man die Fächer, und das hieß die Lehrstühle, aufteilen, verdoppeln wenn nicht gar vervierfachen. Da aber jeder deutsche Professor auf einen adäquaten Stab von Mitarbeitern besteht, der zum Ordinarius avancierte Abteilungsleiter sogar ein Institut beansprucht, wie es vorher sein Chef hatte, mußten auch der Unterbau und Mittelbau gestärkt und hohe Investitionen bereitgestellt werden. Da man einem Assistenten nicht zumuten mochte, nur im Unterricht tätig zu sein, sondern man ihm das Recht auf eine experimentelle oder sonstige eigenständigwissenschaftliche Tätigkeit zuerkannte, war die Zahl der Assistenten weit größer anzusetzen als es der wachsenden Studentenzahl entsprach.

Die Folgen kann man am sinnfälligsten an *Kürschners* Deutschem Gelehrtenlexikon ablesen. Die Ausgabe von 1940/41 hat 2378 Spalten mit im Durchschnitt etwa 4,1 Namen. Die nächste Ausgabe von 1950 zählt noch 2358 Spalten mit je etwa 4,3 Namen, und 1980 war eine Spaltenzahl von 4448 erreicht, zu je 4,9 Namen. Die Zahl der Namen hat sich also zwischen 1940 und 1980 auf 224% erhöht, also etwas mehr als verdoppelt. Diese Zahl ist noch nicht einmal so erschreckend, und ich muß gestehen, daß ich das Ergebnis dieser Rechnung höher erwartet hatte.

Die Jahre nach 1953 brachten den raschen Aufbau unseres bis zum Grunde zerstörten Landes und führten, wenn auch in deutlich erkennbaren Grenzen, zur Entwicklung einer neuen politischen Mentalität. Auch von ihr wird man in einigen Jahrzehnten vermutlich allgemein das sagen, was wir über die religiöse Situation berichteten und was gesellschaftskritische, vor allem junge Bürger,schon heute behaupten, daß das gesellschaftliche Grundbewußtsein sich gegen die früheren Jahrzehnte wesentlich gewandelt hat. Es herrscht die Grundstimmung vor, daß dem Individuum ein größtmögliches Recht auf Freiheit, auf Selbstverwirklichung und Gewinn zu garantieren ist. Insbesondere der Begriff der „Selbstverwirklichung" geistert durch die Schemata politischer Idealkonzepte, wobei es dunkel bleibt, was man genau darunter versteht. Ungenau besehen, drückt der Begriff aus, daß wir in immer höherem Maße nur noch mit selbstzugemessenen Rechten, aber gewiß nicht mit Pflichten zu leben wünschen.

Ich schicke diese allgemeine Charakterisierung der Zeitläufe voraus, denn was nunmehr über Hochschulen und über die Medizinische Fakultät Heidelberg im besonderen zu sagen ist, bildet nirgends einen Kontrast zu dieser großräumigen politischen Entwicklung. Ich wage sogar zu sagen, daß nicht einmal die revoltierenden Studenten 1968 ein Kontrastprogramm entwickelt haben. Ihnen lag gewiß nicht im Sinn, neue Pflichten zu übernehmen. Sie wollten nur die Rechte derer, die solche besaßen, zur Mehrung eigener Rechte beschneiden.

Ich kam aus den USA zurück mit dem Vorsatz, den Prof. *Schoen* für sich selbst ebenso gefaßt hatte, die Medizin der hohen Schulen zu reformieren, d. h. den amerikanischen Standards Schritt für Schritt anzugleichen. Unser bedeutendster Gegner, so schien es, war ein Mann, der nun schon 120 Jahre lang im Grabe lag: *Wilhelm von Humboldt.* Überall hörte und sagte man, daß man sich nach dem totalitären Zwischenspiel der Nazizeit auf die große Tradition der deutschen Universität zurückbesinnen müsse, und diese Universität war nach dem *Humboldt*schen Grundsatz einer Einheit der Lehrenden und der Lernenden konzipiert. „Bildung" sollte als Resultat in dieser Gemeinschaft der Lehrenden und Lernenden vermittelt werden, und diese sei etwas „Innerliches", eine Sinnesart, die „sich aus der Erkenntnis und dem Gefühl des gesamten geistigen und sittlichen Strebens harmonisch auf die Empfindung und den Charakter ergießt." So hatte es *W. v. Humboldt* selber formuliert. Der Wiener Pädagoge *Richard Schwarz* versuchte, diese Probleme 1957 in einem Werk „Wissenschaft und Bildung" zu durchleuchten. Die riesige ideologische Fracht, die das Schifflein Universität mit an Bord hatte, wird jedem Leser dieses pädagogischen Werkes deutlich. Ich verdanke es *Schwarz,* daß ich mich 1960 zu diesen Fragen in einem prominenten Symposium äußern durfte. Das *Humboldt*sche Ideal mündete in der Forderung nach Lehr- und Lernfreiheit, und dieser Begriff wurde *Schoen* und mir von den alten Ordinarien ständig entgegengehalten, mit dem zusätzlichen Argument, daß in USA bekanntlich keine Universitäten, sondern „Medical Schools" bestünden. Dieser allseits mißverstandene Begriff wurde dahin ausgelegt, daß man keine „Verschulung" der Medizin wünsche, sondern man wolle sie „universitär" belassen.

Nun waren das allesamt törichte, leicht widerlegbare Sprüche. Um mit dem obersten Prinzip des „Universitären" zu beginnen: in deutschen medizinischen Fakultäten war von einem universitären Geist ohnehin wenig zu spüren. Daß das schon 1930 so war, belegt mein kleiner, oben zitierter Aufsatz. Was ich 1948 in Heidelberg vorfand, und was sich bis zur Stunde in konsequenter Entwicklung ständig vertieft hat, das war eine Medizin der Spezialitäten, in der die wenigen Vorlesungen, in denen der Professor allgemeine Probleme behandelte, von den Studenten staunend begrüßt wurden. Daß es bei mir so war, versichern mir meine damaligen Studenten noch bis zum heutigen Tag.

Wenn also das Ideal der „Innerlichkeit" nicht mehr praktiziert wurde und meines Erachtens auch nicht mehr praktizierbar war, so mußten also wohl andere Kriterien zur Definition einer guten medizinischen Ausbildung herangezogen werden, und diese konnten schwerlich andere sein als die, mit denen man die gesellschaftliche Funktion der Universität wieder zur Diskussion stellte und an der Funktionserfüllung die Güte dieser Institution maß. Nun huldige ich gewiß nicht dem Satz, daß die Universität vorwiegend berufliche Ausbildung vermitteln solle, wenn man darunter die Unterrichtung im Detail beruflicher Praxis versteht. Ich vergesse nie das Wort eines großen Industriekapitäns, das ich beim Stifterverband für die Deutsche Wissenschaft, in dessen Kuratorium ich schon bald nach seiner Gründung berufen wurde, von ihm hörte. Man könne, so meinte er, mit einem frisch graduierten Diplomingenieur viel weniger anfangen als mit einem entsprechenden Physiker. Das Detail, das man dem Ingenieur beibringe, veralte rasch und sei, wenn er in die Praxis eintrete, meist schon weitgehend überholt. Die Physik aber mit ihrer Theorie habe einen fast zeitlosen Bestand, dessen Beherrschung einen intelligenten Menschen befähige, Details rasch im Beruf selbst zu erlernen. Ähnliches trifft wohl auch für die Medizin zu, wenngleich mit merklichen Ausnahmen. Was aber in der Medizin besonders wichtig ist, das ist die Theorie der Krankheit, deren Grundlegung teils die Physiologie, teils die Medizinische Psychologie vermittelt. Diese Fachgebiete waren aber 1953 entweder (wie die Psychologie) noch gar nicht vertreten, oder sie waren (wie die Physiologie) hoffnungslos unterrepräsentiert, und in der vorklinischen Ausbildung stand einer Unterrichtsstunde in Physiologie mehr als das Vierfache in Anatomie gegenüber. Selbst wenn man Physiologie und Biochemie zusammenzählte, machte die Summe ihrer Unterrichtsstunden nur 44 % derer des Anatomieunterrichts aus. Es blieb mir nichts anderes übrig, als meine anatomischen Kollegen zu geringeren Stundenzahlen zu bewegen, was in einer Zeit, in der dem Hochschullehrer jede Unterrichtsstunde pro Semester und Student mit 5 Mark vergütet wurde, von vornherein ein utopisches Ziel war. Der Anatom verdiente nun einmal mehr als doppelt soviel als der Physiologe. Dem Kliniker gegenüber waren wir freilich beide arme Schlucker. *Das Geld war, ist und bleibt das größte Hindernis einer Reform der Medizin,* gleich auf welchem Sektor man die Sache betrachtet. Insofern war die Abschaffung des Unterrichtsgeldes für Professoren sicher ein Schritt in die richtige Richtung.

Aber zurück zu den Prinzipien. Die Theorie der Medizin, die den Unterricht viel zu wenig bestimmt, muß sicher von einer gründlichen Erlernung praktischer Fähigkeiten ergänzt werden. Eben dies wurde aber auch nicht erreicht. Die Unterrichtung in der großen Vorlesung überwog. Praktika gab es, aber gering an Stundenzahl, wenn man deutsche Verhältnisse mit denen in den USA verglich. Ich reformierte 1953 als erstes unser Praktikum. Machten vorher alle Studenten gleichzeitig dasselbe Experiment, was u. a. voraussetzte, daß diese Experimente einfach und billig waren, so führte ich als erster in Deutschland das „rotierende" Praktikum ein. Kleine Gruppen von 8–10 Studenten machten gemeinsam und mit einem eigenen Lehrer ein anspruchsvolleres Experiment, für das eine kostspielige Apparatur dann nur in einem Exemplar zu beschaffen war, und die Studenten rotierten von Experiment zu Experiment, so daß pro Nachmittag je 2 Experimente maximal absolviert wurden. Das setzte voraus, daß die Zahl der Lehrer beträchtlich wuchs. Alle Assistenten wurden zu Lehrern im Praktikum gemacht. In der Klinik mußte der Unterricht am Krankenbett intensiviert werden, was erst nach 1970 befriedigend gelang, als eine neue Studienordnung erlassen wurde.

Natürlich hält jeder Dozent sein Fach für das wichtigste. Was also zu erreichen war, war eine Harmonisierung des Umfangs der jeweiligen fachlichen Unterrichtung. Auch das gelang erst nach 1970 in einem bescheidenen Ausmaß. Immerhin war das Problem einer Harmonisierung, das auch das Verhältnis von Allgemeinbildung im *Humboldt*schen Sinne zur Fachbildung einschloß, doch so offenbar wichtig, daß der Westdeutsche Medizinische Fakultätentag beschloß, eine Kommission zur Reform des Medizinstudiums einzusetzen. Diese Kommission bestand aus einem theoretischen (d. h. vorklinischen) und einem klinischen Teil, und jedes Fach stellte nur einen Vertreter, wodurch die Kommission klein und geschäftsfähig blieb. Ich leitete die vorklinische Teilkommission. Über den beiden Teilkommissionen stand eine „Spitzenkommission" mit 4 Personen, je 2 Theoretikern und Klinikern. Ich war auch ihr Vorsitzender. Die Mitglieder waren außer mir der Anatom *W. Bargmann,* der Pathologe *E. Letterer* und der Internist *R. Schoen.* Wir waren alle vier wissenschaftlich anerkannte Vertreter unserer Fächer, *Bargmann* z. B. später auch Mitglied des Wissenschaftsrates, und wir vier haben, nach gründlichen und keineswegs zimperlichen Auseinandersetzungen über die Probleme rasch eine einmütige Meinung entwickelt. Vielleicht war es diese Einmütigkeit, mit der wir Reformen verlangten, welche den Fakultätentag schon nach 2 Jahren bewog, soweit ich weiß unter dem starken Einfluß der Freiburger Fakultät, diese Reformkommissionen ersatzlos aufzulösen. Dies war die schlimmste Tat, die von den gewiß ziemlich instinktlosen Fakultäten gegen ihre eigene Zukunft verübt wurde, und man hat schon 10 Jahre danach diesen unverständlichen Schritt in weiten Kreisen der Medizin bedauert. Die studentische Revolte war damit auch in der Sache vorprogrammiert, den Satz von *Hans Habe* bestätigend, daß die Menschen zu dumm für Reformen sind, es reiche immer nur für Revolutionen. Daß eine Revolution nötig sei, empfanden zahllose Gebildete innerhalb und außerhalb der Fakultäten. Ich selbst habe es in einem Aufsatz in der Zeitschrift „Der deutsche Arzt" 1959 ausdrücklich bekannt.

32. Von der Physiologie zu den ökologischen Fächern

Es wäre noch viel zu den Problemen der Universitätsreform zu sagen. Über andere Fakultäten habe ich kein fundiertes Urteil, so wie ich selbst auch die Ansichten von Nichtmedizinern zu unseren Problemen meist oberflächlich, wenn nicht falsch fand. Es gibt kein allen Fakultäten gemeinsames Konzept, weil es keine Idee der Universität mehr gibt, die von der Fachausbildung der Studenten abgehoben und für sich alleine betrachtet werden könnte. Der Begriff der akademischen Freiheit mag z. B. in einem Studium der Philosophie oder der Politwissenschaften auch heute noch gültig sein. In einem Gebiet wie der Medizin, in dem der Student für eine lebenswichtige gesellschaftliche Funktion, die Heilung von Krankheit nämlich, vorgebildet werden muß, sind die Sachzwänge überwiegend. Diese bestimmen sich dadurch, daß ein ständig und rasch wachsender Bestand an praxisrelevantem Wissen in eine so verkürzte Form gebracht werden muß, daß ein junger Mensch ihn noch rezipieren kann. Es ist nicht damit getan, daß man (wie man immer wieder von Professoren hört) von den Studenten „Anstrengung" und „Fleiß" fordert. Man muß das Ziel durch Anstrengung erreichbar gestalten, und eben das ist bis zur Stunde nicht geschehen. Es ist nämlich nicht geglückt, ein Bildungsziel so zu definieren, daß aus dieser Definition die notwendige Begrenzung der Einzelfächer einerseits, die ihnen notwendige Unterrichtung andererseits hervorgeht. Diese Harmonisierung widerspricht dem vordergründigen Begriff der akademischen Freiheit total, und einen hinreichend hohen Anteil an dieser Freiheit hat man sich bewahren können. Von dieser Freiheit ist freilich immer noch ihr wesentlicher Kern modern geblieben: daß der Professor seine Ansichten ohne Rücksichten vertreten darf. Nur sind die Unterrichtsgegenstände für die große Mehrzahl des Details durch Tatsachen, die unbestreitbar gelten und ärztlich unverzichtbares Wissen darstellen, festgelegt. Es bleibt aber ein Rest, der das Wesentliche dieser Universität ausmacht und mit dem ich selbst, wie ich nun schildern möchte, recht intensiv auf neue Ziele hin tätig geworden bin.

Diese Ziele ergeben sich nicht aus der Physiologie, die bis zum heutigen Tag ziemlich stetig auf dem eingeschlagenen Weg fortgeschritten ist, auf dem sie die Funktion der Organe und Zellen mit immer feineren Methoden erforscht hat. Die Objekte der Forschung werden immer kleiner, die zu dieser Forschung benutzten Geräte immer größer. Aus einem Nerven wird eine Einzelfaser, aus einer Zelle eine Membran, aus der Membran ein ganz kleiner, umschriebener Bezirk von weniger als $^{1}/_{1000}$ Millimeter Durchmesser, der einer physikochemischen Analyse unterworfen wird. Ein so kleiner Bezirk einer Membran ist aber der letztlich verantwortliche Teil dieser Membran für die Erregbarkeit der Zelle, die von ihrem Ionenaustausch durch dieses kleine Fleckchen abhängt. Die Erregbarkeiten aller Zellen unseres Gehirns und Rückenmarks aber bestimmen Empfindungen und Bewegungen, also Handeln, Denken, und letztlich alles Philosophieren, wenngleich die Art, wie ein Philosoph was denkt, sich der elektrophysiologischen Analyse niemals entschleiern kann, und Überlegungen über die Seele, wie sie etwa *Popper* und *Eccles* angestellt haben („The self and its brain"), sind von vornherein dazu verurteilt, freundliche, sogar interessante Spekulationen zu bleiben, mit denen man aber nichts erklären kann.

Wir sagten, daß wir ein Bildungsziel nicht definiert haben, insbesondere nicht für den „Basisarzt", der die Universität verläßt. Ich habe in Kommissionen anderer Fachgebiete gelernt, daß diese Kalamität überall die gleiche ist. Eine solche Zieldefinition müßte davon abhängen, daß ein fachübergreifender Kreis von Experten sich über zwei Dinge einigt: über das, was der Student für seinen späteren Beruf wissen *muß* und was er, gemäß der begrenzten Kapazität eines menschlichen Verstandes, gleichzeitig wissen *kann.* Beides bedingt gemeinsam, daß methodische Wege gesucht werden, wie steigendes Wissen mit der konstanten Kapazität menschlichen Wissensvermögens in Übereinstimmung zu bringen ist. Das ist ein lerntheoretisches Problem, erfordert teils Didaktik, teils fachübergreifende Grenzziehungen, teils eine Technik der Datenverarbeitung und Verfügbarmachung von Daten. Was man leicht nachlesen kann, das braucht man nicht auswendig zu wissen, man muß nur wissen, wo es steht.

Es dürfte verständlich sein, daß ich selbst aus dem schmählichen Ende der offiziellen Studienreform der Medizin, das mich aus einer verantwortlichen Stellung ins Nichts zurückwarf, in tiefer Resignation hervorging. Diese Resignation wurde, wenn das überhaupt möglich war, noch vertieft durch die Tatsache, daß die Gewaltigen des deutschen universitären Bildungswesens den Wissenschaftsrat gründeten, ich aber bei seiner Konstitution übergangen wurde. Da mein Ruf als Initiator der

Medizinreform wohl überall hingedrungen sein mußte, handelte es sich um einen echten Affront: man wollte mich nicht dabei haben. Aber wenigstens war *Bargmann* dabei. Die begrenzte Wirkungsmöglichkeit des Wissenschaftsrates hat sich bald erwiesen: Er hat die Medizin in kaum einem wesentlichen Punkt reformieren können. Es blieb bei quantitativen Vorschlägen, wie der Festsetzung von Stellen für den Mittelbau, der Vermehrung der Lehrstühle, der Neuschaffung neuer Institute (alle in der gleichen konventionellen Richtung) und dergleichen mehr. Vermutlich kann ein Wissenschaftsrat auch nichts anderes tun. Als ich das öffentlich kommentierte, teilte mir *Bargmann* mit, man habe eben erwogen, mich in diesen Rat zu berufen, aber meine unzeitgemäße Kritik habe das dann wieder unmöglich gemacht. Das darf man wohl so interpretieren, daß das Establishment keine Kritiker wünscht, was man bekanntlich schon weiß.

Die Konsequenzen, die ich aus meinen Niederlagen zog, verschmolzen nun mit den organisatorischen Notwendigkeiten der wachsenden Hochschulen zu einem Strom neuer Bemühungen, den man etwa wie folgt beschreiben kann. Es mußte der Unterricht in Medizin dem angepaßt werden, was man objektiv für nötig hielt. Das geschah durch völlig verschiedene Maßnahmen. Es mußte ein Potential didaktischer Möglichkeiten entwickelt werden, das sich aus den lerntheoretischen Untersuchungen ableiten ließ, die um das Jahr 1960 überall begannen. Es mußte ein Standard dieser Unterrichtung erzwungen, der Stoffumfang jedoch zugleich begrenzt werden. Das geschah auf einem Umweg, der sich in der Endbilanz als ziemlich verhängnisvoll erwies: durch die Kontrolle des medizinischen Prüfungswesens. Es wurde ein eigenes Institut auf Bundesebene gegründet, das von 1974 ab alle Prüfungen in zentraler Regie an sich zog und in einem Stoffkatalog teils die Grenzen, teils die Forderungen des zu Wissenden festschrieb. Es handelt sich um das Institut für medizinische Prüfungen (IMP) in Mainz, das bis heute noch alle Prüfungen abnimmt. Der dritte Weg, der frühest realisierte, wenn auch gedanklich schwierigste, war, eine gesellschaftlich orientierte Theorie der Medizin zu entwickeln, welche die von dieser Gesellschaft her zu fordernden Notwendigkeiten und die an der Medizin zu bemängelnden Defekte aus einem wissenschaftlichen Denkansatz heraus zu analysieren hatte. Eine solche Theorie war in den USA schon in den fünfziger Jahren ausgebildet worden, unter zwei Begriffen, die oft synonym, doch auch mit dogmatischem Eifer in einer jeweils spezifischen Bedeutung verwandt wurden: unter den Begriffen der „Social Medicine“ und der „Medical Sociology“.

Man mag auch in dieser Entwicklung einer soziologisch ausgerichteten Betrachtung der Medizin den oben beschworenen „Weltgeist“ am Werk sehen. Die wissenschaftliche Analyse der Gesellschaft ist zwar schon ziemlich alt. *Auguste Comte* hat den Begriff Soziologie vor etwa 150 Jahren geprägt. Eine universitäre Einrichtung wurde die Soziologie in breiter Front aber erst nach dem letzten Weltkrieg. Nach 1950 schossen Institute und Lehrbücher der Soziologie überall aus dem Boden. Man hatte gelernt, daß eine Wissenschaft vom Staate nichts über die Art aussagt, wie eine Gesellschaft ihre Probleme löst, nämlich in einer „vorstaatlichen“ Weise. Mit den gesellschaftlichen Problemen der Medizin ging es ebenso. Nach dem Kriege zeigte sich, daß der rasche Fortschritt von Wissenschaft und Technik überall Fragen aufwarf, die man nicht beantworten konnte, und zu deren Beantwortung man zunächst eine Bestandsaufnahme gesellschaftlicher Strukturen und Prozesse brauchte. Die Soziologie ist, analog der Anatomie, eine morphologische Wissenschaft. Sie beschreibt; aber zur Erklärung der Entstehung oder Funktion der von ihr beschriebenen Gebilde muß sie sich teils auf die Geschichtswissenschaften, teils auf die Psychologie der Massen und der Individuen berufen. Diese akausale, d. h. einer Erklärung abholde Natur der Soziologie ist von vielen Medizinern, welche „Medizinsoziologie“ zu betreiben versuchten, nie verstanden worden, obgleich der große alte Mann der Soziologie, *Talcott Parsons,* ausdrücklich von der „Anatomie der Gesellschaft“ als dem Gegenstand der Soziologie gesprochen hatte.

Daß auch die Medizin einer soziologischen Analyse immer bedürftiger wurde, liegt auch an der Entwicklung der Nachkriegszeit: steigende technische Möglichkeiten zugleich mit rasch wachsenden Kosten, dazu steigende organisatorische Defizite, die der Masse der Bevölkerung immer klarer vor Augen traten, riefen nach einer Analyse. Daß man einen Sachverhalt erst dann wissenschaftlich erforscht, wenn er einen quält, ist in der Geschichte der menschlichen Tätigkeiten ein altes Prinzip. Dieses Prinzip besagt, daß eine Soziologie der Medizin anfangs immer eine kritisch sondierende, d. h. Defekte beschreibende, Wissenschaft sein muß, wenngleich sich das wertfreie Prinzip jeder echten Wissenschaft bald durchsetzen sollte. Doch bis heute ist die medizinische Soziologie geblieben, was sie vom Ursprung her sein mußte: eine Medizinkritik. Das erklärt zweierlei: die Ablehnung dieser Wissenschaft allüberall in der Welt durch das medizinische Establishment und die erhebliche Unterwanderung des Fachs mit linken Ideologen, die in der Kritik an der Medizin ihre revolutionäre Chance sahen. Meine Haltung war daher von Anfang an die, jede Ideologie von diesem Fach fernzuhalten und es streng wissenschaftlich zu begründen, d. h. es mit Physiologie zu sättigen.

Die Entwicklungsgeschichte in Deutschland ist rasch erzählt. Soziologische Arbeiten im strengen Sinn gab es vor 1960 bei uns kaum. Der einzige wissenschaftlich ernst zu nehmende Vertreter dieser Forschungsrichtung war *Manfred Pflanz,* Schüler des psychosomatisch orientierten Internisten *Thure von Uexküll,* mit dem mich seit langem eine gute Freundschaft verbindet. Im Jahre 1960 forderte mich das baden-württembergische Parlament auf, Pläne für eine bessere Entwicklung der Arbeitsmedizin in diesem Land zu entwerfen. Ich wurde zu einem Vortrag vor dem zuständigen Sozialausschuß eingeladen. Dessen Vorsitzenden, einem Mitarbeiter der Firma Mercedes-Benz, *Hauff,* habe ich wohl die Einladung zu verdanken. Er wollte, als Arbeitnehmer und SPD-Mitglied, über die Arbeitsmedizin die Arbeitsbedingungen des Arbeiters verbessern. Es gelang mir, den Landtagsausschuß, vor dem ich allein sprach, zu überzeugen, daß die Arbeitsmedizin schon auf guten Wegen sei, daß aber ein Fach Sozialmedizin, noch wichtiger und nötiger als Arbeitsmedizin, noch gar nicht existiere.

Man bat mich, den Plan eines Instituts für Sozialmedizin zu entwerfen und zugleich die Entwicklungen an den drei Fakultäten des Landes zu bedenken. Ich tat das, bat dann aber zwei Heidelberger Kollegen, die ähnliche Gedanken hegten, mitanzuhören: *Paul Christian* und *Helmut Jusatz.* Wir drei hatten dann ein Institut für Sozialmedizin in Heidelberg geplant, mit drei Abteilungen, das 1962 gegründet wurde. Ich wurde sein erster geschäftsführender Direktor und engagierte *Maria Blohmke* als Mitarbeiterin, die fortan mit großem Fleiß die Detailarbeit zur Entwicklung des Instituts besorgte. Es sind nicht alle Blütenträume gereift, zumal *Christian* starke Rücksichten innerhalb seines Faches, der Inneren Medizin zu nehmen hatte und *Jusatz* sehr bald mit anderen Aufgaben in der Tropenmedizin so belastet wurde, daß an seiner Abteilung so gut wie nichts geschah. Doch konnten wir mit einem relativ großen Assistentenstab an meiner Abteilung mit medizinsoziologisch orientierten Arbeiten beginnen.

Die wichtigste Arbeit war freilich noch zu leisten: die Sozialmedizin an anderen Universitäten heimisch zu machen. Mit Tübingen wurde verabredet, daß dort nur Arbeitsmedizin, bei uns nur Sozialmedizin betrieben wurde. Die Lehrkräfte sollten im Leihverkehr ausgetauscht werden. Freiburg wollte mit uns nichts zu tun haben und blieb also bei seiner konservativen Haltung, die wenige Jahre zuvor die Reformkommission zu Fall gebracht hatte. Ich gab mir nun Mühe, in den Beratungsgremien der medizinischen Fakultäten Fuß zu fassen, und zwar in meiner Eigenschaft als frisch gewählter Gründungspräsident der 1964 gegründeten Deutschen Gesellschaft für Sozialmedizin. Das alte Unbehagen der Kliniker gegen meinen Reformeifer war keineswegs geschwunden. Ich hatte aber inzwischen, durch *Barbara von Renthe, Willy Brandt* kennengelernt, damals „Regierender" in Berlin, und wurde später von ihm mehrfach in medizinischen Fragen zu Rate gezogen, obschon ich ihm parteipolitisch relativ fern stand. Ich hielt kurze Vorträge zur Sache bei Parteigremien, wobei der SPD-Boß *Carlo Schmid,* Professor wie ich, sich lebhaft beteiligte und mir durch seine Neigung auffiel, seine Genossen durch gelehrte Zitate, insbesondere solche in lateinischer und griechischer Sprache, zu provozieren. *Herbert Wehner* saß, wie er wohl immer zu tun pflegt, scheinbar unbeteiligt in einer Ecke, so als grolle er ständig. Die Gewerkschaften luden mich ein, insbesondere die IG-Metall, auf deren Tagungen ich zweimal sprach, zuletzt auf der 4. Internationalen Arbeitstagung 1972 in Oberhausen. Man beachtete mich, weil ich der erste etablierte medizinische Professor war, der das „Soziale" in seine Gedanken eingewoben hatte.

Es ist keine Frage, daß meine Kontakte zur SPD, obgleich sie sich immer nur auf die Sache bezogen und ich oft genug wider den Stachel löckte, die Einbeziehung der Sozialmedizin in die offiziellen Beratungen zur Neuordnung des Medizinstudiums, die um 1968 begannen, gefördert hat. Die damalige Bundesregierung verlangte von den Fakultäten, daß Sozial- und Arbeitsmedizin als Pflichtfach in den medizinischen Unterricht eingebaut werden sollte. Die Fakultäten fanden wohl, zumal die studentischen Unruhen ausgebrochen waren, daß man an mir wenigstens einen politisch umgänglichen Partner haben würde, da ich jede Radikalisierung ablehnte und die naturwissenschaftliche Begründbarkeit sozialmedizinischer Theorien betonte. So war man eigentlich von beiden Seiten mit mir und meinen Plänen einverstanden. Da ich außerdem 1968 in den Bundesgesundheitsrat berufen worden war und bald sogar dessen Sprecher wurde, war an meinen Vorschlägen schlechterdings nicht mehr vorbeizukommen. Ich merkte bald, daß meine Bundesgenossen dennoch rar waren und daß man – ich weiß nicht von welcher Seite – zur Entschärfung der soziologischen Brisanz die Sozialmedizin in einen Verbund „ökologischer Fächer" bringen wollte. Arbeitsmedizin, Hygiene und Rechtsmedizin gehörten dazu, mit den jeweiligen Vertretern *Helmut Valentin*, *Heinz Reploh* und *Wolfgang Schwerd.* Wir vier haben dann gemeinsam die ökologischen Fächer in die neue „Bestallungsordnung für Ärzte" eingebracht, die im Jahre 1972 verkündet wurde. Damit war Sozialmedizin als offizielles Fach innerhalb der Medizinischen Fakultäten etabliert.

Es geschieht selten, daß eine konventionell denkende Mehrheit ein neues Konzept problemlos übernimmt. Doch hatten wir ein solches Wunder tatsächlich realisieren können. Wie es mein Werkmeister *Heinz Braun* in unserem Heidelberger Institut auf ein Transparent in der Werkstatt schrieb: „Unmögliches wird sofort gemacht, Wunder dauern etwas länger." Unser Wunder hatte 4 Jahre Zeit erfordert. In welches Wunder aber hätten Nornen, die unseren Lebensfaden spinnen, nicht einen Webfehler hineingebracht? Im Fakultätentag hatte sich eine kleine Gruppe gebildet, welche nicht gerade anstelle, aber mindestens neben der Sozialmedizin eine Medizinsoziologie etablieren wollte. Die Sache war von links inspiriert und sollte wohl auch als ein Gegengewicht gegen meine zu konservativen Modelle wirksam werden. Leider schlug sich *Thure von Uexküll* auf die Seite der „Soziologen". Ich mußte grollend einen Kompromiß eingehen und akzeptierte die „Medizinsoziologie" als vorklinischen Teil der Sozialmedizin, obgleich mir ein Unterschied zwischen beiden Konzepten nie klar geworden ist. Man mag entschuldigend sagen, daß meine Gesellschaft für Sozialmedizin stark von der Gruppe der Vertrauensärzte getragen war, und *von Uexküll* meinte, der Einfluß dieser zu einseitigen Versicherungsmedizin müsse kompensiert werden. Doch abgesehen davon, daß die Versicherungsmediziner, unter der Stabführung eines sehr gewichtigen Mannes, *Kohlhausen,* niemals die Gesellschaft majorisiert haben, obgleich das demokratisch leicht möglich gewesen wäre, konnte die Etablierung einer rein soziologisch orientierten Gruppe der Sozialmedizin uns bestenfalls in die versicherungsmedizinische Umstrickung treiben. Daß man durch Spaltung einer Armee deren Schlagkraft verringert, hatten die Strategen der soziologischen Seite auch nicht bedacht, und Schlagkraft brauchten wir in der Auseinandersetzung mit den mehr als konservativen Fakultäten. Es kam dann sogar zur Gründung erst einer losen Vereinigung, endlich einer Gesellschaft für Medizinsoziologie, den deutschen Hang zur Zersplitterung praktizierend. Heute, nachdem die Ideologen der Soziologie etwas weiser geworden sind, suchen die beiden Gesellschaften die Fusion, die der einzige realistische Akt sein kann. Nur dann, wenn alles „sozial" Orientierte in der Medizin an einem Strang zieht, hat man eine Chance. Kurzsichtigkeit und Egoismus sind die Feinde des Guten. Man muß hoffen, daß letztlich dennoch das Gute siegt.

33. Gesellschaft als Thema

Was bislang zur Entwicklung der ökologischen Fächer gesagt wurde, betraf den formalen Ablauf dieser Entwicklung, hinter dem ein wissenschaftstheoretisches Konzept stand. Wir haben den grundsätzlichen Ansatz, der diesen Überlegungen zugrunde liegt, schon kennengelernt. Was immer den Menschen beeinflußt und zu körperlichen oder seelischen Reaktionen veranlaßt, muß notwendigerweise aus der Umwelt stammen, sofern nicht die Erbanlagen solche Reaktionen festlegen. Genauer gesagt: Die Ereignisse, die an Leib und Seele des Menschen beobachtet werden, sind das Ergebnis einer Reaktion der durch die Erbmasse festgelegten Möglichkeiten („Anlagen") auf die Umwelteinflüsse. Es ist durch die Aufzählung der möglichen Wirkkräfte der Umwelt leicht einsehbar zu machen, daß die sozialen Umweltfaktoren weit mächtiger sein müssen als physikalische, chemische oder parasitäre Einflüsse. Diese Behauptung ist freilich erst wahr geworden durch die weitgehende Bekämpfung aller parasitären und Infektionskrankheiten. Vor 100 Jahren wäre dieser Grundsatz noch nicht richtig gewesen.

Für die Medizin ergibt sich aus dieser Feststellung, daß ihr Konzept der Krankheitsverursachung *grundsätzlich* neu zu formulieren ist. Für die Verhaltenswissenschaften bedarf es nicht so einschneidender Korrekturen, weil es immer schon einsehbar war, daß die soziale Umwelt das Verhalten des Individuums im Rahmen seiner Anlagen fast alleine bestimmt.

Für die sozialen Einflüsse auf die Entstehung von Krankheit gibt es nun heute schon leidlich präzise Erklärungsmöglichkeiten, welche ich versucht habe, in einigen größeren Arbeiten so darzustellen, daß sich ein naturwissenschaftlich fundiertes Gedankengebäude sozialer Krankheitsursachen skizzieren läßt. Von seiten der Soziologen ist mir, in törichter Verkennung sowohl der Tatsachen als auch der begrenzten Erklärungsmöglichkeiten der Soziologie, der Vorwurf gemacht worden, ich huldige einem einseitigen „Physiologismus". Als ob eine körperliche Reaktion anders als durch physiologische Analysen erklärbar gemacht werden könnte! Wenn gesagt wird, bestimmte gesellschaftliche Zustände machten den Menschen krank (insbesondere für die „Arbeit" ist das immer wieder gesagt worden), dann kann dieser Tatsache definitiv nicht widersprochen werden. Doch bleibt auch nach der Anerkennung dieser Tatsache der Weg der Beeinflussung (ihr „Mechanismus") dunkel. Wenn Soziologen minderer Qualität dann ab und zu sagen, daß die Frage nach diesem Mechanismus unsinnig sei, weil die statistische (epidemiologische) Sicherung der Tatsache dieses Einflusses vollkommen genüge, so verzichtet eine solche Soziologie auf eine „Erklärung" im logischen Sinn. Sie tut das aber ohne Grund, denn wenn auch nicht in allen Fällen eine Erklärung parat liegt, so ist doch der grundsätzliche Weg solcher Wirkungen, d. h. die ihnen zugrundeliegenden Mechanismen, in ihrer allgemeinen Form, sehr wohl benennbar. Es sind teils die Einflüsse auf das „gesundheitsrelevante" Verhalten (Konsum, Drogen, körperliche Tätigkeit usw.), teils die Einflüsse auf die emotionale Sphäre des Menschen mit ihren Eingriffen in den Zellstoffwechsel über die vegetativen Nerven und die Hormone. Details hierzu sind insbesondere auch von dem amerikanischen Physiologen *J. P. Henry* dargelegt worden, doch nimmt man diese sehr eindrucksvollen Tatsachengebiete in den ideologisch oder geisteswissenschaftlich orientierten Kreisen nicht zur Kenntnis.

Würde man, frei von Ideologie, einen Blick auf das Krankheitsspektrum unserer heutigen Menschen werfen, so müßte man eigentlich von selbst auf solche Themen kommen. Der Pfarrer *Kneipp* tat das mit den Menschen, die ihn um Rat angingen. Aber damals waren die gesellschaftlichen Einflüsse von anderer Art als heute, und die *Kneipp*schen Ansichten sind heute nicht mehr ausreichend. Man blicke aber vorurteilslos in das Elend der vielen von Krankheit heimgesuchten Familien, betrachte die schweren Störungen insbesondere geistiger Art, die sich in abnormem Verhalten ausdrücken, von denen kaum eine Familie völlig verschont wird, und beachte die gesellschaftlichen, besser die „mitmenschlichen" Faktoren, die hier eine Rolle gespielt haben. Wenn man die Folgen sozialer Katastrophen mit Pillen behandelt, darf man sich nicht über die mageren Erfolge einer solchen Therapie wundern.

Ein Blick in unsere desperate Welt zeigt freilich, daß die größten Gefahren für uns alle in der Destruktion eines gesellschaftlich akzeptablen Verhaltens liegen, insbesondere im enormen Anwachsen der Aggressivität. Das Thema Aggression, das von *Konrad Lorenz* wohl zuerst so stark in den Vordergrund einer Analyse zeitgenössischer Devianz gerückt wurde, ist freilich in den letzten Jahren wieder etwas in Vergessenheit geraten, nachdem in den siebziger Jahren eine dicke Monographie nach der anderen erschien, darunter von so prominenten Autoren wie *Erich Fromm* oder *Friedrich Hacker. Arno Plack,* ein nicht nur in diesem Punkt gefährlicher Autor, hat zwar die These der Aggression stark kritisiert, aber sie ist durch die lange Periode des Schweigens keineswegs ungültig geworden. Wir müssen freilich gestehen, daß wir bis zur Stunde kein zureichendes Modell für die Entstehung abnorm aggressiven Verhaltens haben. Wir wissen weder, was in den Gehirnen unserer europäischen Terroristen vor sich geht noch kennen wir diese Vorgänge in arabischen oder indischen Gehirnen. Nur wo der Kampf um nackte Existenzprobleme oder um elementare Menschenrechte ausgetragen wird, wie es in Südafrika der Fall zu sein scheint, greifen die klassischen Modelle der Entstehung revolutionärer Strömungen. Doch selbst in Südafrika sind die Probleme vermutlich komplizierter als man in den Diskussionen der Vereinten Nationen annimmt.

Ein Blick in die zwei Standardwerke über Aggression von *Erich Fromm* und *Friedrich Hacker* zeigt, daß eine zureichende Erklärung der „Destruktivität" der modernen Gesellschaft (von der *Fromm* spricht) oder der wachsenden Brutalität in unserer Gesellschaft, von der *Hacker* spricht, keinem der Autoren gelungen ist. Daß die Rückführung menschlicher Aggression auf die tierische zu kurz greift, bestreitet nicht einmal *Konrad Lorenz.* Was *Lorenz* sagte, ist nur, daß das beim Tier beobachtbare Schema aggressiven Verhaltens, das jeder Physiologe kennt und das wir auch in meinem Institut auf seine neurophysiologischen Grundlagen untersuchten, im Prinzip auch für den Menschen gilt. Diese Analogie kann meines Erachtens nur der bezweifeln, der die Tatsachen nicht kennt. Daß der Mensch seine aggressiven Erregungen anders in den Dienst seines Lebensvollzugs stellt als das Tier, ist eine ebenso unbestreitbare, banale Feststellung. Was unterscheidet aber beide, Mensch und Tier? Offenbar doch im wesentlichen die menschliche Intelligenz. Wessen bedient diese sich? Der Fülle aller denkbaren Information, also des Gesamtbestands kultureller, politischer, historischer Daten. Es muß ein hoffnungsloser Versuch bleiben, die Faktizität der menschlichen Aggression ohne die Hereinnahme aller gesellschaftlichen Einflüsse auf den Menschen erklären zu wollen. Daß selbst genaue Kenntnisse der Jugend- und Lebensgeschichte hierzu *nicht* ausreichen, das zeigt der Versuch *Fromms,* das Wesen *Hitlers* verständlich zu machen.

Wenn also die Gesellschaftlichkeit des Menschen in ein wissenschaftliches System, eine umfassende Anthropologie, eingebaut werden soll, tun sich so viele Fragen auf, daß deren Beantwortung hoffnungslos kompliziert erscheint. Diese Einsicht in die Komplexität der Aggressivität des Menschen ist denn auch, wie *Hacker* zugibt, seine letzte Weisheit.

Das Mögliche an sozialmedizinischer Theorie hatte ich mit *Maria Blohmke* 1977 in einem Buch über den Streß als Ursache von Herzkrankheit zu skizzieren versucht. Über das Prinzip dieses Versuchs ist nach meiner Kenntnis der Literatur niemand hinausgegangen, wohl haben *J. P. Henry* und *P. M. Stephens* ein umfassenderes Tatsachenmaterial, also mehr Detail bei gleichem Grundkonzept, vorgelegt. Diese Konzepte der Einwirkungsprinzipien der Gesellschaft auf das Individuum sind aber in eine klinische Betrachtung nicht einmal im Ausland aufgenommen worden, geschweige denn bei uns. In Sonntagsreden, z. B. bei Eröffnungsvorträgen großer medizinischer Kongresse, findet sich neuerdings der eine oder andere Gedanke aus diesem Zusammenhang, doch man erkennt bald, wie wenig der Redner von dem grundsätzlichen Modell einer soziopsychosomatischen Medizin verstanden hat. Man wird freilich dem naturwissenschaftlich denkenden Mediziner rückhaltlos zugestehen müssen, daß seine therapeutischen Möglichkeiten in der Regel die einer klassischen Medizin sind, womit die Einseitigkeiten der Theorie nicht entschuldigt werden sollen.

Die Soziopsychosomatik ist durchwegs eine auf Krankheitsverhütung, nicht auf Therapie abgestellte Theorie. Therapeutisch könnte sie nicht einmal dann fündig werden, wenn es dem Arzt ermöglicht würde, die gesellschaftlichen Lebensbedingungen seiner Patienten zu ändern. Die bereits entstandene Krankheit könnte auch durch die (in Grenzen durchaus mögliche) Gesellschaftstherapie nur im Sinne der tertiären Prävention, der Verhütung eines Rückfalls oder einer Verschlimmerung, beeinflußt werden, was an sich nicht einmal wenig wäre. Wohl aber gäbe es andere (bessere) Zugänge zur Lehre der Krankheitsentstehung, und damit zu einer Therapie, die in die ersten Phasen der Krankheitsentwicklung eingreift. Ein Beispiel ist die Therapie eines drohenden Infarktes durch Betablocker einerseits, durch eine Verhaltenstherapie andererseits. Hier haben wir ein weites Feld vor uns, das noch zu beackern ist, mit hohen Erfolgsaussichten und zudem mit einem wissenschaftlichen Instrumentarium, das vorwiegend aus einem scharfen Intellekt besteht, der sich von Vorurteilen freimacht, und das sehr billig wäre.

34. Medizin heute

Die kritischen Anmerkungen zur Entwicklung der Medizin bedürfen einer doppelten Ergänzung. Sie können erstens nicht als eine Anschuldigung der etablierten Kliniker betrachtet werden. Moralische Verdikte liegen mir fern. Die Einseitigkeiten der klinischen Medizin sind aus ihrer Entwicklungsgeschichte verständlich und sind eben nicht „falsch", sie sind eine Teilwahrheit, über deren faszinierenden Aspekten man den anderen, den soziopsychosomatischen Teil, einfach übersieht. Meine Bemerkungen wollen zweitens nicht die Erfolge dieser sogenannten Schulmedizin leugnen, wie das z. B. der moderne Starkritiker der Medizin, *Ivan Illich,* tat. *Illich,* ein ehemaliger katholischer Ordensmann mit einem extrem scharfen Intellekt, hat in einem Buch, das mit mehreren Auflagen bzw. Ausgaben in englisch und deutsch mehrfach seinen Titel wechselte, diese Medizin als eine „Pestilenz" bezeichnet, ihr vorgeworfen, sie enteigne die Gesundheit des Menschen, zwinge die Patienten zu einem ungeheuren und nutzlosen Konsum an Gesundheitsgütern und entfremde den Kranken immer mehr der eigenen Initiative, gesund zu bleiben.

Diese Werke von *Illich* enthalten viele Wahrheiten, noch mehr Halbwahrheiten und – wo es um das Prinzip geht – fundamentale Irrtümer. Die meisten Ärzte sind wohl mit mir der Meinung, daß *Illich* uns alle zum Nachdenken gezwungen hat, insbesondere angesichts einer Kostenentwicklung, die zur ideellen Enteignung der Gesundheit und zu einer massiven Enteignung finanzieller Ressourcen führt, und zwar über die ständig ansteigenden Kosten der Sozialversicherung. Was immer *Illich* an substantieller Kritik vorbrachte, auch was hier von mir kritisch bemerkt wurde, betrifft die Medizin in ihrem alltäglichen Ablauf, in ihrer Krankheitslehre, ihrer Säumigkeit, eine klare Theorie der Prävention zu entwickeln. Der medizinische Dienst am durchschnittlichen Normalverbraucher kann nicht als zulänglich betrachtet werden.

Wer aber je einmal an einer lebensgefährlichen oder sein Wohlbefinden ernsthaft tangierenden Krankheit litt, der weiß, was es bedeutet, in einem modernen Krankenhaus von unerträglichen Schmerzen befreit oder gar vom Tode gerettet zu werden. Diese Leistungen der Medizin, die sich am eindrucksvollsten bei den operativen Fächern finden, sind über jede Kritik erhaben. Auch dieses absolute Bekenntnis zum Nutzen der Medizin schließt aber nicht aus, daß selbst (oder gerade) in den fortschrittlichsten Kliniken vieles im argen liegt, was die menschliche Betreuung, den Umgang mit den Kranken und insbesondere mit den Sterbenden anbelangt. Wer aber die Supertechnik einer Intensivstation als solche inhuman findet (und das liest man immer wieder), der hat offenbar nicht begriffen, was in solchen Stationen geleistet werden soll: Lebensrettung unter extrem ungünstigen Ausgangsbedingungen, die durch extrem schwere leibliche Defekte des Kranken entstanden sind. Das hat *Paul Schölmerich* glänzend dokumentiert.

Wir stehen also in der Medizin in einer doppelbödigen, wir mögen auch sagen, schizophrenen Situation. Höchste Leistung in Hinsicht auf Lebensrettung besteht neben beträchtlichen Einseitigkeiten in der Lehre vom Wesen der Krankheit und daraus folgenden erheblichen Defekten im Umgang mit dem Patienten. Diese Schizophrenie vertieft sich ständig aus leicht einsehbaren Gründen, die man den Ärzten gar nicht, der Schulmedizin nur in beschränktem Umfang zur Last legen kann. Die technische Perfektion steigt von Jahr zu Jahr. Das ist die notwendige Folge einer Zeit, in der technischer Fortschritt zum Existieren und Wirtschaften unerläßlich ist. Zugleich aber steigt die Wehleidigkeit der Menschen, ihr Anspruchsniveau, die Quantität unreflektierter Forderungen an, eben weil niemand mehr etwas aushalten will, und die Wohlstandsmentalität sich zu dem geradezu widersinnigen Schlagwort vom „*Recht* auf Gesundheit" entwickelt hat. Es gibt wohl eine *Pflicht* zu gesundem Verhalten, die freilich in kommunistischen Staaten stark, bei uns nur von Außenseitern betont wird, und Gesundheit liegt in einem erheblichen Umfang an uns selbst, an den gesellschaftlichen Verhältnissen, die wir alle mitgestalten, ebenso wie an unserer Fähigkeit, Maß zu halten.

Diese Überlegungen gehören zu jenem Arsenal von Problemen, das von der Sozialmedizin verwaltet wird. Mit der Entwicklung sozialmedizinischer Methodik sind die sozialpolitischen Konsequenzen der Medizin ins volle Scheinwerferlicht einer wissenschaftlichen Analyse genommen worden. Diese Analysen werden seltsamerweise aber, wo immer man sie anstellt, einseitig betrieben. Die Krankenkassen sind darauf bedacht, ihre Mitglieder nicht zu verprellen, und deshalb ziehen sie die Notbremse einer Kostendämpfung, die nur über Leistungseinschränkungen geht, mit großem Bedacht. Die reich gegliederte Krankenversicherung (Ortskrankenkassen, Ersatzkassen, Betriebskrankenkassen, private Versicherungsträger) sorgt für ein starkes Konkurrenzgefühl, d. h. man sucht sich, wie überall auf freien Märkten, Versicherte wechselseitig abzuwerben. Die Ärzte hingegen verhalten sich (wie ich meine) im Verhältnis zu ihren Möglichkeiten erstaunlich kooperativ, und ihre Einnahmen steigen merklich weniger an als die Gesamtausgaben der Krankenversicherung. Die Gewerkschaften versuchen, dem Arbeitnehmer eine maximale medizinische Versorgung zu sichern. Der Politiker versucht, möglichst nirgendwo Wähler zu verlieren. Wenn derartige Interessen in einer gemeinsamen Tätigkeit (der „Konzertierten Aktion") zusammenwirken, muß das Ergebnis interessenkonform sein. Wenn dann noch die Weltgesundheitsorganisation (WHO) das Wohl der Dritten Welt im Auge hat, so ist Konfusion unvermeidlich.

Natürlich hat vor allem die WHO erhebliche Anstrengungen gemacht, die Defekte der medizinischen Versorgung so gut wie möglich kennenzulernen, um aus dieser Kenntnis dann Lenkungsversuche zu entwickeln. Wir werden bei der Schilderung der internationalen Kontakte hierauf noch einmal eingehen. An markanten Ergebnissen ist vor allem die Einsicht bemerkenswert, welche die Gewaltigen der WHO freimütig äußern, daß die Medizin sich nur nach den Interessen der reichen Länder entwickelt und daß man für jeden Tausendmarkschein, der in den Industrienationen in die technische Perfektion gesteckt wird, in Entwicklungsländern weit mehr Menschenleben retten könnte als mit der technischen Fortentwicklung, welche die Sterblichkeit in Industrieländern nur noch sehr wenig senkt.

Will man die Lage der Medizin heute auf einige kurze, prägnante Begriffe bringen, so herrschen auf der einen Seite technische und meist kostspielige Innovationen vor, während man auf der anderen Seite mit dem perfektionierten Instrumentarium der Verfahrenstechnik (operation's research) den Versuch macht, die Verfahren in der Medizin zu so geringem Preis wie möglich, so effektiv wie nötig und vielseitig in der politischen Anwendung (reiche gegen arme Völker) zu gestalten. In beiden Bereichen, der Innovationsforschung und der Verfahrensforschung, herrscht aber ein Expansionsstreben, das allein dadurch so fragwürdig ist, daß Gesundheit nicht so sehr technisch garantiert werden kann, sondern das Ergebnis des persönlichen Lebensstils ist. Dieser aber gehört nur am Rande in die Maschen des wissenschaftlichen

Kalküls. Das Ganze nähert sich von Jahr zu Jahr mehr einer gigantischen Vergeblichkeit.

35. Internationales

Eines der Dogmen, welche Wissenschaft definieren, ist das von ihrem internationalen Charakter. In der Tat, die Medizin sieht in allen Kulturnationen sehr homogen aus, und die hierzulande üblichen Theorien der Schulmedizin erfreuen sich, wie man sagt, weltweiter Geltung.

An diesem Idealbild ist vieles richtig, aber gerade in der Medizin ist vieles falsch. International herrscht eine Standardmedizin von betont naturwissenschaftlicher Grundlegung vor, doch gibt es psychosomatische und gesellschaftliche Randgebiete, wo es keineswegs so homogen aussieht. Bodenständig scheint mir z. B. in der deutschen Medizin ihr Hang zum Außenseitertum. Mehr als die Hälfte der daraufhin befragten deutschen Ärzte haben angegeben, in ihrer Praxis auch solche Methoden anzuwenden, welche von der Schulmedizin ausdrücklich als „fragwürdig" bezeichnet werden: Extreme Diäten, Akupunktur, insbesondere in der Form der Elektroakupunktur, Homöopathie, Naturheilverfahren. Wir werden diese Dinge noch eigens erörtern. Mit dieser Aufzählung ist kein Urteil über die Sinnhaftigkeit solcher Verfahren formuliert, es wird nur ein Graben zwischen Schule und Außenseitern festgestellt. Man mag zugeben, daß in manchen Ländern die Außenseiter noch gefragter sind als bei uns; in den skandinavischen und angelsächsischen Ländern ist das aber sicher weit weniger der Fall. Da die Morbiditäten und Mortalitäten in allen Industrienationen ziemlich identisch sind, läßt diese nationale Verschiedenheit der Medizin wohl den Schluß zu, daß es bei allen Heilerfolgen auf die Art der Therapie nicht in dem Maße ankommt, wie wir meinen.

Völlig verschieden von der abendländischen Medizin ist allerdings die Medizin der Entwicklungsländer. Ich habe Krankenhäuser und sogenannte Medizinalstationen im Sudan, in Indien, Ceylon und Nepal besucht und war davon beeindruckt, in welchem Ausmaß eine Primitivmedizin in allen Notfällen hilfreich ist: die lebensrettenden Maßnahmen in diesen Ländern sind einfach, ohne Anwendung großer Technik. Eine Lungenentzündung wird von einem Medizinassistenten, der nur eine 2–3jährige Kurzausbildung erfahren hat und kein akademisch gebildeter Mann ist, mit Perkussion, Auskultation und dem Fieberthermometer diagnostiziert und mit europäischen Pharmaka behandelt.

Hier erfährt man, in welch übertriebenem Luxus wir leben, auch hinsichtlich unserer ärztlichen Angebote. Der Direktor der Weltgesundheitsorganisation, *Mahler*, hat es mit schlichten Worten konstatiert: Die Medizin (und noch mehr die medizinische Forschung) ist in den international „führenden" Nationen eine Medizin des Wohlstandes und der Reichen geworden und deckt nicht mehr die Bedürfnisse des armen Teils unserer Erde ab. Diese Wohlstandsmedizin hat dabei zwei völlig heterogene Teilaspekte: Die hierzulande übliche psychosomatische Medizin und erst recht die Psychotherapie (von der Psychoanalyse *Sigmund Freuds* ganz zu schweigen) sind auf eine seelisch immer problembeladener reagierende Industriebevölkerung zugeschnitten und träfen im afrikanischen Busch keine adäquaten Patienten als Opfer. Eine Medizin der Supertechnik aber wäre auch im afrikanischen Busch brauchbar, ist aber von den Völkern der Dritten Welt nicht zu bezahlen.

Eine Sonderrolle spielt die russische Medizin und in etwa auch die der russischen Satelliten. Ich habe einiges in Rußland besichtigen können. Wenige Zentren haben internationalen Rang, der Durchschnitt ist primitiver als es bei uns gestattet wäre. Die Theorie ist an der Mehrzahl der Universitäten rückständig, und wissenschaftliche Arbeiten von internationalem Standard werden in der russischen Physiologie kaum veröffentlicht. *Pawlow* beherrscht die Medizintheorie in einem Maße, das einen Mitteleuropäer an mittelalterliche Dogmatik erinnert: die Wahrheit wird politisch entschieden. Erst in den letzten beiden Jahrzehnten scheint sich das zu ändern.

Wer im Westen mitreden will, muß das Ausland kennen, und Ausland heißt hier vorwiegend: Amerika. Diese Sachlage hat sich seit meiner Amerikareise nur noch verschärft. Der internationale Markt für Wissenschaft ist dadurch vom Sprachenproblem in grotesker Weise abhängig geworden: die Amerikaner sind keine Sprachgenies. Sie lernen, auch wenn sie sich Mühe geben, die alten europäischen Sprachen nicht, und etwas anderes als Englisch können nur wenige lesen. Was in Deutsch, Italienisch oder Französisch geschrieben ist, bleibt unbeachtet. Skandinavien hat seit Jahrzehnten daraus die Konsequenzen gezogen, nur noch in Englisch zu publizieren. Während Deutsch bis zum Beginn des II. Weltkrieges die wissenschaftliche Sprache im östlichen europäischen Raum und in Skandinavien war, während ich noch in den 60er Jahren erlebt habe, daß auf einer Konferenz in Österreich nur Deutsch als mögliche gemeinsame Sprache unter den Nationen des

Ostblocks benutzt werden konnte, tritt auch im Osten Englisch an die Stelle des Deutschen. Nicht einmal Russisch hat sich im internationalen Verkehr durchsetzen können, und japanische (neuerdings auch chinesische) Wissenschaftler schreiben und sprechen Englisch. Englisch ist die lingua franca der Gegenwart, das wissenschaftliche Esperanto.

Sprache und Verhalten prägen den Geist. Die Prägnanz und Sachlichkeit der englischen Sprache haben die Argumentations- und Darstellungsform in unseren wissenschaftlichen Arbeiten tiefgreifend verändert. Das Flair englischer Fairneß hat die internationale Kommunikation auch im Moralischen erobert. Methoden deutscher Grobheit, wie sie noch in meiner Jugend üblich waren, sind verschwunden. Dafür ist in die internationale Welt ein Zug unverbindlicher Lässigkeit gekommen, der für einen aufrechten Preußen vielleicht schwer zu ertragen ist. Dafür ist das menschliche Klima besser, in dem sich z. B. Physiologen begegnen. Wenn ich an meine französischen, belgischen, holländischen oder englischen Freunde denke, so habe ich immer das Gefühl gehabt, Mitglied einer großen Familie zu sein. Darüber hinaus habe auch ich die Wahrheit des alten Satzes erfahren, daß der Prophet in seinem Vaterland wenig gilt. Man hat mich im Ausland, solange ich aktiv war, freundlicher behandelt als in meinem Vaterland. Ich war in zahlreichen internationalen Gremien tätig: 9 Jahre im „Council" der International Physiological Society, 6 Jahre im Herausgeberstab der Physiological Reviews, 6 Jahre deutscher Leiter der *Feldberg*-Stiftung, einige (freilich recht erfolglose) Jahre Vorsitzender eines internationalen „Glossary Committee", das den Begriffsschatz der internationalen Physiologie standardisieren sollte. In diesen Gremien habe ich den Geist englischer Fairneß bewundern gelernt.

Ziemlich verschieden davon war der Geist, der in den Gremien der Weltgesundheitsorganisation herrschte, und hier deckt sich mein Urteil mit dem vieler meiner prominenten ausländischen Freunde. Es war hochinteressant, einer WHO-Kommission anzugehören, welche die syrische Regierung darüber beraten sollte, in welcher Stadt neben Damaskus noch eine medizinische Fakultät errichtet werden sollte. Wir entschieden uns, nach dem Besuch der größeren Städte dieses Landes, für Aleppo (wo sie dann auch hinkam), aber die Organisation dieser Reise litt unter der Selbstherrlichkeit ihres Leiters, eines Polen, der vornehmlich auf seine privaten Einkäufe bedacht war. Unser Besuch fiel übrigens in eine politisch brisante Zeit. Ein Abendessen, das uns das syrische Kabinett in Damaskus gab, war opulent. Der Tisch trug Kostbarkeiten des Orients, aber die Minister der Baath-Partei waren nervös; mein Nachbar, der kaum ein Wort zu sprechen fähig war, hatte einen Schütteltick in den Beinen. Anderentags waren sie von einer Revolution abgesetzt, doch hatte man wenigstens unser Beratungswerk der nachfolgenden Regierung übergeben. Das Kabinett hatte uns aber trotz seiner Schwierigkeiten empfangen und eingeladen. Die WHO ist eben eine politische Organisation. Als Teilnehmer eines Physiologenkongresses wären wir z. B. bestenfalls vom Präsidenten des Landes oder (wie es mir in Holland geschah) von der Königin zu einem Händedruck eingeladen worden.

Ich habe mich oft gefragt, ob die Internationalität der Wissenschaft das Geld wert ist, das man zu ihrer Pflege ausgibt. Die Antwort ist leider keineswegs einfältig. Sicher ist die Notwendigkeit schöner Weltreisen vom Standpunkt derer, die reisen dürfen, kaum zu beklagen. Ich habe, bei relativ bescheidenen Einkünften, bis auf Australien alle Erdteile dienstlich bereist, an den Besuch von Kongressen in Tokio oder Buenos Aires kleine private Abstecher angehängt, und das alles zu minimalen Kosten für mich. Der Nutzeffekt dieser Art von Reisen ist klein, und fast besteht er nur darin, daß das eigene Land seine wissenschaftliche Bedeutung durch die Größe seiner Delegation dokumentiert, ein nahezu militaristischer Effekt, wollte man Delegationen als Armeen ansehen, die sich internationale Reputation erobern. Diese Skepsis ist aber nicht die ganze Wahrheit. Der Fortschritt der Wissenschaft ist so geschwind, daß eine Publikation, die meist über ein Jahr Zeit braucht, bis sie gedruckt vorliegt, zur Zeit ihres Erscheinens schon veraltet sein kann. Auf Kongressen lernt man dann den neuesten Stand der jeweiligen Forschungen kennen. Dieser Nutzeffekt hat sich aber im Laufe meines wissenschaftlichen Lebens deutlich verringert, weil die Kongresse zu groß geworden sind. Man ist also dazu übergegangen, neben den traditionellen Massenkongressen kleine Spezialtreffen, Symposien, Diskussionen zu veranstalten, auf denen sich nur die Spezialisten sehr kleiner Gebiete treffen. Hier lernt man viel von dem, von dem man schon viel weiß. Von dem, was man nicht weiß, lernt man nichts. Diese Spezialisten sind, wie es ein witziger Amerikaner formulierte, Leute, die immer mehr von immer weniger und schließlich alles von gar nichts wissen. Auf den Mammutkongressen dagegen hätten es die Generalisten gut, die immer weniger von immer mehr und schließlich nichts mehr von allem wissen.

Der Witz ist eher zum Weinen als zum Lachen, weil er die nackte Wahrheit aussagt. Schon die Sprachverwirrung ist kolossal: auf dem Gebiet der Hämatologie (der Wissenschaft vom Blut) können z. B. die morphologisch orientierten Zellphysiologen, welche rote Blutkörperchen erforschen, sich nicht mehr mit den Gerinnungsforschern unterhalten, und Analoges geschieht überall. Das war wohl auch der Grund, warum mein Glossary-Committee nicht mehr ging: es gibt keine einheitliche wissenschaftliche Sprache mehr. Man hat ernsthaft erwogen, ob man nicht die internationalen Gesamtkongresse, z. B. für Physiologie, ganz abschaffen und die bislang so bezeichneten Satelliten-Symposien zur alleinigen Hauptsache machen soll. Vermutlich ist auch hier die Herrschaft der Organisation dominant: Das Gefühl, als Mitglied des Council an einer erhöhten Tafel vor einem riesenhaften Auditorium zu sitzen, verleiht eine gewisse Erhabenheit, auf die zu verzichten schwer fällt, und die internationale Reputation läßt sich kaum besser als so demonstrieren.

Wir wollen das Kind nicht mit dem Bade, internationale Kongresse nicht mit ihrer Problematik ausschütten. Es bleibt eine großartige Chance der Freundschaft zwischen den Nationen bestehen. Es ist sicher gut, wenn Wissenschaftler beginnen, die Kluft zwischen ihren Nationen zu überwinden, so wie das *Daniel Brunner* tat. Es war mehr als eine Formalität, wenn sich bei einem Besuch in Paris meine französischen Freunde bei *Bargeton* trafen, dem leider schon lange verstorbenen Freund, der fließend Deutsch sprach. Das Ehepaar *Fessard* kam, *P. Dejours* aus Straßburg, *Laporte* aus Toulouse. In England lud mich *Eric Neil* zu Vorlesungen vor seinen Studenten ein, und der Charme seiner Frau *Anne* umfing uns in einer Atmosphäre der Liebe.

So war es auch in den Vereinigten Staaten; die engen Fachkollegen begegnen einem in einer für deutsche Sitten ungewöhnlich familiären Art. Das Leben ist „öffentlicher" in diesen Ländern, so wie es in besonderem Maß in Italien auf jedermann zutrifft. Ich habe viel darüber nachgedacht, was den emotionalen Unterschied zu Deutschland und seinen Gelehrten bedingt. Es ist, glaube ich, unter anderem das besondere Bewußtsein personaler Würde, das den deutschen Professor niemals ganz verläßt. So meinten es auch einige meiner ausländischen Freunde, die mich selber auf diesen Sachverhalt ansprachen. Sie meinten, es sei für einen Ausländer besonders schwer, mit Deutschen in einen freundschaftlichen Kontakt zu kommen. Der deutsche Professor sei zu „steif", und es war, glaube ich, *Anne Neil,* die mir versicherte, ich selbst sei eben ganz und gar nicht „deutsch" und das erkläre fast alles an der Liebenswürdigkeit, die mir im Ausland begegne.

Diese (oft im Ausland als arrogant empfundene) Zurückhaltung der deutschen Intelligenzschicht hat mit Arroganz im eigentlichen Begriff nichts zu tun. Sie ist das Ergebnis von Standesprivilegien, die sehr alt sind, und die durchaus ihre Berechtigung hatten. Welcher Stand sonst hatte seine ganze Existenz so vollständig geistigen Zielen gewidmet, in der Regel unter Verzicht auf materielle Güter? Allenfalls noch einige Bereiche der Beamtenschaft, sicher nicht die große Masse derer, aus denen die „Oberen Zehntausend" bestanden. Die materielle Wohlfahrt des Gelehrten war in Deutschland immer klein im Verhältnis zu derjenigen solcher Kreise, die den Gelehrten an Intelligenz leidlich gleichen. Diese Klassifikation des Gelehrten wird aber rasch ungültig. Die junge Generation ist weder so opferbereit noch so angesehen, und auch die Haltung der „Würde" hat sie völlig verloren.

Ein Umstand hat nach dem Zweiten Weltkrieg die deutsche professorale Mentalität in besonders schiefer Perspektive erscheinen lassen: die Umkehr der wissenschaftlichen Potenz von Deutschland und USA. Wir Deutschen waren zum Teil noch 1933 die führende wissenschaftliche Nation. Wohl hatte es schon um die Jahrhundertwende einige amerikanische Wissenschaftler höchster Qualifikation auch in der Medizin gegeben, wie *Welch* oder *Osler.* Diese Männer waren aber alle noch Schüler deutscher Gelehrter gewesen. Nun werden wir Schüler der Amerikaner. Das nationale Spektrum der Nobelpreise spricht eine klare Sprache: die USA sind längst führend mit der Zahl der Laureaten. Noch in meiner Jugend, bis 1950, war wenigstens Japan nach Deutschland hin orientiert, und ich hatte drei erstklassige japanische Schüler in Heidelberg, *K. Takagi, M. Fujino* (der auch mein Buch „Leib, Geist, Gesellschaft" ins Japanische übersetzt hat) und *H. Kawata.* Japan orientiert sich jetzt auch nach Amerika.

Der Aufstieg der amerikanischen Wissenschaft besteht nun keineswegs nur darin, daß die amerikanischen Superspezialisten, die es wie Sand am Meer gibt, uns überflügelt haben. Es hat sich gerade in den letzten beiden Jahrzehnten eine philosophische Grundströmung entwickelt, die sich literarisch, z. B. in Publikationen wie der Schriftenreihe „Philosophy and Medicine", dokumentiert. Die Reihe erscheint zwar in einem niederländischen Verlag, doch beide Herausgeber sind Amerikaner. Für mich war einer der imposantesten Vertreter dieser amerikanischen Nachdenklichkeit der alte Physiologe *Wallace O. Fenn,* Professor in Rochester, der nach seiner Emeritierung eine herrliche Sammlung historischer Werke der Medizin anlegte und Medizingeschichte lehrte. Er war viele Jahre Präsident der Internationalen Physiologen-Gesellschaft, und ich hatte als deutscher Vertreter im „Council" dieser Gesellschaft viel mit ihm zu tun. Er war ein Mann von jener Geistigkeit, die man auch in Europa immer seltener findet, in dessen Gehirn eine Integration der großen Gedankenströme, welche die Physiologie getragen haben, entstanden war. Solcher „grand old men" gab es eine Reihe, und während Europa eher an solchen Figuren verarmte, wuchsen sie in den USA. Es ist vielleicht eine Folge meiner beschränkten Übersicht, wenn mir scheint, daß auch drüben solche Männer aussterben. Es sieht so aus, als gehe die experimentelle Medizin einer geistigen Verflachung entgegen, die mit höchster spezialistischer Leistung offenbar durchaus kompatibel ist.

Es möchte fast ironisch wirken, daß der Abschluß meiner internationalen Tätigkeit mich in der Rolle als „Executive Vice President" des 25. internationalen Kongresses 1971 in München sah. Ich war noch Mitglied des „Council", welcher den Ort dieser Kongresse zu bestimmen hatte, brachte die Einladung für Westdeutschland vor und fand, bei ziemlich starkem Widerspruch, doch eine gute Mehrheit für meinen Antrag.

Es lag an mir, den Tagungsort zu wählen, doch wenige Recherchen genügten, um festzustellen, daß außer Berlin nur München, der Tagungskapazität wegen, in Frage kam. Berlin wurde vom Council, der Russen wegen, als nicht opportun betrachtet. Berlin galt auch hier nicht als Stadt der Bundesrepublik, sondern als „besondere politische Einheit". So blieb es bei München, und Präsident wurde auf meinen Vorschlag *Kurt Kramer,* der Senior der Münchener Physiologen. Im Vorstand des Kongresses fand sich das nunmehr schon berühmte Triumvirat der Physiologen, die 1906 geboren waren, vereint: außer mir und *Kramer, Rudolf Thauer,* mein Nachfolger in Bad Nauheim. Als Vizepräsidenten dienten ferner der Nobelpreisträger *F. Lynen* und der Wiener Physiologe *F. Brücke,* beide heute schon tot. Der wichtigste Mann eines solchen Kongresses ist aber nicht der Präsident, sondern der Finanzmeister, der in *A. Fleckenstein* eine nicht nur „gewichtige", sondern auch höchst erfindungsreiche Vertretung erfuhr, und der Sekretär, den *K. Thurau* mit Umsicht verkörperte. Alles lief ohne Panne ab. Wir sind, was Geld anlangt, gut über die Runden gekommen. Deutschland hatte den alten Rang im Konzert der Nationen wieder eingenommen.

Man wird nicht von der Internationalität der Wissenschaft sprechen können, ohne den Hiatus zu erwähnen, den das kommunistische Rußland in diese Welt gebracht hat. Die Isolation der russischen Welt dem Westen gegenüber kann nicht sinnfälliger demonstriert werden als durch die Art, wie die (meist kleinen) russischen Delegationen auf internationalen Kongressen im Westen auftraten: eine immer geschlossene Gruppe ernster, im Doppelsinn des Begriffs „behüteter" Männer, die niemals lachten. Unter ihnen waren anfangs einige, deren Arbeiten ich genau studiert hatte. Es war aber nicht möglich, in ein Gespräch zu kommen, obgleich auch sie sicher meine Arbeiten kannten. Deutsch als Sprache zu benutzen, war ihnen anscheinend verboten. Englisch sprachen sie schlecht, und überhaupt schien ihnen der Mund verschlossen. Um so leutseliger redete der russische Oberführer im „Council", durch alle Jahre, in denen ich dabei war, war es derselbe, Prof. *A. Asratyan.* Er war ein lauter, „lauthals" lachender Mann ohne sonderlichen wissenschaftlichen Rang, der sich um so betriebsamer umtrieb. Die riesige russische Literatur, wenn auch von relativ geringem Interesse, blieb uns auf diesen Kongressen verschlossen. Rußland und der Ostblock sind bis zur Stunde ein isoliertes, autarkes Reich geblieben, dessen Existenz wir so lange übergehen können, als es nicht eigene Standards überflügelt. In der Weltraumforschung ist das offenbar beinahe der Fall, in der Physiologie wohl noch lange nicht. Was aber, wenn sich das grundlegend ändert?

Ich kann das Kapitel über Internationalität nicht beenden, ohne eines wahrhaft großartigen Mannes zu gedenken: es ist *Wilhelm Feldberg.* Als deutscher Jude rechtzeitig emigriert und über Zwischenstationen schließlich nach London verschlagen, sollte er nach dem Krieg eine Wiedergutmachungspension von der deutschen Bundesregierung bekommen. Erst wollte er die Sache nicht verfolgen, denn es bedurfte seines aktiven Vorgehens bei der Einleitung des Verfahrens. Dann hatte er eine Idee. Statt sein ihm zustehendes Gehalt dem deutschen Staat zu schenken, aber auch statt es in die eigene Tasche zu stecken, errichtete er eine Stiftung, die seinen Namen trägt. Aus den Erträgnissen dieses

Wiedergutmachungsgeldes wird alle 2 Jahre ein Preis an je einen jungen englischen und deutschen Physiologen vergeben, der dafür in dem jeweils anderen Land einen Vortrag zu halten hat. Der Gründungsvorsitz lag auf *Feldbergs* Wunsch bei mir, und ich bin glücklich und stolz, diesem Werk bei seiner Realisierung geholfen zu haben. Es beweist, wie man aus Haß zur Liebe kommt. Gäbe es viele solcher Geister, wie es *Feldberg* einer ist, wir hätten bessere Chancen für einen großen Frieden! Meine Heidelberger Fakultät hat seine Gesinnung mit dem doctor honoris causa geehrt.

36. Begegnungen mit der Macht

In den ersten Jahren meiner Heidelberger Tätigkeit sagte mir ein sehr kluger Freund, Dr. *Götz,* als ich meine Ideen zum Filmforum erläuterte: „Sie können das, was sie erreichen wollen, nur über die Politik erreichen. Werden Sie Politiker!" Meine Bewunderung dieses Mannes ging gottlob nicht soweit, daß ich seinem Rat gefolgt wäre. Letztlich hat mich vor jeder politischen Eskapade mein Schicksal während der Denazifizierung bewahrt: Auf diesem Felde wuchs offenbar nicht das, was ich mir unter Gerechtigkeit vorstellte. Ein Staatssekretär im Gesundheitsministerium (er lebt noch) sagte mir einmal bei einer Sitzung, er hoffe, wenigstens ich sei nicht der Meinung, Politik sei ein dreckiges Geschäft. Es dauerte nur wenige Monate, bis er unter beschämenden Umständen entlassen wurde. Er war gottlob Arzt und fand passable Pfründe. Über seine Meinung zur Politik weiß ich leider nichts, was die Zeit nach seinem Fall betrifft. Ich meine übrigens, daß viele Geschäfte dreckige sind. Aber wer hat schon das Glück, in einer Wäscherei zu arbeiten?

Mit der Macht ist es ein seltsam Ding. Ich hatte in der Nazizeit einen Stahlstich aus früheren Jahrhunderten aus einer Zeitung ausgeschnitten, einen Kopf, der den Diabolus darstellen sollte. Es war eine Physiognomie, mit dem alten Psychologen *Jäntsch* würde man sie als „eidetisch" bezeichnen, die durch eine Überfunktion der Schilddrüse gekennzeichnet war, ein Kopf, der mich an viele Nazigrößen, auch an *Hitler* erinnerte und, wenn man alten Porträts trauen darf, den somatischen Typ wiedergibt, den man bei so vielen Vertretern starker Macht zu allen Zeiten findet. Sehr selten sieht man in Ahnengalerien oder Museen Gesichter von Feldherren oder Königen, welche schmalgesichtig (tetanisch würde *Jäntsch* sie nennen, oder leptosom nach *Kretschmer*) sind. *Friedrich der Große* könnte hier eingeordnet werden, doch selbst er hatte deutliche Züge des basedowschen Eidetikers, wenn wir sein Porträt von *J. C. Franke* betrachten. Dieser Typ des Mächtigen wurde also von jenem Künstler, dessen Namen ich leider vergessen habe, als der Diabolus bezeichnet, der Teufel, der alles (wie es das Wort Diabolus meint) durcheinanderwirft. Diese Typologie des Gesichts hat mich seit der Betrachtung jenes Bildes nicht mehr losgelassen. Ich habe in den vielen Museen der Welt, die ich habe besuchen können, nach dem Ausdruck des Geistigen einerseits, der Macht andererseits geforscht. Es scheint in der Tat so zu sein, daß dann, wenn der Künstler das Edle, den Typus vergeistigter Menschlichkeit darstellen will, er einen Kopf formt, den wir langschädelig (dolichocephal) nennen, während der Typus der Macht, und insbesondere der Brutalität, in der Regel den breitgesichtigen (brachycephalen) Typus zeigt, Rundköpfe, denen man den eisernen Willen gleichsam von der Kugelform ihres Gesichtes ablesen kann. Doch steht man, wie bei allen Typologien, in Gefahr, sich Wunschbilder von Hypothesen vorgaukeln zu lassen. Gerade besonders universale Geister wie *Thomas von Aquin* oder *Goethe,* folgen dem Schema nicht, ihr brachycephaler Kopf hat sie dennoch große Geister werden lassen, und wer die „Porträts aus dem geistigen Deutschland" von *Swiridoff* durchsieht, wird Mühe haben, auch nur wenige passende Beispiele des dolichocephalen Geisteshelden zu finden. Wenn aber *Shakespeare* sich offenbar den Kugelkopf zum Freunde wünscht (wohlbeleibte Männer mit Kugelkopf und mit Glatze), so kann ich ihm in dieser Allgemeinheit ebenfalls nicht folgen.

Ich habe das folgende Kapitel über Politik deshalb zusammengestellt, um einer Lebenserfahrung Ausdruck zu verleihen, die ich für wichtig halte: es ist die Grunderfahrung der völligen Ohnmacht des Geistes vor dieser Macht. Ein zweiter Grund steht diesem nicht nach: Ich habe meine eigenen Gedanken über die politische Rolle des Wissenschaftlers zu widerrufen: seine politische Einsicht ist selten größer als die nicht professoraler Mitmenschen. Beide Thesen sollen durch die Ereignisse erhärtet werden, die ich nun schildern will.

Mein Verhältnis zur Macht und ihren Vertretern ist immer recht gespannt gewesen. Wo immer es zur Entscheidung kam, habe ich mich auf die Seite der Machtlosen geschlagen und jene Potentaten, die fast alle Lehrstühle mit ihren Schülern besetzen, waren mir immer verdächtig, vermutlich zu Unrecht, denn an der Qualität der Schüler läßt sich in der Regel nicht zweifeln. Ich entdecke aber in mir einen tiefsitzenden Affekt gegen alles, was Macht ausübt, obwohl mir mein Verstand sagt, daß ohne die Ausübung von Macht nichts Vernünftiges geschieht.

Dies war vorauszuschicken, um die wenigen politischen Verstrickungen, auf die ich mich einließ, zu verstehen. Die ersten Jahre der Nachkriegszeit führten zu einer immer deutlicher werdenden Polarisierung von West und Ost, ohne die, wie ich oben schon sagte, vermutlich

Deutschland doch dem *Morgenthau*-Plan zum Opfer gefallen wäre. Die Durchsicht von Dokumenten aus jener Zeit zeigt eine große Angst vor dem kommenden Krieg, wobei übrigens die Angst vor der Atombombe so gut wie keine Rolle spielt. Sie ist in meinen Unterlagen nirgendwo ausdrücklich erwähnt. Doch erinnere ich mich des großen Unbehagens, das von dem Antagonismus USA–Rußland ausging. Ich hatte damals das Gefühl, ein Krieg sei unvermeidlich, wenn sich diese Spannungen eskalieren sollten. Von dieser Angst her erklärt sich mein Einstieg in eine sehr bescheidene politische Rolle.

Meine Berührungspunkte mit Mächtigen waren immer sporadisch. *Hitler* habe ich nie gesehen, d. h. ich ging nie dorthin, wo er auftrat. Nach dem Krieg hinderte mich auch meine formale Belastung als Mitglied der Nazipartei an einer politischen Karriere. Anfang 1948 lernte ich aber den Würzburger Historiker Prof. *Ulrich Noack* kennen, der mit dem Plane schwanger ging, zu einer Wiedervereinigung Deutschlands dadurch zu kommen, daß das vereinigte Deutschland seine Neutralität erkläre, dafür mit dem Osten ebenso wie mit dem Westen in einen Warenaustausch eintrete, Rußland dabei dessen Warenüberschüsse abkaufe und letztlich als ein großer politischer Puffer zwischen den Machtblöcken einen Krieg unwahrscheinlicher machen werde.

Die Gedanken *Noacks* schienen mir gut zu sein. Wir verabredeten ein Gespräch in meiner Privatwohnung in Bad Nauheim, zu dem wir einige womöglich gleichgesinnte Politiker und Kollegen einladen wollten. Das Gespräch fand am 31. Juli 1948 statt, führte zur Etablierung eines losen Gesprächskreises, der sich (des Treffpunkts wegen) *Nauheimer Kreis* nannte.* Die Zahl der Teilnehmer war zunächst spärlich, wuchs aber mit jedem neuen Gespräch an und einige in der Tat bedeutende Persönlichkeiten stimmten dem Grundgedanken *Noacks* zu. Unter ihnen darf ich den Namen des früheren hessischen Kultusministers *R. Streckler*, der zugleich dem Guttempler-Orden vorstand, den ehemaligen Generaldirektor der VW-Werke *H. Münch*, den CDU-Vorsitzenden *H. v. Brentano*, der später Außenminister wurde, den stellvertretenden CSU-Landesvorsitzenden *A. Haußleiter* und einige Wissenschaftler und Journalisten nennen, darunter meinen alten Physiologen -

* Ich danke dem Institut für Zeitgeschichte in München für die Überlassung der dort liegenden Dokumente ED 319 über den Nauheimer Kreis.

Freund Prof. *K. Wezler* aus Frankfurt. Es zeigte sich, daß in derEuropäischen Akademie, die in Schlüchtern als geistiges Kind unseres ersten hessischen Ministerpräsidenten *Geiler* entstanden war und zu deren Mitgliedschaft man mich eingeladen hatte, und in einer seltsamen internationalen Organisation namens UNO-CARA-PEN, die von einem typisch dolichozephalen Mann namens *G. M. Teutsch* vertreten wurde, ähnliche Gedanken sich gebildet hatten. Es gab also eine Reihe von Personen, denen die politische Entwicklung ähnliche Sorgen bereitete.

Es war eine aufgeregte Zeit. Das Vertrauen darin, daß die Nordamerikaner nur unsere Interessen verträten, war mindestens in breiten Bevölkerungsgruppen gering. Die Idee einer Neutralisierung Deutschlands, die von der Schweiz seit eh und je praktiziert wurde, von Österreich im Staatsvertrag mit den Alliierten einige Jahre später, diese Idee hätte gut sein können, wenn sie realpolitisch etwas besser untermauert worden wäre. Natürlich interessierten sich die Russen für den Kreis.*Noack* wurde nach Karlshorst eingeladen und blieb ein großer Optimist. Hierzu verhalf ihm sicher seine Sekretärin, Frl.*Buschette,* die von einer wahrhaft unbändigen Tatkraft beseelt war. Sie wollte ihrem Professor zum Ruhme erfolgreicher Politik verhelfen. Aber weder die *Buschette* noch *Noack* konnten es erreichen, daß sich die Entscheidungsgremien der sich soeben formierenden Bundesrepublik noch gar die Amerikaner für den Neutralisierungsplan erwärmten. Die Militärregierung verbot den Kreis am 8. 11. 1949. *Noack* setzte seine Arbeit „am Rande der Legalität“ fort und fand sich, da niemand sonst an ihn glauben wollte, weitgehend nur den Russen und ihren Adepten verbunden. Nur mit ihnen konnte verhandelt werden. Eine als wissenschaftlich konzipierte Tagung in Aschaffenburg, die im April 1949 stattfinden sollte, wurde ebenfalls verboten. Ein Ausweg wäre gewesen, das Konzept historisch und zeitgeschichtlich radikaler zu durchdenken und in geduldiger Arbeit, so wie das für Österreich gelang, alle Partner darauf einzustimmen. Aber Westdeutschland hatte wahrscheinlich längst eine zu hohe wirtschaftliche Machtstellung erreicht. Diese Macht trübte, so wie es dem Diabolus ansteht, alle klugen Lösungsmöglichkeiten, und heute erscheint *Noacks* Konzept nur noch als eine professorale Schrulle, die es nun weiß Gott nicht gewesen war.

Da *Noack,* ohne mich zu informieren, ziemlich brisante Gespräche mit östlichen Politikern begann, ich aber weder meine Position am

Kerckhoff-Institut noch die in Heidelberg aufs Spiel setzen wollte, blieb mir nur die Wahl einer völligen Lösung von dem Kreis, dem ich doch schließlich seinen Namen gegeben hatte. Daß seine Ziele immer noch ihre Verteidiger finden, lehrt derzeit besonders die grüne Politik alternativer Jugend, nur daß das, was heute vorgebracht wird, auf einem intellektuellen Niveau steht, das einen Hund jammern könnte.

Nicht von *Noack*, der Mitglied der CDU war und blieb, bis ihm die Partei selbst den Stuhl vor die Tür setzte, nicht von ihm gingen die „Friedensbewegungen" aus, die damals hoch en vogue waren und vermutlich starke Unterstützung vom Osten fanden. Dr. *A. v. Hatzfeld* gründete eine Deutsche Friedensbewegung, *Graf v. Westfalen* 1954 einen politischen Club, den „Deutschen Club 1954", in dem einige der *Noack*schen Gedanken fortgesetzt wurden, dann aber fast unmerklich in der „Deutschen Friedensunion" eine Fortsetzung fanden. Dem Club des Grafen trat ich 1955 bei, denn er bezeichnete sich als „Arbeitsgemeinschaft zur friedlichen Lösung der Deutschen Frage". Doch folgte ich nicht mehr dem Ruf der Friedensunion, obschon mich deren Hirn, die Ziehmutter von *Ulrike Meinhof, Renate Riemeck,* mit ihrer tiefen Menschlichkeit beeindruckte. Die Bewegung war sichtbar zu einseitig russophil.

Auch *Ulrike Meinhof,* die ich nur flüchtig kennenlernte, war ein Mensch großer Fairneß, ebenso wie eine andere Terroristin, *Huber,* die Frau eines der maßgebenden Männer im Heidelberger Patientenkollektiv, aus dem sich später ein erhebliches terroristisches Potential entwikkelte. Frau *Huber* war, ähnlich wie *Renate Riemeck,* eine Frau von ungewöhnlicher Hilfsbereitschaft. Sie war durch Jahre hindurch meine Hilfsassistentin, ließ Bomben im Keller unseres Instituts basteln, wovon wir auch nicht die leiseste Ahnung hatten und wovon wir erst erfuhren, als die ganze Gruppe hochging. Man macht sich natürlich heute nicht sehr beliebt, wenn man menschliche Qualitäten an Terroristen feststellt. Diese Menschen waren nicht ganz ohne Grund verzweifelt. Sie sahen einen Krieg kommen, den Amerika vom Zaune brechen würde, und bis in unsere Tage sind Äußerungen maßgebender Mitarbeiter des Pentagon nicht gerade dazu geschaffen, solche Befürchtungen restlos zu zerstreuen. Es ist seltsam, daß diese Wurzeln des deutschen Terrorismus so wenig bekannt sind. Um kein Mißverständnis aufkommen zu lassen: Ich habe diese „Friedensbewegungen" immer für teils utopisch, teils östlich infiltriert gehalten und mich nie an ihnen beteiligt. Das aber besagt nicht, daß an ihrer Wurzel nicht doch so etwas wie Verantwortungsgefühl und auch ein kleines Quentchen richtiger Ahnung stand. Man unterschätze nicht die Macht des Diabolus!

Der Nauheimer Kreis war nur einer von vielen Versuchen, die Vertreter des Geistes zur politischen Mitbestimmung zu bringen. Was wir wohl damals alle nicht begriffen, war die Tatsache, daß eine besondere Rolle geistig profilierter Menschen dem Prinzip der Demokratie widerspricht. In der Demokratie gibt es keine Klugen und Dummen, sondern nur Bürger, die zugleich Wähler sind. Dieses „antiautoritäre" Prinzip der demokratischen Politik ist, so wie ich es heute sehe, zugleich ihr unverzichtbares Grundelement und der Keim ihres fortwährenden Versagens in sachlichen Entscheidungen zugleich. Diese meine Meinung hat sich insbesondere durch die letzten Mainauer Gespräche gefestigt, über die noch berichtet wird. Eine Unternehmung intellektuellen Ursprungs war schon 1947 von *Dolf Sternberger,* dem Heidelberger Publizisten, gestartet worden: Die „Deutsche Wählergesellschaft", die sich zum Ziel setzte, ein Mehrheits-Personen-Wahlrecht politisch durchzusetzen, durch das nur Personen, nicht Parteien, jeweils mit absoluter Mehrheit, gewählt werden. Da die Verfassung Westdeutschlands noch nicht formuliert war, hätte der Verein Erfolg haben können, doch er hat nur den Teilerfolg eines gemischten Wahlrechts, das mit dem oben bezeichneten demokratischen Grundprinzip noch vereinbar ist, erzielt. Ich leitete die Bad Nauheimer Ortsgruppe, die aber schon kurz danach an Interessenlosigkeit ihrer Mitglieder starb. Nach dem Prinzip der Langlebigkeit von Organisationen starb die Wählergesellschaft unauffällig erst nach 1955, nachdem alles anders und offenbar irreversibel entschieden war.

Es entstanden Akademien wie die „Europäische Akademie" in Schlüchtern, die ich nur einmal besuchte und voller Schrecken verließ, als deutschnationale Revanche, nach Osten gewandt, von führenden Mitgliedern geäußert wurde. Ihr Präsident, Ministerpräsident a. D. *Geiler,* war sicher nicht solchen Ansichten gewogen.

Es entstand eine World Academy of Human Rights, über die ich keine Unterlagen mehr finde, und eine Art Ableger des Pen-Clubs, UNO-CARA-PEN, eine sich international gebende, aber vorwiegend deutsche Gruppe, die mit großartiger Organisation, mit einem internationalen Kultursenat, einem ehrgeizigen Sekretariat (für Deutschland *G. M. Teutsch*) und vor allem mit der Unterschrift von *Albert Einstein* auftrat, der für ein „Emergency Committee of Atomic Scientists“ in Princeton zeichnete. Das Programm war weltumfassend, das Resultat war null.

Schon in diesen ersten Nachkriegsjahren entstand in Deutschland ein gewisses, sich langsam verstärkendes Mißtrauen gegenüber den angeblich defensiven Zielen der US-Militärpolitik. Es ist für einen Wissenschaftler allzu schwierig, in der Frage zu entscheiden, wer denn mehr objektive Gründe für seine Angst vor dem Gegner habe, die Russen oder die Amerikaner, die sich bekanntlich beide unterstellen, der andere wolle sie vernichten. Ich habe auf meinen zahlreichen Reisen in die USA (es waren insgesamt sieben) mit vielen sehr intelligenten Kollegen gesprochen, und es waren gerade viele Amerikaner, welche ihrer eigenen Regierung zu meiner Überraschung aggressive Absichten zutrauten. Ich habe mit einigen Gelehrten gesprochen, die Rußland und die russische Politik kennen, habe auch einen (wenn auch viel zu flüchtigen) Eindruck der russischen Mentalität bei einem zweiwöchigen Besuch Rußlands, als Mitglied einer kleinen wissenschaftlichen Delegation, bekommen. Ich habe nie einen anderen Eindruck als den erhalten, daß die Russen eine panische Angst vor den Amerikanern und insbesondere vor einem deutsch-amerikanischen Bündnis haben.

Es läßt sich auf der anderen Seite schwerlich leugnen, daß die Russen ihr Konzept, der ganzen Erde die Segnungen des Kommunismus zuteil werden zu lassen, niemals widerrufen haben, und insbesondere *Lenin* hat immer die Ansicht vertreten, daß, wer Deutschland besitze, damit Europa besitze. Man kann also kaum etwas anderes denken, als daß die Russen, wenn sie nur eben könnten, auch Westdeutschland unter ihre Hoheit bringen würden. Es sind derzeit nur die allzu großen Risiken und wohl auch die Bestimmungen des Yalta-Abkommens, welche sie daran hindern, die Westgrenze ihres Imperiums zu überschreiten.

Das Fazit dieser Betrachtungen ist tief entmutigend: Das Mißtrauen auf *beiden* Seiten scheint mir gleichberechtigt zu sein, und das russische Verhalten in Afghanistan tut ein weiteres dazu, das Mißtrauen in Rußlands Absichten zu verstärken, obgleich Afghanistan wohl nur ein erster Schritt dazu war, den Weg zum Indischen Ozean zu öffnen.

In dieser Situation gibt es nur eine Hoffnung, die zu stärken wir selbst freilich unfähig sind, daß das Mißtrauen auf beiden Seiten schwindet, und das setzt von unserer, der westlichen Seite her eine bessere Kenntnis der russischen Mentalität voraus, die sich auch bei leitenden Männern viel zu wenig findet. *Wolfgang Leonhardt,* den ich vor Jahren kennenlernte und einlud, Schulungskurse in Kommunismus für leitende Männer der Industrie zu halten (die auch stattfanden), hat mir selbst gesagt, daß ihn nie ein maßgebender westdeutscher Politiker um Rat gefragt habe, obschon er doch einer der wenigen Experten ist, welche die russische Denkart wirklich intim kennen.

Eine zweite Hoffnung sollte in Deutschland realisiert werden, dieses Land nicht als Ziel russischer Erstschlagsangriffe mit atomaren Waffen werden zu lassen, weil Atomwaffen von unserem Gebiet aus Rußland tödlich treffen können, ehe die USA präventiv vernichtet sind. Ich bin also der Meinung, daß wir unser Land frei von Atomwaffen halten sollten.

Diese Meinung galt es erstmals zu vertreten, als unsere Bundeswehr atomar bewaffnet werden sollte, im Jahr 1957. Damals hatten sich 18 der bekanntesten Physiker der Bundesrepublik entschlossen, eine gemeinsame Erklärung gegen die beabsichtigte Ausrüstung der Bundeswehr mit Atomwaffen zu veröffentlichen. Einige Monate später erschien ein gleichartiger Aufruf von 44 Professoren, welche die deutschen Gewerkschaften aufforderten, gegen die atomare Bewaffnung anzutreten. Diesen zweiten Brief habe auch ich unterzeichnet. Der ASTA Heidelberg organisierte dann am 20. Mai 1958 einen Schweigemarsch zum Bunsendenkmal, das damals in der „Anlage" stand, und ich hatte mich bereit erklärt, die Schlußansprache zu halten. Diese Ansprache würde ich heute wiederholen, sollte wegen der SS-Raketen auf deutschem Boden noch einmal ein *Schweigemarsch* stattfinden. Einer Demonstration heutigen Stils würde ich gewiß nicht beiwohnen.

Es ist bemerkenswert, daß (nicht gegen die Rede, sondern gegen die beiden Erklärungen der Professoren) drei Einwände die gegnerische Position kennzeichnen: der Vorwurf, wir argumentierten emotional, wo doch gerade wir gegen die Emotionen der Angst zu Felde zogen; der Vorwurf, wir überließen uns schutzlos dem Angriff der Russen, der doch von anderen Gleichgewichten als denen des Schreckens verhindert wird; der Vorwurf, wir wollten den Eindruck erwecken, als seien die Professoren klügere Menschen. Diesen dritten Einwand habe ich gründlich bedacht. Er wird (leider) durch allzu viele Tatsachen gerechtfertigt. Wir hätten die Argumentation noch fachlicher führen müssen, z. B. so, daß die Rolle der *Angst,* durch die rationale Entscheidungen so gut wie unmöglich gemacht werden, im Mittelpunkt der Überlegungen gestanden hätte.

Nachdem ich heute sehe, wie das größte Rüstungsunternehmen Amerikas, SDI, gegen die Meinung der besten Experten dennoch gestartet wird, meine ich, gegen meine damaligen Kritiker mich wendend, daß nicht nur die politische, noch mehr die wirtschaftliche Macht diabolische Züge trägt. Diese Macht blickt überall mit ihren toten Augen aus den Entschlüssen der großen Politik.

37. Die Bundesrepublik Deutschland als Anspruchsstaat

Die Deutsche Bundesrepublik war am 8. Mai 1949 durch den „Parlamentarischen Rat", der das Grundgesetz für die Bundesrepublik Deutschland beschlossen hatte, formell gegründet worden, als Ergebnis der West-Ost-Spannungen, des von uns verbrecherisch begonnenen Weltkriegs und unter der völlig utopischen Grundannahme, daß eine „Wiedervereinigung" der beiden getrennten Hälften unseres Vaterlandes in Frieden, Freiheit und völliger Unabhängigkeit von West und Ost eines Tages möglich sein werde. Das Grundgesetz (GG) beginnt mit einem Begriff, den man nach *E. Topisch* leider unter die „Leerformeln" einreihen muß, mit dem Begriff von der „Würde des Menschen". Es war mir lange Zeit schwer verständlich, warum sich Politiker so leicht auf Begriffe einigen, die alles und nichts besagen. Ich habe inzwischen gelernt, daß eben diese Eigenschaft der Leerformeln ihre eigentliche politische Funktion ist. Für einen Wissenschaftler, der sich bemüht, Leerformeln, d. h. Formulierungen, die sich nicht sinnvoll, konkret, mit praktisch aus ihnen zu ziehenden Konsequenzen, ausdeuten lassen, tunlichst zu vermeiden, für einen solchen Wissenschaftler ist die Politik ein uneinfühlbares Geschäft. Schon wenige Jahre später (ich glaube es war 1955) trat man an mich mit der Bitte heran, den Vorsitz einer Ortsgruppe des Komitees „Ungeteiltes Deutschland" zu übernehmen. Meine Antwort entsprang der Entscheidung zwischen Leerformeln und Realitäten. Ich lehnte mit der Bemerkung ab, Deutschland sei geteilt, und man könne diese für unabsehbare Zeit unumstößliche Tatsache nicht durch eine Worthülse annullieren.

Das Grundgesetz ist ein Rechtsinstrument zur Abwehr von politischer Vergewaltigung. Das sieht man ihm beinahe auf jeder Seite seines Textes an. Ich habe von einem meiner Bekannten, dem sehr nachdenklichen Juristen, Prof. *E. W. Böckenförde,* aus einem seiner Vorträge gelernt, daß diese in der Abwehr der Nazi-Ideologie begründete Struktur des GG es mit sich gebracht habe, daß in ihm nur von Rechten, nicht von Pflichten des Bürgers die Rede sei. Wie viele Artikel des GG beginnen mit dem Terminus: „Alle Deutschen (bzw. jedermann) haben das Recht..., oder genießen ..."! Ich zähle in dem hierfür allein zuständigen Abschnitt I, der typischerweise nur von „Grundrechten" spricht, allein 10 solcher Formulierungen, denen die einzige jämmerliche Formel entgegensteht, daß „Eigentum verpflichtet", eine Formel, die (im Gegensatz zu den Rechts-Festlegungen) auch eine typische Leerformel ist. Die Verfassung des Deutschen Reiches vom 11. 8. 1919 enthielt zwar auch nicht sehr viele Artikel, welche Pflichten festlegten, einige mehr aber doch, und ihr 2. Hauptteil behandelte lapidar die „Grundrechte und *Grundpflichten* der Deutschen."

Nun ist es aber sicherlich schwer, Pflichten in allgemeiner Form zu definieren. Sie ergeben sich z. B. indirekt aus den Rechten anderer, die zu respektieren unsere Pflicht wird. Dennoch bricht mit der Neugründung unseres Staates eine Zeit der Pflichtlosigkeit an. Freilich, auch die „Universal Declaration of Human Rights" spricht nur von Rechten der Menschen, strotzt von Leerformeln und offenbaren Unrichtigkeiten, z. B. der Behauptung: „Alle Menschen sind frei und gleich an Würde und Rechten geboren. Sie sind mit Vernunft und Gewissen begabt..." Von dieser Behauptung ist auch nicht eine einzige in dieser *allgemeinen Formulierung* richtig. Es sind Wunschformeln, auf die man sich ihrer Leere halber hat einigen können.

In einer Gesellschaft, die auf dieser Einseitigkeit des Forderns aufgebaut ist, kann eine die Zukunft garantierende Politik nicht ohne weiteres getrieben werden. Meine Skepsis gegenüber politischen Möglichkeiten unseres Staates hat sich bislang durch eine Reihe von Erscheinungen bestätigt, deren menetekelhaften Charakter man gerne übersieht. Da ist zunächst das Verhalten der „Volksvertreter" in den Parlamenten, die sich auch in ihren jüngsten und unreifsten Exemplaren so gerne „Politiker" nennen, nicht ahnend, daß Politik es mit der „Polis", dem Gemeinwesen, und nicht nur mit demjenigen Teile desselben, den man Partei nennt, zu tun hat. Die Einschränkung im Begriff „Parteipolitiker" ist sogar eine contradictio in adjectu. Diese Selbsteinschätzung führte, zusammen mit der gewaltigen publizistischen Macht der Medien dazu, daß der „Politiker" die eigentliche „Prominenz" im Staate bildet, die ihre Rechte, aber weit weniger ihre Pflichten kennt. Das unterscheidet unsere Bundesrepublik z. B. grundsätzlich von England, USA und den früheren deutschen Staaten (die Nazis nicht mitgerechnet). Dies wiederum führte zu einer Arroganz in der Haltung des Durchschnitts-„Politikers", die sich u. a. in der Unfähigkeit ausdrückt, zuzuhören, ein Defekt, der durch die Neigung, unter „Bürgern" dauernd Monologe zu halten, nicht kompensiert wird. Dies wiederum hat zur Folge, daß die Entscheidungsfindung, die durch Meinungsbildung vorbereitet wird, dem Sachverstand in zunehmendem Maße entgleitet, wofür unter anderem ein drastisches Zeugnis durch die Methode abgelegt wird, einen Fachminister ohne ausreichende Fachkenntnis zu ernennen oder gar mir nichts dir nichts von einem Fachressort in ein anderes wechseln zu lassen.

Was freilich die Arroganz anlangt, so muß man für sie bei manchen sich auch bei Politikern findenden klugen Köpfen etwas Verständnis haben. Denn so negativ wie das Bild des Politikers eben gezeichnet wurde, kann es nicht bestehen bleiben. So richtig diese Kritik hinsichtlich der Phänomene ist – sie beschreibt einen zwanghaften Mechanismus der Charakterprägung, der nicht moralisch betrachtet werden darf. Sie beschreibt mehr noch einen, wenn auch quantitativ bedeutenden Teil des politischen Managements, doch ist in der Politik ein scharfer Konkurrenz- und Ausleseprozeß wirksam, der gerade auch kluge Menschen in politische Positionen bringt, mit freilich oft (meist?) gewaltsamem Ende, für das der ehemalige Bundeskanzler *Helmut Schmidt* paradigmatisch ist. Ich habe viele sehr kluge Menschen (insbesondere auch Frauen) unter Politikern kennengelernt. Und was die Arroganz anlangt: Kein anderer als *Karl Rahner* fragte mich einmal unvermittelt, als wir auf eine gemeinsame Fahrgelegenheit warteten, ob auch ich das „saudumme Gefühl" kenne, „gescheiter zu sein als andere?" Ich kenne es, und gerade Politiker müßten es täglich kennenlernen, wenn sie selber gescheit sind. Doch diese Lichtblicke können nicht darüber hinwegtäuschen, daß der Politiker „prominent" ist, d. h. so weit aus der Masse herauszuragen vermeint, daß er im luftleeren Raum schwebt. Zu einer Kongreßveranstaltung, sogar zu einer Podiumsdiskussion in eigener Sache erscheint er meist nur zu seinem eigenen Auftritt, präsentiert sich, um nach erfolgter Rede wie ein Komet zu entschwinden, ohne (wie *Goethe* es von *Schiller* sagt) unendliches Licht mit seinem Licht zu verbinden. Er verfährt nicht demokratisch, indem er sich mit dem Demos auseinandersetzt, sondern autoritär, indem er seinem Demos etwas vorsetzt. Als Mme. *Veil,* später Präsidentin des Europaparlaments, mich einmal anläßlich einer Spezialvorlesung beim internationalen Kongreß der Physiologen in Paris einzuführen hatte, hatte sie, offenbar von einem Hohlkopf, einige Stellen meines Vortrags ausziehen lassen, welche die unwichtigsten, freilich auch die konventionellsten waren. Sie rauschte in den Saal, von einer Equipe begleitet, würdigte mich (der ich die einzige Hauptperson war!) keines Blicks und entschwand nach meiner Vorlesung, ohne mir auch nur die Hand gegeben zu haben. Das war freilich auch mein negativstes Erlebnis! Daß die zwei oder drei Repräsentanten der „Öffentlichkeit", die bei Kongressen Begrüßungsworte sprechen, nicht einmal die (meist doch wirklich bedeutsamen) Festvorträge, die sofort anschließen, abwarten und den Saal im Gänsemarsch verlassen, ist wohl die Regel. Ich habe mir einmal (es war in Graz) die Freiheit genommen, den Herren noch vor ihrem Abgang durch die Tür nachzurufen, ich hätte ihnen eigentlich viel zu sagen, aber sie wollten wohl nichts mehr dazulernen. Der tosende Beifall des Auditoriums auf dieses Bonmot hin bewies, welchen neuralgischen Punkt ich getroffen hatte.

Dies alles stimmt nur zu gut mit der Beobachtung überein, daß die politische Prominenz, durch die Formen, wie sie entsteht, in eine bedenkliche Nähe zum Showgeschäft rückt, und mancher Politiker degradiert sich bekanntlich zum Showstar, der im Fernsehen bei albernen Fragespielen zu bester Sendezeit ein wenig von der Publizität eines Kriminalkommissars oder Showmasters erhaschen möchte, im Dienste des Wählerfangs.

Andere Formen des pflichtfreien Anspruchsdenkens sind freilich weit deletärer, insbesondere die unmerklich einsetzende Verschiebung des allgemeinen gesellschaftlichen Bewußtseins, das insbesondere der jungen Generation erbarmungslos durch diese neue Mentalität aufgedrückt wird, und das sich nun in einer wie eine Seuche um sich greifenden Staatsverdrossenheit äußert, die wir freilich 1925 in ähnlicher, wenn auch weit milderer Form durchmachten, auch damals nicht zuletzt ausgelöst durch nicht endenwollende Skandale wegen persönlicher Korruption. Jede Gesellschaft lebt vorwiegend von den Vorbildern der führenden Schicht. Corruptio optimum pessima ist ein altes Gesetz. Wenn Minister (oder Personen gleichen Ranges) ins Gerede kommen, weil sie den Staat um Millionen betrügen, bleibt das nicht ohne Folgen. Die Zustände im Rom der Cäsaren kommen einem in den Sinn. Da nutzt auch der Hinweis wenig, daß doch in der Gesellschaft noch sehr viel Ethos wirke. Was wirkt, sind Restbestände aus früheren Zeiten, die sich, wie immer bei gesellschaftlichen Normen, erstaunlich zählebig in unsere Gegenwart hinüberretteten. Sie schwinden zusehends. Hervor tritt eine wachsende Brutalität, die mit der halbwahren Verunglimpfung des gesellschaftlichen Gegenspielers beginnt und in skrupelloser Durchsetzung der eigenen Macht endet. Unser Diabolus ist überall kräftig am Werk.

Im Jahre 1962 begann eine interessante politische Institution ihre Arbeit, die „Humanistische Union". Ihr Gründer, *Gerhard Szczesny,* der mich von Tagungen der Paulus-Gesellschaft her kannte, warb mich an. *Szczesny* hatte gerade sein Buch „Die Zukunft des Unglaubens" verfaßt, das jeden religiös engagierten Menschen aufregen mußte. In diesem Buch sprach er eine Meinung aus, die auch ich immer vertreten hatte, daß nicht ein „metaphysischer Anspruch von *Marx* und *Engels,* sondern die weltanschauliche Impotenz des Christentums" letztlich dem Sozialismus zur Wandlung in den Kommunismus verholfen habe. „Impotenz" herrscht meiner Meinung nach dort, wo das Christentum die soziale Not breitester Schichten der Weltbevölkerung hätte wahrnehmen und vertreten sollen. Ich empfand mit *Szczesny,* daß der moderne Unglaube mit dem Christentum ins Gespräch zu bringen sei, was ja um dieselbe Zeit die Paulus-Gesellschaft versuchte. Nur war das Anliegen der Humanistischen Union weitaus politischer formuliert: Sie forderte mehr religiöse Freiheit, verständlicherweise, weil ihr Gründer, damals Mitglied des Bayerischen Rundfunks, wegen seiner „agnostizistischen" Haltung (die nicht atheistisch sein wollte!) später seine Stellung verlor. Angestrebt wurde die „ungehinderte Entfaltung aller religiösen, philosophischen, weltanschaulichen... Strömungen", eine Forderung, die durch das GG zwar garantiert war, aber offenbar einseitig ausgelegt wurde. Eine „weltanschaulich gebundene Ordnung" des Staates wurde abgelehnt.

Szczesny bat mich am 20.3.1963, die Ortsgruppe Heidelberg der Union zu leiten, was ich ablehnte, aber ich hielt sein Grundanliegen für korrekt: es ist genau das, was die christlichen Kirchen im Ostblock für sich beanspruchen (und keineswegs bekommen). Das Prinzip der Gleichheit ging mit einer „antidiabolischen" Haltung Hand in Hand. Es blieb nicht aus, daß die Union das Interesse gerade der atheistischen Kreise anzog, von den Christen aber gemieden wurde. Da ihre Struktur strikt demokratisch war, hätte ein Engagement der Christen (und der Kirchen) ein gutes Gespräch in einer guten Atmosphäre erbracht. Die Union driftete aber, allein gelassen, ins antikirchliche Lager ab. Ich mußte sie verlassen, wie übrigens auch ihr Gründer, der, wegen seiner ausgleichenden Haltung erst entmachtet, dann an den Rand gedrängt, endlich aufgab. Auch diese Chance war vertan, der Versuch vergebens gewesen. Damit endet mein eigenes politisches Engagement, in Resignation.

38. Wissenschaft und Politik

Man könnte solche Resignation für übertrieben halten. Denn schließlich hat der Wissenschaftler offenbar andere als politische Aufgaben. Wir dürfen aber vor zwei Grundproblemen als Wissenschaftler die Augen nicht verschließen, daß Wissenschaft in hohem Maße berufen ist, politische Wirkungen zu entfalten; daß Wissenschaft (und nicht nur wegen ihrer politischen Bedeutung) selber Gegenstand politischer Entscheidungen wird, mit jedem Jahr in steigendem Maße.

Es ist gewiß nicht meine Erfindung wenn ich sage, daß die Medizin eine politische Wissenschaft hoher Brisanz ist. Das hatte schon der große Pathologe *Rudolf Virchow,* der Opponent *Bismarcks* im Reichstag, in der zweiten Hälfte des vorigen Jahrhunderts erkannt und immer wieder gesagt. Die atemberaubenden Gedanken, die damals entwickelt wurden, hat mein Freund *Wolfgang Jacob,* einer der besten Kenner dieser Problematik, vor 20 Jahren dargestellt, übrigens ohne daß ihm die akademische Sozietät dafür sonderlich gedankt hätte. *Jacob* ist, wie so viele Schüler, zu gescheit für die Klassenlehrer. Die etablierte Medizin hat ihn nicht begriffen. Resonanz fand die Idee einer politischen Medizin nur in kleinen Kreisen, z. B. in der Arbeitsgemeinschaft „Medizin 2000", die sich bei der nordwürttembergischen Ärztekammer in Stuttgart schon vor mehr als 10 Jahren bildete und deren geistiges Haupt der Medizinhistoriker *Heinrich Schipperges* ist. Hier, kräftig unterstützt von *Johannes Schlemmer,* dem großartigen langjährigen Chef der Wissenschaftsredaktion des Süddeutschen Rundfunks, wird eine politische Medizin neu durchdacht, und ich bin glücklich, daß ich diesem Kreis seit seiner Gründung angehören durfte. Die Idee *Virchows* war, in eine etwas aktuellere Sprache übersetzt, daß die großen Probleme, die von der Bevölkerungspolitik und nicht nur von ihr ausgehen, am ehesten vom Mediziner wissenschaftlich durchschaut werden. Denn die Prozesse in einer Gesellschaft sind solche, bei denen die Menschennatur eine entscheidende Rolle spielt. Die Aufklärung dieser Menschennatur ist aber ein ganz und gar physiologisches Problem. Die reine Politik, so schrieb *Virchow,* muß zu einer sozialpolitischen, nationalen und demokratischen Politik fortgeführt werden, in der die Grundbedürfnisse der Menschen aus einer Analyse ihrer Physiologie abgeleitet werden können. *Nietzsche* hat Ähnliches gesagt, und der *Nietzsche*-Kenner *Schipperges* hat das glänzend und für jedermann lesbar dargestellt. Der Mensch ist nur mit Physiologie zu begreifen. Welch eine Ansicht aus dem Munde eines Philosophen! Wie völlig resonanzlos blieb dagegen die Medizin der hohen Schulen auf solche Worte!

Diese politischen Aspekte der Medizin sind mit einem bescheidenen Teilbetrag inzwischen in die Curricula der Hochschulen übergegangen, im Rahmen der Sozialmedizin. Die Ansichten *Virchows* gingen aber weit über die heute schon behandelbaren Ansätze hinaus. Wir meinen meist, die politische Rolle der Medizin zeige sich vor allem in der Senkung der Mortalität, der Technik der Geburtenkontrolle und der enormen Perfektionierung der Therapie im Rahmen einer für jedermann zugänglichen Sozialversicherung. Daß die Bedeutung der Medizin bei der Senkung der Sterblichkeiten bei weitem geringer ist als man gewöhnlich meint, das hat der Engländer *Th. McKeown* bewiesen. Die Potenzen einer politischen Medizin liegen ganz woanders und sind nur zu einem kleinen Teil ausgeschöpft.

Im Augenblick freilich blicken die Augen der Politiker gebannt auf die Kostenentwicklung, die übrigens keineswegs eine „Kostenexplosion" ist, denn die Kosten steigen seit Jahrzehnten in gesetzmäßiger und weitgehend voraussagbarer Weise an, was *H. Jahn* und ich schon 1965 bewiesen haben. Jetzt jagen sich die Konferenzen, bei denen alle an der Sache Interessierten (in der „konzertierten Aktion") im Gespräch Lösungen finden sollen. Die Sache ist nur die, daß alle Interessierten (auch in den oppositionellen gesellschaftspolitischen Lagern) im Grunde genau das zu erhalten wünschen, was die Kosten notwendigerweise in die Höhe treibt: das System einer sozialen Sicherung ohne soziale Kontrolle und bei maximalem Leistungsangebot. Die Schizophrenie, mit der hier Politik gemacht wird, gleich ob von SPD oder CDU, ist erstaunlich. Kosten kann man nur senken, wenn man die politischen Funktionen der Medizin radikaler wahrnimmt.

Ich habe in diesen Auseinandersetzungen zwar oft als Wissenschaftler, aber als Berater fast nur im Rahmen der gesetzlichen Krankenkassen mitgewirkt, auch bei den Gewerkschaften zu Beginn, bis sie merkten, daß ich ihren gesundheitspolitischen Kurs für ähnlich falsch hielt wie den der „Kapitalisten". Meine medizinpolitische Tätigkeit spielte sich hauptsächlich im Bundesgesundheitsrat ab. Dieser Bundesgesundheitsrat ist das höchste politische Gremium der Medizin in unserem Lande. Es setzt sich aus Repräsentanten aller wichtigen Berufsgruppen zusammen, welche in der Medizin etwas zu sagen haben. Die große Zahl (etwa 100) der Mitglieder macht eine allzu detaillierte Arbeit praktisch unmöglich. Deshalb wurde 1966 ein sogenanntes kleines Gremium geschaffen, vorwiegend mit den Vorsitzenden der 10 Ausschüsse des Rates, in das ich auch sofort berufen wurde.

Ich wurde 1967, auf Vorschlag von Frau *v. Renthe,* in dieses Gremium geholt, das damals von dem dicken, gutmütigen, aber nicht sonderlich fleißigen Staatssekretär *von Manger-König* geleitet wurde. *v. Manger* kannte ich gut, wußte, daß er zu sachlicher Arbeit zu haben war. Da ich neben meiner Mitgliedschaft im „kleinen Gremium" auch 2 Ausschüsse des Rates zu leiten hatte, habe ich mir in den 12 Jahren meiner Mitgliedschaft ein gutes Bild von der Art machen können, wie an einer besonders wichtigen Nahtstelle die Zusammenarbeit von Politik und Wissenschaft funktioniert. *v. Manger* traf freilich schon 1973 das übliche politische Schicksal, Versetzung in den Ruhestand, das er, trotz guter internationaler Aufgaben, die man ihm übertrug, nur wenige Jahre überlebte.

Die Arbeit des Rates, der auf eine lange Tradition zurückschaut, war in den sechziger Jahren noch nicht so brisant und betraf durchwegs nur kompliziertere Fragen des öffentlichen Gesundheitswesens. An eine Reform der Struktur der Medizin dachte niemand in diesem Gremium, was sich bis zur Stunde nicht geändert hat. Das Kostenproblem wurde erst nach 1970 virulent, und mir war klar, daß der Rat, der ja die Bundesregierung zu beraten hatte, hier gewichtige Vorschläge hätte machen können. Im Jahre 1976 wurde das neue Amt eines „Sprechers" des Rates geschaffen und ich dafür (zu meiner Überraschung einstimmig) gewählt. Mit dieser Legitimation versuchte ich mein Gremium in die Diskussion um die Kosten einzuschalten, was der für die Sozialversicherung zuständige Minister für Arbeit und Sozialordnung (damals *Ehrenberg*) auch begrüßte. Gespräche mit Ministerialdirektor *Holler,* dem wir die Kostendämpfungsgesetze zu verdanken haben, verliefen ermutigend. *Holler* konnte meiner Skepsis, daß der eingeschlagene Weg nicht zum Ziele führe, wenig entgegnen. Wir waren uns beide darüber klar, daß neuartige und vermutlich unpopuläre Wege in der Sozialversicherung beschritten werden müßten. Doch die Tatsache, daß ein Sachgebiet, die Medizin, das jährlich $^{1}/_{5}$ des Bruttosozialproduktes verschlingt (derzeit weit über 200 Milliarden DM jährlich), bei zwei Ministerien ressortiert (Gesundheit und Arbeit), spricht Bände. Der damalige Bundeskanzler *Helmut Schmidt* hat meines Wissens nie einen Gedanken daran verschwendet, wie man dieses riesige finanzielle Problem in den Griff bekommen könnte. Er hat uns nicht um Rat gefragt.

Nun sind Minister kurzlebig. Die erste Gesundheitsministerin, die ich nur flüchtig kennenlernte, war noch die Alibidame der CDU, *Elisabeth Schwarzhaupt,* eine wenig bedeutende Person. Sie war dieser Aufgabe nicht ganz gewachsen, und es spricht Bände, daß man ein so bedeutendes Ministerium dazu mißbrauchte, eine (nicht besonders sachkundige) Frau unter die Männerwelt des Kabinetts zu mischen. Bei der Bildung der großen Koalition wurde das Gesundheitsministerium von der SPD, und zwar mit *Käte Strobel,* besetzt. *Käte Strobel,* selbst dem Bereich medizinischer Dienste entstammend, war eine äußerst bescheiden wirkende Frau, die aber durch Ernsthaftigkeit, gesunden Menschenverstand und vor allem ihre tiefe Moralität bald unser aller Herzen gewann. Mit ihrem Stab hat sie ein sachgerechtes Regiment geführt, auch ohne selbst Arzt oder überhaupt eine Akademikerin zu sein. Ich habe diese Frau geliebt und verehrt. Es war leicht, als sie 1972 aus privaten Gründen das Ministeramt aufgab, ihr aus übervollem Herzen eine Abschiedsrede im Plenum des Bundesgesundheitsrates zu halten. Völlig anderen Typs war ihre Nachfolgerin, *Katharina Focke,* promovierte Soziologin des harten, also nicht ideologischen Typs, mit der man um die Sache ringen mußte, aber es auch konnte. Sie war klug, kenntnisreich und natürlich nicht ganz von meiner politischen Couleur. In ihrer Amtszeit trat das Problem der Tagesmütter ins Blickfeld. Hierüber wird noch zu reden sein. Sie war es, die mir das große Bundesverdienstkreuz mit dem Scherz überreichte, früher habe man den Orden dem Ausgezeichneten um den Hals gelegt, was für sie eine Chance der Umarmung gegeben hätte. Aber leider hätten sich die Sitten geändert. Sie drückte mir ein Etui in die Hand. Frau *Focke* schied bei der Umbildung des Kabinetts 1976 aus. Ich kenne die Gründe nicht. Ihre Nachfolgerin wurde *Antje Huber.* Frau *Huber* war auch eine gebildete Frau, hatte an der Sozialakademie in Dortmund studiert, eben jener Akademie, für die ich früher die Studienpläne für das Fach Sozialmedizin entworfen hatte. Ich habe aber nie einen ängstlicheren, unsichereren Politiker kennengelernt als sie. Sie ließ mich ein halbes Jahr warten, ehe ich ihr meinen Antrittsbesuch machen durfte, was ich offen rügte, dann lud sie mich zu einem frostigen, sich nur langsam aufhellenden Gespräch unter vier Augen beim Mittagessen ins Dachrestaurant des Steigenberger Hotels ein, einem Gespräch, das aber ohne jedes Ergebnis blieb. Der Bundesgesundheitsrat blieb praktisch von jeder wesentlichen Tätigkeit ausgeschaltet, was z. B. den Medizinjournalisten Dr. *Georg Schreiber* dazu veranlaßte, mich als den Sprecher des Rates zu größerer Aktivität zu ermuntern. Meine Erfahrungen mit Frau *Huber* ließen mich resignieren und 1979 schied ich aus, vermutlich nicht zuletzt, weil ich etwas zu deutlich geworden war. Meine trüben früheren Erfahrungen mit der Politik bestätigten sich erneut.

Nun ist das Verhältnis von Politik und Wissenschaft bekanntlich ein zweiseitiges: der Beratung durch den Wissenschaftler steht die Einflußnahme auf den Wissenschaftler gegenüber. Zwar sagt unser Grundgesetz, daß die Wissenschaft frei sei, aber das ist auch eine der Leerformeln, an denen wir uns berauschen. Was heißt Freiheit, wenn die Forschung nur durch große Finanzmittel Fortschritte machen kann. Das GG sagt aber nicht, daß alle Projekte der Wissenschaft gleichmäßig zu fördern seien. Schon die Themenauswahl, die nicht nur von potenten Stiftungen (Volkswagen-Stiftung, Thyssen-Stiftung z. B.), sondern ebenso rigoros auch von der Bundesregierung und den Länderregierungen beeinflußt, wenn nicht gar vorgeschrieben wird, macht die moderne Wissenschaft weitgehend zum Erfüllungsgehilfen der Politik. Ich kann das nicht einmal uneingeschränkt bedauern, denn die Möglichkeiten der Forschung sind so vielfältig, daß irgendwo eine Auswahl des zu Realisierenden aus dem uferlosen Meer des Möglichen getroffen werden muß. Es ist dabei meines Erachtens nicht einmal illegal, wenn der Machthaber Einfluß nimmt. Für eine politikfreie Förderung des nur von der Wissenschaft erwünschten Fortschritts ist die *Deutsche Forschungsgemeinschaft (DFG)* da, die diese Aufgabe im Rahmen des Menschenmöglichen bestens erfüllt. Selbst hier ist Selektion notwendig. Sie richtet sich aber (oder sollte sich richten) nach den methodischen Fähigkeiten des Antragstellers einerseits, nach den Chancen, Ergebnisse zu erhalten, andererseits. So habe ich in rund 15 Jahren, in denen ich Kommissionen der DFG geleitet habe, zu handeln versucht. Daß es auch dabei Ärger gab, soll nicht verschwiegen werden. Ich habe über ein halbes Jahrzehnt die Kommission Epidemiologie und Sozialmedizin geleitet, zusammen mit sehr guten, kritischen Kollegen, z. B. meinem alten Freund *Schölmerich.* Wir waren uns immer einig, aber man war mit uns nicht immer zufrieden, weil wir an die methodische Qualifikation Anforderungen stellten, die von den meisten Antragstellern für übersetzt gehalten wurden.

Wie aber mußte es bei interessengebundenen Entscheidungsgremien zugehen! Ich habe oft erlebt, daß in solchen Gremien anfechtbare Bescheide fielen, die sich rasch durch den Mißerfolg der geförderten Forschung zu erkennen gaben. Am bedauerlichsten waren solche Fehlentscheidungen dann, wenn große Beträge für Vergebliches bereitgestellt wurden. Nun ist das Kriterium der „Vergeblichkeit" alles andere als im vorhinein eindeutig, und im nachhinein ist man allemal schlauer. Um die ganze Schwere des Problems anzudeuten, möchte ich zunächst auf ein eigenes Mißgeschick eingehen. Die VW-Stiftung gab uns (d. h. Frau *Blohmke* und mir) über eine halbe Million, um die sozialen Faktoren der Entstehung von koronaren Herzkrankheiten festzustellen. Aber es fehlte uns (1967) am methodischen Rüstzeug, wir kannten auch die ausländischen Ergebnisse zu schlecht, ich selbst fiel z. B. auf einen Mitarbeiter herein, der ziemlich glaubhaft, aber letztlich irrig versicherte, er werde einen Computer für jene automatische EKG-Diagnose bauen, die damals von *H. Pipberger,* einem in USA lebenden Deutschen, technisch ziemlich weit entwickelt worden war. Eine Firma (Hellige) hatte gottlob ein solches Gerät gebaut, und wir kauften es, ein ziemliches Kapital für eigene Entwicklungsarbeit damit auf den Kehricht werfend. Die Studie war dennoch eine erste Chance, in Deutschland Epidemiologie zu lernen und mündete in einem rasanten Buch, das von Jahr zu Jahr mehr Recht behält: Herzkrank durch psychosozialen Streß.

Jede Begutachtung hat es mit der soeben beschriebenen Tatsache zu tun, daß man bei schwierigen Forschungsprojekten, und das heißt: gerade bei den interessanten, niemals voraussagen kann, wieweit das Projekt erfolgreich sein wird. Doch das scheint mir ein vergleichsweise harmloses Problem zu sein. Einschneidender ist die heute häufig anzutreffende politische Parteinahme für eine Forschung, von der jeder Erfahrene ihre Unfähigkeit schon aus den Anträgen, geschweige denn aus den ersten Zwischenberichten ablesen kann. Ich selbst war Mitglied eines Begutachtungsausschusses für Streßforschung beim Bundesminister für Forschung und Technologie. Die Deutsche Forschungs- und Versuchsanstalt für Luft- und Raumfahrtforschung, kurz DFVLR, war Projektträger, ohne daß man einsah, was diese Anstalt mit diesem

Projekt sachlich verband. Die DFVLR ist ein gigantomanisches Unternehmen, dessen Effizienz wohl von niemandem mehr beurteilt werden kann. Die Streßforschung, die hier gefördert wurde, sollte die Arbeitswelt humanisieren helfen. Heraus kam, daß alle Arbeit Streß ist, vor allem auch solche Sekretariatsarbeit, die ich selbst ständig zu tun gezwungen bin. Die Albernheit der Resultate, von Nichtskönnern vorgebracht, die nicht die einfachsten physiologischen Gesetze kannten, war so bedrückend, daß ich um meine Entlassung aus diesem Gremium bat. Ich habe nicht einmal da, wo ich unmittelbar in diese Forschung eingeschaltet war, Unsinniges verhüten können. Ein Team hatte z. B. festgestellt, daß sich immer mehr Arbeiter vorzeitig berenten ließen. Das stimmt. Man schloß auf die deletäre Wirkung von Arbeit auf Gesundheit, was falsch ist. Hätte man meinen Rat befolgt, so hätte man gesehen, daß die durchschnittliche Dauer des gesamten Arbeitslebens wächst, d. h. daß die durch Gesundheitsschäden bedingten, erheblich vorzeitigen Berentungen abnehmen. Aber ein Jahr früher in Pension gehen, das leistet man sich bei steigender Konjunktur. Ich will damit nicht die Schäden der Arbeitswelt, die es leider gibt, bagatellisieren, sondern nur die Leichtfertigkeit anprangern, mit der politisch falsche Entscheidungen angebahnt werden. Aber daß „Arbeit krank macht" wurde ein Slogan, auf den einige Sozialpolitiker ungern verzichten wollen.

Man wird nun, will man dieses Problem einer Kopplung von Wissenschaft und Politik erklären, danach fragen müssen, was dieses Schlagwort, daß Arbeit krank macht, bewirken soll. Wir müssen zuvor einräumen, daß es von arbeitsphysiologischer Seite zuerst formuliert wurde, im Begriff des „Berufsstreß", über den *McLean* schon 1974 ein Buch schrieb. Nach einiger Zeit tauchte dann, zusammen mit der Vertiefung der Streßdiskussion, die Meinung auf, es gebe unspezifische, aber der Arbeit anzulastende Erkrankungen, die „job related diseases", wie sie wiederum in USA bezeichnet werden. Man kann an ihrer Existenz nicht zweifeln. Allen menschlichen Tätigkeiten, insbesondere auch allen zwischenmenschlichen Beziehungen, wie sie jeder Beruf zwangsläufig mit sich bringt, haften Gefahren an, denen man nur entgeht, wenn man die Hände in den Schoß legt und nichts mehr tut. Der „Schweiß des Angesichts", von dem die Bibel spricht, bleibt nicht ohne Rückwirkungen auf Wohlbefinden und Gesundheit. Wer diese Gefahren minimieren will, hat ein vernünftiges Ziel vor Augen. Diese Minimierung könnte z. B. durch ein besseres menschliches Klima am Arbeitsplatz bewirkt werden, durch eine Korrektur des Verhaltens der „Vorgesetzten", das solcher Korrekturen dringend bedarf. Das aber liegt dem politischen Argument nicht zugrunde. Kritisiert werden Mängel der physischen Beschaffenheit des Arbeitsplatzes, deren Beseitigung u. a. Aufgabe der Berufsgenossenschaften wäre. Doch gerade sie versichern uns glaubhaft, daß hier mit einem wirtschaftlich tragbaren Aufwand nicht mehr viel zu verbessern ist. Es werden also politische Ziele deutlich, die selbst von einem einschlägigen CDU-Ministerium offenbar nicht erkannt werden und auf Änderung der betrieblichen Machtstrukturen hinauslaufen.

Da sich diese Diskussion auf dem wissenschaftlichen Sektor der Arbeits- und Sozialmedizin abspielt und medizinische Argumente („Krankheitserzeugung") maßgebend sind, wird der unmittelbare Eingriff von Politik in Wissenschaft deutlich. Diesen Eingriff kennen wir nun auch sonst. Die Gutachterkartei einer politischen Institution teilt die dort verzeichneten Wissenschaftler von vornherein in „linke" und „rechte" ein. Was im Gutachterwesen an Machtpolitik sichtbar wird, ist vermutlich nur wenigen Menschen bekannt. Man schenkt dem einen zwei Millionen, wenn dessen Gutachten sechs Millionen für den anderen zu empfehlen bereit ist. Solche Praktiken finden sich natürlich nicht in Gremien mit strikter politischer Neutralität, aber welches Gremium hängt nicht irgendwo von politischen Urteilen ab? Die großen Stiftungen, und insbesondere die Deutsche Forschungsgemeinschaft, sind allerdings frei von solchen Einflüssen. Hier sind es die Modetrends wissenschaftlicher Prioritätensetzung, die von politischen Meinungen keineswegs unbeeinflußt sind, welche die Entscheidungen beherrschen. Die panische Angst, mit der z. B. bei Forschungsanträgen, welche nur mit Tierversuchen durchzuführen sind, solche Versuche durchleuchtet werden, ist eindrucksvoll, obgleich jeder Kenner der Szene weiß, daß in guten Instituten Tiere nicht gequält werden und jedenfalls weit schonender zu Tode kommen als auf jedem Schlachthof, der die Fleischesser bedient.

Das Verhältnis Politik und Wissenschaft muß auch daraufhin betrachtet werden, welche Wertschätzung Wissenschaft in den Augen der Öffentlichkeit besitzt. Die Anzeichen für diese Wertschätzung sind schon in den Universitätsverwaltungen alarmierend. Nicht nur, daß Ministerpräsidenten sich forsch-dreist für Supertechnik aussprechen und Geisteswissenschaften als eine Mischung von Glasperlenspielen und Nutzlosigkeiten betrachten. Die Personalpolitik der Universitäten, z. B. in der Behandlung des wissenschaftlichen Nachwuchses, ist skandalös und gedankenlos. Die Etats der wissenschaftlichen Institute sind eingefroren. Die Max-Planck-Gesellschaft muß Institute schließen, wenn sie andere erweitern will. Die Gehälter selbst der Spitzenwissenschaftler sind klein, verglichen mit den Einkünften z. B. des Handels. Die Reglementierung der Wissenschaft durch Verwaltung nimmt den Charakter der Bevormundung an, so als ob man dem Gelehrten jede Form von Mißbrauch der Finanzen zutraue, und das in einer Zeit, in der der politische Mißbrauch und die öffentliche Korruption gewaltige Ausmaße annehmen.

Man kann überall erkennen, daß man der Wissenschaft nur mehr zögernd Sinnhaftigkeit zuerkennt und dem Gelehrten, der sie betreibt, moralisch nicht mehr über den Weg traut.

Nun meine ich keineswegs, daß diese Skepsis ganz unbegründet sei. Das gelehrte Treiben nimmt oft groteske Formen an. Es werden dicke Bücher mit Tausenden von Zitaten über Belanglosigkeiten geschrieben. *Ivan Illich* hat diese Pseudogelehrsamkeit angeprangert, indem er sein medizinkritisches Buch mit Zitaten spickte, die zum Teil sicher nicht stimmen, und deren Richtigkeit insgesamt keiner geprüft hat. Die Unfähigkeit vieler Geisteswissenschaftler, sich naturwissenschaftlicher Gedanken dort, wo sie ihm weiterhülfen, zu bedienen, ist offenbar, obgleich die Befruchtung geisteswissenschaftlicher Probleme durch naturwissenschaftliche Argumente eine der wesentlichsten Quellen des geisteswissenschaftlichen Fortschritts ist.

So berechtigt also menschliche Kritik an der Wissenschaft sein mag, so grotesk sind doch die öffentlichen Angriffe, denen sich die Wissenschaft überall ausgesetzt sieht. Von den Tierversuchen sprachen wir schon. Ein beliebtes Thema ist die Pharmaindustrie, deren Sinnhaftigkeit total in Frage gestellt wird, eine Halbwahrheit, welche den ökonomischen und unsinnigen Produktionszwang dieser Industrie allein sieht und nicht den Nutzen, den die Bereitstellung wichtiger Pharmaka für jedermann darstellt. Die Atomdebatte ist das prominenteste Beispiel, das schon zum nächsten Punkt der politischen Auseinandersetzung um Wissenschaft überleitet.

Die Gefahr der Atomenergie ist denkbar klein, wenn man sie mit den Gefahren anderer Techniken, z. B. mit denen des Verkehrs, vergleicht.

Die Wahrscheinlichkeit, durch Atomkraft umzukommen hat man berechnet und mit den Gefahren aller anderer möglicher Todesursachen verglichen: Sie steht am letzten Ende der Skala. Man kann also den Kampf gegen die Atomkraft nur als hysterisch betrachten. Es gibt z. B. mit Abstand keine umweltfreundlichere Energiequelle! Diese hysterische Einstellung begegnet uns aber überall. Elektrische Felder werden für gefährlich gehalten, was sie nicht sind. Leichtfertige Pseudowissenschaftler alarmieren die Öffentlichkeit mit Meldungen über Gefahren an Bildschirmarbeitsplätzen, die geradezu albern anmuten, oder über Gefahren von Formaldehyd oder Dioxin, denen beiden eine ziemliche Harmlosigkeit, durch gute Studien begründet, attestiert werden kann. Hier spielt sich eine verhängnisvolle Wechselwirkung ab zwischen sogenannten Wissenschaftlern, welche leichtfertige Thesen propagieren, einem ängstlichen Publikum, das trotz der längsten Lebenserwartung, welche die Menschheit jemals hatte, überall Gefahren wittert, und einer politischen (vermutlich sehr geschickt inszenierten) Volksverdummung, mit der uns weisgemacht werden soll, daß Technik menschenfeindlich ist. Eben dies hatte der *Morgenthau*-Plan mit den Deutschen im Sinn: ihnen einen bedeutungslosen Agrarstaat aufzuzwingen. Was *Morgenthau* nicht gelang, das versuchen nunmehr diese Extremisten.

Das Bild wäre unvollständig, wollte man nicht auch die bedrohliche Entwicklung von Pseudowissenschaft erwähnen, die überall aus dem Boden schießt. In der Medizin macht sich diese Afterwissenschaft besonders breit. *Prokop* hat darüber lesenswerte Bücher geschrieben. Lebensstrahlen, kosmische Wellen, Erdstrahlen, Kondensatoramulette gegen solche Strahlen, Entstrahlungsgeräte in Haushaltungen, Ernährungsriten sind einige Stichworte. Ich habe viel Zeit aufgewandt, gegen solchen Unsinn öffentlich zu Felde zu ziehen. Ich habe den Eindruck, daß diese Phänomene sich in verhängnisvoller Weise mit dem allgemeinen Unbehagen über die Wissenschaft vereinen und ein Zeitalter der Pseudowissenschaftlichkeit unaufhaltsam naht. Diese Prognose wird man mir derzeit noch kaum glauben. Insbesondere die so eindrucksvolle Entwicklung höchster Technologie scheint sie schon bündig zu widerlegen. Gegen den Opportunismus der Technologen wage ich es, eine einfache Frage zu stellen: werden wir mit dieser Technologie glücklicher leben können?

Mit einer gewissen emotionalen Vordergründigkeit möchte man

diese Frage von vornherein verneinen. Auch maße ich mir nicht an, zu ihrer Beantwortung hinreichend kompetent zu sein. Ich urteile nur aus dem Fachwissen heraus, das mir zur Verfügung steht. Daß die Menschheit dank der Supertechnik in Zukunft gesünder wird und nennenswert länger ein Leben mit Lebensgenuß leben könnte, darf man rundheraus bezweifeln. Wir werden einzelne Fälle besser vom Tode retten können als bisher. Aber nichts deutet darauf hin, daß damit die allgemeine Sterblichkeit zu senken ist. Die Ergebnisse dieser Supertechnik haben wenig Bedeutung für das Leben des Durchschnittsmenschen. In unseren hochspezialisierten Krankenhäusern liegen immer mehr alte Menschen, die nicht leben und nicht sterben können. Es fragt sich, ob wir es verantworten können, für eine bescheidene Verlängerung eines Lebens, das keinen Lebensgenuß mehr verspricht, die großen Sozialleistungen, die in der Anwendung hochspezialisierter Technik für solche Lebensverlängerung liegt, aufzubringen.

39. Kind und Familie

Frau *Strobel* nannte sich noch „Bundesminister für Gesundheitswesen", Frau Dr. *Focke* wurde 1972 „Bundesminister für Jugend, Familie und Gesundheit". Hinter diesem Etikettenwechsel steckte mehr als eine Laune. Jugend und Familie, und damit das ganze System unserer gesellschaftlichen Erziehung, war ins Zentrum einer neuen Bewußtseinsbildung getreten.

Die Geschichte dieses neuen Bewußtseinsstroms ist noch nicht geschrieben, und ich darf mir nicht zutrauen, das nachzuholen. Ich kann verläßlich nur die Dinge schildern, die sich in meiner Nähe abgespielt haben. Damit freilich beginnt ein neues, wesentliches Kapitel meines Lebens, dessen Beginn sich sogar exakt datieren läßt, es ist der 21. Mai 1966. Einige meiner Studienstiftler hatten in Freiburg bei Prof. *Hassenstein* von der Biologie des Verhaltens gehört, und *Hassenstein* hatte ihnen interessante Dinge auch über die Entstehung menschlichen Verhaltens berichtet. Da wir alljährlich mit meiner Gruppe Heidelberger Studienstiftler eine Wochenendtagung machten, bat man mich, Prof. *Hassenstein* zu diesem Thema einzuladen. Er sagte zu, wenn er eine Mitarbeiterin mitbringen könne. Es war *Christa Meves.* Diese in vielfacher Hinsicht ungewöhnliche Frau trat mir an jenem Samstag, sie war damals genau 41 Jahre alt, erstmals gegenüber.

Das Seminar, in einem idyllischen Seminarhaus in Schmie, nahe bei Maulbronn, stattfindend, verlief ziemlich aufgeregt. Die Meinungen platzten aufeinander. Was von dem Gespann *Hassenstein-Meves* behauptet wurde, war auch danach. Sie sagten, daß die Grundemotionalität des Menschen in den ersten Lebensjahren geprägt wird und zwar, da das Kleinkind noch ohne scharfes Bewußtsein und mindestens ohne Gedächtnis lebt, in einer weitgehend irreversiblen Form. Um einer normalen Sozialisation zugänglich zu sein, braucht das Kleinkind eine konstante Bezugsperson, und deren Fehlen, schon damals gang und gäbe, löse faßbare und schwere Störungen im kindlichen und im späteren Verhalten aus. Die Begegung mit *Christa Meves* glich einer Liebe auf den zweiten Blick: nach ihrem Vortrag war ich überzeugt, daß sie recht haben müsse. Ich lud sie zu einer Gastvorlesung ein und nahm von da an Anteil an der wissenschaftlichen Durcharbeitung ihres Konzeptes, das sie deshalb so faszinierend entwickeln konnte, weil sie seit 1960 eine kinderpädagogische Praxis betrieb und durch die psychotherapeutische Ausbildung, die sie vorwiegend bei Dr. *Schwidder* erhalten hatte, sich den Blick schärfen konnte für traumatische Einflüsse auf die sich entwickelnde Psyche. Die Grundtendenz war freilich biologisch, und es wird von *Meves* und *Hassenstein* gleichermaßen die Methode von *K. Lorenz* angewandt, mit der man menschliches Verhalten analog zu tierischem zu verstehen gelernt hatte. Mir war dieser biologische Ansatz natürlich sympathisch. Ich kannte *K. Lorenz* von mehreren Begegnungen, vor allem einer jahrelangen Zusammenarbeit im Kuratorium des Göttinger Instituts für den wissenschaftlichen Film. Kein Physiologe zweifelt daran, daß auch menschliches Verhalten sich nach allgemein gültigen Naturgesetzen bildet.

Man kann die erbitterten gesellschaftspolitischen Diskussionen, welche sich an das Konzept von *Christa Meves* anschlossen, nicht ohne einen Blick auf den „Zeitgeist" verstehen, der sich in einer recht umfangreichen Literatur kleiner, brisanter Schriften niedergeschlagen hatte. Die studentischen Revolten bereiteten sich schon vor. In vielen sich fortschrittlich dünkenden Zirkeln, vor allem bei soziologisch vorgebildeten Studenten, entstand das Konzept einer „Emanzipation" von allem und jedem. *Arno Plack* hatte 1967 sein Buch über „Die Gesellschaft und das Böse" geschrieben und Moral als Mittel der Herrschaft zu erweisen versucht, und zwar, versteht sich, mit „wissenschaftlichen" Argumenten, die aus keiner Wissenschaft entnommen wurden, welche Wissenschaft im klassischen Selbstverständnis der Naturwissenschaft oder der Philosophie ist. Es war der Beginn einer Welle einer soziologischen Revolution, die, wie wir hörten, mir in der Sozialmedizin viel zu schaffen machte; junge Intellektuelle, die überall kritisierten, ohne doch Argumente zu haben und die (wie insbesondere *Plack*) zudem jede biologische Theorie der Gesellschaft als rückständigen „Biologismus" ablehnten, beherrschten weitgehend die Medizin und die Diskussion.

Die Zeit von 1968 bis etwa 1980 war von einer Wechselwirkung theoretischer Konzepte und gesellschaftlicher Praxis beherrscht, deren revolutionäre Natur bis heute nicht hinlänglich begriffen worden ist. In dieser geistigen Entwicklung spielten Schriftsteller die beherrschende Rolle, die man damals als die geistigen Exponenten des Abendlandes propagierte und deren Lehre, nach Art einer Heilslehre vorgetragen, der gesellschaftlichen Praxis teils vorausging, teils sie im nachhinein kommentierte. Spitzenreiter in dieser Auseinandersetzung waren *Theodor Adorno* und *Herbert Marcuse,* auf die sich jeder Skribent bezog, der seine linke Soziologie zum besten gab. Es hat bis in die achtziger Jahre gedauert, ehe die deutsche Öffentlichkeit begriff, daß hier nicht eine Wissenschaft, sondern eine Prophetie verkündet wurde, mit allen Kennzeichen einer weder durch Tatsachen noch durch Logik erschütterbaren Ideologie. Es gab freilich schon anfangs gewichtige Kritiker dieser chiliastischen Soziologie, wie z. B. *Helmut Schoeck;* der Engländer *Stanislav Andreski* schrieb 1972 eine vernichtende Kritik dieser sich marxistisch verstehenden, ideologisch und nicht empirisch vorgehenden Soziologie, unter dem bezeichnenden Titel (übersetzt): Soziologie als Geheimwissenschaft. Doch die rasanten Werke, welche von dieser ideologischen Soziologie nur wenig übrig gelassen haben, erschienen erst später, wie *H. Schelskys* Buch, das diese Ideologen als diejenigen entlarvte, welche eine neue „Priesterherrschaft der Intellektuellen" errichteten, oder *F. H. Tenbrucks* vernichtende Analyse der „unbewältigten Sozialwissenschaften". Wir standen jedenfalls 1966 solcher Soziologie ziemlich schutzlos gegenüber, und einem Physiologen wie mir traute man ein fundiertes Urteil nicht zu.

Was also damals über uns hereinbrach, ware eine Theorie der Emanzipation, von der jede gesellschaftliche Gruppe sich ihre Scheibe abschnitt, verschränkt mit einer emanzipatorischen Praxis, von der niemand hätte sagen können, ob sie die Ursache oder die Folge der emanzipatorischen Theorien war. Nun hat wohl jede gesellschaftliche Entwicklung ihre Gründe nicht nur in der sie stütztenden Literatur. Es wäre z. B. töricht, *J. J. Rousseau* als den Urheber der französischen Revolution zu betrachten. Die antiautoritäre Welle ging in unserem Lande sicher vom Antifaschismus aus. Doch kommt es dem Laien (der ich in diesen Fragen bin) so vor, als habe die antifaschistische Grundhaltung, von jüdischen Autoren verständlicherweise mit besonderem Engagement vorgetragen, auch in den USA und Frankreich die gesellschaftliche Entwicklung wesentlich mitbestimmt. Die technische Perfektionierung aller Lebensbereiche bot in rasch wachsendem Ausmaß neue und nicht immer billige Konsumgüter an. Es entstand z. B. eine Reisewelle von einem Ausmaß, wie es die Geschichte der Menschheit noch niemals vorher aufwies. Die Ansprüche wuchsen, und Angebot und Nachfrage konnten nur in einem ökonomisch vernünftigen Gleichgewicht gehalten werden, wenn die Familie auch bei uns dazu überging, das zu tun, was aus Gründen der Staatsökonomie in Ostblockländern längst praktiziert wurde: die Berufstätigkeit beider Ehepartner einzuführen und das familiäre Einkommen fast zu verdoppeln. Die Theorie der Emanzipation der Frau traf mit diesem ökonomischen Zwang zusammen.

Was die Emanzipation der Frau betrifft: Auch sie ist nicht nur auf dem Boden einer Theorie erwachsen, sondern zu einem guten Teil das Ergebnis leidvoller praktischer Erfahrung. So wie der Kommunismus auf dem Boden eines Kapitalismus, der ohne Gefühl für soziale Probleme war, entstand, entstand die Frauenbewegung auf dem Boden einer ehelichen Praxis, die man schwerlich anders als „Männer-Herrschaft" bezeichnen kann. Die Frauenfrage war ja ebensowenig neu wie die Praxis einer unerträglichen autoritären Erziehung, deren grausames Resultat von bewegenden Büchern geschildert wurde, wie z. B. von *Lloyd de Mause* („Hört ihr die Kinder weinen"). Die Emanzipation der Frau wuchs zu einer Protestbewegung an, deren kämpferischer Elan den Vertretern einer Frauenbewegung vor dem 2. Weltkrieg fremd war. Es entstand der emanzipatorische Begriff der „Selbstverwirklichung" der Frau. Ich hatte noch das Glück, eine der großen Persönlichkeiten der Frauenbewegung älterer Zeiten kennengelernt zu haben, *Marie Baum*, die eine verehrungswürdige Dame war. Sie war unsere Nachbarin in unserer ersten Heidelberger Wohnung am Friesenberg (1951), wo sie im Hause *Klingenstein* ihre alten Tage verbrachte. *Marie Baum*, eine der (wenn nicht die) ersten Chemiestudentinnen Deutschlands, war aber nicht empört, sondern sachlich, hatte im übrigen keine Familie zu versorgen und konnte ein konfliktloses Berufsleben führen. Die neue Emanzipation dagegen empörte sich und forderte das Eigenleben der Frau, nach dem Prinzip der „Selbstverwirklichung". Der geistige Wirrwarr zwischen Emanzipation und Tradition hat ein konservativer Frauenarzt, Prof. *A. Mayer*, damals, wenn auch sehr konservativ, geschildert.

Die eine Seite sprach von der Unterdrückung der Frau, die andere (so *Mayer*) erging sich in hymnischen Lobpreisungen des „echten Frauentums" und des „gesunden Muttertums", Leerformeln aus dem Kabinett der Ideologen.

Die gesellschaftliche Situation geriet in den sechziger Jahren immer mehr in unlösbare Konflikte. Wenn die Frau sich selbst verwirklichen wollte, so nach damaliger Dogmatik nur auf den beruflichen Tätigkeitsfeldern des Mannes. Für diese Tätigkeit wurde der Terminus des Grundgesetzes von der „Gleichberechtigung“ von Mann und Frau plötzlich auf seine Substanz untersucht, und da „Gleichberechtigung“, wenn auch nicht gerade eine Leerformel, so doch ein Gummibegriff ist, entdeckte man, daß eine Dehnung des Begriffs zu unerwarteten gesellschaftlichen Konsequenzen führte, deren juristische Realisierung dann in mehreren höchstrichterlichen Entscheidungen die alte bürgerliche Männerwelt auch juristisch aus den Angeln hob, bis hin zu dem Recht, daß Männer in der Ehe sehr wohl auch den Namen der Frau annehmen dürfen. Es entstanden dadurch einige reelle Grafen, denen das Adelsrecht freilich seine Anerkennung versagt haben dürfte. Wir alle gewahrten, alle wohl auch etwas erschreckt, wie stark unsere bisherige soziale Wirklichkeit auf der Vorherrschaft des Mannes beruht hatte.

Wenn nun aber die Frau im Beruf ihre Verwirklichung findet, wer sorgt für das Kind? Für den Mann würde die Kinderaufzucht auch nur den Verzicht auf Selbstverwirklichung bedeuten. Also forderte man eine weibliche Hilfsperson, die „Tagesmutter“, wobei es den Ideologen entging, daß mit diesem Konzept erstens die Minderstellung der Frau erneut festgeschrieben wurde: Sonst hätte man ja auch „Tagesväter“ kreieren müssen, was nie geschah. Zweitens aber ersann man ein neues Herrschaftskonzept, denn die Selbstverwirklichung der leiblichen Mutter muß man der „Tagesmutter“ natürlich verwehren. Sie ist bestenfalls eine Art Angestellte, freilich mit dem Nutzeffekt, daß eine einzige Tagesmutter mehreren leiblichen Müttern zu ihrer Selbstverwirklichung verhilft.

Dieses Konzept war geplant als die „linke“ Antwort auf die bestehende Familie, die z. B. von *Christa Meves* gegen die Berufstätigkeit der Mütter verteidigt wurde, wobei übrigens unsere Tagesmütter-Ideologen sich in der Regel hüteten, den Namen *Meves* anders als im Sinn eines reaktionären Schädlings zu zitieren. Diese ideologische Frontenbildung änderte sich auch nicht, als *B. Hassenstein* in einem dicken Buch darlegte, daß mütterliche Fürsorge bei allen Tieren die Bildung einer angepaßten neuen Generation garantiere. Quod licet bovi non licet Jovi: der Mensch ist schließlich keine Graugans, so pflegte man *Hassenstein* abzutun. Daß die Rechnung der neuen Ideologie in Form steigender Devianz der jungen Generation präsentiert wurde, übersah man und konnte sich wohl auch wirklich damit entschuldigen, daß die Dinge nicht hinreichend klar lägen. Eine besondere Führungsrolle in diesem

Kampf gegen *Christa Meves* übernahm nolens volens die ungewöhnlich tüchtige Psychologin, Inhaberin des Bonner Lehrstuhls, *Ursula Lehr.* Die beiden Frauen befehden sich bis zur Stunde mit, wie ich glaube, beiderseits treffenden Argumenten. Die Lösung des Problems liegt auf zwei Ebenen: Die menschlich emotionale Ebene zwingt eine erfolgreiche Berufsfrau, die zugleich Ehefrau und Mutter ist, ihr Lebenskonzept zu verteidigen, und das kann man in geistigen Berufen und bürgerlichem Wohlstand durchaus. Die zweite Ebene ist methodisch: Der theoretische Psychologe geht von der allgemeinen Bevölkerung aus. In ihr finden sich noch relativ wenig deprivierte Kinder, d. h. Kinder, die bei mangelhafter mütterlicher Liebe und Zuwendung aufwuchsen, und von denen entwickelt nur ein kleiner Teil Abartigkeiten. Die meisten Kinder sind durch ihre Erbanlagen gegen die Folgen der Deprivation geschützt. Frau *Meves* sieht nur die Kranken in ihrer Praxis und stellt fest, daß kaum einer von ihnen nicht depriviert war. Beim Zusammenhang von Rauchen und Bronchialkrebs war ähnliches beobachtet worden und hatte lange Zeit die Theorie suspekt erscheinen lassen, daß Lungenkrebs in der Regel Folge des Rauchens sei. Man sollte weder an der Ätiologie des Lungenkrebses noch an den Deprivationssymptomen leichtfertig zweifeln, wenn auch die Jugendprobleme noch weit komplizierter sind als der Lungenkrebs.

Es war zur Zeit dieses ideologischen Streits, in den ersten siebziger Jahren, als ein deutscher Unternehmer, *Klaus Conrad,* beiläufig Mitglied der LIONS-Bewegung, ein Schlüsselerlebnis hatte. Er erlebte den berüchtigten „Stadionmord von Neuwied" 1973 aus nächster Nähe: Vier Jugendliche ermordeten „zum Spaß" auf grausame Weise ein Kind, das ihnen völlig unbekannt war. Ein ähnliches Ereignis wiederholte sich kurz danach. Auch der Massenmörder *Jürgen Bartsch,* der zwischen 1962 und 1966 mehrere Kinder ermordete, wurde neuerdings, sogar im Fernsehen, auf Deprivation als Ursache seiner Verbrechen hin untersucht (*Föster* 1984). In der Tat wiesen auch diese jugendlichen Kriminellen schwere Defekte frühkindlicher Zuwendung und Geborgenheit auf. Die Theorie von *Christa Meves* erschien zumindest nicht völlig abwegig.

Klaus Conrad erlebte die Probleme um den Neuwieder Mord mit solcher Intensität, daß er versuchte, die deutschen LIONS-Clubs zu einer gemeinsamen Aktivität zu motivieren. Er fand in einem Freund aus der ROTARY-Bewegung, *Hanns-Dieter Wolff* aus Trier, der als

Schöpfer des Vereins der „Niemandskinder" ähnliche Ziele verfolgt hatte, einen Mitstreiter. Ich wurde als LIONS-Mitglied früh einbezogen. Meine Idee war, daß nur ein von den LIONS-Clubs losgelöster eigener Verband eine Chance hatte, in dem gesellschaftspolitischen Wirrwarr gehört zu werden. ROTARY- oder LIONS-Clubs wären von jungen Soziologen ebenso als reaktionär abgelehnt worden wie von emanzipierten Frauen. Nachdem das Projekt „Tagesmütter", auch unter viel Zeitaufwand meinerseits, von *Katharina Focke* und ihrem Ministerium leidlich durchdiskutiert war, das mit der Klärung des Problems beauftragte Münchner Jugendinstitut die praktische Erprobung des Tagesmütter-Projektes nicht ohne ideologischen Zungenschlag vorgestellt hatte, das Projekt von den Kinderärzten, ebenfalls nicht frei von Ideologie, in Grund und Boden kritisiert worden war, nachdem sich also harte Fronten gebildet hatten, war die Übertragung der Problematik auf ein leidlich neutrales Gremium der einzig noch verbleibende Weg. Alle an der Sache interessierten Gesellschaften fanden sich zur Gründung einer „Liga" bereit, die hier wissenschaftlich und aufklärerisch zugleich agieren sollte. Die Gründung erfolgte erst 1977 in Bonn. Ich wollte beratend, doch nicht als Funktionsträger tätig sein. Bei der Gründungsversammlung zeigte es sich aber, daß die vorgeschlagenen Kandidaten keine Chance hatten, eine Mehrheit bei der Wahl des Liga-Präsidenten zu finden. Die Vorsitzenden der Vereine und Verbände, welche die Liga gründen wollten, hätten sich freilich auf mich geeinigt. Meine Freunde drangen in mich ein, bis ich schweren Herzens nachgab. Die „Liga für das Kind in Familie und Gesellschaft" wurde mit mir als Präsidenten gegründet. Ich habe dieses nicht leichte Amt erst 1984 abgeben können, an *Klaus Conrad*, der als Vertreter von LIONS zunächst formal nicht Präsident werden konnte, dann aber als der Mann, dem die Liga vorwiegend ihre Existenz verdankt, doch dieses Amt übernahm. In diesen Jahren seit 1977 gelang es, das Bewußtsein davon, daß Kindern etwas „zusteht" (wie es das Ehepaar *Hassenstein* formulierte), in breite Kreise der gebildeten Welt und insbesondere auch der Politiker hineinzutragen. Wir haben gepredigt, geschrieben, gedruckt, Politiker besucht, die Curricula der Volksschul-Erziehung mit unseren Ideen angereichert. Es ist ein Wettlauf mit der Zeit. Leider gibt es keine Methode, unseren Anteil an dem Wandel des öffentlichen Bewußtseins zu messen. Ich halte ihn für ziemlich groß.

Wenn nicht alles täuscht, beginnt eine Renaissance der Familie langsam wieder das gesellschaftliche Leben zu verändern, so sehr man die alte, bürgerliche Familie auch verteufelt hatte und in ihrem alten Stil der Männervorherrschaft auch immer noch ablehnt. Ich werde nie ein Erlebnis vergessen. Wir hatten eine der letzten Tagungen der Paulus-Gesellschaft hinter uns, Anfang der siebziger Jahre. Ein junger katholischer Student, Führer einer Basis-Gemeinde, tat sich in sexueller Libertinage hervor. Seine Freundin, ein unscheinbares liebes Ding, mit Äuglein wie eine Maus, saß still daneben. Ich lud das Paar ein, bei meinem nächsten Besuch in ihrer Stadt mein Gast bei einem Frühstück im Hotel zu sein. Es war bald so weit, doch der Einladung folgte nur die Maus, nicht der Heros. Sie klagte, es sei schlimm mit ihm. Sie ertrage es nicht, diese Freizügigkeit. Meine Frage, was sie denn wolle: Ihre Augen leuchteten, als sie sagte: „Ich möchte eine Ehe führen wie meine Eltern." Der Vater war Lokomotivführer mit vielen Kindern. Das warme Nest ist nötig, wie man sieht, und es steht nicht immer in den Häusern der Reichen.

Ein Zwischenkapitel ohne Nummer, aber von besonderer biographischer Bedeutung

Nach solchen Auslassungen über die Familie wird man mich fragen wollen, wie es mit meiner Familie stand. Über uns (meine Frau und mich) als Eltern werden meine Kinder dereinst berichten müssen, und ich gestehe, daß, hätte ich all das soeben Geschilderte damals gewußt, ich als Vater vieles anders gemacht hätte. Meine Eltern aber haben aus mir einen von Kopf bis Fuß unneurotischen Menschen gemacht, meine Kindheit war ohne jeden Abstrich glücklich zu nennen, von meinem Vater habe ich vor allem die Lust an der Mathematik und am „Schmökern" gelernt, von meiner Mutter habe ich Neigung und Begabung empfangen, und vor allem die Fähigkeit, zu lieben.

Meine Mutter, unverkennbar gallischen Erbguts teilhaftig geworden, war in dem kleinen Landstädtchen Grefrath bei Krefeld aufgewachsen, erzogen freilich von den Nonnen Unserer lieben Frau in Mülhausen bei Kempen. Typisch für das Resultat der Erziehung war der Ausspruch meiner Mutter, oft und mit Betonung vorgebracht, sie habe als Pensionärin (sie wohnte als Schülerin im Kloster) soviel auf harten Bänken gekniet und gebetet, daß das für ihr ganzes Leben ausreiche. Kirchlich war meine Mutter nicht sehr. Aber das hinderte sie nicht daran, oft auch mit mir die Stätte ihrer Freuden und Leiden aufzusuchen, und jedesmal gab es ungewöhnlich herzliche Begrüßungen im Besuchszimmer des Klosters, wobei die Vorzeigung meiner kleinen Person eine besondere Rolle spielte. Das Menschliche war für sie das allzeit Ausschlaggebende, mit oder ohne Kirche.

Ihr Onkel *Drahten* war ein berühmter Krefelder Rechtsanwalt gewesen, der eine Oper komponiert hatte, die man im Krefelder Stadttheater auch aufgeführt hatte. Vielleicht war es die Einsicht in die Vergeblichkeit dieses Ausflugs in die Kunst, die meine Mutter bestimmte, sich energisch gegen meinen Wunsch auszusprechen, Literatur zu studieren und zur Bühne zu gehen. Ein Intendant schien mir damals die Personifikation Gottes auf Erden. Der Realismus meiner Mutter obsiegte, wie ich schon oben berichtet habe. Ich wäre schwerlich ein Dichter geworden, wie ich heute weiß, denn dazu fehlt es mir an der Kraft der Allegorie. Die literarischen Zeugnisse meiner Jugendzeit sind kleine

Abhandlungen im literarischen Kostüm, in klarer Begrifflichkeit, doch arm an Gleichnissen. *Rilke* wohnte auf einem anderen Planeten als ich, weswegen ich ihn vermutlich für den bedeutendsten Lyriker deutscher Sprache halte.

Meine Mutter war das Zentrum unserer kleinen Familie. Ich blieb ihr einziges Kind. Sie wollte keine weiteren Kinder haben. Dennoch war sie immer im Haus, und machte den kleinen Haushalt, immer in bescheidenen Mietwohnungen lebend, zu einer Heimat, zu dem, an dem alle Gefühle des Tages hängen, zu dem man in jeder Bedrängnis zurückkehrt. Sie verwirklichte sich selbst in der Rolle der Frau und Mutter, indem sie meinen Vater versorgte und mich gebar und großzog. Ich bin ihre Lebensleistung. Das bekannte sie immer mit großer Bewegung. Sie verwitwete früh. Mein Vater starb 1939 und sie überlebte ihn fast 25 Jahre. In dieser Zeit blieb sie selbständig bis zum letzten Tag, wollte nie bei ihrem Sohn wohnen („das gibt Unfrieden"), zog endlich in ein Altersheim nach Heidelberg, wo ich sie täglich besuchte und von wo aus sie untertags Ausflüge in die Stadt unternahm, nicht selten ins alte Physiologische Institut, wo sie an der Pforte bei der alten Telefonistin Frau *Franz* saß, die Nähe des „Imperiums" ihres Sohnes genoß, und wenn ich nicht da war, zu meiner Sekretärin Frau *Hannibal* hinaufging und einen Kaffee bekam, das Dienstzimmer des Sohnes mit allen Fasern ihres Mutterherzens genießend. Aber nie kam sie zur Dienstzeit zu mir. „Ich darf ihn nicht stören. Er hat viel zu tun." Das war ihre Begründung. Damit war dieses Mutterherz zufrieden.

Sie hat mir oft gesagt, sie werde nicht sterben, wenn ich nicht dabei sei. Im Januar 1964 erlitt sie in den frühen Morgenstunden einen Schlaganfall. Ich war beruflich unterwegs und nicht erreichbar. Man heftete an die Windschutzscheibe meines Wagens, der am Bahnhof geparkt war, einen Zettel, ich möge sofort ins Altersheim kommen. Um 8 Uhr abends traf ich ein. Die Türe öffnend hörte ich sie fast unverständlich sagen „gut daß Du da bist". Sie hatte mich nicht sehen können. Sie erkannte mich wohl am Schritt. Kurz darauf verschied sie. Sie hatte ihr Wort gehalten.

40. Von der Fröhlichkeit

Wir sind mit der Entstehungsgeschichte der „Liga“ schon tief in den letzten Abschnitt meines Lebens vorgestoßen, jenen Abschnitt, der mit der Pensionierung (oder wie es bei den Ordinarien alter Ordnung noch heißt: mit der Emeritierung) beginnt. Bevor ich diesen „Abgesang“ anstimme, ist es mir ein besonderes Anliegen, der Sinnhaftigkeit des Lebens im allgemeinen nachzugehen. Wir wollen nicht die etwas scheinheilige Frage eines Buchtitels stellen: „Macht Gleichheit glücklich?“ (*Meves* und *Ortlieb*). Wer alles hat, kann darauf getrost mit nein antworten. Dieses Nein wäre die adäquate Antwort für unsere „maßlose Playboy-Gesellschaft“, wie sie *H. D. Ortlieb* nennt. Was muß der Durchschnittsmensch und insbesondere der Arme haben, um sich glücklich zu fühlen? Woher nehmen wir die Kraft, fröhlich zu sein?

Es ist in der Tat weder der Besitz noch das Bewußtsein, zu den Weltverbesserern zu gehören, was uns fröhlich macht. Die revolutionär angehauchten Politiker lachen trotz ihrer hohen Positionen selten oder nie. Nicht einmal *Helmut Schmidt* habe ich je (im Fernsehen) lachen sehen, von *Herbert Wehner* oder *Willy Brandt* zu schweigen. Der Orden wider den tierischen Ernst wird sicher nicht immer dem Fröhlichsten gegeben. Da hat es *Helmut Kohl* offenbar besser. Ich knüpfe aber lieber an eines meiner Schlüsselerlebnisse an. Zwischen zwei Kongressen in Buenos Aires und Chicago hatte ich zwei Wochen Zeit. Meine Auftraggeber willigten ein, sich die Reisekosten zu teilen und mir den Flug Buenos Aires – Chicago anteilig zu bezahlen. Ich blieb also die Zwischenzeit in Südamerika, besuchte La Paz, den Titicaca-See, Cuzco und Lima und buchte am Ende einen Flug Lima – Chicago mit zwei Zwischenlandungen in Guajaquil und Panama. In Guajaquil war der Flughafen klein, fast nur eine Hütte. Indios boten Waren an, vor allem aber sang eine Gruppe von ihnen Volkslieder zu einem gitarreähnlichen Instrument. Alle waren ersichtlicherweise arm und fröhlich. In Panama: überall unter Glas die modernsten technischen Geräte, Schmuck, Uhren und was immer man begehren mag. Alles glitzerte von Silber und Chrom. Die Menschen saßen stumm in dieser Pracht, in sich gekehrt und, wie man hätte meinen können, der Verzweiflung nahe.

Ein anderes Erlebnis: Auf einer meiner Reisen durch die USA besuchte ich auf Long Island eine Firma, die Abilities Inc., in der nur Schwerstbehinderte beschäftigt waren. Das Werk arbeitete unter normalen Marktbedingungen. Die Arbeit, Herstellung elektronischer Geräte, war nicht körperlich, aber geistig anstrengend. Der Krankenstand lag bei 1,5 % (bei uns ist er viermal so hoch!). Und alle Menschen in diesem Werk waren fröhlich.

Als ich einmal in einer Sitzung des Bundesgesundheitsrates meinte, das Leben der total Querschnittsgelähmten (Tetraplegiker), die weder Arme noch Beine bewegen können, sei doch nur noch beklagenswert, widersprach mir einer der Ärzte, der solche Patienten betreut, der Heidelberger Prof. *Paeslack.* Seine Tetraplegiker seien fröhliche Menschen. Ein Knabe, beim Kopfsprung in seichtes Wasser total gelähmt, habe seiner Mutter nach der Rettung, seinen Zustand genau kennend, gesagt, welch ein Glück es doch für ihn gewesen sei, aus dem Wasser nach dem Unfall gerettet worden zu sein.

Ich gedenke einer lieben Jugendfreundin, *Lotti Hof,* der Schwester eines meiner besten Studienfreunde, *Walter Hof.* Sie war extrem mager, völlig unattraktiv, und körperliche Liebe hat sie meines Wissens nie erlebt. Zudem war sie arm und von Gleichheit selbst mit bescheidenen Mitbürgern konnte bei ihr keine Rede sein. Sie ernährte sich mehr schlecht als recht von Privatstunden als Klavierlehrerin. Dennoch war sie immer fröhlich, und auch ihr tödliches Leiden am Ende trug sie mit Geduld und letztlich heiter. Auch die fröhlichste Natur unter meinen Bekannten, *Maria Meißner,* ist nicht vom Glück verwöhnt, verlangt nichts und gibt an andere.

Muß man arm werden, um glücklich zu sein? Die Selbstmordzahlen steigen bei steigendem Wohlstand. Das gibt zu denken. Hoffnung, so habe ich einmal geschrieben (1984), ist die beste Quelle der Gesundheit. Ist sie auch die Quelle der Heiterkeit? Wer alles hat, hat nichts mehr zu hoffen, also ist er betrübt? So einfach kann es nicht sein. *Lotti Hof* blieb heiter, auch als sie nichts mehr zu hoffen hatte. Was beseelt einen jungen Familienvater, der für Frau und Kinder sorgt und sich abrakkert? Man kann schwerlich sagen, daß es sein Sozialprestige ist, das mir sonst zu den dringendsten Wünschen fast aller Menschen zu gehören scheint. Ist es die unreflektierte Pflichterfüllung? Ist es einfach das Gefühl, daß die Welt so, wie wir sie erleben, in Ordnung ist, ohne daß sie unseres ständigen Protestes bedürfte? Beraubt uns jeder Anspruch, den wir stellen, unseres Glücks?

Ich glaube es in der Tat. Es sind die Dinge, die wir nicht mehr achten: Pflichterfüllung, Anspruchslosigkeit, und wohl auch das Gefühl, irgendwo geborgen zu sein, was uns glücklich macht. Und vielleicht ist in dieser anspruchsvollen Welt der, der gibt statt zu nehmen, besonders glücklich. Denn Mitleid ist, um es mit *Shakespeare* zu sagen, gleich dem sanften Regen, der vom Himmel fällt. Es segnet zweimal: es segnet den, der nimmt und den, der gibt.

Damit ist nur ein Teil von dem ausgesagt, das den Menschen trägt und erhält. Die Fröhlichkeit, von der wir sprachen, ist die laute Form eines inneren Zustands, der sich, je näher wir ihm kommen, umso leiser, umso unzugänglicher äußert. Ich darf das am Beispiel einer anderen Freundschaft schildern. In Bonn trafen wir, in unserer Ablehnung der Naziherrschaft, auf *Friedrich Becker*, den Astronomen. Er war ein Mensch, dessen Wesen in einer unteilbaren heiteren Gelassenheit bestand. Die innere Haltung des *Archimedes* war die seine. Auch der politische Terror rührte nicht an die große Zuversicht, die ganz im Innersten zu Hause ist. Er blieb, da Astronomie nicht zu den politisch bewegenden Fächern gehört, zwar unbefördert, aber unangefochten auf seinem Stuhl als Abteilungsleiter der Bonner Sternwarte. Nach 1945 war er einer der Männer der „ersten Stunde", zusammen mit *Ernst Friesenhahn:* Sie halfen, die Bonner Universität wieder aufzubauen. Die Radioastronomie mit ihrer großen Station in der Eifel verdankt *Becker* ihre Entstehung. Als Emeritus zog er sich mit seiner Frau sofort nach München in eine selbstgewählte Einsamkeit zurück, las, dachte, aber schrieb nichts mehr, und war glücklich. Seine immer kränkelnde Frau wurde leidender, verlangte am Ende seine ganze Kraft, die er in fröhlicher Gelassenheit aufbrachte, sie zu pflegen. Er war 85 Jahre alt, als seine Frau starb. Er hatte sie bis zur letzten Stunde versorgt, und nichts spricht dagegen, daß er sie, hätte sie gelebt, noch viele Jahre hätte pflegen können. Wenige Wochen nach ihrem Tod starb auch er. Sein „Lebenslicht" war mit seiner Frau erloschen.

Wir existieren aus einer inneren Kraftquelle, die etwas Geistiges ist, d. h. etwas, das sich uns nur in der Terminologie von Geist erschließt, obgleich es mehr ist: eine Aufgabe, eine Hoffnung, etwas, das dem Leib eine Spannung verleiht, ohne die er nicht funktioniert. Man kann jene kurzschlüssigen Ärzte, die nichts als Leibliches hinter Krankheit und Tod gewahren, nur um ihre eigene Problemlosigkeit beneiden. Denn jeder, erst recht jeder Arzt, erlebt in der Brüchigkeit seiner Existenz die

Fragwürdigkeit der Gesundheit. Der Leib ist der Spiegel der Seele. Wessen Seele von allen Anfechtungen ungetrübt ist, der hat leicht leben und gut lachen. Wer aber in aller Brüchigkeit sich den Anspruch der Forderung an sich selbst bewahrt, der übersteht auch das Mißliche, das Wagnis seiner Existenz.

Es ist eine seltsame Sache mit der Fröhlichkeit und mit dem, was als Lebenskraft in uns allen zu Werk geht. Unsere Kraft wird uns am ehesten geschenkt, wenn wir, im Sinne des gedankenlosen Slogans der Alltagssprache, „nichts mehr zu lachen haben". Dies ist die höchste Form der Gerechtigkeit, die man auf dieser Erde findet. *Lotti,* die Bescheidene und Einsame, und *Friedrich Becker,* der Besinnliche und Opfernde, beide haben es mich gelehrt. Möge Gott ihnen lohnen, was sie uns vorgelebt haben.

41. Ein Bilanzversuch

Mit dem Zeitpunkt der Emeritierung (1974) begann schon rein äußerlich ein neues Leben. Man hat kaum noch Hilfsmittel, kein reguläres Sekretariat, keine regelmäßig verpflichtende Tätigkeit. Man tritt aus einem meist beträchtlichen Berufsstreß ins Nichts.

Ich habe dieser Entwicklung entgegengearbeitet, teils dabei vom Glück, teils auch wohl vom Verdienst belohnt. Vom Glück: Ich gehöre auch zu den Ordinarien, welche nach altem Recht „emeritiert" wurden, d. h. entpflichtet, aber nicht entrechtet. Ich habe Arbeitsmöglichkeiten in Räumen des bislang von mir geleiteten Instituts behalten, und selbst eine halbtägige Mitarbeiterin habe ich, von Industriemitteln besoldet, mir erhalten können. Meine Chefsekretärin *Hilde Hannibal* schied mit mir gleichzeitig aus dem Dienst; es trat erst *Ellinor Reck,* dann *Jutta Schabert* und zuletzt *Heide Ahlborn* an ihre Stelle. Jeder Chef weiß, was er diesen Mitarbeiterinnen zu danken hat.

Blicke ich nun zurück auf die 26 Jahre Institutsleitung in Heidelberg, und auf nunmehr eine 60jährige Existenz in der Medizin, so drängt sich der Versuch auf, aus der Entwicklung in dieser langen Zeit Schlüsse auf die wesentlichen Kräfte zu ziehen, welche die Medizin beeinflussen und deren Wirkung in die Zukunft hinein zu extrapolieren.

Diese Bilanz kann schon mit dem Wandel der Rechtsform der „Emeritierung" beginnen, die durch Hochschul-(rahmen)Gesetze in eine schlichte Pensionierung verwandelt worden ist: Man verliert das Recht, an der alten Wirkungsstätte zu arbeiten. Der Professor erleidet das Schicksal jedes anderen Beamten. Wissenschaft hat keinen Sonderstatus mehr. Sie hatte zuvor schon ihre steuerliche Sonderbehandlung verloren, verlor dann ein Recht nach dem anderen, der Selbständigkeit in Verwaltungsdingen, des Sozialprestiges, und schließlich wurde die Vermutung, der alte Gelehrte könne wissenschaftlich noch von Nutzen sein, verworfen. Man wird das in Kreisen der Beamtenschaft für gerecht halten. Gleichheit ist die Parole. Eben diese Gleichmachung aber gilt es wahrzunehmen. Forschung und Lehre sind frei, nach dem Grundgesetz, aber nicht mehr privilegiert.

Dieser Zug zur Egalisierung, ein Abstieg in die Ebene, wie es ein Autor (ich glaube er hieß *Zehrer*) nach dem letzten Kriege nannte, hat vielleicht nicht allzu drastische gesellschaftliche Folgen. Der Fortschritt der Wissenschaft geht zu rasch, als daß ein Emeritus noch mithalten könnte, und eine Gerousia nach griechischem Muster hat es ohnehin in der Wissenschaft nie gegeben. Schlimm ist die totale Abnabelung von der Berufswelt vorwiegend für die Alten selber. Ich wundere mich, daß es subtiler Forschungen bedurfte (über die man soeben in der Zeitung berichtet hat), um die Ursache der verbreiteten Alters-Depressionen zu ermitteln. Der von der Funktion getrennte Mensch kann keine Lebenskraft mehr haben, ebensowenig wie der von der Hoffnung abgeschnittene. Soeben erzählte mir mein alter Kollege *H. Mislin* davon, daß in einem bolivianischen Bergwerk alle unter Tage Eingeschlossenen nach 3 Tagen starben, weil keinerlei Außenweltkontakt ihnen Hoffnung gab, während Bergleute, die mit solchem Außenkontakt, und also in der Hoffnung auf Rettung eingeschlossen waren, selbst bei schlechteren Überlebensbedingungen länger überlebt hatten.

Wollen wir das Wesentliche an den Änderungen dieser Jahre erfassen, so drängt sich als wichtigstes Kriterium in der Tat die zunehmende Geschwindigkeit des Wandels auf. Der Differentialquotient fast aller gesellschaftlichen Größen nach der Zeit wächst. Erreicht er einen Schwellenwert, so empfinden wir die Situation als „Krise". Wir gleiten (taumeln) derzeit von einer Krise in die andere.

Es ist eine bekannte menschliche Eigentümlichkeit, Krisen negativ zu beurteilen. Sie überfordern in der Regel unser Anpassungsvermögen, lösen also, im Sinne der *Selye*schen Terminologie, Streß aus. Streß ist einer der Auslöser des Infarktes, eine unbezweifelbare, wenn auch immer noch bezweifelte Tatsache, die ich mit *Blohmke* zusammen versucht habe, aus epidemiologischen Forschungen zu belegen, und es mag sein, daß die rasche Zunahme des Infarktes nach dem letzten Krieg hier eine ihrer wesentlichsten Ursachen hat. Wir sollten uns dennoch energisch der These widersetzen, daß der rasche Wandel unserer Welt nur Gefahr bringt, daß er unsere gesellschaftlichen Werte zerstört, daß er nur destruktiv wirkt. Es gibt in der jungen Generation viel Positives, z. B. die Reduktion des Ehrgeizes, die Ablehnung struktureller (nicht sachlicher) Autorität, die Bekämpfung politischer Aggressionen (so wenig sie auch im allgemeinen gelingt).

Und doch wird man *Orwells* Ahnungen nicht los, daß uns eine Welle der Manipulation überflutet, die man zwar noch Bürokratie nennen mag, die aber heute schon mehr ist: Inhumanität in ihrer durch keine

Nachdenklichkeit gezügelten Machtbesessenheit. Der Bürger hat nur ein Recht auf Formalismus, nicht aber auf Menschlichkeit, denn diese läßt sich nicht in Verwaltungsakte verwandeln. Hierzu gibt es zahllose Beispiele: die Flut kameralistischer Vorschriften, die gewaltige Zunahme an Verwaltungsarbeit, die Anonymisierung aller Verwaltungsakte in riesenhaft angewachsenen Körperschaften. Das alte Physiologische Institut in der Akademiestraße in Heidelberg war noch ein lebender Organismus. Das neue Institut ist 1974 in einem Betonwald von unübersehbarer Weitläufigkeit untergegangen. Das Klinikum in Aachen ist noch schlimmer. Der Mensch ist nicht einmal ein Rädchen in diesem Getriebe. Er ist ein Molekül, das vom Kreislauf der Behördenmacht durch die Kapillaren der Funktionalität getrieben wird. Die Gigantomanie der Verwaltung ist dabei noch das harmloseste Symptom der Verwandlung, der wir uns, so wie es dem Angestellten in der Novelle *Kafkas* widerfuhr, ausgesetzt sehen: langsam wächst sich alles an uns zu einem dicken, unbeweglichen Käfer aus, weil wir Individuen uns gleichsam unentwegt teilen und aus unserem Leib die doppelte, die vierfache Menge von unseresgleichen erzeugen.

Wir strömen in den ungefügen Leib riesiger Institute mit zehn Stockwerken und tausend Zimmern ein, werden sorgfältig etikettiert, mit einem Funktionsstempel versehen, und wir erhalten, was früher die Aufgabe unserer eigenen Imagination war, unsere Funktionen vom großen Bruder, der über uns wacht, in gutachterlichen Machtsprüchen zugeteilt.

Daß diese wie ein surrealistisches Gemälde wirkende Beschreibung auf moderne Industrielaboratorien heute schon zuzutreffen beginnt, wird wohl nicht mehr bezweifelt. Die Universität sieht noch nicht überall so gigantisch aus, wird es nur hie und da in Mammutinstituten, die sich hochspezialisierter Forschung widmen, einer Forschung, die ohne Großtechnik nicht mehr leistungsfähig wäre. Das Forschungsobjekt wird immer kleiner, der es beforschende Apparat immer größer. Lag das Verhältnis der Länge des Forschungsobjektes zur Länge der Apparatur vor 100 Jahren beim Verhältnis 1 : 1, so lag es in den Anfangszeiten meiner Elektrophysiologie schon bei 1 : 100 und liegt jetzt, wenn Teile einer Einzelzelle analysiert werden, längst schon bei 1 : 10^7. Wir mögen dieses Phänomen als Ausdruck eines Gesetzes, des *„expandierenden Verhältnisses von Objekt und Apparat"* bezeichnen, das in dieser Form Gültigkeit in fast allen modernen Lebensbereichen beanspruchen darf. Der expansive Bürokratismus ist nur eine seiner Sonderformen. Wir wollen diesem Gesetz die Kurzform des „Expansionsgesetzes" geben.

In der Wissenschaft ist die Gigantomanie am deutlichsten in der Heraufkunft der „Großforschungsanlagen" faßbar: Unternehmungen, Instituten, Zentren, welche oft viele tausende Mitarbeiter beschäftigen und dabei dennoch an einem ziemlich begrenzten Problem arbeiten. Das Sloan-Kettering-Institut für Krebsforschung in New York war eine der ersten solcher Institutionen, die mir schon kurz nach dem Kriege begegnete, und das „Deutsche Krebsforschungszentrum" (DKFZ genannt) liegt mir in Heidelberg direkt vor der Nase. Es erhebt sich angesichts solcher Institutionen, die weiter wie Pilze aus dem Boden wachsen (so das Heidelberger Zentrum für Molekularbiologie), die dringende Frage, was solche Institutionen, wissenschaftstheoretisch gesehen, leisten können. Nun bin ich selbst kein Freund der arroganten Wissenschaftstheoretiker. Die Praxis entscheidet. Aber *welche Praxis?* Man stellt sich bei diesen Institutionen viele Fragen, die wichtigste hört man nie: Welche positiven Leistungen für die Gesellschaft kann diese Forschung haben, und wie sieht ihre Kosten-Nutzen-Analyse aus?

Ich kann keine sonderlich sachverständigen Antworten geben, und meine vorherrschende Skepsis läßt sich leicht als die Befürchtung eines zu alten Mannes abwerten, der nichts mehr von der Sache versteht. Natürlich sehe auch ich ein, daß das Expansionsgesetz seinen Tribut gerade bei der besonders hochkarätigen Forschung fordert. Das Krebsproblem z. B. kann man nur durch Zusammenfassung sehr verschiedener Fachgebiete zu einheitlicher Lösungsfindung bewältigen. Wie es dabei zugehen kann, mag uns das DKFZ mindestens andeutungsweise zeigen.

Krebsforschung und vor allem Krebstherapie hat es in Heidelberg seit langem gegeben. Das kann man bei zwei prominenten Heidelberger Autoren (*Linder* 1985, *Wagner* 1985) nachlesen. Die experimentelle Krebsforschung begann mit *V. Czerny* und seinem von ihm 1906 geschaffenen Institut. Als ich nach Heidelberg kam, war soeben auch *Hans Lettré* an das Institut für experimentelle Krebsforschung berufen worden, das nunmehr neben einer Klinik für Krebskranke, dem „Czerny-Krankenhaus", bestand. Dieses Institut lebte vom Ingenium zweier Menschen: des Ehepaars *Lettré.* Der Schwerpunkt lag darin, mit subtilen Methoden der Gewebezüchtung den Einfluß von vermuteten krebserzeugenden Stoffen zu testen. Das waren damals wichtige Arbeiten, die noch auf der Linie des organisatorischen Promoters des Instituts, des Heidelberger Chirurgen *K. H. Bauer* lagen, der nach dem Krieg bald ein ebenso bewundertes wie kritisiertes Fachbuch über den Krebs schrieb. *Bauers* Theorie besagte, der Krebs entstehe durch eine Mutation einer Zelle, indem ein Gen von einem Energiequant (z. B. aus der Höhenstrahlung) getroffen wird. Es lag also nahe, solche mutagenen Einflüsse aufzuspüren. *Lettré* wurde nicht müde, tausende von Substanzen auf „Kanzerogenität" zu prüfen, auch mit hohem Erfolg. 1964 wurde das *Lettré*sche Institut dem DKFZ einverleibt, nicht ganz zur Freude seines Direktors.

Natürlich konnte das Ehepaar *Lettré* nicht alle krebsverdächtigen Substanzen allein oder mit Assistenten ermitteln, es zeigte sich aber schon bald, daß das Krebsproblem hier offenbar nicht liegt. Was jetzt ein Mammutinstitut leisten könnte, wäre, die Frage zu klären, in welcher Kombination von Prozessen das Krebsproblem gesehen werden muß. Im Ausland, gefördert von der New Yorker Akademie der Wissenschaften, fanden zwei große Kongresse statt über die „Psychosomatik des Krebses" (*Bahnson* 1966, 1969). Wer etwas hellsichtig war, konnte erkennen, wohin die Reise ging: in die Probleme der Immunität. Es ist bezeichnend, daß einigen der Direktoren des DKFZ die amerikanische Literatur über das psychosomatische Problem gar nicht bekannt war, man meinen Hinweis auf psychosomatische Teilprobleme als Spinnerei weit von sich wies und eine eigene Forschungsstelle für Immunologie noch gar nicht hatte. Sie wurde erst vor kurzem eingerichtet.

Nur ein Blinder könnte den Nutzen der Großforschungsanlagen rundheraus bestreiten. Ich möchte über den Nutzen auch vorwiegend aus dem Blickwinkel des Mediziners schreiben. Man gestatte mir dabei einige kleine „Ausreißer" ins Traumland des Alltags. Der Mensch mit nicht allzu verbohrter Alltagsphantasie bemerkt sofort, daß Forschung technische Innovationen ermöglicht, und jahrelang hat der *Stifterverband für die Deutsche Wissenschaft* (in dessen Kuratorium ich sehr früh gewählt wurde) seine Werbekampagnen mit dem Slogan betrieben, daß die Wissenschaft für heute die Technik für morgen (und also der Umsatz für übermorgen) ist. Da auf der Erde die Konkurrenz der Industrienationen immer erbarmungsloser wird, ist damit Wissenschaft eines der Rezepte für das eigene Überleben. Die Produktion und

Arbeitsplatzsicherung von morgen ist ohne Wissenschaft heute nicht denkbar.

Wir vergessen dabei gerne, daß die Grundvoraussetzung dieses Kalküls die Konkurrenzsituation ist. So lange Werftarbeiter in Vietnam oder Singapur mit einem kleinen Teil des Lohns ihrer Hamburger Kollegen zufrieden sind, liegen die Hamburger Werften still. Wenn aber alle Werftarbeiter der Welt dieselben Forderungen stellen, sieht das Problem anders aus. Man kann es noch brillanter mathematisch darstellen, indem man nach den Bedingungen fragt, unter denen eine Gesellschaft von Egoisten kooperativ wird. *D. R. Hofstadter,* einer der jungen Computergenies der USA, hat das Problem im „Spektrum der Wissenschaft" (1983, H. 8) erläutert. Aber treffen seine mathematischen Terme auf die Weltsituation von morgen zu? Was geschieht, wenn gleiche Intelligenzen z. B. ungleich viel zu essen haben? Wir denken, das will ich sagen, in einer Sprache, welche wesentliche Teile menschlicher Entscheidungsgründe nicht enthält.

Wie steht es mit dem offenbaren Nutzen heute und hier? Ich erinnere mich einer Schrift des großartigen Chefs der BASF, Prof. *Wurster,* der in den sechziger Jahren, gegen die damals aufkeimende Technikfeindlichkeit der Intelligenz, die Vorteile aufzählte, welche von der modernen Chemie-Technik ausgehen. Es sind die Dinge, die uns das Leben bequem machen: Teflonpfannen, Waschpulver, Kunststoffe, automatische Maschinen, insbesondere Kulturgeräte, die in dem Akronym HiFi weit umfassender gekennzeichnet werden könnten, als es der Begriff HiFi (High Fidelity) heute tut. Angesichts dieser HiFi-Welle verblaßt das technische Ideal der Jahrhundertwende, das in den Skulpturen der Böttcherstraße in Bremen so meisterhaft dargestellt wurde: Technik als Resultat der menschlichen Bequemlichkeit. Sie diente dazu, den Menschen von schwerer Körperarbeit zu entlasten. Dieses „Power engineering" des ersten industriellen Jahrhunderts ist längst durch die „zweite industrielle Revolution" *(L. Brandt)* abgelöst worden: durch das „Information engineering", dessen Inbegriff die extreme Angleichung aller Simulationsprozesse an die Wirklichkeit durch Computer ist, eben das HiFi-Prinzip in Ton, Bild und Sprache und letztlich in Logik, Welterfassung und Welterklärung. Das gilt insbesondere für die Medizin: Was ein Autoanalyzer heute in Minuten ausdruckt, hat einen erstklassigen Laborarbeiter früher zwei Tage beschäftigt. Die Konsequenz ist freilich, wie jeder weiß, nicht dahin gezogen worden, daß der moderne

Laborant jetzt nur noch Minuten am Tage arbeitet. Die Bequemlichkeit technischer Mechanismen hat offenbar Probleme. Ich kann mich dennoch nicht der maßlosen Kritik von *Ivan Illich* (1977) anschließen, der diese ganze Supermedizin für überflüssig hält. Ich frage nur vielleicht etwas penetranter als es meine Kollegen tun nach ihrem echten Nutzen. Er müßte sich an „Gesundheitsindikatoren" ablesen lassen. Das kann man auch: die Lebenserwartung ist seit 1870 auf das Doppelte angewachsen. Dies ist aber, wie uns der Sozialmediziner *McKeown* gezeigt hat, keineswegs nur und vielleicht nicht einmal vorwiegend die Folge technischer medizinischer Innovationen. Ich wage zu behaupten, daß ein (unbekannt großer, aber bedeutender) Teil der Medizintechnik nur einem kleinen Kreis versicherter Kranker zugute kommt, und daß man mit den aufzuwendenden Mitteln, wenn sie anders verteilt und genützt würden, weit mehr Menschenleben retten könnte, freilich nicht gerade in Europa und nicht gerade die Menschen, die heute mit Supertechnik gerettet werden. Der Nutzen dieser Medizintechnik hat also weltpolitische Akzente und ist keinesfalls frei von jener gedankenlosen Herrschaftsideologie, die nur an dem Erfolg der Düngung des eigenen Blumenbeetes interessiert ist.

Wenn wir weitere Gesundheitsindikatoren hierzulande befragen, erhalten wir eine nur um weniges trostreichere Antwort. Die Krankenstände, d. h. die Prozentsätze der Beschäftigten, die jeweils krank feiern, sind bei 6% eingefroren und bewegen sich jedenfalls nicht nach unten. Die vorzeitige Berentung ist (wenn überhaupt) ein Indikator dafür, daß es gesundheitlich bergab geht, denn die Zahl der Frührentner steigt, freilich (wie ich meine) mehr aus ökonomischen als aus gesundheitlichen Gründen. Die Sterbeziffern bleiben ziemlich konstant (*Thom* u. a. 1985) und wo sie sich (wie beim Infarkt) neuerdings senken ließen, sind es Maßnahmen der Gesundheitserziehung, die wirksam wurden. Dennoch kann gerade aus den Sterbeziffern ein versteckter Erfolg der Medizin herausgelesen werden, denn ein großer Teil menschlicher Krankheiten führt heute seltener zum Tode als früher. Er wird aber völlig aufgewogen von der Zunahme derjenigen Todesfälle, deren Ursache ein wachsender Luxuskonsum ist. Die Medizintechnik kann also gerade eben die Gesundheitsschäden reparieren, die unser Amüsement uns dauernd zufügt. Das ist die Quintessenz der Erfolgsstatistik der medizinischen Supertechnik. Wie das im Detail aussehen kann, das habe ich soeben als Mitglied zweier Kommissionen erlebt, in denen die

Zulassung der sogenannten nuklearen Kernspin-Resonanz-Tomographie zur Kassenpraxis zu entscheiden war. Die Entwicklung dieser Supertechnik, des größten technischen Fortschritts medizinischer Diagnostik seit der Entdeckung der Röntgenstrahlen, wird mit großen Mitteln von der Bundesregierung gefördert (*Kernspintomographie* 1984). Die Anwendung ist aber sinnvoll nur bei sehr wenigen Krankheiten, wie die Experten versicherten, und unter diesen Krankheiten finden sich zahlreiche, die keine großen therapeutischen Erfolge versprechen. Nichts gegen die Methode, aber die Kosten (vermutlich bald 3–4 Milliarden DM jährlich) sind mindestens problematisch. Ich wage die Behauptung, daß z. B. die heute mit riesigen Mitteln geförderte molekulare Biologie samt der überall beherrschender werdenden Biophysik einen vergleichweise geringen Nutzeffekt besitzt. Die großen und häufigen Krankheiten werden von dieser Forschung kaum oder gar nicht beeinflußt. Die Lehrbücher der Medizin werden immer stärker mit einer experimentellen Biophysik und Mikrobiologie angereichert, die keinem Arzt dazu verhilft, im Notfall richtige Entscheidungen zu treffen. Die ärztlich wichtigen Fragen der Regulationsphysiologie von Kreislauf, Atmung und Verdauung werden dagegen vernachlässigt. In dieser Forschungsplanung bahnt sich eine gigantische Fehlinvestition an, die ein ahnungsloses Forschungsministerium intensiviert.

Obgleich es gefährlich für einen Wissenschaftler ist, über die Grenzen seines Faches hinaus Urteile abzugeben, obgleich ich auch allzu oft gesehen habe, wie auch sehr kluge Männer irren, wenn sie z. B. als Physiker medizinische Probleme erörtern, will ich das Wagnis eingehen, meine Eindrücke vom „Segen der Technik" auch über die Medizin hinaus zu formulieren. Welche Tests könnten wir heranziehen, um die Sinnhaftigkeit der Technik unbezweifelbar darzutun?

Drei Kriterien, und nur drei, scheinen mir hierzu aussagefähig: die Gesundheit (die von der Technik, wie wir hörten, in der Bilanz nicht viel verbessert wurde), der Betrag sozialen und individuellen Glücks und die Erzeugung neuer Möglichkeiten der Weltorientierung, aus denen sich ein Fortschritt der Kultur ableiten ließe. Alle drei Kriterien sind voneinander unabhängig; sie könnten sich sogar im Ergebnis widersprechen.

Das Resultat der Analyse der Gesundheit ist nicht sehr ermutigend, soweit es die europäischen Standards betrifft. Auf Weltebene sieht sich die Sache anders an. Die Ausrottung der Seuchen schreitet rasch fort, die Malaria und die Pocken sind fast verschwunden. Die Lebenserwartung steigt auch in den ärmsten Nationen der Erde an, so wie sie es bei uns von 1870 an getan hat. Das Ergebnis ist ambivalent: die Überbevölkerung und der Hunger nehmen zu. Selbst dieses ambivalente Ergebnis ist mit hoher Wahrscheinlichkeit nicht einmal vorwiegend das Resultat wachsender Technik, sondern einer wachsenden Verbreitung von Hygiene und damit einer Steuerung des individuellen Verhaltens. Das trifft auf Europa inzwischen weniger als auf die Dritte Welt zu. Die Verantwortlichen der WHO werden nicht müde, den rein technischen Fortschritt der Medizin aus diesem Gesichtswinkel zu kritisieren. Doch wollen wir bescheidene Erfolge zugestehen.

Weit schwieriger ist es, den Anteil der Technik an der Mehrung des sozialen Glücks, des Wohlstandes, des Wohlbefindens zu bestimmen. Nun ist ein enormer Glücksgewinn allein dadurch zu verzeichnen, daß uns die belastende körperliche Arbeit von der Maschine abgenommen wurde, und der einzelne, trotz wachsender Produktion, hohe Gewinne an verfügbarer Freizeit hat einheimsen können. Dennoch gipfelt das Problem in der unbequemen Frage, ob Wohlstand, gemessen am Pro-Kopf-Einkommen einer Bevölkerung, glücklich macht. Erinnern wir uns der Paradoxie der „Fröhlichkeit". Was wollen wir unter „Glück" verstehen? Die Heiterkeit als Grundstimmung in einer Bevölkerung? Wir müßten dann wohl das Nord-Süd-Gefälle des Wohlstandes umkehren. Heiterkeit wie im Süden gibt es im Norden nicht. Sind unsere Menschen hier glücklicher geworden? Eine ungewöhnliche Frau, *Gertrud Höhler,* nennt das Glück ein „Füllhorn der Widersprüche". Frau *Höhler,* die uns als Referentin bei der Liga für das Kind uneigennützig geholfen hatte, eine übrigens sehr schöne Frau, die beinahe Kultusministerin in Hessen, bei einem Wahlsieg der CDU, geworden wäre, hat uns einen Spiegel vorgehalten, der die Zerrissenheit der Gesellschaft deutlich zeigt. Glück wird mit Anspruch und Geldverdienen verwechselt. Befragen wir aber die Sozialindikatoren, welche etwas über das Maß an sozialer Ordnung und Sicherheit aussagen, so steigt zwar unser Jahreseinkommen nominell und real, es steigen aber auch die Sozialkosten unserer Wohlfahrt an, am drastischsten meßbar an den stetig steigenden Kosten des Gesundheitssystems, das inzwischen fast 20% des Bruttosozialproduktes verschlingt. Der immer noch steigende verfügbare Rest unseres Verdienstes findet eine steigende Sättigung der Haushalte hinsichtlich technischer Güter. Es wird für manche Menschen schon ein Problem, wofür sie ihr Geld ausgeben sollen, und das Resultat dieses

Problems: es werden immer mehr Dienstleistungen gefordert, in Form von Reisen, Unterhaltung, Sport, man fährt erster statt zweiter Klasse in der Bundesbahn, ein Phänomen, das mir, der ich jetzt ständig reise, seit 10 Jahren zuzunehmen scheint und das diesen Trend gut charakterisiert. In Hotels sind die teuren Zimmer eher ausverkauft als die billigen, mit Waren ist es ebenso. Nur zum Häusle-Bauen (wie es die Schwaben so gerne tun) langt selbst der heutige Wohlstand nur selten! Bodenspekulation und Baupreisanstieg legen diesen Sektor lahm. Aber sind wir mit alledem glücklicher geworden?

Die Sozialindikatoren warnen uns: Die Kriminalität steigt an, vielleicht auch, weil die Arbeitslosigkeit anstieg und hoch bleibt, und die Jugendkriminalität wächst sogar bedrohlich, insbesondere in Form der Gewaltverbrechen. Die Neurosen steigen ebenso wie der Drogenkonsum (neuerdings insbesondere des Kokains), es wächst der Terror, die private Gewalt, die Neigung zu politischer Verfemung. Die Ehescheidungen und mit ihnen die Scheidungswaisen nehmen zu, die Eheschließungen und die Geburtenzahlen sinken. Die Familien werden systematisch ausgehöhlt. Das hat z. T. finanzielle Gründe, wie die Deutsche Liga für das Kind festgestellt hat (*Rettet die Familie*,1984) aber eben nur zum Teil! Die soziale Gedankenlosigkeit wächst, kenntlich an den Allüren der Wegwerfgesellschaft, die alle öffentlichen Räume immer stärker verschmutzt. Die Jugend wird interessenlos: „Null Bock auf Nichts“ wird eine beliebte Parole. Zwar wächst in einigen Zirkeln junger Menschen die Neigung, ein „einfaches Leben“ zu führen, wie es uns *Ernst Wiechert* vor Jahrzehnten nahelegte. Insgesamt aber spricht nichts dafür, daß diese technische Welt unser objektives Glück erhöht hat, und wachsendes Unbehagen drückt sich teils in wachsender Krankheit, teils in jener Nostalgie aus, mit der man seine Phantasie in Verhältnissen schwelgen läßt, die einfacher und technisch unbelasteter waren. Die Landung des Menschen auf dem Mond ist kaum eine Kompensation für diese Malaise.

Dies alles könnte man als unvermeidliche Folge eines geistigen Fortschritts hinnehmen, wenn unser drittes Kriterium vom Sinn der Technik uns Besseres verheißen würde: wie steht es mit der Weltorientierung? *Jaspers* rechnet sie der Philosophie zu, aber ich meine, neue Weltorientierungen, große Paradigma-Wandlungen der Wissenschaft, wie *Th. Kuhn* sie nennt, solche Weltorientierungen verändern auch das Selbstbewußtsein breiter Schichten der Menschen auf eine unphilosophische

Weise. So geschah es durch die *kopernikanische* Wende, durch *Keplers* Schriften, durch *Darwins* These von der Entstehung der Arten. Wir sollten nicht allzu hedonistisch (d. h. nicht nur in der Terminologie von Glücklichsein) denken. Das „höchste Glück der Menschenkinder“ könnte die Eroberung einer neuen geistigen Dimension sein.

Nun hat sich der Raum unserer Weltorientierung in meiner Lebenszeit in der Tat gewaltig erweitert, ich meine fast (ohne es beweisen zu können), ebenso sehr erweitert wie in der gesamten Zeit zwischen dem Ausgang der Antike und dem Beginn der Neuzeit. Diese Orientierung hat insbesondere drei Richtungen des Denkens erzeugt, die in verkürzter Form so formuliert werden könnten: Es ist die Entstehung und die Struktur des Kosmos verständlicher geworden; es ist alles einsehbarer geworden, was mit der Entstehung und den Funktionen des Lebendigen zusammenhängt; es ist endlich eine neue Phase der Einordnung des Geistigen in das System der Wissenschaften von der Natur entstanden, das den klassischen Materialismus des vorigen Jahrhunderts endgültig überwunden zu haben scheint.

Dieses enorme Wachstum an Einsichten ist das Resultat vorwiegend zweier technischer Entwicklungswege: der Bereitstellung hoher Energiemengen und der Vervollkommnung aller Informationstechniken. Atomkraftwerke und Computer sind die Konkretisierungen dieser beiden technischen Wege. Ihre extreme Verbesserung läßt dann eine Reise zum Mond oder eine Sonde zum Uranus als ein Problem zweiter Ordnung erscheinen.

Die Medizin kommt schlecht weg bei diesem Szenario des Außerordentlichen. Aber wie ich es schon sagte: sie ist konventionell geblieben. Wissenschaftliche Revolutionen haben sie nicht erschüttert. Von Spektakulärem kündet keine Festrede oder Präsidialansprache bei den großen medizinischen Fachgesellschaften. Ihre Leistungen haben sich stetig, aber nie außerordentlich verbessert, und ihre Erfolge sind ins Stadium der Sättigung eingetreten.

Die tiefgreifendsten Wandlungen der Weltorientierung verdanken wir bereits den ersten Steigerungen der Meßgenauigkeit hinsichtlich Zeit- und Energiemessung und dem menschlichen Ingenium, das daraus die zwei großen theoretischen Gebäude errichtete, welche die Physik fast überall, die Biologie zu einem Teil und die Philosophie in einigen ihrer Grundlagen revolutionierten: die Relativitätstheorie und die Quantentheorie. Die Wandlungen unserer Weltorientierung, die von diesen Theorien und der wachsenden Verfeinerung der Meßbarkeit kleinster Energien ausgingen, gehören zum Aufregendsten, was Wissenschaft je ins Licht der Vernunft gebracht hat: die Einsicht in die *Entstehung* und in die *Struktur des Kosmos.* Die Lektüre eines kleinen Büchleins von *Steven Weinberg,* „Die ersten drei Minuten" im Schicksalslauf unserer Welt, ist das Erregendste, was ich je gelesen habe. Der Einblick ins Kosmische geht der Entschleierung der Prozesse im Mikrokosmischen parallel; der Überwindung des Begriffs des „Atoms" und der Modellierung des Wesens der Materie.

Die sich hier entwickelnden neuen Weltansichten sind faszinierend. Wir glauben einzusehen, wie das Weltall aus einem Urknall entstand, sich ausdehnte, Milchstraßen, Sonnen und Planeten entstehen ließ. Etwas Ähnliches hat auch die Biologie, von der Medizin zu schweigen, nicht aufzuweisen. Dennoch wäre es unfair, die Fortschritte der biologischen Einsichten in das Weltgefüge für grundsätzlich geringer zu achten. Der scheinbare Unterschied in der Großartigkeit der Gedankengebäude ist vorwiegend dem Umstand zuzuschreiben, daß die Kosmologie so modellierbar ist, daß auch der Laie sie zu verstehen glaubt. Das ist in der Biologie nicht möglich, einfach weil die Verhältnisse ungleich komplizierter sind.

Der eindrucksvollste Fortschritt in der Biologie, den ich erlebt habe, war die Entwicklung einer Topologie der Erbanlagen, beginnend mit der Theorie der Doppelhelix, mit der *Francis Crick* und *James Watson* die Genetik zu einer Strukturwissenschaft erhoben, und endend in der Analyse der technischen Möglichkeiten, das genetische Schicksal des Menschen manipulierbar zu machen. Diese geistige Neuorientierung führte auch – im Gegensatz zur Kosmologie – zu einer Fülle praktischer Anwendungsmöglichkeiten, durch die uns der alte *Bacon*sche Satz, daß Wissen Macht bedeutet, in beklemmender Weise wieder deutlich wird.

Natürlich waren auch die Versuche, die Entstehung des Lebens dem Verständnis durch neue Modelle näherzubringen, ein großer Gewinn an Neuorientierung. Besonders eindrucksvoll war die Annahme von der Ursynthese des Lebens in einer Uratmosphäre, wie sie von *S. J. Miller* (und gleichzeitig von *A. I. Oparin*) erdacht und meisterhaft von *E. Mayr* beschrieben wurde. Auch die geistreiche Theorie des Lebens, die *Manfred Eigen* erdacht hat, gehört zu den Erleuchtungen der Moderne. Eine ehrliche Erforschung der theoretischen Grundeinsichten, wie sie schon in meiner Jugend gegeben waren, zeigt dennoch die Unvollständigkeit all dieser Versuche. Weder gelang es, ein molekulares Modell der Evolution aus der Idee einer Synthese von Aminosäuren in der Ursuppe unserer Erde abzuleiten, noch hilft es uns weiter, wenn wir die noch unverständlichen Eigenschaften lebender Substanz, ihre Formkraft, ihre Fähigkeit zur Reduplikation bereits in Eigenschaften der Moleküle (ihre molekulare „Selbstorganisation") verlegen und diese Eigenschaften mathematisch deuten. Ein wenig heller erscheint uns dennoch jetzt der Weg, auf dem sich Lebloses zu Lebendigem hochentwickelt hat. Der Gedanke, hinter dieser Entwicklung stehe nichts anderes als das Naturgesetz, wird etwas wahrscheinlicher. Aber oft scheint mir, daß man einige neue Kenntnisse atomaren oder molekularen Verhaltens allzu rasch zu grundsätzlichen Einsichten in die Natur des Lebendigen hochstilisiert hat. Die Prinzipien der Evolution sind immer noch ziemlich dunkel. Wenn Zufall und Notwendigkeit (so *J. Monod*) das Wunder des Lebens gemeinsam hervorgebracht haben: ist nicht dieser „Zufall" nur jene Seite der Notwendigkeit, deren multifaktorielle Zusammenhänge wir wegen ihrer Kompliziertheit nicht überblicken? Die Entstehung des Lebens erinnert mich in ihrer Problematik sehr an die Entstehung der Krankheit. Von letzterer unterscheidet sie sich vorwiegend darin, daß die Elementarprozesse der Krankheitsentstehung makroskopisch und modellierbar, die der Lebensentstehung submikroskopisch und daher sowohl uneinsehbar als auch nicht modellierbar sind.

Die Gewinne an Weltorientierung der Genetik und der Mikrobiologie mag man also für relativ bescheiden halten, dafür sind aber ihre praktischen Konsequenzen umso gewaltiger. Ich möchte nicht allzu bedenkenlos in das zeitgenössisch so modern gewordene Horn einer Verdammung mikrobiologischer und insbesondere genbiologischer Technik stoßen. Eine Tagung der *Gesellschaft für Verantwortung in der Wissenschaft,* an der ich mitgewirkt habe (ich war einige Jahre auch Vorsitzender der Gesellschaft), hat mir gezeigt, daß in der Mikrobiologie nicht geringe Chancen liegen, z. B. zur Erzeugung von menschlicher Ernährung oder zur Herstellung billigen Insulins. Daß aber die medizinische Genetik alles darf, was sie kann *(Sporken),* davon kann keine Rede sein. Hier ist ein neuer und besonders dringlicher Schwerpunkt einer medizinischen Ethik entstanden, den ich auch im Rahmen meiner Forschungen zur Ethik behandelt habe (*Schaefer* 1983). Er betrifft die Manipulation menschlichen Erbgutes. Es ist jetzt deutlich geworden, daß sich der Gesetzgeber dieser Seite der Machbarkeit von

Lebensvorgängen annehmen muß. Das Problem ist so bedeutsam dadurch, daß alle Eingriffe in die Erbsubstanz theoretisch unwiderruflich sind: ein neues Erbgefüge ist seiner Natur nach konstant und übergibt seine neue genetische Information an alle kommenden Generationen. Es sieht derzeit so aus, als seien sich die Verantwortlichen in ihren Empfehlungen einig. Man darf die Fragen dennoch nicht allzu leichtfertig als erledigt ansehen. Was geschieht, wenn es gelingt, ein Mittelding zwischen Mensch und Affe zu züchten, ein Lasttier mit hoher, aber dem Menschen erheblich unterlegener Intelligenz? Werden die Menschen das Ethos aufbringen, sich solcher Halb-Menschen *nicht* als Sklaven des dritten Jahrtausends zu bedienen?

Die Praxis dieser genetischen Forschung bringt noch andere Probleme mit sich. Es darf als sicher gelten, daß man in wenigen Jahren bei einem Menschen bestimmen kann, für welche Umweltgefahren er besonders empfänglich ist, ob er z. B. Zigaretten rauchen kann, ohne einen Lungenkrebs zu bekommen. Wenn diese genetische Vorhersage hinreichend sicher geworden ist, wird man bei einem Arbeiter feststellen können, ob er für bestimmte Arbeitsplätze tauglich ist, d. h. durch Schadstoffe, die auf ihn einwirken, erkrankt oder nicht. Die Gewerkschaften wehren sich gegenwärtig gegen alle Versuche einer solchen genetischen Prognose, weil sie die freie Verfügbarkeit der Arbeitskraft einengt. Es fragt sich, ob sie Gefahr und Nutzen dabei richtig abwägen. Auf alle Fälle aber wird das menschliche Leben einem weiteren Zwang unterworfen. Wissenschaft wird zum Erfüllungsgehilfen von *Orwells* „großem Bruder".

Doch kehren wir zu unserem Anliegen zurück, die Sinnhaftigkeit von Technik zu diskutieren. Was hat uns die technisch perfektionierte Wissenschaft an Zuwachs unserer Weltorientierung beschert? In diesen meinen letzten Lebensjahrzehnten hat sich die Verhaltensbiologie zu einem besonders eindrucksvollen Zweig existenzerhellender Weltorientierung entwickelt, der dadurch so fruchtbar geworden ist, daß man vom unproblematischeren Tier auf die viel zu komplizierten Probleme des Menschen schließen kann, wenn auch mit Vorsicht und in Grenzen. *Konrad Lorenz,* den ich von gemeinsamer Tätigkeit am Göttinger Institut für den wissenschaftlichen Film gut kenne, ist hier ein Bahnbrecher, und ein Mitglied des Nobelkomitees, *Ulf von Euler,* nun auch schon einige Jahre tot, hat mir gesagt, für wie bahnbrechend auch das Nobelkomitee die Entscheidung hielt, einen Nobelpreis auf diesem

Gebiet der Verhaltensforschung, an *Konrad Lorenz*, zu vergeben. Ich habe nie die pharisäische Haltung verstanden, mit der bestimmte soziologische und anthropologische Kreise gegen *Lorenz* zu Felde zogen, ihm vorwerfend, er übertrage unbesehen Gesetze, die für das einfacher strukturierte Tier gelten, auf den um so viel komplizierteren Menschen. Jeder Physiologe weiß, daß dieser Vorwurf weder auf *Lorenz* noch gar auf die Sache selbst zutrifft. Die Eigenschaften des Menschen und insbesondere sein emotionales Leben sind so weitgehend denen höherer Säugetiere verwandt, daß Parallelen geboten sind, zumal es keinen anderen Weg gibt, den Menschen in seiner biologischen Gesetzmäßigkeit zu analysieren. Hier ist in der Tat ein großartiger Vorstoß in das Reich einer Wesensorientierung hinsichtlich unserer eigenen Natur geglückt. Man kann freilich sagen, daß *Lorenz* und seine Kollegen bei der Verhaltensforschung ein Minimum an Technik eingesetzt haben. Ein Lobpreis der Technik läßt sich mit der Verhaltensforschung schwerlich begründen.

Worin also könnte die Berechtigung für den technischen Aufwand der Gegenwart gefunden werden? Wenn unser gesellschaftliches Leben gefährdet scheint, die Wissenschaft bedeutende Fortschritte in der Erklärung der biologischen Umwelt durch einfache Beobachtungen machen konnte, die eines hohen technischen Aufwandes nicht bedurften, ist dann wenigstens durch die moderne Technik eine neue Stufe der Weltorientierung erreicht worden, die nur durch Technik ermöglicht wurde und durch die sich menschliches Verhalten gefahrloser, kulturbezogener und der Macht leichter entsagend hätte gestalten lassen? Gibt es einen echten „Fortschritt“ der Kultur, der technisch begründet ist?

Nun bin ich sicher nicht der kompetente Geist, der sich zu dem schon in der Semantik so umstrittenen Problem des Fortschritts äußern könnte. Vielleicht darf ich dennoch zwei Gedanken wiedergeben, die sich am Ende meines Lebens aufdrängen. Mir scheint, als habe sich in der Tat das Niveau der Argumentation in der Öffentlichkeit erheblich verändert, als beginne sich darüber hinaus eine neue Mystik zu entwickeln.

Uns sind die Diskussionen bekannt, welche teils von den Modellen des *Kopernikus*, teils von den *Kepler*schen Gesetzen in der Öffentlichkeit entstanden. Diese Diskussionen beeindruckten nicht nur jedermann in der damaligen gebildeten Gesellschaft, sie führten zu erbitterten Fehden über die religiöse, ja selbst über die moralische Situation der

Zeit. Ein Eindruck davon wird uns heute dadurch lebendig gemacht, daß einflußreiche Kreise der Kirche, insbesondere *Kardinal König*, eine Wiederaufnahme des *Galilei*prozesses anstrebten und zum Teil auch erreichten, eines Prozesses, von dem eine moderne Analyse, die wir dem großen Physiker *W. Gerlach* verdanken, zeigen konnte, daß die Kirche im Grunde mit der damaligen wissenschaftlichen Meinung konform dachte.

Es gibt in unserer Zeit nichts, was den „weltanschaulichen" Disputen des 17. und 18. Jahrhunderts über die Struktur der Welt oder (im 19. Jahrhundert) über die Entstehung des Lebens und seiner irdischen Zustandsformen auch nur von Ferne vergleichbar wäre, obschon die soeben geschilderten Ergebnisse der Naturwissenschaft das Weltbild der Gegenwart so erheblich verändert haben. Der Grund liegt auf der Hand: weil das *kopernikanische* Weltbild die damals allgemein gültige Weltansicht von der Erde als Mitte der Welt entthronte und *Darwin* dasselbe mit der Lehre vom Menschen als der Krone der Schöpfung tat, bäumte sich das herrschende metaphysische Weltbild gegen die Naturwissenschaft auf, nicht zuletzt deshalb, wie *S. Freud* einmal bemerkt hat, weil der Narzißmus des Menschen in Frage gestellt wurde. Das Fehlen weltanschaulicher Richtungskämpfe in unserem Jahrhundert ist nur der Beweis für die Tatsache, daß in unserer gebildeten Welt kein gemeinsames metaphysisches Grundverständnis mehr existiert. Die intelligente Menschheit scheint „nüchtern" geworden zu sein, und die Theologie hat längst die Taktik eingeschlagen, sich mit der Naturwissenschaft soweit wie möglich (oder nötig) zu arrangieren, und das z. B. mit ausdrücklicher Billigung des Papstes. Die „weltanschaulichen" Kämpfe innerhalb der gebildeten Welt haben sich vom theologisch-kosmologischen Thema weg und dem ökonomisch-politischen Disput zugewandt, und selbst dieser wird lau und mit der Vornehmheit des emotional Unbeteiligten ausgefochten.

Mit dieser weltanschaulichen Teilnahmslosigkeit scheint fast bewiesen, daß eine Welle neuer Welteinsicht, also ein neues Kulturelement, sich aus der Naturwissenschaft und ihren großartigen Resultaten nicht entwickelt hat. Dieser Schluß ist schwerlich völlig zu entkräften. Dennoch scheint mir ein Phänomen bemerkenswert, dessen kulturelle Mächtigkeit heute vielleicht noch nicht vollständig erfaßbar ist: das Entstehen einer bislang noch nie beobachteten quantitativen Vermehrung produktiver Intelligenz.

Es ist vielleicht allzu gewagt, als Zeitgenosse dieses Wandels dessen Strukturen erhaschen zu wollen. Ich beginne denn auch nur zögernd damit, das mir Begegnende in ein allgemeines Schema der neuen Geistigkeit umzusetzen. Eindrucksvoll ist zunächst ein quantitativer Aspekt: die enorme Zunahme einer geistig hochstehenden, philosophisch getönten Literatur, die sich mit den Grundfragen der Menschheit beschäftigt. Teils werden großartige historische Rückblicke in Modelltheorien umgesetzt, teils eine Theorie der gedanklichen Zusammenhänge entworfen. Von Versuchen letzterer Art ist mir das Werk von *Hans Jonas* besonders imposant erschienen, eines alten deutschen Juden, der mit großer Bescheidenheit die Fragen unserer Wissenschaft zu Ende zu denken versucht.

Da das Erbgut des Menschen sich schwerlich in einem Jahrhundert nennenswert verändern kann, wird man diese Zunahme intelligenter Leistungen nur dem Einfluß der Umwelt zurechnen können: sie ist die Folge eines wachsenden Trainings im Denken über ungewöhnliche Fragen und mit unorthodoxen Methoden. Die steigende Mathematisierung der Welt der Information hat eine Schulung im formalen Denken bewirkt, die sich in neuartigen theoretischen Interpretationen der Welt des Geistes ausdrückt. Das bezeugen Werke von *Hofstadter, Prigogine, C. Bresch, Karin Knorr-Cetina, H. Stachowiak,* um nur die wichtigsten zu nennen, die ich gelesen habe.

Diese geistige Welt ist meines Erachtens noch durch ein Kuriosum charakterisiert, daß es nach meiner Kenntnis der Wissenschaftsgeschichte ebenfalls noch niemals zuvor gegeben hat: eine zu höchster Vollkommenheit entwickelte intelligente Witzigkeit. Sie ist, soweit meine Einsicht reicht, vorwiegend in Amerika, dem Land der obligaten witzigen Wissenschaftlichkeit und der after-dinner-speeches, geprägt worden, und läßt sich z. B. in den einleitenden Seiten des „Scientific American", doch auch in den geistreichen Eskapaden des Magazins der „Frankfurter Allgemeinen Zeitung" in seiner deutschen Transkription ausmachen. Ein Nobelpreisträger, *M. Eigen,* schreibt ein Buch über Spiele. Englische Mathematiker übersetzen moderne Probleme von Raum und Zeit in Science Fiction, wie bei „Alice in Wonderland". Ein fröhlicher Umgang mit schweren Geistesbrocken entstand, für den z. B. das an sich so großartige poetische Lehrbuch moderner Naturwissenschaft des früheren österreichischen Bundeskanzlers *Karl Renner* („Das Weltbild der Moderne") durchaus kein Vorbild war, denn

Renner hatte sein Werk nach dem klassischen Muster des *Lukrez* konzipiert, poetisch, aber ernsthaft und sicher nicht von ätherischer Leichtigkeit. In dieser Intelligenzsturmflut hat sich offenbar ein weitverbreitetes Training des Menschengeistes durch anspruchsvolle Informatik niedergeschlagen. Ich gestehe, daß mich diese Geistigkeit, die mir nicht zur Verfügung steht, mit Neid erfüllt.

Anders ist es mit der zweiten Veränderung unserer geistigen Welt, die ich für verwirrend, wenn nicht für gefährlich halte, die Entstehung einer neuen Mystik. Doch das ist ein neues, ein mich zutiefst bewegendes Kapitel.

42. Das Ende eines Traumes?

Ich werde die Grundlagen der Mystifizierung der Wissenschaft deshalb besonders ausführlich behandeln, weil dieses Thema zugleich die fundamentale Enttäuschung meines Lebens ausdrückt. Mich hat seit den ersten Jahren meiner Tätigkeit als Physiologe der Gedanke beherrscht, daß die Handlungen des Menschen erklärbar sein müßten, wenn man nur alle Kenntnisse über zentralnervöse Prozesse sorgsam zusammentragen und zu einer geschlossenen anthropologischen Theorie synthetisieren würde. Ich weiß inzwischen, daß diesem Plane zunächst die Vielfalt der Daten und die Komplikation ihrer Zusammenhänge und Abhängigkeiten entgegensteht. Was trotz dieser Schwierigkeit möglich sein sollte, ist eine schematisierende Theorie, der vieles Detail fehlt, in der aber die *grundsätzlichen* Formen menschlichen Denkens und Handelns beschrieben werden.

Dieser anthropologischen Theorie müßte eine neue Art des Umgangs der Menschen miteinander entsprechen. Ich träumte den uralten Traum von einer Politik, wie sie schon *Platon* vorgeschwebt hatte, wie sie aber erstmals in unserem durch und durch verwissenschaftlichten Zeitalter möglich sein konnte: daß sich die Menschen nach logischen Prinzipien verhalten, mit vernunftgesteuerten Mitteln ihre Beziehungen regeln und ihre Konflikte lösen. Man müßte *einsehen* können, was richtig und was falsch ist, und mindestens im Kreise der geistigen Elite einer durch und durch logisch fundierten Wahrhaftigkeit folgen.

Jedermann weiß, daß wir von der Realisierung eines solchen Traumes weit entfernt sind, und ihm, verglichen mit früheren Jahrhunderten, auch nicht einen einzigen Schritt näher kamen, vielleicht mit der Ausnahme einer etwas gehobeneren politischen Diskussion auf dem Höhepunkt des bürgerlichen Zeitalters, dem man aber sein völliges Versagen in der Herstellung sozialer Gerechtigkeit nachträglich mit vollem Recht vorgehalten hat.

Das Schlimmste und das für mich Enttäuschendste an dieser Entwicklung ist aber die unleugbare Tatsache, daß die Verdummung des Durchschnittsbürgers ständig wächst. Es stellt sich die Paradoxie ein, daß eine wachsende Flut von Information ihr Gegenteil erreicht. Wir erleben die *desinformatorische Pseudoinformation,* an deren Wachsen,

Blühen und Gedeihen sich eigentlich alle Bildungsinstanzen brüderlich beteiligen. Den Vogel der Verdummung schließt wohl die Boulevardpresse ab, doch wird auch im Radio und (weit mehr) im Fernsehen anti-informativ gearbeitet, indem der Verantwortliche für Textgestaltungen nicht mehr (wie noch vor 20–30 Jahren!) ein Fachmann, sondern ein Journalist ist. Nichts gegen verantworteten Journalismus. Meine Heidelberger Medizinische Fakultät hat einen großen Journalisten, *Johannes Schlemmer*, wegen seiner Art, gegen den Strom der Verflachung zu schwimmen, mit dem medizinischen Ehrendoktor geehrt, und ich bin stolz darauf, hierbei mitgewirkt zu haben. Sicher gibt es zahllose Journalisten, in allen Fachgebieten, welche erstklassige informatorische Arbeit leisten. Aber das Showgeschäft nimmt zu, unterhält uns mit Primitivismen, die kaum alberner erfunden werden könnten und dazu enormes Geld kosten. Das Volk ist davon begeistert, aber darin besteht ja dieser Teufelskreis, daß sinkendes Bildungsniveau sinkenden Geschmack bedeutet, eine der Einschaltquote verfallende Sendepolitik diesem Geschmack folgt, dadurch Bildung weiter senkt usw. Ich habe in den letzten 40 Jahren diese Destruktion von Bildung schmerzlich miterlebt. Wenn wir also hofften, eine Wirkung der Technik (hier der Medientechnik) werde die Erzeugung einer allgemein verbesserten Weltorientierung sein, so wird eben diese Hoffnung durch die dem Teufelskreis des Bildungsverfalls innewohnende Zwanghaftigkeit weitgehend utopisch. Es gibt freilich Gegenkräfte. Die Weltraumforschung ist z. B. eine solche Bildung und Weltorientierung erzeugende Kraft. Doch wird sich der Trend nach unten allein schon deshalb fortsetzen, weil der Begriff der „Prominenz" völlig pervertiert wird. Nicht der Mensch, der *Geistiges* betreibt, bildet heute die kulturelle Führungselite, sondern der Mensch, der gefällt und also ein reproduzierender, aber kein produzierender Geist sein wird. Viele geistige Menschen sind auch heute wieder arm, reich sind die Quizmaster, die Tennisstars, Fußballstars, Abschreibungslöwen, Finanzbetrüger und – wenn auch mit großem moralischen und ökonomischen Abstand – einige Berufe in Handel und Gewerbe.

Die Theorie dieser demokratischen Verdummung ist komplizierter als es die soeben vorgebrachten Argumente vermuten lassen, komplizierter auch als es *André Glucksmann*, der superintelligente Jongleur mit Bonmonts, gemerkt hat. *Glucksmann*, auch einer der witzigen Intelligenzbestien der Gegenwart, verbreitet sich lang und breit über die

Dummheit, insbesondere der Politiker, aber eine Definition dessen, was er *Dummheit* nennt, hat er sich großzügig geschenkt. Ein alter Physiologe ist nicht gar so erstaunt über den Scheingegensatz zwischen den Dummen, wie sie *Glucksmann* sieht, und denen, die sich so klug vorkommen. Dieser Unterschied beruht wohl in erster Linie auf dem Ausmaß an Emanzipation, dessen ein denkender Geist teilhaftig wurde. Die Emanzipierten haben allezeit gegen die gewettert, die sich in einem geschlossenen Gedankensystem geborgen fühlen, in einem System übrigens, das diesen „Dummen" lange Jahre zuvor von einem dieser intelligenten Emanzipierten aufgezwungen worden war. Es liegt in der geselligen Natur des Menschen, der eben wirklich das Zoon politikon des *Aristoteles* ist, daß das Glück in der ruhigen Sicherheit gemeinsamen Denkens gesucht wird, und das, was gedacht wird, dem Bewußtsein durch den jahrelangen Prozeß der Sozialisation eingetrichtert wird. Man kann sich immer und mit hundert Argumenten gegen das „gemeinsam Geglaubte" empören, es insbesondere eine „Dummheit" nennen, aber damit leugnet man bestenfalls den biologischen Untergrund des Denkens, den man auf sehr gefährliche Art, wie es *R. Riedl* versucht hat, auch als Resultat der Entwicklungsgeschichte menschlichen Denkens ansehen mag. Es ist kennzeichnend, daß die *Glucksmann*sche Dummheit „la bêtise" heißt, also Tierheit, wenn wir das französische Wort genau nehmen. Das ist sie in der Tat: unser Denken ist normalerweise in Traditionen verwurzelt, die ihren tiefsten Ursprung in biologischen Existenzsicherungen haben. Das aber heißt zugleich, daß jene emanzipierten Intelligenzen, die aus aller Tradition auszubrechen suchen und das Heil der Menschheit in der Befreiung von allen Zwängen suchen, dem Durchschnittlichen, der solche Emanzipation weder emotional noch intellektuell aushält, seinen eigenen Freiheiten, und das heißt seinen ungezügelten Trieben, überläßt. Diesen Zusammenhang von Terror im weitesten Sinn und Liberalismus sehen die modernen Geistmachter ungern ein. Doch ist das alles auch keine nachträgliche Rechtfertigung für meinen Jugendglauben, Verwissenschaftlichung der Menschheit werde zu ihrer Veredelung führen. Der Mensch ist eine Bestie (Bête), deren Verhalten nur in der gesellschaftlichen Zügelung mit dem allgemeinen Glück aller dieser Bestien kompatibel ist.

Freilich hat die Wissenschaft vom Menschen diese doppelte Entgleisung der menschlichen Ratio mit ihren Analysen eingeholt. Zwar hat noch *Thomas von Aquin* das Wesen des Menschen vornehmlich in seiner

Verstandestätigkeit gesehen. Doch kennen wir inzwischen das Zusammenspiel von Logik und Emotion, wissen z. B., daß alle Meldungen aus Sinnesorganen durch ein Filter im Gehirn laufen, das sie auf ihre existentielle (also emotional zu wertende) Bedeutung hin analysiert. Das Gehirn hat die Neigung, Logik durch Emotion fehlzuleiten, wenngleich wir auch die grundsätzlichen Tendenzen dieser Fehlleitung kennen: die Sicherung der eigenen Existenz. Das „Andere der Vernunft“ *(H. u. G. Böhme)* ist mächtiger als die Vernunft. Wir kennen auch die ontogenetische Entwicklung des Denkens vom Kleinkind zum Erwachsenen, wir können sie ergänzen durch eine phylogenetische Entwicklungsgeschichte, welche uns von der historisch orientierten Philosophie zugänglich gemacht wird. Mein Unterricht in Physiologie versuchte den angehenden Ärzten diese harten Daten der geistigen Welt des Menschen nahe zu bringen, wenngleich ich mich nie zu solchen Aussagen habe hinreißen lassen, daß man aus der Physiologie der Ganglienzellen etwas über die Struktur des menschlichen Geistes ableiten könne, wie es *Popper* und *Eccles* unternommen haben. Es war aber meine tiefste Überzeugung, daß sich *alle* praktischen, menschlichen Probleme durch eine vorsichtige Anwendung von Physiologie werden lösen lassen.

Von dieser optimistischen, durch und durch rationalistischen Grundansicht werden wir uns also trennen müssen. Heute weiß ich, durch die Entwicklung der Psychophysiologie in meinem Fachgebiet einerseits, durch die Diskussionen um die frühkindliche Deprivation andererseits belehrt, daß die zwischenmenschlichen Beziehungen vorwiegend durch Emotionen hergestellt und befestigt werden. Diesen elementaren Lehrsatz hatte ich schon bei der Erziehung meiner eigenen Kinder zu wenig beachtet, er bleibt vollends in der großen Politik aus dem Spiel, obgleich nicht nur alle internationalen Konflikte, sondern auch die kleinen nationalen, parteipolitischen Querelen seine Richtigkeit stündlich beweisen. Man kann das in physiologischer Terminologie auch so ausdrücken, daß die zentralnervösen Leistungen unseres Gehirns nicht der Weltorientierung, sondern der Existenzsicherung dienen. Ich kenne die Werke der Existentialisten zu wenig, um sicher zu sein, daß ihnen, die das logisch-rational fundierte Gebäude der idealistischen Philosophie zum Einsturz brachten, der physiologisch (also naturwissenschaftlich) belegbare Teil dieser elementaren Tatsache gar nicht bekannt war. Die Philosophen haben aus der Beobachtung der Denk- und Handlungsprozesse das indirekt abgeleitet, was ihnen der Physiologe mit seinen Methoden hätte beweisen können. Wenn aber Emotionen letztlich über das Handeln entscheiden, dann ist eine Philosophie, die sich des Wirkungsgefüges menschlicher Existenz annimmt, notwendigerweise eine Philosophie des Wollens, der Tat, der Entscheidungen. Der Physiologe sagt dazu freilich nur, daß mit dem Bade der menschlichen Existenz nicht die logische Fundierung der Voraussagbarkeit von Handlungsfolgen ausgeschüttet werden darf. Eine Gesellschaft bestimmt das Handeln ihrer Individuen nicht nur durch die individuellen, emotional bestimmten Bedürfnisse, sondern ebenso stark auch durch die Reflexion über die Konsequenzen menschlichen Tuns. Ethik ist das Resultat der Auseinandersetzung von Logik und Emotion auf dieser Grundlage. Ein Staat ist nichts anderes als ein leider mit enormer Massenträgheit behaftetes Gebilde, in dem ein Kodex, der an logisch bestimmbaren Konsequenzen von Handeln orientiert ist, die Emotionen „regelt". Jeder Einbruch einer liberalistischen Tendenz muß ein solches Gebilde stören. Was wir derzeit erleben, ist der mit logischen Scheinargumenten begründete Zerfall einer Ethik der Konsequenzen, der deshalb so total ist, weil auch die „Konsequenzen" fragwürdig werden, d. h. man sie teils nicht mehr sicher berechnen kann, sie teils auch als nicht mehr wünschbar ablehnt. Daß man dabei die Konsequenzen der „Ablehnung der Konsequenzen" nicht im Griff hat, liegt auf der Hand. So treiben wir in das total Ungewisse einer emotional bestimmten Zukunft.

Gegen diesen Strom habe ich zu schwimmen versucht, vermutlich mit geringem Erfolg. Aber mein Konzept, Sozialmedizin rational zu durchdenken und die gesellschaftlichen Konsequenzen medizinischen Handelns einsehbar zu machen, scheint mir ein Weg, der in Grenzen heute noch gangbar ist (*Schaefer* und *Blohmke* 1972), so sehr er auch von den Medizinsoziologen als ein unstatthafter Physiologismus abgewertet wird. Aber die Erklärbarkeit menschlicher (historischer, gesellschaftlicher, psychosomatischer) Prozesse ist, so wie ich es heute sehe, tatsächlich begrenzt. *Werner Heisenberg* schreibt in seinen Erinnerungen (1969), ganz im Sinn meiner optimistischen Jugendansichten, daß auch er in seiner Jugend fest daran geglaubt habe, daß die Naturzusammenhänge einfach seien: „die Natur ist... so gemacht, daß sie verstanden werden kann. Oder... unser Denkvermögen ist so gemacht, daß es die Natur verstehen kann" (S. 142). Diese Ansicht kann, wie mir inzwischen durch informationstheoretische Überlegungen klar ist, keinesfalls den menschlichen Geist mitumfassen, denn es ist nicht möglich, mit einer Informationsmaschine, dem Gehirn, den Mechanismus eben dieser Maschine in ihr selbst zu simulieren bzw. abzubilden, insbesondere nicht hinsichtlich ihrer nicht-rationalen Komponenten. Deshalb konnte auch die „Konfliktforschung", die *C. F. v. Weizsäcker* geplant hat, nicht im Detail, sondern nur in weit gespannten Modellen erfolgreich sein.

Diese Entwicklung, die vom Rationalismus des beginnenden 20. Jahrhunderts wegführt, im einzelnen nachzuzeichnen, fehlt uns hier der Raum. Sie mündet aber mit einem kräftigen Seitenstrom in die Medizin ein, wo dieser Strom sich dann nicht nur in alternativen Therapien manifestiert, was man, da es Plazeboeffekte gibt, sogar für therapeutisch sinnvoll halten könnte. Entscheidend ist, daß solche Mystik in die Theorie eindringt, sich einer physikalischen Sprache bedient, um biologische Wirkungen von elektrischen oder magnetischen Feldern zu postulieren, um mit Elektroakupunktur nicht nur eine unbewiesene Diagnostik, sondern eine weit dubiosere Therapie zu betreiben. Überall machen medizinische Methoden von sich reden, die in keiner Schublade selbst einer weitherzigen, aber wissenschaftlich orientierten Medizintheorie unterzubringen sind. Die Diskussionen darüber sind sehr hitzig geführt worden, und Frau *I. Oepen* hat sie wesentlich mitbestimmt. Ich habe meinen Teil zu dieser Klärung damit beizutragen versucht, die Phänomene zu erklären, ohne die offenbar monströsen alternativen Theorien übernehmen zu müssen, und ein Büchlein „Brückenschläge" darüber geschrieben (1983). Daß Glauben heilt, ist unbestreitbar (*Schaefer* 1984), man muß nur zeigen, wie er das tut. Daß solche Überlegungen die Menschen aufregen, erfahre ich dadurch, daß ich bislang zu keinem Thema so oft als Vortragender gebeten wurde, wie zu der Frage der Heilung durch den Glauben.

Dieser Versuch, seelische Faktoren als „Ursachen" körperlicher Effekte in die Medizin einzuführen, darf zwar als Ausdruck einer Theorie angesehen werden, scheinbar Unerklärliches mit derartigen, experimentell analysierbaren Phänomenen analogiter zu deuten. Die Frage bleibt, ob ein solcher Versuch in der Tat „rationalistischer" angelegt oder ob die Physiologie dem cartesianischen „Reduktionismus" zum Opfer gefallen ist, d. h. in der strikten Trennung von Leib und Geist sich um jeden Zugang zur Erklärung der Phänomene des Lebendigen gebracht hat. Dieser Vorwurf der Physiologie gegenüber wäre treffend, hätte man in den Voraussetzungen recht, die zu diesem Vorwurf führen. Ich kenne keinen modernen Biologen, der dem Denkstil des *Descartes* anhängt. Moderne Biologen und Physiologen gehen vielmehr von einer um ein Stockwerk höher liegenden Ebene aus: Sie verstehen alle Versuche einer „Erklärung" von Naturerscheinungen als „Modelle", die sich der erkennende Verstand nach den Möglichkeiten seines Vorstellungsvermögens macht. Damit relativiert der Biologe diese Denkversuche als methodische Wege, Verschiedenes zu einem einheitlichen und der jeweiligen Zeit konformen Bilde zusammenzuschauen und Erklärungen dadurch zu finden, daß scheinbar weit Entlegenes in das Modell eines biologischen Vorgangs eingebaut wird. In den letzten Jahren habe ich innerhalb der *Heidelberger Akademie der Wissenschaften* einen Arbeitskreis „Modelle" geleitet, der solche Gedanken fortspinnt. So verfährt z. B. die Evolutionstheorie, indem sie die Gesetze der Genetik, der Mutationen, der Veränderungen auf der Erde und insbesondere das Auftreten großer Katastrophen auf der Erdoberfläche zur Deutung der Verbreitung der Arten heranzieht. Derartige Modelle der Evolution sind noch von „klassischer" Natur und finden sich in logisch analoger Form überall in den Naturwissenschaften. Zu völlig neuen Modellen kommt die heutige Wissenschaft erst, wenn sie die Natur des Lebens einerseits, den Zusammenhang von Materie und Geist (Bewußtsein) andererseits interpretiert. Hier ist für mich beeindruckend zu sehen, mit welcher Kühnheit renommierte Wissenschaftler metaphysische Ansätze in ihre Modelle einbauen. Wie naiv ist es, in den elementaren Gesetzen und Konstanten der Natur danach zu suchen, ob sie nicht auf die Ermöglichung der menschlichen Existenz hin angelegt sind! Daß sie es sind, ist selbstverständlich, denn sonst würde der Mensch die Erde nicht bevölkern. Auch ist es höchst erbaulich zu lernen, daß schon kleine Abweichungen kosmologischer und physikalischer Konstanten wie des elementaren Wirkungsquantums oder der Gravitationskonstanten die Natur des Weltalls so verändern würden, daß Leben dann nicht entstanden wäre! Man nennt Scheinerklärungen dieser Art, welche die Eigenschaften der Natur damit erklären, daß sie, wären sie anders ausgefallen, den Menschen nicht hervorgebracht hätten, *anthropische* Erklärungen.

Die Natur ist auf den Menschen „zugeschneidert", um ihm als Wohnung zu dienen, aber wer ist dann der Schneider? So fragt z. B. *Kanitscheider* (1985). Solche Überlegungen führen uns dazu, über neue Beziehungen zwischen Naturphänomenen nachzudenken, aber sie sind, als anthropisches Prinzip einer Naturerklärung angesehen, ebenfalls Mystik!

Ist nun mein Gedanke einer glaubensmäßigen Heilung ein „Modell", das etwas über den Leib-Seele-Zusammenhang und damit über die „geistigen" Eigenschaften der Materie aussagt? Sicherlich nicht. Dieses Modell erklärt viele Phänomene der Medizin aus einem einheitlichen Postulat: der Annahme seelischer Einwirkungsmöglichkeiten auf den Leib. Aber ein Kausalmodell oder ein Modell, durch das dieser Leib-Seele-Zusammenhang für unser Denken „verständlicher" wird, ist es nicht. Letztlich bleiben wir Menschen allein mit der Einsicht, daß der Blick hinter die Fassade der Phänomene nicht gelingt. Aber das hatte uns schon *Immanuel Kant* gesagt und vor diesem schon *Platon.* Es ist nichts grundsätzlich Neues zu diesen alten Einsichten hinzugefügt worden, außer einigen neuen Bildern, unter denen das alte Geheimnis in neuer Sprache als Phänomen sichtbar gemacht wird.

43. Der Ruhestand

> Ouwê war sint verswunden alliu
> miniu jâr!
> ist mir mîn leben getroumet, oder
> ist es wâr?
> *(Walter von der Vogelweide)*

In dem Augenblick, in dem ich diese Zeilen schreibe, befinde ich mich im zwölften Jahr meines sogenannten Ruhestandes. Ruhe als Pause ist herrlich, Ruhe als endgültiges Ende ist tödlich. Dieses wissend hatte ich mir schon für den Tag, der meiner Emeritierung folgte, dem 1. Oktober 1974, eine neue Aufgabe gesucht und gefunden. Die Berufsgenossenschaft der Feinmechanik und Elektrotechnik (BG) in Köln bot mir, nach vielen Jahren voraufgehender Zusammenarbeit der Art, daß ich wissenschaftliche Fragen der BG im Labor zu lösen versuchte, die Stellung eines Beraters an. Ich verpflichtete mich mit einem Viertel der normalen Arbeitszeit für diese Tätigkeit. Der damalige Chef der BG, Dr. *Pültz,* ein weitblickender Mann mit Verständnis für wissenschaftliche Arbeit, war der für diese Lösung Verantwortliche.

Nun wird man von einem Menschen, der nach getaner Lebensarbeit sich auf bescheidenen Lorbeeren ausruhen sollte, eine besondere Ernsthaftigkeit in allen Dingen erwarten, welche den Abschluß dieses unseres irdischen Lebens betreffen. Wollte ein Alter, der nun über den offiziell nicht mehr verwertbaren Rest seines Lebens zu entscheiden hat, sich prominenten Rat holen wollen – er würde vergebens suchen. Für alle Lebenslagen haben wir etwas anzubieten. Wie man sich bei Tisch, bei Damen, als Schriftsteller, Gelehrter oder Politiker benehmen sollte. Aber was den Alten zu tun „frommt", davon weiß kein Weiser ein Lied zu singen. So kommt mich denn manchmal der Zweifel an, ob ich nicht Wichtigeres, Ernsthafteres hätte unternehmen können als in einer großen Körperschaft des öffentlichen Rechts etwas zu vertreten – die Wissenschaft nämlich –, das in einer solchen Körperschaft immer das fünfte Rad am Wagen bleiben wird.

Nun sind „ernsthafte" Entscheidungen so eine Sache. Zwar würde ich den Orden wider den tierischen Ernst selbst dann nicht verdienen, wenn meine Popularität den Aachener Tollitäten als ausreichend erscheinen könnte. Obgleich Rheinländer, liegt mir der organisierte Spaß wenig, und so ist die Gefahr nicht klein, daß ich auch für einen schönen Lebensabend zu wenig Spaß verstehe. Aber daß ich es nun sehr ernst nähme – das, gebe Gott, sollte mir nicht passieren. So war mein Entschluß, die bescheidenen Chancen eines Beraters wahrzunehmen, wohl bedacht. Schließlich hatte ich durch Zufall Elektrophysiologie und Sozialmedizin gelernt, eine Kombination, die es außer bei mir, soviel ich weiß, in der Welt nicht noch einmal gibt, und mein Emeritus-Job schlägt also zwei Fliegen – wenn nicht drei –, mit einer Klappe: Ich nütze meine Lebenserfahrung aus, leiste eine für die Allgemeinheit nützliche Arbeit und – last not least – ich habe meinen bescheidenen Vorteil, der (weit mehr noch als in der finanziellen Seite) darin liegt, daß auch der klügste Kopf ohne einen Bezug zur Wirklichkeit rasch ausdörrt, wieviel mehr also der meine! Niemand kann sich auf die Dauer passable Weisheiten aus den Rippen schneiden. So ist es also verzeihlich, daß die leitenden Herren der BG den alten Professor bei sich dulden, dessen etwas behäbig gewordene Weise Treppen zu steigen von allen Mitgliedern des Hauses wohlwollend ertragen wird. Da ich zudem einen erstklassigen Stab technischer Mitarbeiter zur Verfügung habe, ist eine Teamarbeit möglich, um die mich mancher Professor beneidet.

Die Arbeit in Köln wäre nicht so ergiebig gewesen, hätte sie mich nicht mit einer Forschungsgruppe zusammengeführt, die auf dem Gebiet der elektrischen Gefährdung arbeitete und in die ich mich und meine BG habe integrieren können. Sie wird geleitet von dem (inzwischen ebenfalls pensionierten) Chef der Siemens-Werke Berlin, Prof. *K. Brinkmann.* Wir zwei Alten versuchen nun, etwas Vernunft in eine aufgeregte Diskussion zu bringen, die ein vorzügliches Beispiel der Mystifizierung der Wissenschaft abgibt und die wie folgt aussieht.

Einige russische Damen, wohl von der Ideologie des dialektischen Materialismus inspiriert, daß alles „Unnatürliche" gefährlich ist, stellten an Menschen, welche unter hochgespannten elektrischen Feldern arbeiteten, Störungen meist subjektiver Art fest, Behauptungen, die sich in dieser Form nirgends in der Welt bestätigt fanden, die aber nun, falsch wie sie sind, eine riesige Welle von Experimenten in allen Industrienationen ausgelöst haben. Es darf inzwischen, dank auch unserer Untersuchungen, als sicher gelten, daß die heute in der Technik existierenden elektrischen Felder harmlos sind. Dennoch wird ein „Geschäft mit der Angst" gemacht, wie es ein mutiger Autor, *G. Danielewsky,* ausdrückt, indem einige Pseudowissenschaftler behaupten, daß Gesundheitsstörungen auch in Wohnungen durch die dort verlegten elektrischen Leitungen aufträten, Störungen, die man durch Einbau bestimmter, von einer befreundeten Firma zu liefernden Geräte verhüten könne. Auf den Schwindel fallen besorgte Bauherren herein. Unser Bundesminister für das Bauwesen hat übrigens das Problem inzwischen aufgegriffen und mich sogar in seine Beratungskommission für gesundes Bauen berufen. Die Probleme des Elektrounfalls und der Schädigung durch Elektrizität sind also unversehens zu einem Problem der Wissenschaftstheorie geworden, dessen sich sogar meine Heidelberger Akademie der Wissenschaften angenommen hat (*Schaefer* 1983).

Diese meine neue Kölner Tätigkeit ist der Quell vieler Vorteile geworden: einer relativen Freizügigkeit, die u. a. darin zum Ausdruck kommt, daß ich nun im zwölften Jahr eine Jahresnetzkarte der Bundesbahn für mich allein besitze; des Zwangs zu einer Tätigkeit, die mich am Verrosten hindert; des Kontakts mit allgemein-gesellschaftlichen Fragen der Gegenwart, bei denen ich immer noch ein begründetes Wort mitreden kann. Ich folge also nach wie vor dem „Gesetz, wonach ich angetreten", Wissenschaft nicht nur um ihrer selbst willen zu betreiben. Mehr noch: Der Kampf wider den tierischen Ernst hat mich zu einer inneren Haltung geführt, die man vielleicht als eines alten Mannes unwürdig ansehen mag: mein Leben als ein Experiment zu führen, und niemand kann gespannter sein als ich selbst, was dabei endlich herauskommt.

Mein Instinkt riet mir, nur einen Teil meiner Zeit bei der BG fest zu verplanen. Drei Viertel habe ich dem Denken, Reden, Schreiben und Genießen vorbehalten. Da ich, seitdem ich die Max-Planck-Gesellschaft verließ, weiß, daß Wissenschaft für mich kein beherrschender Wert sein kann, sind es also gerade in meinem Alter wieder die allgemeinen Fragen unserer Existenz geworden, die mich bedrängen. Es war, worüber ich schon berichtet habe, die Deutsche Liga für das Kind und der Gesprächskreis Kirche-Wissenschaft, die mich fesselten, und, nebst der Arbeit an einer Modelltheorie in der Heidelberger Akademie und nebst der Mitarbeit in einigen Kommissionen ist es die Leitung der *Mainauer Gespräche,* die dazu beiträgt, meinen Lebensauftrag, wenn ich so pathetisch reden darf, erfüllen zu helfen.

Mit diesen Gesprächen hat es wie folgt begonnen: Auf Schloß Mainau im Bodensee wurden, unter dem Patronat des Grafen *Lennart Bernadotte,* schon seit 1957 Gespräche abgehalten, welche der Pflege der Landschaft gewidmet waren. Die Mainau selbst ist das beste Beispiel für die Ziele, die man sich gestellt hatte: Gärtnern um des Menschen willen, aus einer keineswegs lieblichen unberührten Natur das zu machen, was den Schönheitssinn der Menschen begeistert, sein Gemüt verzaubert: die von der Kunst des Gartenbaus verwandelte Landschaft. Die Gespräche fanden nicht mehr die erhoffte Resonanz. Ein Mitglied der alten Garde, Prof. *G. Olschowy,* riet den Verantwortlichen, mich um ein neues Konzept für diese Gespräche zu bitten. Im Oktober 1978 wurde ich zu einer Besprechung eingeladen. Ich wohnte im Hause Bernadotte und, nachdem ich die nicht gräflich, sondern fürstlich kostbaren Dinge des großen Eßraums bewundert hatte, machten die junge Frau des Grafen, Gräfin *Sonja,* und ich einen Rundgang durch die herbstliche Dahlienschau. Dieses Gespräch war die Geburtsstunde der neuen Ära. Ich legte dar, daß die Umwelt des Menschen nicht nur Garten und Park, sondern weit mehr die menschliche Gesellschaft sei, in der er lebe, daß diese Gesellschaft für unser aller Existenz die größten Probleme biete und, wenn eine Sicherung unserer Zukunft diskutiert werden solle, die Rolle der Gesellschaft in dieser Diskussion dominant sein müsse. Gräfin *Sonja* war klug und energisch. Sie hat, vom Grafen freundlich darin bestärkt, das neue Konzept gegen einige Widersprüche der älteren Notablen durchgesetzt. Ich habe von Anfang an Freund *Schlemmer* als Hilfe an meiner Seite gehabt und später für das Leitungsgremium die Professoren *Peter Graf Kielmannsegg* und *Hermann Lübbe* gewinnen können.

Paris war bekanntlich eine Messe, die Mainau ist eine Reise wert, und einige Nachgedanken dazu. Was ich hier in der Konfrontation mit bedeutenden Menschen einerseits, mit Außenseitern andererseits habe lernen können, das ist die Zwanghaftigkeit ökonomischer und politischer Entscheidungen und die Unentscheidbarkeit vieler Fragen, um die sich der politische Streit dreht, auch wenn es sich nicht um den Streit unversöhnbarer Interessen handelt. Es ist so einfach, den Entscheidungsträgern Dummheit vorzuwerfen oder moralische Verdikte freigebig auszustreuen, wie es leider in steigendem Maß von oppositionellen Politikern aller Couleur geschieht. Wer mit den Vertretern verschiedener Meinungen, z. B. über grüne Politik, über Umweltforschung oder über den ökologischen Landbau, spricht, erkennt, oft nicht ohne Erschrecken, daß das Unversöhnliche im Antagonismus der Streiter in der Unentscheidbarkeit der Probleme begründet liegt. Die Probleme, die uns unmittelbar nach dem Krieg gestellt waren, haben sich in der Sache ein wenig, in ihrer obligaten Widersprüchlichkeit nirgendwo geändert. Ich kann deshalb der flotten Manier geistreicher Schreiber, die ihre Kritik mit dem schillernden Gewand einer die Jahrtausende überfliegenden Bildung schmücken, wenig Glauben schenken. Der geistreiche Außenseiter hat wenig Chancen, die Not dieser Welt zu ändern, und es wäre zu wünschen, daß die Heiterkeit der Narrenkappe, unter der sich in der Aachener Karnevalsgesellschaft Widersprechendes mindestens in Humor vereint, ein wenig mehr Schule machen würde. „Wer sich nicht selbst zum Besten haben kann, der ist gewiß nicht von den Besten", sagte uns *Goethe*.

Ein drittes Engagement des Emeritus soll wenigstens kurz gestreift werden: das Funkkolleg „Umwelt und Gesundheit", das von Mitte 1978 bis Mitte 1979 über mehrere Rundfunksender ausgestrahlt wurde. Ein solches Funkkolleg ist ein Mammutunternehmen, dessen Strapazen ich nicht noch einmal aushalten möchte. Es mußten mit über 20 Autoren einstündige Sendungen und dazu ein Studienbegleittext von 30–40 Druckseiten vorbereitet werden, in insgesamt 28 Sendungen. Man ist fast zwei Jahre damit beschäftigt, erreicht allerdings 20000 und mehr Hörer. Es wird also Lehrinformation auf technisch vollendete Weise an viele Menschen weitergegeben, ohne daß der Schüler freilich seinen Lehrer je zu Gesicht bekommt.

Für die Sendung war eine Gruppe von vier Wissenschaftlern verantwortlich, außer mir Frau *M. Blohmke* und die Herren *W. Raeschke* und *H. Schipperges*. Der wichtigste Mann war freilich der Team-Assistent, Privatdozent Dr. *Ch. Birr*, ohne den nichts gelaufen wäre. Ich habe die Leistungsfähigkeit junger Gehirne durch *Ch. Birr* kennengelernt und wieder die Fairneß der Rundfunkgewaltigen erfahren durch *H. J. Koch* und Frau Dr. *I. Peller-Seguy*. Die moralische Nutzanwendung war, daß ein einzelner Gelehrter in dem technischen Dickicht solcher Unternehmungen verloren ist. Die Hörer waren zur Mehrzahl begeistert, doch bekamen wir auch maßlos arrogante Briefe von Grünschnäbeln, denen es nicht gelang, sich vorzustellen, wie bescheiden ihr Gehirn funktioniert, verglichen mit dem von vier kampferprobten Professoren. Leider ist der Lärm, den Grünschnäbel entfalten, heutzutage oft meinungsbildend.

Schlimmer als die Grünschnäbel war für uns die ideologische Schlagseite, mit der einige junge Mitarbeiter des Deutschen Instituts für Fernstudien der Universität Tübingen unsere Arbeit begleiteten. Die Auseinandersetzungen waren unerfreulich, bis der Chef des Instituts, Prof. *K. H. Rebel,* gelegentlich ein Machtwort sprach. Der Saarländische Rundfunk freilich war unbeirrbar objektiv und korrekt. Seine Mitarbeiter waren auch keine jungen Adepten der ideologischen Soziologie. Doch habe ich durch dieses Funkkolleg gelernt, wie groß die Gefahr ist, daß weltfremde Ideologen Bildung manipulieren. Man muß hoffen, daß Wissenschaftler klug genug sind, solche Versuche zu erkennen und zu vereiteln. Es liegt schon genug Gefahr in der unvermeidlichen Situation, daß Bildung immer mehr durch elektronische Medien vermittelt wird. Es naht vielleicht der Tag, da wir alle mit Kopfhörern herumlaufen, um uns allüberall von Bildung berieseln zu lassen. Ob es dann einen neuen *Wilhelm Busch* gibt, der im Balduin Bählamm den „Fernseher" meisterlich ad absurdum führte, das wird man bezweifeln müssen.

Rückschauend auf das nun unversehens so dick gewordene Besinnungsbuch wird mir klar, wie vieles ich nicht geschildert habe: die Arbeit in Kommissionen, die erste Sendereihe des Dritten Deutschen Fernsehens, das ich im Bayerischen Rundfunk mit 13 Sendungen über Physiologie eröffnet habe, die Versuche, die Gegensätze zwischen Schulmedizinern und Außenseitern zu bedenken und zu einem bescheidenen Teil zu überbrücken. Die Frau des Bundespräsidenten, *Veronika Carstens,* gab den Anstoß zu diesen „Brückenschlägen", aber meine Arbeit (1983) fand wenig Verständnis. Die Mystik wächst, und ich frage mich oft, wenn mir *Nietzsches* Wort von der wachsenden Wüste einfällt, ob *Nietzsche* nicht diese Flucht ins Irrationale gemeint hat, wenn er von der wachsenden Wüste spricht. Die große Mühe, die ich an die Rationalisierung menschlichen Denkens gewandt habe, paßt jedenfalls nicht mehr in die Zeit.

Dennoch gehe ich dem Ende meines Lebens gelassen entgegen. Als im Gesprächskreis Kirche-Wissenschaft einmal jeder Teilnehmer sein Glaubensbekenntnis bezüglich des Lebens nach dem Tode „zum besten" geben sollte, war ich der letzte in der Reihe der Bekenner, und ich bekannte, daß mich das Problem eines Lebens nach dem Tode nie interessiert habe. Kardinal *König* lächelte weise zu diesem Geständnis, das auch ein so kunstvolles, intelligentes Buch wie das von Kardinal

Ratzinger (aus seiner professoralen Zeit) über die letzten Dinge nicht wird ändern können. *Ratzingers* Werk kommt mir vor wie ein Trapezakt hoch unterm Zirkusdach, von höchster Geistigkeit, aber eben ohne Kontakt mit dem Boden. Niemand weiß nichts Genaues nicht, so darf man die Lage humorvoll umschreiben.

Max Seckler, einer der Theologen unseres Gesprächskreises, formulierte das, was ich sagen wollte und was ich eigentlich hätte sagen sollen, aber eben nicht gesagt habe, in seiner bescheidenen theologischen Sprache: „Wir müssen uns der Gnade Gottes überlassen."

Dieses will ich tun, und daß dieses auch Ihnen, mein lieber Begleiter durch dieses Buch, gelingen möge, ist mein inniger Wunsch.

Epilog

Der Winter kam zu rasch – dein Herz sinnt noch
dem Frühling nach, den Primeln auf den Beeten,
dem ersten Maiwind, der nach Erde roch,
in dem die jungen Wünsche still verwehten,

und dessen Atem weit war, wenn im Brausen
des frühen Tages er die Gräser taut,
mit Kräften, die in allen Poren hausen,
den herrlich freien Morgen überblaut.

Dann diese Abende, die zweisam waren,
sie endeten zu schnell zur kurzen Nacht,
in der ein Lufthauch spielt in ihren Haaren,
ein ferner Stern den nahen Drang bewacht.

Kaum merktest du, wie dann der lange Schatten
als erster Mahner deine Hoffnung nahm,
mit Ängsten, die dich längst verlassen hatten
der fröstelnde Nebel des September kam.

Nun sinken deine Sterne in die Tiefen
der blauen Berge Nacht, die dich so oft
am heißen Tag in ihre Höhen riefen,
auf deren Gipfel du so froh gehofft.

Jetzt sind die Täler deine Heimat wieder.
Der Erde bist du näher als du denkst,
auch wenn dem Wein, dem Herbst du deine Lieder
im Übermut des großen Sängers schenkst.

Das Lied verklingt, der Mut wird dich verlassen.
Am Horizont die Wolke bringt schon Schnee.
Der Winter stürmt. Es spiegeln sich die blassen
verwehten Abende im kalten See.

Die Erde schläft in ihre Nacht hinein,
sie aber weiß: sie darf erneut erwachen.
Doch du mußt Ernte, mußt Vollendung sein.
Dort wartet schon im Dunkel Charons Nachen.

Literatur

Andreski, St.: Social sciences as sorcery. A. Deutsch, London (1972).
Bahnson, C. B. (Hrsg.): Second conference on psychosomatic aspects of cancer. Ann. N.Y. Acad. Sci. **164,** Art. 2 (1969).
Bahnson, C. B., D. M. Kissen (Hrsg.): Psychosomatic aspects of cancer. Ann. N. Y. Acad. Sci. **125,** Art. 3 (1966).
Baker, R. R.: Human navigation and the sixth sense. Hodder and Stoughton, London (1981).
Baum, M.: Rückblick auf mein Leben. Kerle, Heidelberg (1950).
Bauer, K.-H.: Das Krebsproblem. Springer, Berlin, Heidelberg (1949).
Bethe, A., E. Fischer: Die Anpassungsfähigkeit (Plastizität) des Nervensystems. In: *A. Bethe, G. v. Bergmann, G. Embden, A. Ellinger:* Handbuch der normalen und pathologischen Physiologie. Bd. 15/2, 1045–1130, Springer, Berlin (1931).
Brandt, L.: Die zweite industrielle Revolution, List, München (1957).
Braunmühl E. v.: Antipädagogik. Beltz, Weinheim, Basel (1976).
Bresch, C.: Zwischenstufe Leben (Evolution ohne Ziel?). Piper, München, Zürich (1977).
Broglie, L. de: Physik und Mikrophysik. Claassen, Hamburg, Baden-Baden (1950).
Bünning, E.: Theoretische Grundfragen der Biologie. Fischer, Jena (1945).
Capra, F.: Wendezeit. Bausteine für ein neues Weltbild. Scherz, Bern, München, Wien (1983).
Carnap, R.: Der Raum (Ein Beitrag zur Wissenschaftslehre). Reuther und Reinhard, Berlin (1933).
Catel, W.: Grundlagen und Grenzen des naturwissenschaftlichen Weltbildes. Enke, Stuttgart (1948).
Christian, P.: Das Personverständnis im modernen medizinischen Denken. Mohr, Tübingen (1952).
Christian, P.: Medizinische und philosophische Anthropologie. In: *H. W. Altmann* u. a.: Handbuch der allgemeinen Pathologie. Springer, Berlin, Heidelberg, New York (1969), Bd. 1, S. 232–278.
Conrad, K.: Der Lebensanfang als Lebensentscheidung. Karl-Kübel-Institut, Weinheim (1981).
Conrad, K. (Hrsg.): Unsere Gesellschaft verdirbt ihre Kinder. 2., verb. Aufl., Verlag Medizin Dr. Ewald Fischer, Heidelberg (1985).
Däniken E. v.: Erinnerungen an die Zukunft. Econ, Düsseldorf, Wien (1968).
Dahrendorf, R.: Gesellschaft und Demokratie in Deutschland. Piper, München (1968).
Danielewski, G.: Geschäfte mit der Angst. Baubiologie zwischen Anspruch und Wirklichkeit, Beton-Verlag, Düsseldorf (1981).
Deutsche Liga für das Kind in Familie und Gesellschaft (Hrsg.): Rettet die Familie – jetzt!, Strüder, Neuwied (1984).
Driesch, H.: Zur Lehre von der Induktion. Sitzungsber. Heidelberger Akad. Wiss., philos.-hist. Kl., 11. Abh., Heidelberg (1915).
Ebbecke, U.: Die kortikalen Erregungen. Barth, Leipzig (1919).
Ebbecke, U.: Physiologie des Bewußtseins in entwicklungsgeschichtlicher Betrachtung. Thieme, Stuttgart (1959).
Eddington, A. A.: Das Weltbild der Physik. Vieweg, Braunschweig (1931).

Eibl-Eibesfeldt, I.: Die Biologie des menschlichen Verhaltens. Piper, München, Zürich (1984).
Eigen, M.: Molekulare Selbstorganisation und Evolution. In: *J.-H. Scharf* (Hrsg.): Informatik. Nova Acta Leopoldina **37**/1, Nr. 206, 171–223 (1971).
Eigen, M., R. Winkler: Das Spiel (Naturgesetze steuern den Zufall). Piper, München, Zürich (1975).
Einstein, A.: Über die spezielle und die allgemeine Relativitätstheorie (gemeinverständlich). Vieweg, Braunschweig (1922), 14. Aufl.
Föster, M.: Jürgen Bartsch – Nachruf auf eine „Bestie". Torso-Verlag, Essen (1984).
Fromm, E.: Anatomie der menschlichen Destruktivität. dva, Stuttgart (1974).
Gerlach, W.: Kepler und Galilei, Stuttgart (1963).
Gerlach, W.: Bemerkungen zum „Fall Galilei". Int. Dialog Zschr. **3** (1970) 6.
Gerlach, W., M. List: Johannes Kepler. Leben und Werk. Piper, München (1966).
Geyser, J.: Erkenntnistheorie. Schöningh, Münster (1922).
Glucksmann, A.: Die Macht der Dummheit, dva, Stuttgart (1985).
Görres, I. Fr.: Der Mordknopf. Frankfurter Hefte **1**, H. 2, 90 (1946).
Grote, L. R., A. Brauchle: Gespräche über Schulmedizin und Naturheilkunde. Reclam, Leipzig (1935).
Grotjahn, A.: Soziale Pathologie, Springer, Berlin (1923).
Hacker, F.: Aggression. Die Brutalisierung der modernen Welt. Molden, Wien, München, Zürich (1971).
Hartmann, M.: Die philosophischen Grundlagen der Naturwissenschaften, Jena (1948).
Hartmann, N.: Philosophie der Natur, de Gruyter, Berlin (1950).
Hassenstein, B.: Verhaltensbiologie des Kindes. Piper, München, Zürich (1973).
Hassenstein, B. und *H.:* Was Kindern zusteht, Piper, München (1978).
Hauser, A.: Sozialgeschichte der Kunst und Literatur, 2 Bde, Beck, München (1958).
Heisenberg, W.: Der Teil und das Ganze. Piper, München (1969).
Henry, J. P., P. M. Stephens: Stress, Health, and the Social Environment. A sociobiologic approach to medicine. Springer, New York, Heidelberg, Berlin (1977).
Hensel, H.: Physiologie der Thermorezeption. Erg. Physiologie **47** (1952), 166–368.
Hering, H. E.: Die Carotis-Sinus-Reflexe auf Herz und Gefäße. Dresden und Leipzig (1927).
Himsworth, H.: The development and organization of scientific knowledge. Heinemann, London (1970).
Höhler, G.: Das Glück. Analyse einer Sehnsucht, Econ, Düsseldorf, Wien (1981).
Hofstadter, D. R.: Gödel, Escher, Bach, ein endloses geflochtenes Band. Klett-Cotta, Stuttgart (1985).
Huebschmann, H.: Psyche und Tuberkulose. Enke, Stuttgart (1952).
Illich, I.: Selbstbegrenzung. Eine politische Kritik der Technik. Rowohlt, Reinbek (1975).
Illich, I.: Die Nemesis der Medizin. Von den Grenzen des Gesundheitswesens. Rowohlt, Reinbek (1977).
Jacob, W.: Medizinische Anthropologie im 19. Jahrhundert (Mensch – Natur – Gesellschaft). Beitr. aus d. allg. Med., H. 20, Enke, Stuttgart (1967).
Jaspers, K.: Philosophie. I. Philosophische Weltorientierung. Springer, Berlin, Göttingen, Heidelberg (1956).
Jaspers, K., K.-H. Bauer: Briefwechsel. Springer, Berlin, Heidelberg, New York (1983).
Jonas, H.: Organismus und Freiheit. Ansätze zu einer philosophischen Biologie. Vandenhoeck und Ruprecht, Göttingen (1973).
Jordan, P.: Die Physik und das Geheimnis des organischen Lebens, Vieweg, Braunschweig (1941).

Kanitscheider, B.: Physikalische Kosmologie und Anthropisches Prinzip. Naturwiss. **72** (12) (1985), 613–618.
Kennan, G.: Rebellen ohne Programm. Goverts, Stuttgart (1968).
Kernspintomografie (Ein Förderschwerpunkt im Rahmen des Programmes der Bundesregierung ...). Bundesminister für Forschung und Technologie, Bonn (1984).
Klepzig, H. (Hrsg.): Die Funktionsdiagnostik des Herzens. Springer, Berlin, Göttingen, Heidelberg (1958).
Knorr-Cetina, K.: Die Fabrikation von Erkenntnis (Zur Anthropologie der Naturwissenschaft). Suhrkamp, Frankfurt (1984).
Kogon, E.: Der SS-Staat (Das System der deutschen Konzentrationslager), Frankfurter Hefte-Verlag, Frankfurt (1946).
Kraus, O.: Die Verwechslungen von „Beschreibungsmittel" und „Beschreibungsobjekt" in der Einsteinschen speziellen und allgemeinen Relativitätstheorie. Kantstudien **26** (1971), 454.
Krehl, L.: Pathologische Physiologie, Vogel, Leipzig (1923), 12. Aufl.
Kretschmer, E.: Körperbau und Charakter. Springer, Berlin, Göttingen, Heidelberg (1950), 20. Aufl.
Krieg, H.: Marquartsteiner Vorträge über Grenzgebiete der Biologie, Schmiedel, Stuttgart (1947; 2. Aufl. 1948).
Krishna, G., C. F. v. Weizsäcker, Biologische Basis religiöser Erfahrung. Barth, Weinheim (1971).
Kuhn, T. S.: Die Struktur wissenschaftlicher Revolutionen. Suhrkamp-Taschenbuch, Frankfurt (1973).
Landois, L., R. Rosemann: Lehrbuch der Physiologie des Menschen. Urban und Schwarzenberg, Berlin, Wien (1913).
Lehr, U.: Die Rolle der Mutter in der Sozialisation des Kindes. Steinkopff, Darmstadt (1974).
Linder, F., M. Amberger: Chirurgie in Heidelberg. In: *Doerr, W.* (Hrsg.): Semper apertus. Springer, Berlin, Heidelberg, New York, Tokyo (1985).
Lorenz, K.: Das sogenannte Böse. Zur Naturgeschichte der Aggression. Borotha-Schoeler, Wien (1963).
Maier-Leibnitz, H.: Zwischen Wissenschaft und Politik. Deutsche Forschungsgemeinschaft (Hrsg.: *H. Fröhlich*). Boldt, Boppard (1979).
Marcuse, H.: Der eindimensionale Mensch. Luchterhand, Neuwied (1967).
Marx, K.: Frühe Schriften, 2 Bde. Wiss. Buchgesellschaft, Darmstadt (1971).
Matthes, M.: Lehrbuch der Differentialdignose innerer Krankheiten, Springer, Berlin (1928), 5. Aufl.
Matussek, P.: Metaphysische Probleme der Medizin. Springer, Berlin, Heidelberg (1948).
Mause, L. de (Hrsg.): Hört ihr die Kinder weinen. Eine psychogenetische Geschichte der Kindheit. Suhrkamp, Frankfurt (1977).
Mayer, A.: Emanzipation, Frauentum, Muttertum, Familie und Gesellschaft. Enke, Stuttgart (1962).
Mayr, E.: Die Entwicklung der biologischen Gedankenwelt. Springer, Berlin, Heidelberg, New York, Tokyo (1984).
McKeown, Th.: Die Bedeutung der Medizin. Suhrkamp, Frankfurt (1982).
McLean, A.: Occupational stress. Thomas, Springfield (Ill.) (1974).
Mehring, J. v., L. Krehl (Hrsg.): Lehrbuch der inneren Medizin, 2 Bde., Fischer, Jena (1925), 15. Aufl.
Meinecke, F.: Die deutsche Katastrophe (Betrachtungen und Erinnerungen). Brockhaus, Wiesbaden (1946).

Meves, C.: Verhaltensstörungen bei Kindern. Piper, München (1979[7]).
Meves, C., H.-D. Ortlieb: Macht Gleichheit glücklich? Herderbücherei, Freiburg (1978).
Mitscherlich, A.: Freiheit und Unfreiheit in der Krankheit. Claaszen und Goverts, Hamburg (1946).
Mitscherlich, A., F. Mielke: Das Diktat der Menschenverachtung. Schneider, Heidelberg (1947).
Mitscherlich, A., F. Mielke: Wissenschaft ohne Menschlichkeit. Schneider, Heidelberg (1949).
Mittelstaedt, H. (Hrsg.): Regelungsvorgänge in der Biologie. Oldenbourg, München (1956).
Mohr, H.: Wissenschaft und menschliche Existenz. Rombach, Freiburg (1967).
Monod, J.: Zufall und Notwendigkeit. Piper, München (1971).
Nedden, H., H. Schaefer: Die zunehmende Unbildung der Mediziner. Praemedicus (Beibl. d. Dtsch. med. Wschr.), Nr. 13 und 15 (1930).
Neill, A. S.: Theorie und Praxis der antiautoritären Erziehung. Das Beispiel Summerhill. Rowohlt, Reinbek (1969).
Oepen, I. (Hrsg.): An den Grenzen der Schulmedizin. Deutscher Ärzte-Verlag, Köln (1985).
Ortlieb, H.-D.: Die Maßlosigkeit der „Playboy-Gesellschaft". Arbeitsverband Metallindustrie, Köln (1979).
Pauling, L.: Leben und Tod im Atomzeitalter. Sensen-Verlag, Wien (1960).
Pawlow, J. P.: Die höchste Nerventätigkeit (das Verhalten) von Tieren (Eine zwanzigjährige Prüfung der objektiven Forschung. Bedingte Reflexe). Bergmann, München (1926), 3. Aufl.
Picht, G.: Die deutsche Bildungskatastrophe. Walter, Olten, Freiburg i. Br. (1964).
Pietschmann, H.: Das Ende des naturwissenschaftlichen Zeitalters. Zsolnay, Wien, Hamburg (1980).
Plack, A.: Die Gesellschaft und das Böse. Eine Kritik der herrschenden Moral. List, München (1967).
Popper, K. R., J. C. Eccles: The self and its brain. Springer International, Berlin, Heidelberg, London, New York (1977).
Portmann, A.: Biologische Fragmente zu einer Lehre vom Menschen. Schwabe, Basel (1944: 1. Aufl., 1951: 2. Aufl.).
Prigogine, I., I. Stengers: Dialog mit der Natur (Neue Wege naturwissenschaftlichen Denkens) Piper, München, Zürich (1981).
Prokop, O., W. Wimmer: Der moderne Okkultismus, Fischer, Stuttgart (1976).
Prokop, O., W. Wimmer: Wünschelrute, Erdstrahlen, Radiästhesie. Enke, Stuttgart (1977).
Ratzinger, J.: Eschatologie. Tod und ewiges Leben. Pustet, Regensburg (1978), 2. Aufl.
Reiter, H.: Soziale Pathologie der Krankheitsanfänge. Verh. dtsch. Ges. inn. Med. **52**, 16–26 (1940).
Renner, K.: Das Weltbild der Moderne. Europa-Verlag, Wien, Stuttgart, Zürich (1954).
Riedl, R., P. Parey: Biologie der Erkenntnis. Parey, Berlin, Hamburg (1981), 3. Aufl.
Rohrmoser, G.: Das Elend der kritischen Theorie. Rombach, Freiburg i. Br. (1970).
Schaefer, H.: Elektrophysiologie, 2 Bde., Deuticke, Wien (1940/1942).
Schaefer, H.: Das Elektrokardiogramm. Springer, Berlin, Göttingen, Heidelberg (1951).
Schaefer, H.: Die Medizin in unserer Zeit. Piper, München (1965).
Schaefer, H.: Kind, Familie und Gesellschaft. Sitzungsber. Heidelberger Akad. Wiss. Math.-naturw. Kl., 1. Abh. (1977).
Schaefer, H.: Plädoyer für eine neue Medizin. Piper, München (1979).

Schaefer, H.: Some remarks on the history of research on sympathetic nerve action potentials: research at Heidelberg. J. of the autonomic nervous system **3**, 123–131 (1981).
Schaefer, H.: Medizinische Ethik. Verlag für Medizin Dr. Ewald Fischer, Heidelberg (1983).
Schaefer, H.: Brückenschläge. Verlag für Medizin Dr. Fischer, Heidelberg (1983).
Schaefer, H.: Die Wirkung elektrischer Felder auf den Menschen. Sitzungsberichte d. math.-naturw. Klasse, Heidelberger Akademie der Wissenschaften, 3. Abh. (1983).
Schaefer, H.: Der Glaube hat dich gesund gemacht. Herder, Freiburg (1984).
Schaefer, H., M. Blohmke: Herzkrank durch psychosozialen Streß. Hüthig, Heidelberg (1977).
Schaefer, H., R. Schoen: Probleme der medizinischen Universitätsausbildung. Ärztl. Mitteilungen **39**, H. 20/21 (1954).
Schäfer, W.: Der kritische Raum (Über den Bevölkerungsdruck bei Tier und Mensch). Senckenbergische Naturforschende Gesellschaft, Kramer, Frankfurt (1981).
Schelsky, H.: Die Arbeit tun die anderen. Klassenkampf und Priesterherrschaft der Intellektuellen. Westdeutscher Verlag, Opladen (1975).
Schipperges, H.: Am Leitfaden des Leibes. Zur Anthropologik und Therapeutik Friedrich Nietzsches. Klett, Stuttgart (1975).
Schneider, Ch. (Hrsg.): Forschung in der Bundesrepublik Deutschland. Verlag Chemie, Weinheim (1983).
Schoeck, H.: Der Neid. Eine Theorie der Gesellschaft. Alber, Freiburg, München (1966).
Schoeck, H.: Soziologisches Wörterbuch. Herderbücherei Nr. 312, Herder, Freiburg (1969).
Schölmerich, P., H.-P. Schuster, H. Schönborn, P. P. Baum: Interne Intensivmedizin. Thieme, Stuttgart (1975).
Schwarz-Wendl, C.: Grundzüge der Physiologie. Urban und Schwarzenberg, Wien (1947), 3. Aufl.
Sheldon, W. H., S. S. Stevens: The varieties of temperament; a psychology of constitutional differences. Harper, New York (1942).
Sheldon, W. H., S. S. Stevens, W. B. Tucker: The varieties of humanphysique. Harper, New York, London (1940).
Sherrington, C. S.: Integrative action of the nervous system. Yale Univ. Press, New Haven, London (1906).
Siebeck, R.: Medizin in Bewegung. Thieme, Stuttgart (1953), 2. Aufl.
Skinner, B. F.: Futurum zwei. Ch. Wegner, Hamburg (1970).
Sporken, P.: Darf die Medizin, was sie kann? Probleme der medizinischen Ethik. Patmos, Düsseldorf (1971).
Stachowiak, H.: Allgemeine Modelltheorie. Springer, Wien, New York (1973).
Stepp, W.: Eröffnungsansprache des Vorsitzenden. In: *H.-G. Lasch, B. Schlegel* (Hrsg.): Hundert Jahre Deutsche Gesellschaft für Innere Medizin. Die Kongreß-Eröffnungsreden der Vorsitzenden, 1882–1982. Bergmann, München, S. 561–570 (1982).
Stiegele, A., H. Gessler: Die Homöopathie im Rahmen der Gesamtmedizin. Hippokrates, Stuttgart (1937).
Szczesny, G.: Die Zukunft des Unglaubens. List, München (1958).
Tenbruck, F.: Die antifaschistische Illusion. Frankfurter Hefte **3**, 711–720 (1948).
Tenbruck, F. H.: Die unbewältigten Sozialwissenschaften oder die Abschaffung des Menschen. Styria, Wien, Köln (1984).
Thom, Th. J., F. H. Epstein, J. J. Feldman, P. E. Leaverton: Trends in total mortality and mortality from heart disease in 26 countries from 1950–1978. Int. J. Epidemiol. **14** (4),

510–520 (1985).
Verworn, M.: Kausale und konditionale Weltanschauung. Fischer, Jena (1. Aufl.: 1912, 2. Aufl.: 1918).
Vico, G.: Die neue Wissenschaft. Über die gemeinschaftliche Natur der Völker. Rororo Klassiker, Reinbek (1966).
Wagner, G.: Krebsforschung in Heidelberg. In: *W. Doerr* (Hrsg.): Semper apertus. 600 Jahre Ruprecht-Karls-Universität Heidelberg, Bd. IV, 225–257, Springer, Berlin, Heidelberg, New York, Tokyo (1985).
Watson, J. D.: The double helix. Signet Book, New American Library of Canada Ltd., Toronto (1969).
Weinberg, St.: Die ersten drei Minuten (Der Ursprung des Universums). dtv, München (1980).
Weizsäcker, C. F. v.: Wege in der Gefahr. Hauser, München, Wien (1976).
Weizsäcker, V. v.: Arzt und Kranker. Kochler und Amelang, Leipzig (1941); Kochler, Stuttgart, 3. Aufl. (1949).
Wiechert, E.: Das einfache Leben, Langen, Müller, München (1939).
Wiener, N.: Cybernetics or Control and Communication in the Animal and the Machine. Wiley, New York (1948).
Wilson, F. N.: Selected papers of Dr. Frank N. Wilson. Edited by Dr. *F. D. Johnston* and Dr. *E. Lepeschkin.* Heart Station, University Hospital, Ann. Arbor, Michigan (1954).

Namensverzeichnis*

* Namen lebender Personen sind nur ausnahmsweise angeführt.

T

U